西太平洋海上通道

——航天遥感　融合信息　战略区位

刘宝银　杨晓梅　著

海洋出版社

2017 年 · 北京

内 容 摘 要

本书着眼国家海洋权益与新的海洋防卫观，以海上通道战略区位与空间信息技术的视角，对环中国及其邻近海上诸多战略通道，一一进行信息融合与类型体系分析，在对重点关注的自然条件逐一阐述的同时，基于海洋高新技术的发展，完善岛链间通道数据处理与应用平台等方面内容，以专门的章节列述了海峡信息系统建设及其重要意义。

本书可供从事国家策略、军事、外交、国土、海洋、地质、地理、测绘、遥感、航海、水产等专业人员和大专院校师生等参考使用。

图书在版编目（CIP）数据

西太平洋海上通道：航天遥感融合信息战略区位/刘宝银，杨晓梅著.
—北京：海洋出版社，2017.8
ISBN 978-7-5027-9924-3

Ⅰ.①西…　Ⅱ.①刘…②杨…　Ⅲ.①航天遥感—应用—西太平洋—研究
Ⅳ.①P721

中国版本图书馆 CIP 数据核字（2017）第 217486 号

责任编辑：任　玲　王　溪
责任印制：赵麟苏
海洋出版社　出版发行
http://www.oceanpress.com.cn
北京市海淀区大慧寺路 8 号　100081
北京画中画印刷有限公司印刷　新华书店北京发行所经销
2017 年 9 月第 1 版　2017 年 9 月第 1 次印刷
开本：787 mm×1092 mm　1/16　印张：17
字数：388 千字　定价：136.00 元
发行部：62132549　邮购部：68038093　总编室：62114335
海洋版图书印、装错误可随时退换

航天遥感信息展现着世界海洋空间分布格局。其中，海上通道以其独特的地理区位、经贸航道、历数的海战场、军事活动和实施空间立体监测等，给人留下深刻的印象。

期望，穿过地质地貌发育的时—空，分析海上通道固有的自然属性，了解舰船、商船抑或油船往来穿梭等，并汇集处理多源空间融合信息与挖掘，以现势性、系统性、多要素的拙作——《西太平洋海上通道——航天遥感 融合信息 战略区位》专著得以问世。

作者自题

前　言

在太平洋、印度洋及两大洋之间，纵横着数以百计的类型有别、大小不一、区位分异、军事敏感的具有战略意义的海上通道，它是我国走向深海大洋、远洋航运等的咽喉通道和重要区位。

我国辽阔的海域在地理位置上介于亚洲大陆与太平洋之间，其中东面与朝鲜半岛、九州岛、琉球群岛、菲律宾群岛为邻，南到大巽他群岛，直至印度洋海域。自北向南，呈以东北—西南弧形走向，环西太平洋新月形“岛链”中的诸多海峡通道与战略岛群，横列在我国万里海疆的边缘。在这里，自然地理条件虽不能直接算作军事潜力的一部分，但其相当程度上决定了军事潜力的培植与转化。因此，海洋的战略意义涉及海洋空间、海洋环境与资源、海洋科学调查与研究、海洋开发与管理、海洋防卫力量、海上战略通道等方面，彰显了国家海上力量，更体现了国家的综合国力。

海峡作为军事咽喉要道，世界海洋国家无不重视对海峡地理环境的调查研究，并以其区位进行全方位的评价和战略设置。我国面临着严峻的海洋权益维护和国防安全形势。因此，掌握相关的高新技术和我国海洋战场环境以及提升军事海洋地理研究水平等，对维护国家海洋权益和国防安全具有重要意义。

以应用空间遥感、GIS 技术、可视化技术与计算机网络技术等最为先进的手段，对排列在绵延数千海里的环中国岛链中的诸多海峡、水道进行监测与海洋地理研究，以期实现环中国及其邻近海峡信息的空间化、可视化、产品化、网络化、业务化以及信息共享等全方位的技术条件。进而，建立并完善包括我国领海、专属经济区、大陆架、岛链与海峡的海洋数据库与技术平台。

由于环中国海峡特定的地理区位及其所面临的海洋政治地理格局与多边性，本书先行从北向南阐述日本列岛、琉球群岛、台湾岛及其邻近诸岛、菲律宾群岛、印尼群岛、加里曼丹岛与中南半岛以南等所属的岛间 150 余个主要海峡与水道的海洋地理条件，并涉猎到战略意义相关的内容，同时基于海洋高新技术的发展，列述了海峡体系之信息系统建设及其重要意义。

基于诸多岛间海峡水道及其分布态势与周边条件等彼此不尽相同，甚至差异较大，本书为力求层次分明，阐述与分析方便，对它们的表述方式各有所不同。同时，参考了海务方面的商业书刊。

笔者历经多年的深入调研，无论来自空间信息、实测资料、抑或其他通道的信息，均表明了环中国及其邻近海峡地理研究内容极其丰富。即使一个岛间水道也涵盖着诸多学科内容，无论从海峡抑或特定水道的科学乃至军事价值，或是实用角度来讲，对海峡的多源信息融合与量化的同时，进行信息系统建设，以求得新的视角，来重新认知海峡、评价海峡，以至具体到某一个海峡乃至水道的阐述。

笔者长期致力于海洋岛礁、区域海洋、海洋信息挖掘、海洋遥感应用与信息系统建设研究，深知在海洋遥感领域中地学是基础，物理是手段，数学是方法。正如国际遥感界所共识，面对海洋实际需求，脱离地学的科学导向、手段与方法的成果，难以体现实用价值。继承和发展前有的工作，在遵循常规研究坚实基础的同时，运用新视角、新手段、新方法是历史赋予我们的使命，维护国家海洋权益、增强国防意识，也是一个公民义不容辞的责任。

在撰写与出版本书的过程中，中国科学院资源与环境信息系统国家重点实验室的领导予以热情支持，并与我友刘永志、陈红霞、蓝荣钦、杨刚、宋庆磊等教授与同仁进行了有益的讨论；刘静如女士进行了不辞辛苦的测算。对此，笔者一并表示衷心谢意！

限于作者知识水平与资料关系，书中错误之处，请读者不吝批评指正！

刘宝银　（E-mail：hyliuby@sina.com.cn）
杨晓梅　（E-mail：yangxm@lreis.com.cn）
2016 年深秋

目　次

第一章　海峡通道地理战略

第一节　概　念

1. 认知

海洋，广泛分布着纵横交错、形态各异、区位有别的海峡、水道及其两侧的海岛与海岬等，其地理位置具有最大的不可变性，其空间地理价值，往往凸显对海洋国家的军事活动、经贸往来具有持久、稳定和最直接的影响。

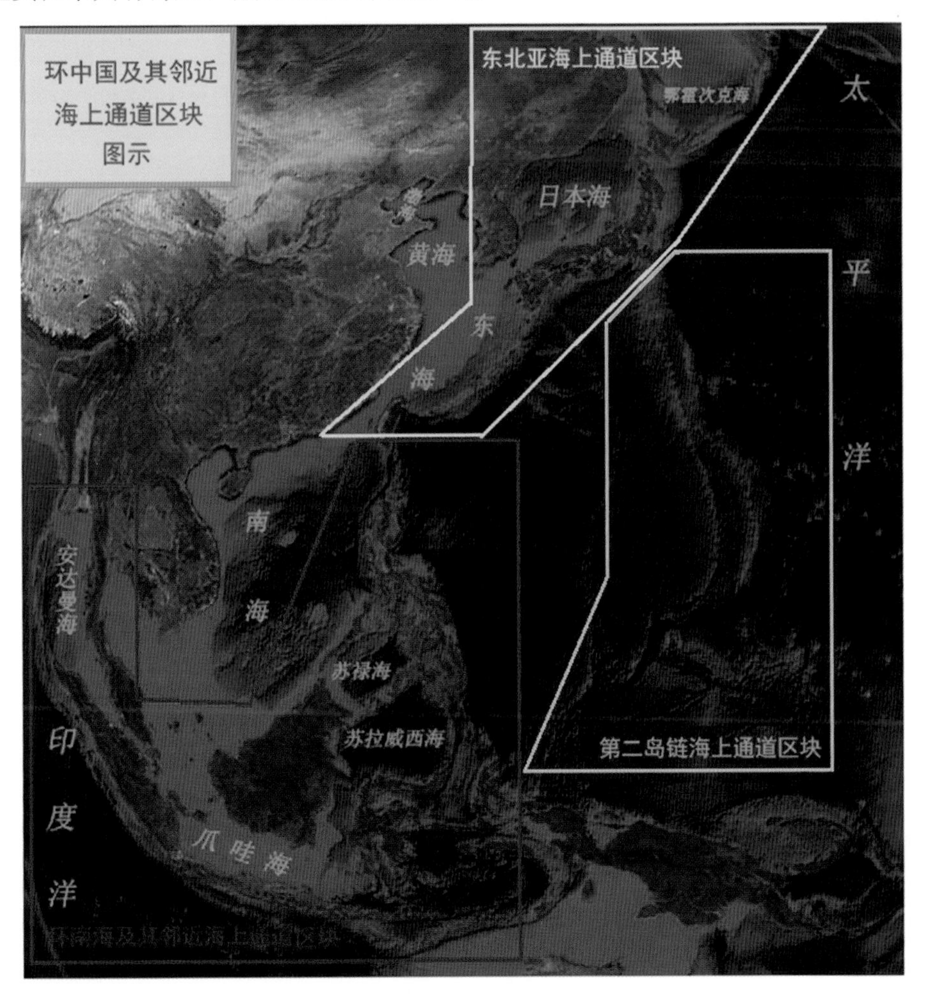

图 1.1　环中国及其邻近海上通道区块图示

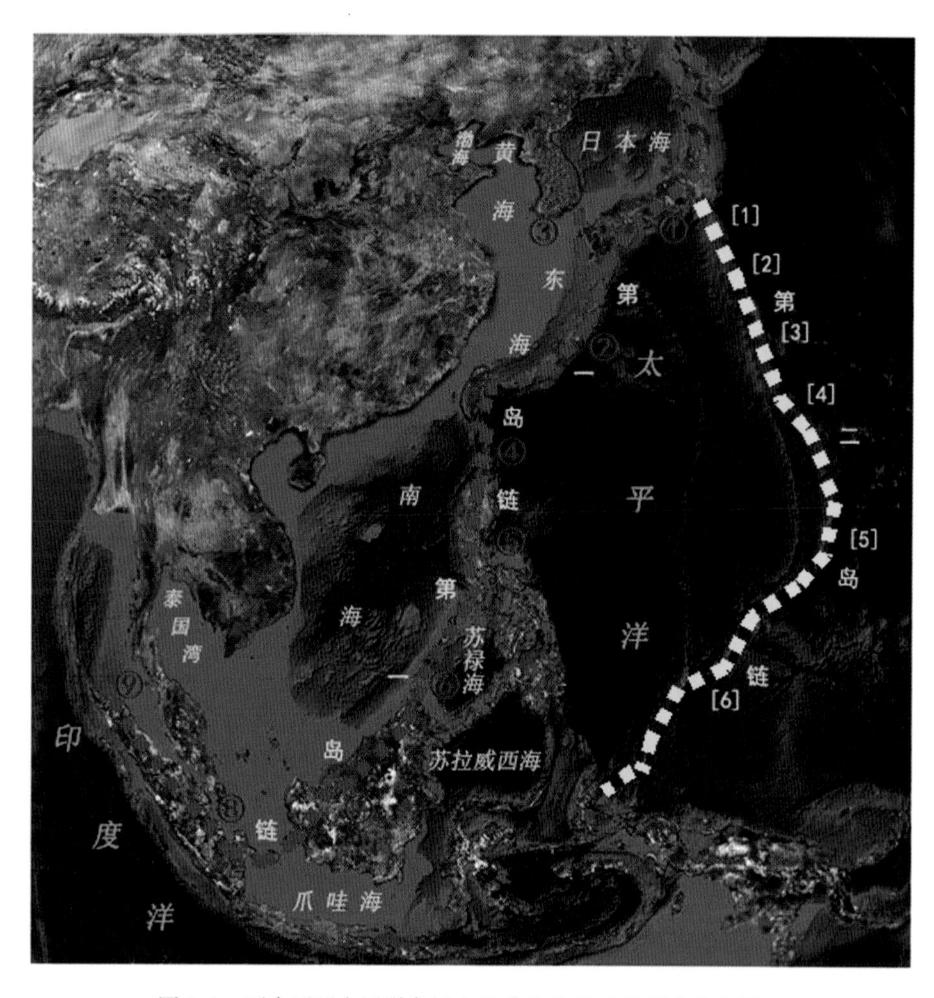

图 1.2 环中国西太平洋岛链空间分布格局卫星遥感信息图示

①日本列岛；②琉球群岛；③朝鲜海峡；④巴士海峡；⑤菲律宾群岛；⑥巴拉巴克海峡；⑦加里曼丹岛；⑧新加坡海峡；⑨马六甲海峡；[1] 伊豆诸岛；[2] 小笠原群岛北段（婿岛列岛）；[3] 小笠原群岛南段（父岛列岛、母岛列岛）；[4] 硫黄列岛；[5] 马里亚纳群岛；[6] 帕劳群岛

2. 区域地质地理背景

如图 1.4 所示，位于亚洲大陆东侧与太平洋西缘，发育有巨大的岛弧-海沟系，其中向太平洋凸出的弧形岛弧，如千岛岛弧、本州岛弧、琉球岛弧、菲律宾岛弧、巽他岛弧等；在向太平洋一侧伴有深邃的海沟，如千岛海沟、日本海沟、琉球海沟、菲律宾海沟等。正如表 1.1 所示，与此相应的海底地形也极为复杂。对此，依据新全球构造论，海沟系由于太平洋板块在此与大陆板块汇合俯冲而下沉的消亡地带，即大洋板块在海沟处俯冲于大陆板块之下，而岛弧则主要由海沟附近喷发出来的火山，上升到海面以上形成断续排列的岛礁。因此，基于板块在这里汇聚幅合的，才形成了岛弧-海沟系统。

该系统表征了二大特点：其一，系地球上最活跃的活动带，地震频繁而强烈，具有

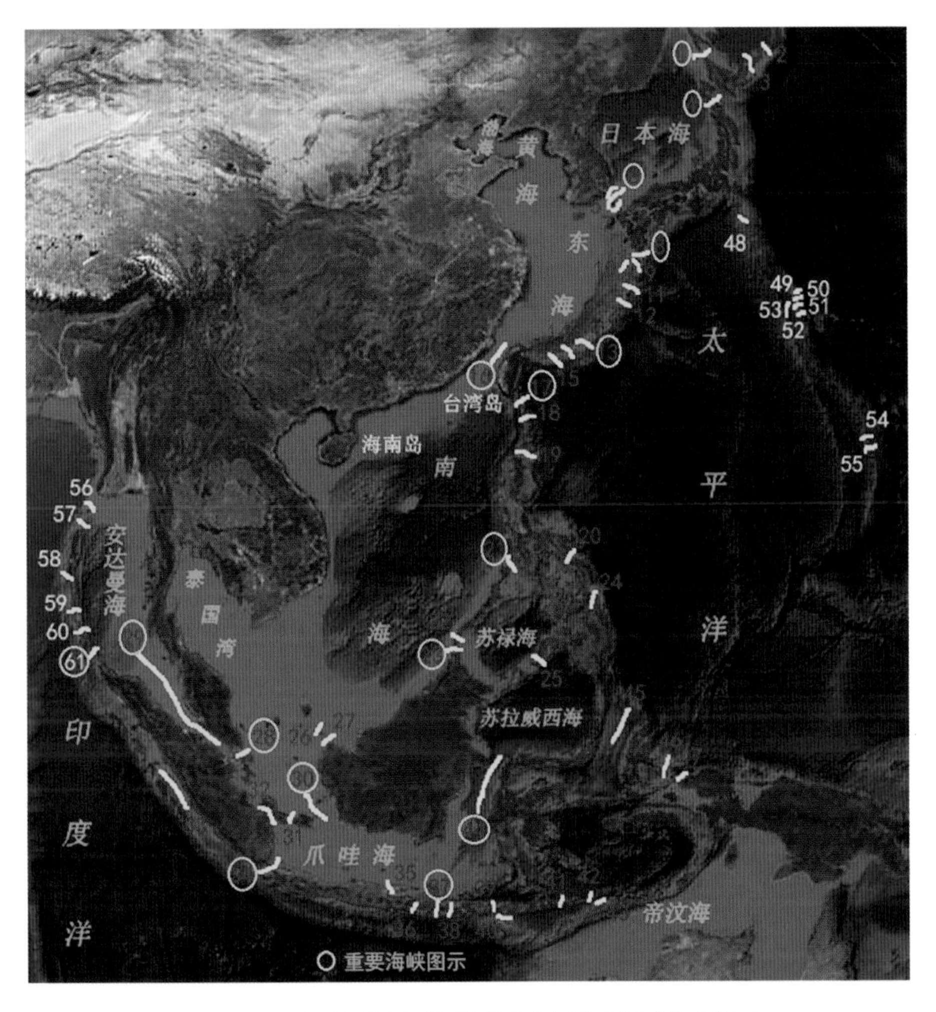

图 1.3　环中国与其邻近海峡通道空间分布遥感信息图示

1. 宗谷海峡　2. 国后水道　3. 根室海峡　4. 津轻海峡　5. 釜山海峡　6. 朝鲜海峡　7. 对马海峡　8. 大隅海峡　9. 种子岛海峡　10. 屋久岛海峡　11. 吐噶喇海峡　12. 大岛海峡　13. 宫古海峡　14. 古垣海峡　15. 与那国东水道　16. 台湾海峡　17. 巴士海峡　18. 巴林塘海峡　19. 巴布延海峡　20. 圣贝纳迪诺海峡　21. 民都洛海峡　22. 北巴拉巴克海峡　23. 巴拉巴克海峡　24. 苏里高海峡　25. 巴西兰海峡　26. 科提海峡　27. 瑟拉桑海峡　28. 新加坡海峡　29. 马六甲海峡　30. 卡里马塔海峡　31. 加斯帕尔海峡　32. 邦加海峡　33. 明打威海峡　34. 巽他海峡　35. 泗水海峡、马都拉海峡　36. 巴厘海峡　37. 龙目海峡　38. 阿拉斯海峡　39. 萨佩海峡　40. 松巴海峡　41. 阿洛海峡　42. 翁拜海峡　43. 威塔海峡　44. 望加锡海峡　45. 马鲁古海峡　46. 贾伊洛洛海峡　47. 丹皮尔海峡　48. 小岛海峡　49. 弟岛海峡　50. 兄弟海峡　51. 南岛海峡　52. 姊岛海峡　53. 向岛海峡　54. 塞班水道　55. 提尼安水道　56. 科科海峡　57. 克拉夫海峡　58. 邓肯海峡　59. 十度海峡　60. 桑布雷罗海峡　61. 尼科巴海峡

浅、中、深源地震；其二，亦是世界上最活跃的火山带，其活火山数量占据目前全球 830 个活火山的 1/2 以上。

表 1.1　西太平洋岛弧-海沟典型地段特征

名　称	岛弧长(km)	岛弧宽(km)	最高点(km)	海沟深(m)	海沟轴与火山带前缘的间距(km)
东北日本	800	500	2.6	9 810	270~290
西南日本	600	500	3.2	4 800	180~230
马里亚纳	1 900	200~300	1.0	11 034	170~220
台湾岛-吕宋岛北部	1 000	200~300	4.0	5 400	200
菲律宾	1 500	300~500	3.0	10 497	140~240

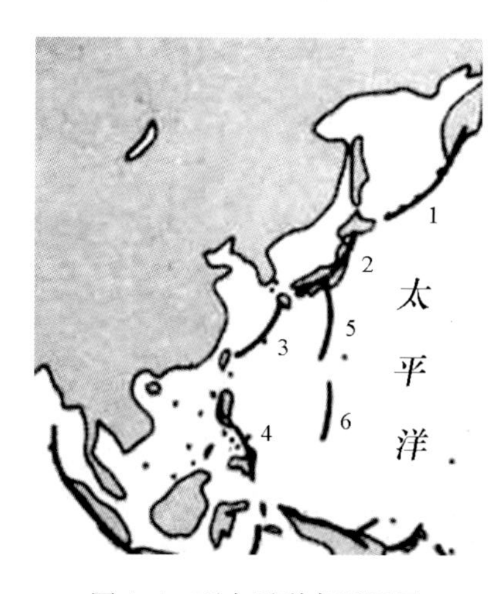

图 1.4　西太平洋岛弧图示

1. 千岛-堪察加岛弧 2. 日本岛弧 3. 琉球岛弧

4. 菲律宾岛弧 5. 小笠原岛弧 6. 马里亚纳岛弧

第二节　海峡、水道

1. 概述

海峡（Straits），是指大陆与大陆之间，或大陆与岛屿之间、岛屿和岛屿之间连接两个海或洋的狭窄水道。它是处于两块陆地之间的狭长水域，连接两个海或者连接大洋与海。多为重要的海上通道，在军事与经济上具有重要的战略意义。世界海洋大国极为重视通航海峡的控制和争夺，仅美国就在世界上选择了 16 个通航海峡，作为控制大洋航道的咽喉点。其中包括：

（1）**西太平洋五大咽喉要道**　朝鲜海峡、望加锡海峡、巽他海峡、马六甲海峡与白令海峡；

（2）**印度洋两大咽喉要道**　霍尔木兹海峡与红海南部的曼德海峡；

（3）**地中海两大咽喉要道**　苏伊士运河与直布罗陀海峡；

（4）**大西洋七大咽喉要道** 斯卡格拉克海峡、卡特加特海峡、格陵兰-冰岛-联合王国海峡、好望角航线、北美航道、巴拿马运河与佛罗里达海峡等。

表 1.2 环中国岛链及其附近主要海峡与水道

名 称	位 置	长度（n mile）	宽度（n mile）	水深（m）
宗谷海峡	北海道最北端与库页岛最南端之间	55	22.7	30~67
鞑靼海峡	鄂霍次克海与日本海之间	342	22~185	30~230
根室海峡	鄂霍次克海与太平洋之间	70	19~38	5~30
津轻海峡	北海道与本州之间	50	11~27	200
关门海峡	本州岛与九州岛之间的濑户内海最西部	13	0.3~1	6~18
朝鲜海峡	朝鲜半岛东南部与本州岛和九州岛之间	211	97	50~150
对马海峡	对马岛与九州岛之间	120	25（最窄）	92~129
大隅海峡	九州岛南端	—	15	80~200
吐噶喇海峡	日久良布岛、屋久岛与口之岛之间	—	23	400~600
大岛海峡	奄美大岛与加计吕麻岛之间	13	0.5~12	30~100
口之岛水道	口之岛与中之岛之间	—	5	200~500
中之岛水道	中之岛水道与诹访濑岛之间		10.5	500~700
诹访濑水道	诹访濑水道与恶石岛之间		9	600~900
德之北水道	奄美群岛中部		12	150~500
冲奄海峡	冲绳岛与奄美大岛之间	—	> 50	200~600
德之南水道	德之岛与冲永良部岛之间		18	350~600
宫古海峡	冲绳岛与宫古岛之间	—	145	500~1 500
古垣海峡	宫古岛与石垣岛之间	—	26	70~500
与那国东水道	西表岛与与那国之间	—	35	200~1 000
台湾海峡	台湾岛与中国大陆之间	205	70~108	60~80
巴士海峡	台湾岛与巴坦群岛之间	—	51~100	2 200~5 126
巴林塘海峡	巴坦群岛与巴布延群岛之间	—	42	700~2 887
巴布延海峡	巴布延群岛与吕宋岛北岸之间	117	15~20	200~1 000
巴拉望水道	巴拉望岛西岸	—	29~35	> 180
新加坡海峡	南海与马六甲海峡之间	59	2.5~20	22~157
巽他海峡	爪哇海与印度洋之间	65	12~57	50~1 080
龙目海峡	巴厘海与印度洋之间	43	17~35	164~1 360
阿拉斯海峡	巴厘海与印度洋之间	30	4~7	90~180
望加锡海峡	苏拉威西海与爪哇海之间	270	70~108	50~2 458
马六甲海峡	南海与印度洋安达曼海之间	583	20~200	25~151

*表中“—”所示，系所在海峡水道长度多无明显的地理界定。

诚然，我国作为海陆兼备的国家，在世界经济一体化的大势下，与世界各地的经济贸易和科技文化联系越来越多，利用世界大洋通道是一个极其重要的战略问题，相关我国的战略通道，不容钳制。

第三节　海峡与航线

环中国及其邻近海峡的自然地理因素对海洋经贸与军事活动的影响是不言而喻的，而海洋军事斗争已成为国际斗争的组成部分与重要方面。海洋地理因素的全局性影响越来越大，成为海洋军事斗争相关的战略性因素。因此，军事家们已从战略层面对海洋地理因素中的海峡水道进行分析研究，确定其对海洋斗争的全局性影响。

海峡因所具有的不同特点，对其周围事物的影响程度不尽相同，其战略价值，就在于对海洋经贸与军事活动影响程度，而这种影响难以消除，并具有持久稳定性和不可替代的综合作用。

海峡地理因素所涉及的国际政治斗争内容是多方面的，如一个岛间水域会成为国际关系的中介物、纽带，抑或成为敌对国家势力之间的缓冲地带，乃至斗争的空间。诚然，海峡与其周围海域的浪、潮、流、海冰以及气象要素等，既可成为军事活动的便利条件，也可成为一种阻碍。因此，海峡及其周边海域的地理特征，其影响可产生巨大的战略效应。但是，战略性事物的发展具有很强的时-空性及其较大的跨度，乃至不同的可控性，所以海峡的战略效应和影响大小有直接关联性。

因此，海峡地理环境因素的战略价值，不管是过去、现在抑或将来，均是海洋战略环境研究的重要目标与基本内容。

海峡通道，是指大陆与大陆之间，或大陆与岛屿之间、岛屿和岛屿之间连接两个海或洋的狭窄水道。它是处于两块陆地之间的狭长水域，连接两个海或者连接大洋与海。重要的海峡是海上通道系统的咽喉要地，在军事、交通与经济上具有重要的战略意义。

全世界有数以千计大小不同的海峡，其中可用于航行的海峡约有 130 个，国际航行的主要海峡约有 40 多个。具有重要战略地位的海峡达 10 个有余，其中亚洲就有 6 个。对此，以大类分有：

① 以地理特征海峡分为大陆之间的海峡、大陆与岛屿之间的海峡、岛间海峡等；

② 以法律关系海峡分为内海海峡、领海海峡、非领海海峡与用于国际航行的海峡等。

就此，1982 年《联合国海洋法公约》将“用于国际航行的海峡”制度从领海制度中分离成为一个独立制度。其规范用于国际航行的海峡有两个标准：

① 地理标准　海峡两端必须连接公海或专属经济区；

② 功能标准　海峡必须用于国际航行。

何谓用于国际航行的海峡，国际法上一直没有十分明确的定义。通常用于国际航行的海峡取决两个标准：

① 须连接公海之一部分与公海另一部分或外国领海；

② 必须供国际航行之用。

海上战略通道的安全与畅通，关系到一国的对外贸易和运输安全，国际关系和战略格局的演变。我国的海区多处于边缘的半封闭海区，显然，环我国岛链的各个海峡通道，对于我国国防安全、经济发展，都具有非常重要的意义。因此，国际战略海上通道是关系到国家经济安全、社会稳定和军事安全等重大的战略。

正如前述，海洋对国家经济发展具有越来越重要意义，保障海上战略通道系国家战略利益不断拓展的客观需求。诚然，海上安全维系着国家未来重大的生存与发展利益，没有海上安全就没有国家安全，国家利益是维护与处理国家间关系的最高准则，即国家海洋战略使命的具体体现。

业内人士曾指出，21 世纪为国家间的新一轮竞争的开始，资源的争夺、海疆界延伸与划界、海洋国土开拓、海上物流通道安全与威慑力量的增强。其中，海洋军事力量的运用表现在如下四个方面。

（1）制与反控制　对具有战略意义的国际公海海峡与重要战略海域，实施监视控制和反监视控制。

（2）锁监视与反封锁监视　相对和平时期一国国家海军力量利用公海对另一国家实行监视巡弋，以显示武力的行动，乃至被监视国家所采取的 反措施行动。这种行动带有威慑、封锁与反威慑、反封锁的性质。

（3）威慑与反威慑　系指相对和平时期海上斗争中运用海洋军事力量的方式。其中，由于海洋机动灵活性，如海上护航、舰队出访、前沿展开、巡逻游弋、战场建设和变更部署等，即是显示力量抑或警告对手，这种海军威慑的基础就是军事力量。如一国欲封锁海峡，而另一国扬言宣布进行舰艇护航，这就是威慑与反威慑的对抗。

（4）保卫或破坏海洋权益　由于国际海洋法规定的领海基线、资源开发与主权等法规的内涵概念的演变，国家间的海洋权益出现矛盾，如第三次国际海洋法会议规定的领海基线可拥有 200 n mile 的专属经济区，依此抢占一个海洋岛屿就能控制 10 余万平方海里的岛屿附近海域，这就带来了保卫或破坏海洋权益的问题。

我国的海区多处于边缘的半封闭海区，显然，进出世界大洋要经过很多海峡，这些海峡对于国防安全、经济发展，都具有非常重要的意义。仅就太平洋航线中，穿越海峡的示例如下。

远东—东南亚航线　该航线是去东南亚各港，以及经马六甲海峡去印度洋，大西洋沿岸各港的主要航线。东海、台湾海峡、巴士海峡、南海是该航线船只的必经之路。

远东—澳大利亚、新西兰航线　远东至澳大利亚东南海岸分两条航线。中澳之间船需经南海、苏拉威西海、班达海、阿拉弗拉海，后经托雷斯海峡进入珊瑚海。而去澳大利亚西海岸航线经菲律宾的民都洛海峡、望加锡海峡以及龙目海峡进入印度洋。

诚然，我国作为海陆兼备的国家，在世界经济一体化的大势下，与世界各地的经济贸易和科技文化联系越来越多，利用世界大洋通道是一个极其重要的战略问题。

就此，回顾第二次世界大战中的太平洋战争虽几乎是一场岛屿争夺战，但充分反映了海峡水道是海上交通的咽喉，又是重要城市的门户，争夺海峡和水道是海上战争焦点之一。

第四节　海峡战略通道地位与分类

1. 概述

海上运输线中，一些咽喉要地，即战略通道起着决定性作用。如上所述，海峡通道是指位于两块陆地之间连接两个海或洋的狭长水道，它们大多深度较大，水流湍急，处于特殊的地理区位，成为海上运输必经之地。从经济的角度，国际战略海上通道是海上交通的走廊和枢纽，也是国际海上运输的捷径；从军事的角度，国际战略海上通道是进攻的天堑，防守的依托，隐蔽伏击的支撑和遏制、封锁的咽喉要地。

2. 海峡战略通道的分类

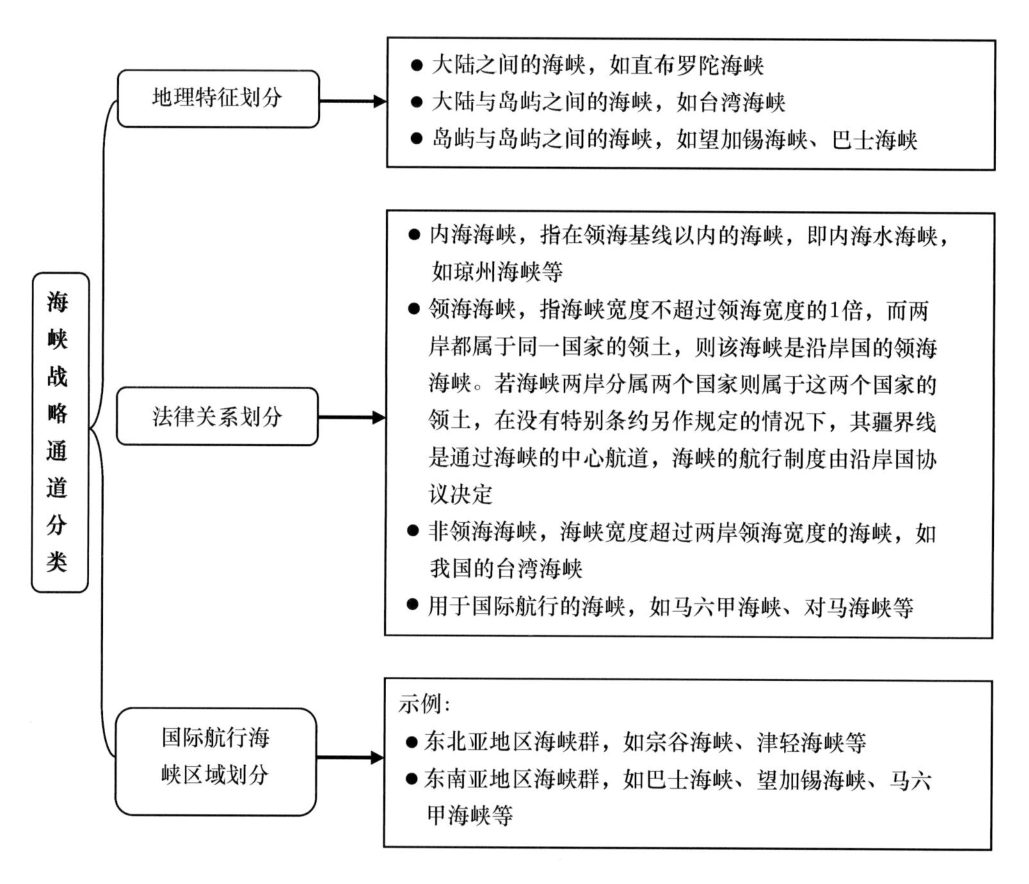

图 1.5　海峡战略通道分类

3. 海峡地理环境要素类别与类型属性

海峡系海洋中特殊的地理单元，正如图 1.7、图 1.8 所示，其地理环境要素、类型多样性及其属性等有着较大的差异。

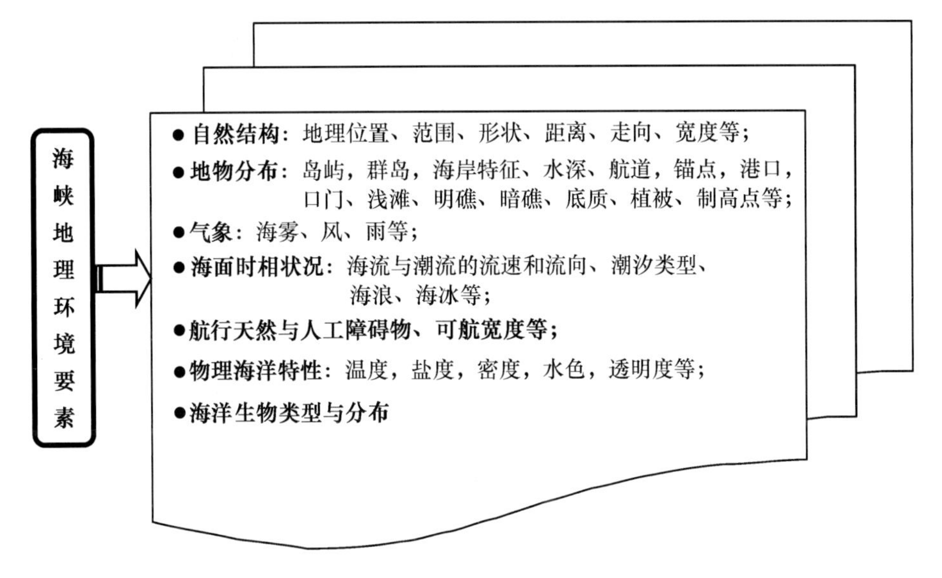

图 1.6　海峡地理环境要素

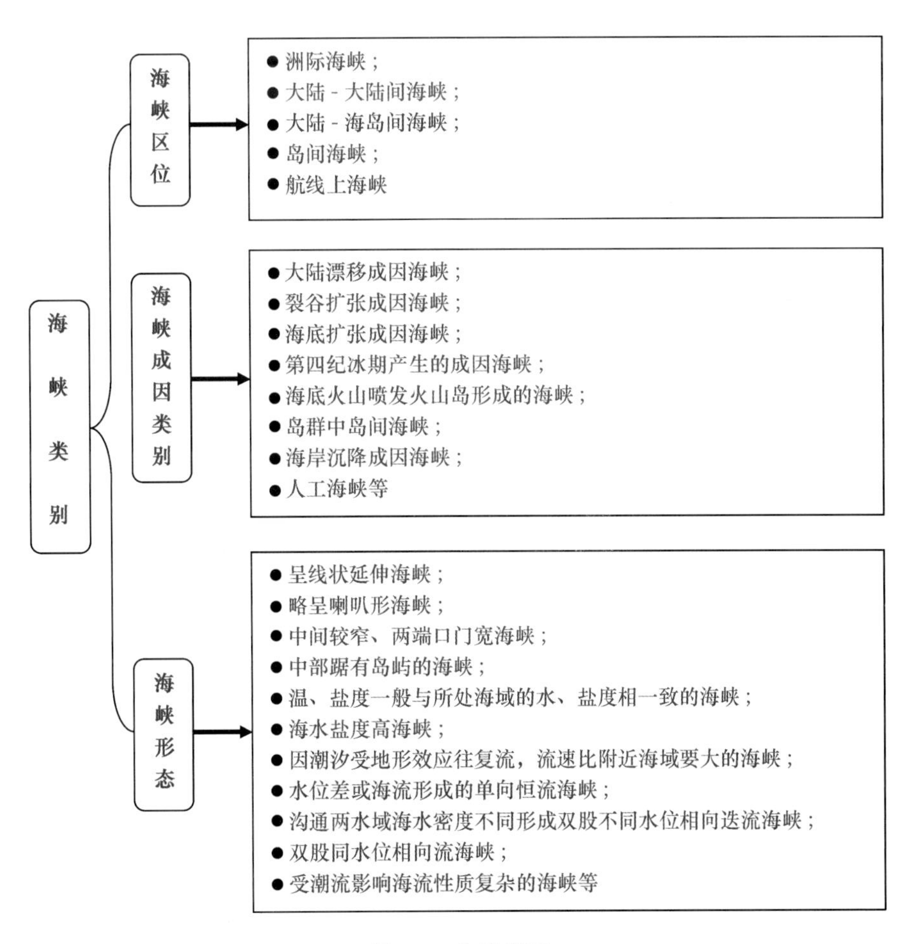

图 1.7　海峡类别

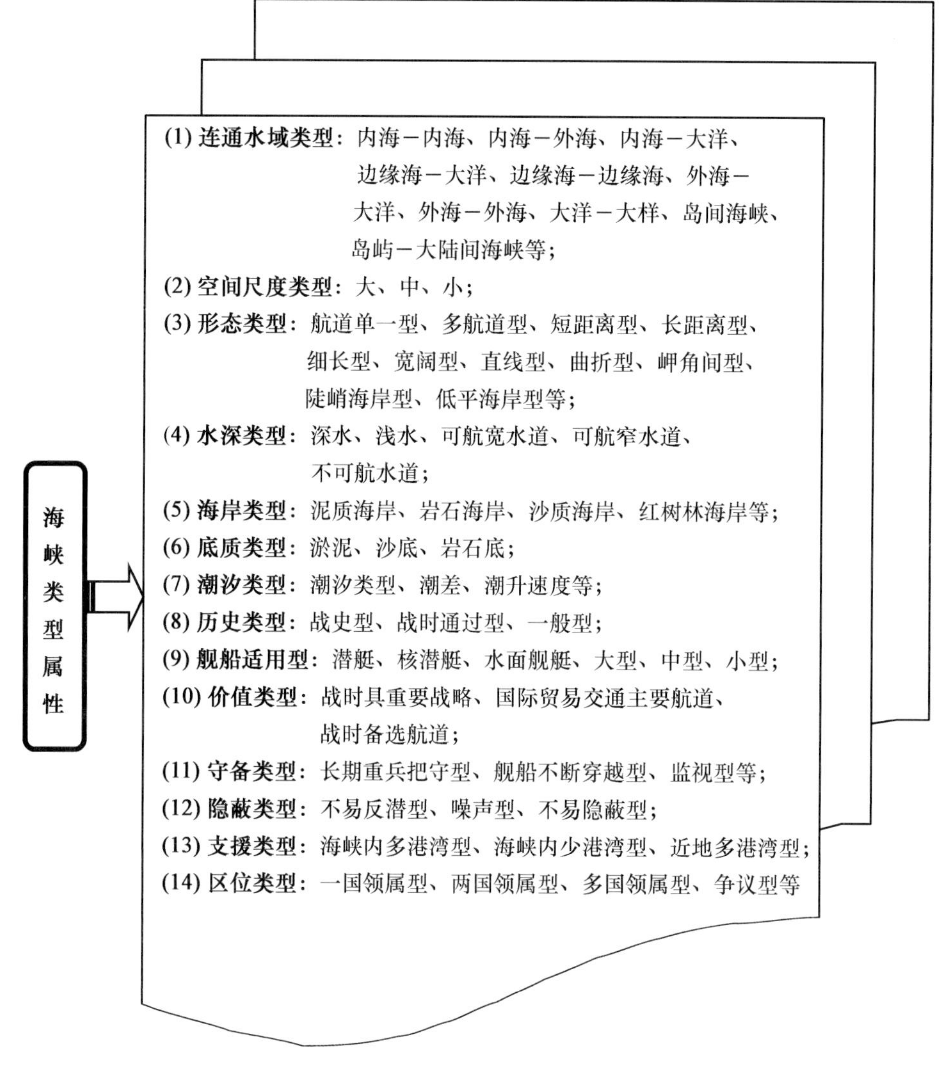

图 1.8　海峡类型属性

第五节　海峡战略通道的科学认知

1. 海上战略通道的科学认知

在和平环境下，作为一个海洋国家，均需对重要海区以及海上战略通道的海洋环境资料有较为详尽的了解。回顾以往，我国调查技术落后、调查内容少，数据精度低，调查研究成果无法满足现代的需要。对此，涉及海峡通道的地质地貌、水深、岩礁、水声、水文、气象、重力及磁力参数等相关信息，唯当建立数据库和模型，制作仿真软件等条件的成熟，尚能使船舶顺利穿越海峡通道。

亦如认知，海洋地理学家源于注意到海峡通道的独特性，海峡通道系连接一个海域与另一海域的空间，这一地理空间被定义为“海峡”。对此，已如所知，太平洋、印度洋以及亚洲海域，由诸多海峡通道所联系，但鉴于海峡通道位于不尽相同区域的边缘位置，使海峡通道成为相邻区域间的“门户”，并可与河流、港口等并列。如巴士海峡、马六甲海峡、巽他海峡以及菲律宾群岛中诸多海峡等被归为“海上通道”。

（1）海峡与航线存在密切联系，没有航线，海峡仍然只是一个孤立的自然现象；

（2）海峡通道上发生海上冲突，多半是发生在水路相当狭窄的区位；

（3）当今，海峡可以从内部或从远方加以控制，这取决于局部条件及其他条件；

（4）权力的不同层面、军事能力、意识形态、经济考量以及其他预期相联系。随着时间的推移，由于商贸、政治或其他原因，原并不重要的狭窄海峡通道，可能转变成为一条重要的海上通道。

虽然海峡/航道/通道的地理连续性以及物理形态连同风与水流的相关形态，在长时期中并没有发生显著变化，但不同种类的海峡功能和作用，依其地理区位与自然环境，如浪、潮、流、邻近岛屿、天气特点、海岸类型、水深等条件，而有所不同。

另有例外的是，东南亚中的海峡通道，由于地震灾害、珊瑚礁滩的发育、沉积物的分布变化、海底沙脊移动、红树林的扩大等，导致了海峡水道不可通航，最后，逐步被其他航道所替代，据报，新加坡海峡南侧的廖内群岛中，海峡通道变成复杂的系统。

为了到达特定的目的地，船只从一个海域航行到另一个海域采用特定的航线，通过特定的“海峡通道”。时有在两条或更多的替换航线之间进行选择。

港口、航线与海峡之间的“三角”关系，不同类型的海峡和不同类型的港口之间存在着密切的关联，尤其是在二者都被置于更大的海洋背景之中时，主要的商贸中心往往出现在主要的海上通道附近。

2. 海峡通道在运输方面的特点与作用

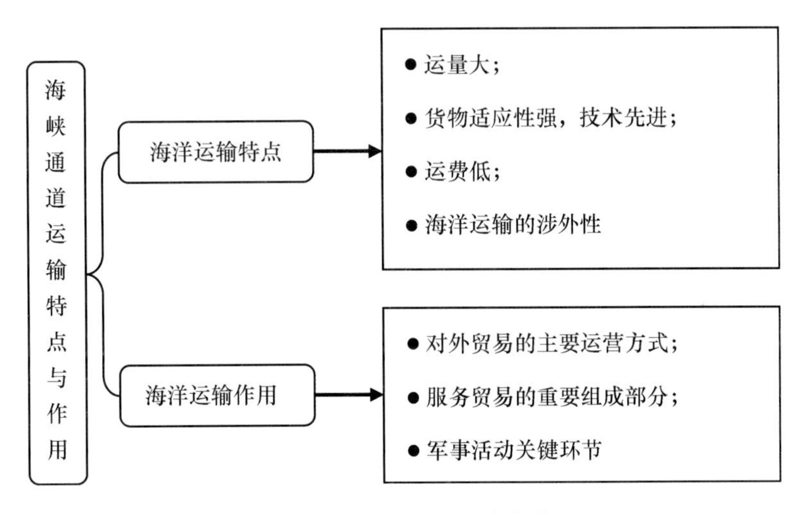

图 1.9　海峡通道运输特点与作用

第六节　新的海洋防卫观

我国海洋防卫面临着新的挑战并肩负新的历史使命。复杂的战略环境与海区周边邻国存在着海洋国土划界、海洋权益、岛屿主权归属的争议以及国家间的利益矛盾，来自多元化的威胁和多方向的挑战。

国家间激烈的海洋争夺愈加表现在：争夺管辖海域，单方面扩大管辖范围，并提出划界要求；争夺海洋资源；争夺控制国际海上通道和战略海域，为自己的战略利益服务；争夺远海岛礁，扩大海洋国土；海洋资源的掠夺与反掠夺、战略通道的控制与反控制、海洋权益的侵占与反侵占等主要形式。

《联合国海洋法公约》生效后，世界各国之间因海洋划界、岛屿争端和海洋资源等诱发的各种矛盾和冲突将成为未来海上非正规作战和武装冲突的根源。如何维护海洋权益和海洋资源，成为现代海军日常作战巡逻的重要任务之一，未来的海洋防卫样式由面对面的海上舰队决战转向远程精确打击作战。

诚然，海洋防卫的直接结果是要有一支与之相适应的防御力量，特别是在21世纪海洋发展方向上，维护海洋权益，从而使我国海洋防卫有更加安全可行的保障。

从地缘角度看，中国海区呈半封闭状，外有岛链环绕，中国海军进出大洋要受制于他国。显然，现代海军远距离打击能力如果不足1 000 n mile，无法保障国家海上方向的安全。中国海军积极防御的战略运用能力上，必须具有在战略安全的西北太平洋海域和印度洋部分水域执行战略任务与争夺一定海域的制海权能力，并要充分利用公海的国际性和航行自由性进行战略防御。要求中国海军拥有足够的威力覆盖经马六甲海峡通过印度洋南部的海上通道，确保战略资源安全运输。

我国通往邻近海区与大洋的海峡水道，目前多不为中国所控制。中国有必要享有进出大洋的自由权，能够在必要时有效控制中国海区通往大洋水域重要海峡水道的实力。

第二章 关联中国的岛链与海峡战略

第一节 岛 链

1. “岛链”一词的来历

现今人们经常提到的“岛链”一般是指第一“岛链”和第二“岛链”。“岛链”一词最先正式使用在20世纪40年代末、50年代初。当第二次世界大战结束后不久，以美国为首的西方军事同盟就竭力利用第一“岛链”构筑对社会主义国家的所谓“新月形包围”。其后，不少国家便把这种岛弧包围态势形象地称为“岛屿锁链”，简称为“岛链”。

“第一岛链”源自位于西太平洋、靠近亚洲大陆沿岸的阿留申群岛、千岛群岛、日本列岛、琉球群岛、菲律宾群岛、印度尼西亚群岛等群岛，而“第二岛链”则源自南方诸岛（包括小笠原群岛、硫黄列岛）、马里亚纳群岛、雅浦群岛、帛琉群岛及哈马黑拉岛等岛群。

到20世纪80年代，美军在两条“岛屿锁链”上的基地体系更加配置有序。美国几乎扼守着所有的海上重要咽喉要道，并能相互支援。“岛链”成为美军在西太平洋地区作战的重要依托。特别是美国尤为关注的一个环节就是我国的台湾岛。台湾岛位于“第一岛链”的中央，是该“岛链”距我大陆海岸线最近的一环。其战略位置使得其可以有效地扼控东海与南海间的咽喉通道，掌控通往“第二岛链”内海域的有利航道及通向远洋的便捷之路。台湾岛在整个“第一岛链”中起着承上启下、中间枢纽的重要作用。

2. 岛链军事地理环境总体态势

环中国的海峡大部分属于岛间海峡类型。诚然，相关类型的海峡区位及其战略意义，无疑与“环中国岛链”密切相关。对亚洲—西太平洋的海峡任何方面的问题，无不涉及岛屿抑或半岛乃至大陆，尤其对岛链在地理上与军事上双重概念的了解，是十分重要的。

岛链
- 第一岛链　北起日本列岛、琉球群岛，中连台湾岛，南至菲律宾群岛、大巽他群岛为一链形岛屿带。
- 第二岛链　北起日本列岛，经小笠原群岛、硫黄群岛、马里亚纳群岛、雅浦群岛、帛琉群岛，向南延至哈马黑拉马等岛群。

图2.1　岛链地理概念

如果以战略的眼光审视亚洲地图，正如前述，人们不难发现，与中国沿太平洋漫长的海岸平行，有一条北起朝鲜半岛，经日本列岛、琉球群岛及我国的台湾岛、菲律宾群岛、印度尼西亚群岛等新月形岛链，横锁在我国万里海疆的边缘。

（1）日本列岛东临太平洋，自东北向西南呈弧形延伸，地处环太平洋火山地震带，陆上山脉叠嶂，河谷深错，平原相间，临太平洋岸线曲折，多港湾，外临太平洋深海沟，面对日本海的岸线则平直。列岛西部与北部隔东海、黄海、朝鲜海峡、日本海、宗谷海峡、鄂霍次克海与中国、韩国、朝鲜、俄罗斯相望；扼控日本海和太平洋的咽喉，战略地位极其重要。

（2）位于日本九州岛与我国台湾岛之间的琉球群岛，东临太平洋，西濒东海，由大隅群岛、吐噶喇列岛、奄美群岛、冲绳群岛、先岛群岛等岛群组成，呈东北—西南弧形布列，蜿蜒达 1 000 km 以上，多珊瑚礁海岸，岸线曲折多港湾，群岛间多海峡与水道。该琉球群岛西距我国大陆海岸约 240~380 n mile，系扼控西太平洋战略要地。

（3）台湾岛位于该岛链中间地带，东临太平洋，西隔台湾海峡与福建省相望，南隔巴士海峡、巴林塘海峡、巴布延海峡等与菲律宾相对，东北与琉球群岛相邻接。该岛处在岛链的长度近 400 km，其西岸为低平的沙质岸，东岸为陡峭的断层海岸，周边有近百个大小岛礁。扼西太平洋海上交通要冲，为从东海到南海重要通道的岛屿。该岛对国家的军事与经济具有十分重要战略地位。

（4）由 7 100 余个大、小岛屿组成的菲律宾群岛呈南北排列，绵延 1 800 km 以上，岛上山地叠嶂，火山时有活动，岛岸曲折多港湾，岛间有浅海，海峡众多，并东临太平洋，西濒南海，西南和南部隔苏禄海、苏拉威西海与马来西亚、印度尼西亚相对，处在东南亚东部，北隔巴士海峡、巴林塘海峡、巴布延海峡等与台湾岛也相对。扼东亚与南亚间海、空交通要道，战略地位自然十分重要。

（5）由大小 3 000 余个岛屿组成的印度尼西亚群岛，跨赤道两侧，地处亚澳大陆之间，东濒太平洋，西临印度洋，岛上以山地与丘陵为主，也有高原、盆地与平原，群岛间海域、海峡纵横。扼太平洋与印度洋交通要冲，特别是群岛间的马六甲海峡、巽他海峡、龙目海峡与望加锡海峡为海上咽喉要道，战略地位极其重要。

基地带的战略意义在于控制“岛屿锁链”中首要环节的海峡、航道、海域和岛屿。

第二节　海峡通道关联着中国周边海域战略地位与地缘战略价值

西太平洋海域地处亚洲与太平洋结合部，南北长达 3 000 n mile，其外缘为世界上最长的岛链所环绕，即北端起向南偏西延伸顺序是日本列岛—琉球群岛—台湾岛—菲律宾群岛—加里曼丹岛等。所谓“岛链”，即是利用西太平洋海域中一些岛群的战略地理位置建立的多道防御圈与诸多的军事基地。

西太平洋海域是紧邻中国的海域，它不仅是中国海军进入太平洋的必经之路和海上作战的主要战场，也是中国对外交往和贸易往来的重要海上交通线。该海域是当今海洋权益斗争最激烈、最复杂地区之一。例如，日本军舰开赴海外、日本击沉不明船只等事件，无不与这片海域紧密相关。

在现代战争历史上，各国为争夺这片海域及其海上航线而进行的战争接连不断。第二次世界大战结束后，美国为扩大亚太地区的势力范围，干涉亚太事务，联合日、韩与菲律宾等国家和地区，构建前沿军事基地，在西太平洋形成“岛屿锁链”，并对西太平洋航线虎视眈眈。

由上述可知，中国周边海域以其重要的地理位置和丰富的自然资源，在世界和中国地缘战略格局中占有十分重要的地位，既是沿海地区的重要屏障，又是中国可持续发展的重要保障。

中国周边海域的半封闭性是其一个重要特征，这一特征对其周边各国特别是中国有重要影响。只有通过朝鲜海峡、琉球群岛诸水道、巴士海峡、马六甲海峡等才能分别进入日本海、太平洋和印度洋。在台湾岛以东约 1 200 n mile 处，由小笠原群岛、马里亚纳群岛和加罗林群岛等则组成第二岛链。美国宣布要控制的 16 条海上要道中，有四条在这一海域或其附近，一直是美国在亚太地区的重要战略目标之一。

在国际关系当中，任何“屏障”和“通道”都是相对的。只有当这一海域的制海权掌握在中国手中时，它才是中国的重要屏障和通道。美国也是通过控制岛链及其岛间海峡通道，掌握了中国周边海域的主导地位。

中国义无反顾地增强综合国力，突破岛链及其岛间海峡通道，走向大洋。

北部海域　通过朝鲜海峡和琉球群岛诸水道与日本海和太平洋相通。主要体现特殊的地理位置和明显的半封闭特征，使这一海域对中国的地缘战略价值。北部海域作为这两个地区的海上战略纵深，是其重要的海上屏障。

台海海域　这一海域地处中国周边南北两大海域之间，其中的台湾海峡更是联系这两大海域的捷径，因而，控制这一海域对维护南北海域的贯通、确保南北海运的安全也有重要意义。

我国台湾岛恰好位于第一岛链中间地带和南部海域北部出口，扼西太平洋海上航线要冲，这对提高中国在亚太地区的战略地位、增强对西太平洋地区国际局势的影响力有重要意义。

南部海域　主要指中国南海海区，通过巴士海峡、马六甲海峡和巽他海峡等可进入太平洋和印度洋，是沟通两洋的重要通道。这一海域的特殊位置使其对中国的价值首先体现在战略进取，是中国对外交往的一个重要通道。

第三节　太平洋中海峡类型与海上战略通道系统

太平洋及其与印度洋之间的自然与人工海峡水道类型中，划分为东海区与南海区共 5 个海上战略通道系统。

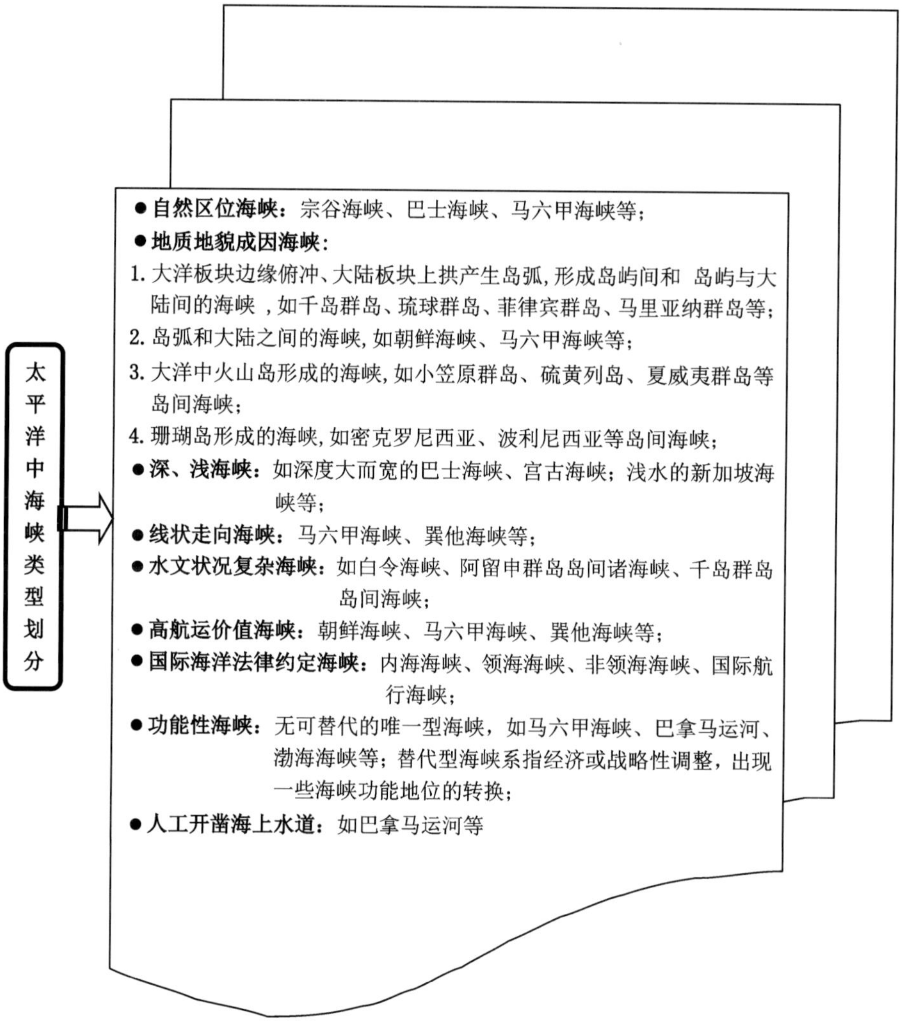

太平洋中海峡类型划分

● **自然区位海峡**：宗谷海峡、巴士海峡、马六甲海峡等；

● **地质地貌成因海峡**：

1. 大洋板块边缘俯冲、大陆板块上拱产生岛弧，形成岛屿间和 岛屿与大陆间的海峡 ，如千岛群岛、琉球群岛、菲律宾群岛、马里亚纳群岛等；
2. 岛弧和大陆之间的海峡，如朝鲜海峡、马六甲海峡等；
3. 大洋中火山岛形成的海峡，如小笠原群岛、硫黄列岛、夏威夷群岛等岛间海峡；
4. 珊瑚岛形成的海峡，如密克罗尼西亚、波利尼西亚等岛间海峡；

● **深、浅海峡**：如深度大而宽的巴士海峡、宫古海峡；浅水的新加坡海峡等；

● **线状走向海峡**：马六甲海峡、巽他海峡等；

● **水文状况复杂海峡**：如白令海峡、阿留申群岛岛间诸海峡、千岛群岛岛间海峡；

● **高航运价值海峡**：朝鲜海峡、马六甲海峡、巽他海峡等；

● **国际海洋法律约定海峡**：内海海峡、领海海峡、非领海海峡、国际航行海峡；

● **功能性海峡**：无可替代的唯一型海峡，如马六甲海峡、巴拿马运河、渤海海峡等；替代型海峡系指经济或战略性调整，出现一些海峡功能地位的转换；

● **人工开凿海上水道**：如巴拿马运河等

图 2.2　太平洋中海峡类型划分

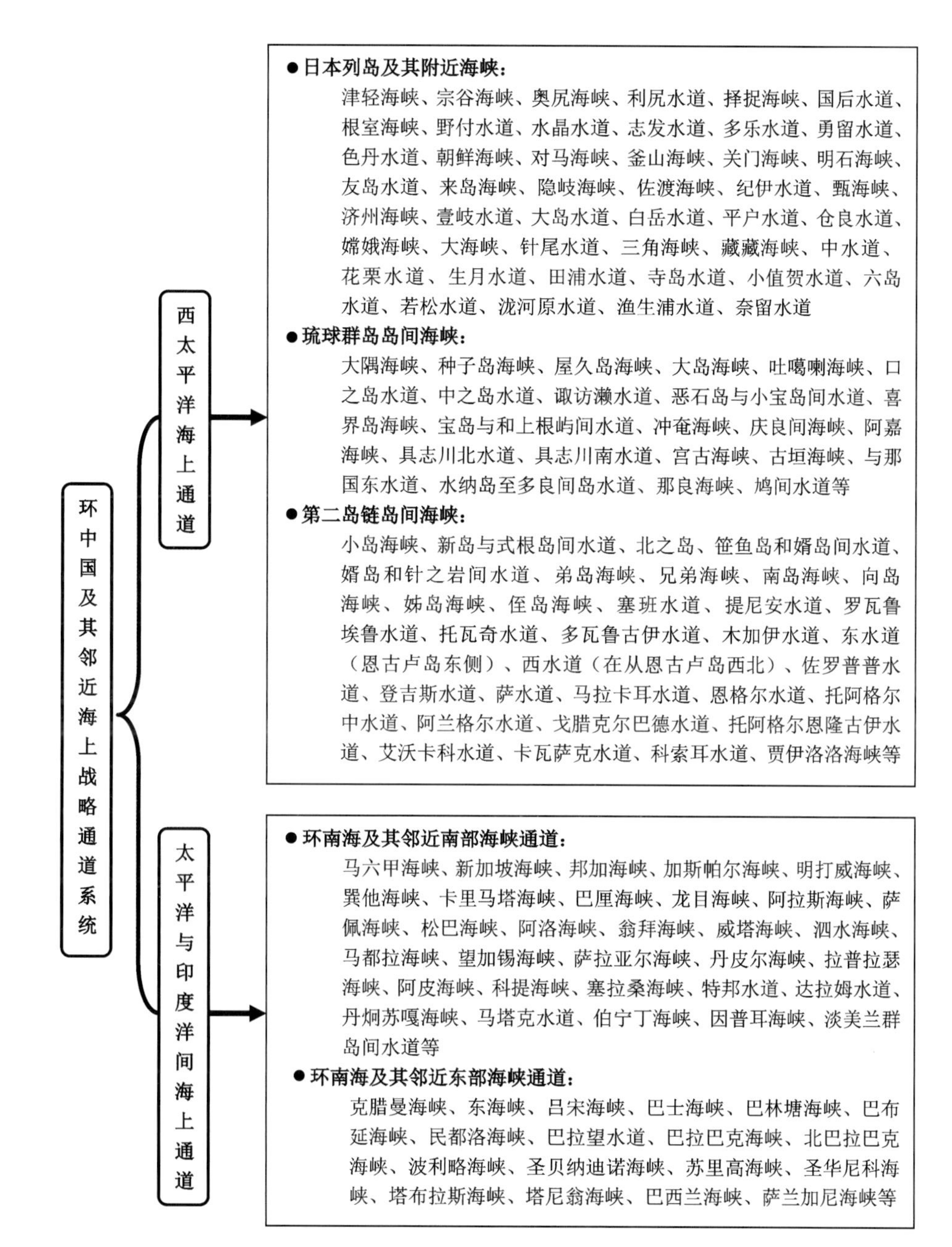

图 2.3　环中国海上战略通道系统

第四节　与中国密切相关的海峡通道

1. 概述

依据与中国利益相关程度、地域远近以及外军掌控的状况等，如图 2.4 所示，大致可以分为以下四类。

一是在中国近海周边的海峡通道，二是与我国家战略资源密切相关的海峡通道，三是涉及全球海上利益的海峡通道，四是与我国相距较远，目前对我影响相对较小的海峡通道。

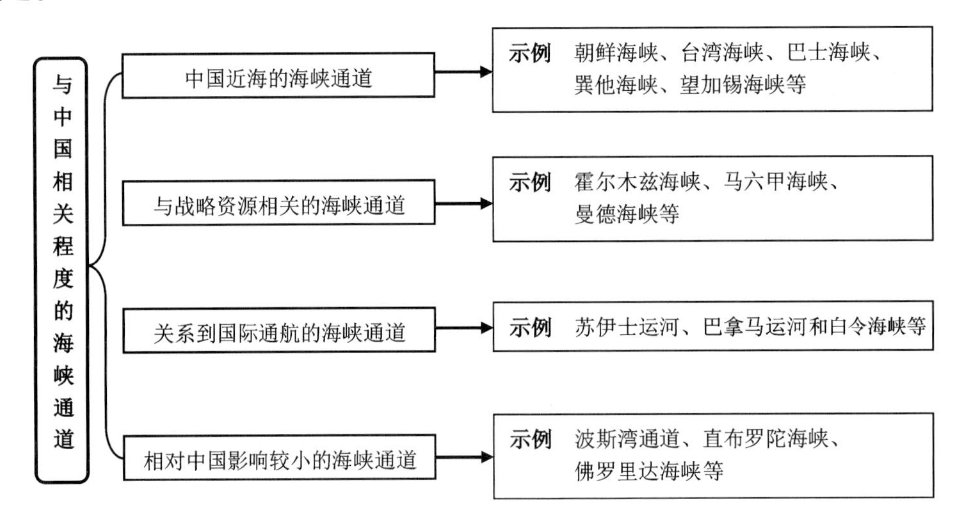

图 2.4　与中国相关程度的海峡通道

2. 与我国经济关联的海上通道

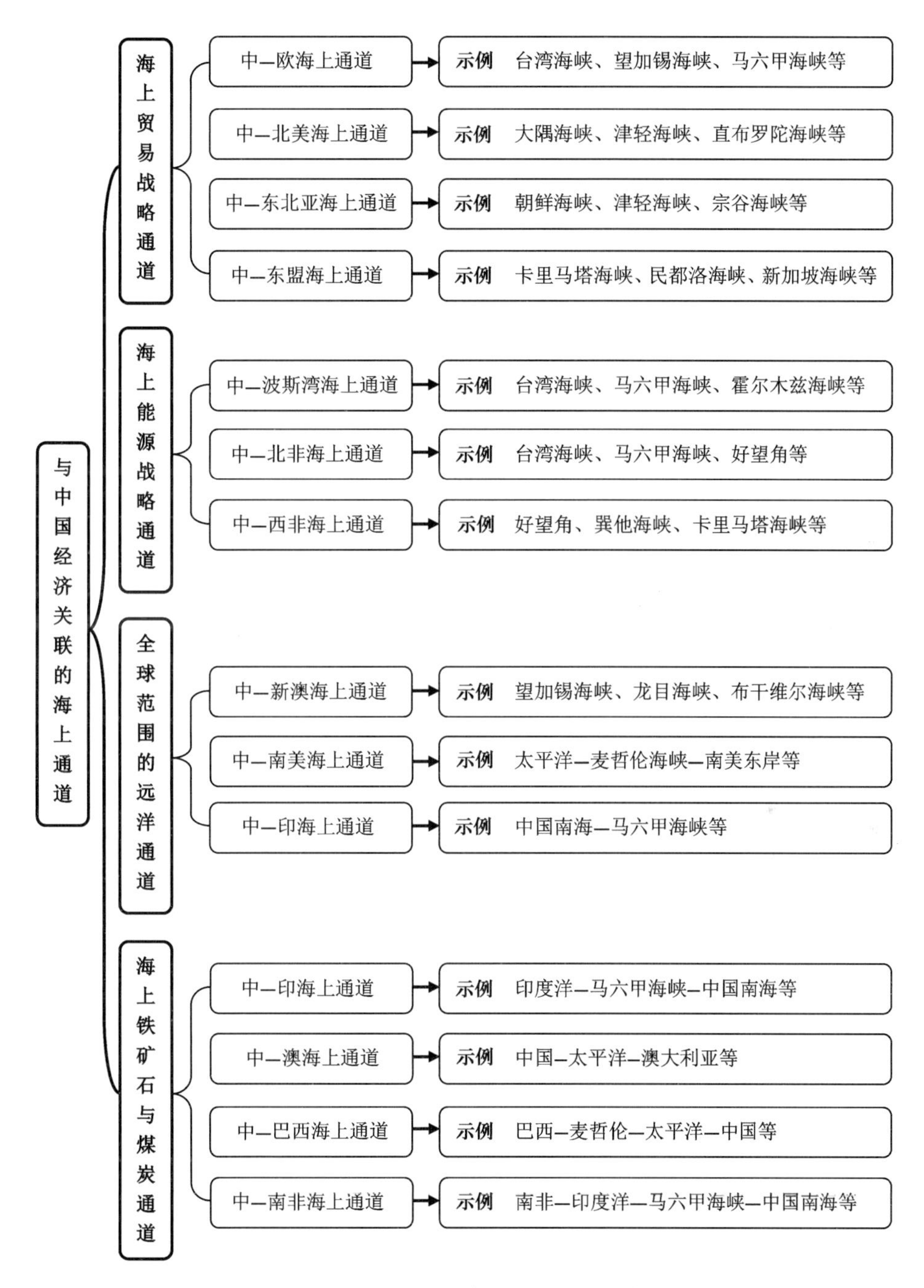

图 2.5　与中国经济关联的海上通道

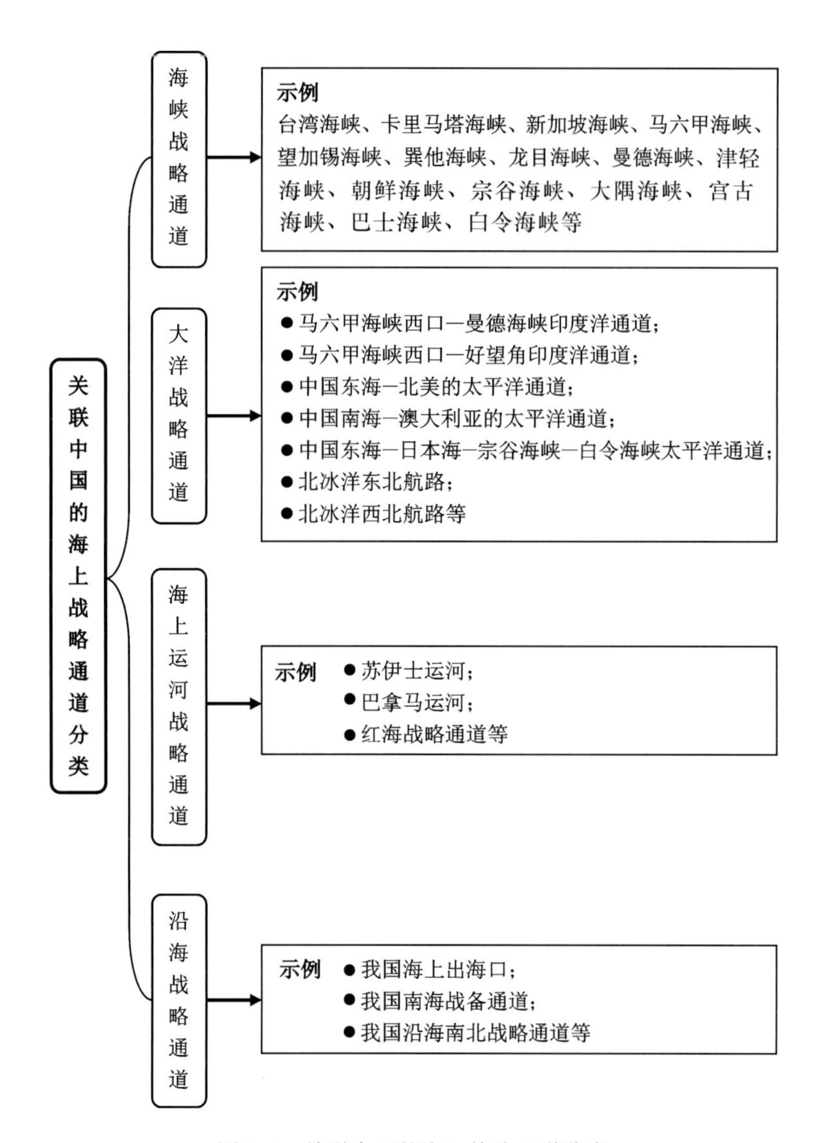

图 2.6　关联中国的海上战略通道分类

第三章　技术平台与信息源概述

第一节　概　述

1. 卫星遥感信息分辨能力

航天遥感系统的性能有分辨率、传感器类型、覆盖范围和时间性等 4 个常用衡量指标。

分辨率　已达到能发现和识别绝大多数包括军事目标的水平，多种侦察卫星的地面分辨率已达到 1m，以至小于 1 m。

性能先进的遥感器技术　主要分为光学照相技术和合成孔径雷达成像技术两种。遥感器能够感知 510~770 nm 的绿色到红色带的可见光区域，可以同时对卫星运行方向的前方、后方和直下方进行立体侦察拍摄，能够获得关于地球表面地形起伏、建筑物形状等高精度的数据资料。此外，还可以用红、蓝、绿、红外线 4 种不同色域模式对同一物体进行拍摄，并运用计算机合成处理技术进行分析，具有识别目标真伪的能力。而合成孔径雷达（SAR）成像技术利用在轨卫星搭载的微波合成孔径雷达获取观测对象地域的图像侦察信息，不受天气和光照条件的影响，具有全天时全天候工作的特点。

有效覆盖范围　已达到普通任务所需，系指一个平台可以成像的地球区域以及对一个特定目标连续两次观察之间的时间长度，即“再访周期”，再访周期越短，侦察效能越高。为此，采用①增设更多的地面站；②在卫星上使用存储载体，当卫星从地面站上空通过时再传回地面；③利用数据中继卫星等手段。

近实时获取图像　系衡量侦察卫星可利用性的关键参数。在图像处理速度相同的情况下，再访周期短的卫星获得目标图像所用的时间就短，侦察时效性非常强。日、印、韩等国均采用星上传感器摆动方式，缩短再访周期，再访周期在 5 天以内，甚至达到 1 天以内，使卫星所获的遥感信息更新得非常快。

表 3.1　高分辨率卫星遥感特点

内　容	类别/特点	相对优势
高分辨率含义	高空间分辨率 高光谱分辨率 高时间分辨率	• 指像素的空间分辨率在 10 m 以内的； • 始于 20 世纪 80 年代及其以后的成像光谱仪； • 重复周期 1~3 d 之内

续表

内　容	类别/特点	相对优势
高分辨率卫星影像主要特点	单幅影像含有丰富的数据量	• 一幅 IKONOS 全色波段影像地面覆盖面积为 11.7 km×7.9 km，数据量达 80 MB； • 一幅相同覆盖面积的多波段影像达 250 MB
	成像光谱波段很窄	• 单色波段光谱分辨率增加利于用光谱空间特征识别地物精度； • 光谱分辨率增加利于应用的深度
	提供清晰的地物几何结构与纹理信息	• 清晰表现出地物景观结构、纹理等信息； • 监测人为活动对环境的影响成为可能。
	成图比例尺扩大	制作大比例尺遥感制图［IKONOS］卫星数据最大成图比例尺可达 1∶2 500，快鸟卫星数据将能达 1∶1 500~1∶2 000
	从二维~三维信息	• 高分辨率遥感象元反映的是三维空间上不同组分的组合结果； • 高分辨率卫星影像多具有立体像对的数据
	高时间分辨率	重复轨道周期缩短为 1~3 d 内，利于地表环境动态监测

基于上述，积极发展卫星及其提高侦察能力，多种侦察监视手段相结合，组成全方位、全天候的海洋遥感体系，建设独立的卫星情报系统，提高特定海域信息感知和获取能力。

一些国家以 IGS 系统的空间部分，由 2 颗光学成像卫星和 2 颗合成孔径雷达成像卫星组成。前者主要在白天和气象条件较好的时候拍摄地面目标，后者则不受气象条件限制，可全天候全天时监视地面目标。

例如，日本的策略是发展自己的多用途遥感卫星，既可民用，也能提供军事侦察信息。20 世纪 90 年代以来，日本先后发射了“海洋观测卫星”（MOS）、“日本地球资源卫星”（JERS）等。目前，日本在轨的有“先进地球观测卫星”（ADEOS）和“先进陆地观测卫星”（ALOS）等 4 个系列的遥感卫星，2006 年 1 月 24 日发射的 ALOS 卫星，其最重要的作用是为日本政府提供急需的卫星情报，对整个亚太地区进行全天候监视。

日本已建成“情报搜集卫星”（IGS）系统。IGS 系统的空间部分由 2 颗光学成像卫星和 2 颗合成孔径雷达成像卫星组成，全天候全天时监视地面目标。印度不断提升民用遥感卫星性能，加快“国家预警与反应系统”的构建步伐。韩国制定长远规划，逐步实施本国的侦察卫星计划。台湾地区也丝毫不放松在侦察卫星方面的努力，采取多种手段提高卫星侦察能力。

再如，印度现有的侦察卫星已基本具备战略预警侦察能力。迄今，印度已发射了 12 颗 IRSqa 星，8 颗在役，实际上担负着为印军提供邻国军事活动情报的任务。印度还将发射 5 颗侦察卫星，至时将组成分辨率优于 0.5 m、可覆盖整个南亚乃至全球的侦察卫星星座。

从以上发展计划和动向看，我周边主要国家和地区都把进一步提高分辨率、发展具有全天时全天候侦察能力的雷达侦察卫星、实现多颗不同类型侦察卫星的组网作为未来军用侦察卫星系统发展的方向。

2. 遥感技术参数

表 3.2　卫星遥感信息源诸多技术参数示例

名　称	简　介	波段(μm)/分辨率(m)	重访周期(d)	成像规格
“资源三”号卫星	该卫星系高分辨率光学传输型立体测图遥感卫星，其数据处理系统具有全天时不间断运行能力，可生产比例尺 1∶50 000 基础地理信息产品，以及更大比例尺成图的需求。	0.45~0.52、 0.52~0.59、 0.63~0.69、 0.77~0.89/5.8 0.50~0.80/3.5、2.1	3~5	1∶50 000
“高分一”号卫星	该卫星系统突破了空间分辨率、多光谱与大覆盖面积相结合的光学成像遥感卫星，进行包括海洋调查的多模式同时工作的能力	从全色、多光谱到高光谱，全色分辨率 2 m，多光谱分辨率为 8 m	4	多光谱相机幅宽 800 km
“斯波特”卫星($Spot_5$)	该卫星遥感器 HRG 具有更高分辨率，能前后摆获取立体像对，提高了立体像对的获取效率。	2 景全色波段影像/5，可以生成一景 2.5 m 影像；3 个多光谱波段/10 m；1 个短波红外波段/20	1~4	影像视场范围 60 km ×（60 km ~ 80 km）
“伊克诺斯”卫星(IKONOS)	该卫星由洛马公司用雅典娜 2 型运载火箭从范登堡空军基地发射的第一颗高分辨率商业遥感卫星，基本影像数据(Geo L2)经过了辐射纠正和初步几何纠正，可进行太空影像航拍、测绘等	全色波:450-900 nm/1 彩色波段：B1450-530 nm、B2520 - 610 nm、B3640 - 720 nm、B4770-880 nm/4	1 m 分辨率，2.9 d； 1.5 m 分辨率，1.5 d	影像产品：Geo、Standard、Ortho、Reference、Pro、Pre-cisiondeng
“快鸟”卫星(quickbird)	该卫星系美国发射的高分辨率商业遥感卫星，其成像摆角等具有显著的优势	全色:61~72 多光谱： 多光谱:244~288 B1　450 - 520；B2　520-600； B3　630 - 690；B4　760-900	1~3.5 （与纬度有关）	成像幅宽（km × km）16.5×16.5
“TERRA”卫星	该卫星的 MODIS 数据源从 2001 年 10 月 1 日开始，沿海岸带每天摄取一景[大小约 1 354 像元×(2 500~3 000)列]。按照 1 km(分 3 段 3 个文件)、500 m 和 250 m 分辨率分别存储。影像的存储格式采用国际通用的 HDF 格式，头文件中每间隔 5 个点有经纬度坐标	36 个光谱通道(nm)/250、500、1000	1~2 （覆盖全球一次）	8~16 通道应用

3. 其他高分辨率卫星星群（WorldView1、WorldView2、ALOS、Theos）

表 3.3　WorldView1、WorldView2、ALOS、Theos 卫星相关技术参数

卫　星	WorldView1	WorldView2	ALOS	THEOS
发射日期	2007-09-18	2009-09	2006-01-24	2008-10-01
轨道	太阳同步 高度:496 km	太阳同步 高度:770 km	太阳同步 高度:691.65 km	太阳同步 高度:822 km
地面分辨率	全色:50 cm	全色:46 cm 8 波段多光谱:184 cm		全色:2 m 多光谱:15 m
数传率	800 Mbps	800 Mbps	240/120 Mbps	120 Mbps
重访周期	1 mGSD 成像时:1.7 d 偏离星下点 25°:4.6 d	1 mGSD 成像时:1.7 d 偏离星下点 20°:3.7 d	2 d	
光谱通道	全色	全色+多光谱(8 波段)		全色:0.45~0.90 μm B0:0.45~0.52 μm B1:0.53~0.60 μm B2:0.62~0.69 μm B3:0.77~0.90 μm
地理定位精度	无控制点:4.0~5.5 m 有地面控制点:2 m	无控制点:4.0~5.5 m 有地面控制点:2 m		
日采集能力	75×10^4 km^2	95×10^4 km^2		

第二节　多源信息融合技术与信息提取

1. 多源遥感信息融合

遥感信息融合是对不同的遥感器、波段与时相的影像进行空间配准，使之遥感影像数据达到有机合成，以期提高图像光谱分辨率与空间分辨率。而对不同遥感器获取的数据进行融合，可分为影像的空间配准和影像融合两部分。多源遥感影像融合一般模型如图 3.1 所示。

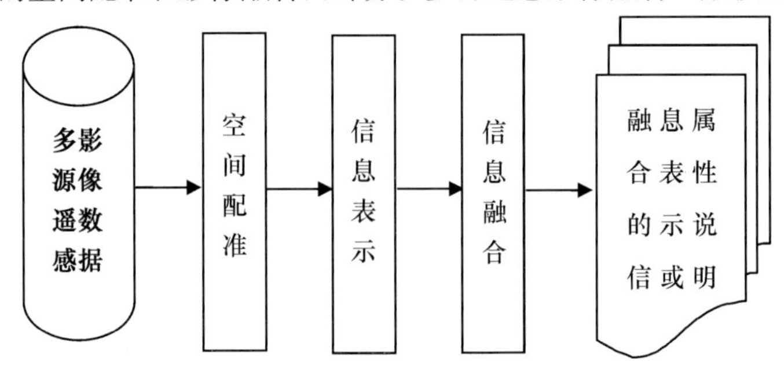

图 3.1　多源遥感影像融合一般模型

如图 3.2 所示，基本的遥感信息融合处理单元结构，来自多源遥感器的数据在数据融合引擎中进行相应算法处理，并结合外部的辅助信息与知识，实现融合处理精确度的提高。其结果用于决策，或作为一类辅助信息反馈至融合处理过程，使之融合系统能自适应地优化融合处理。

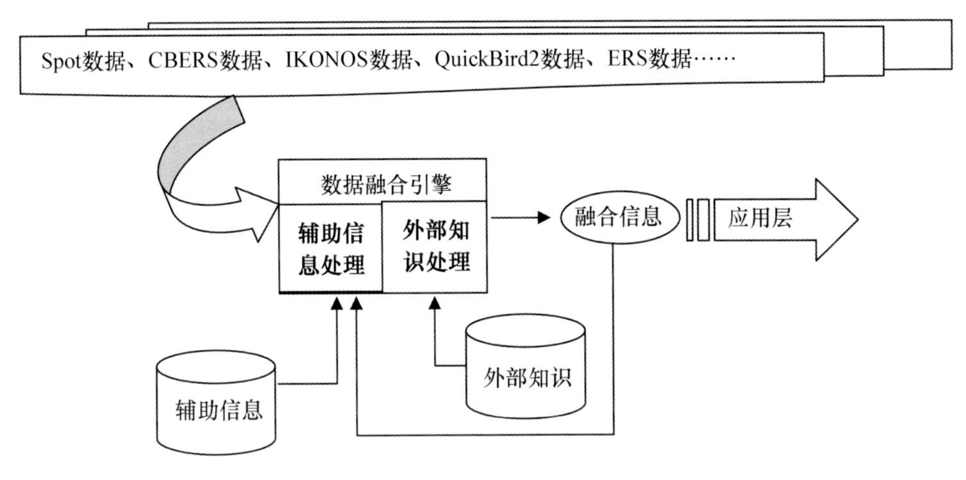

图 3.2　基本遥感图像信息融合单元

2. 遥感影像信息提取

如图 3.3 所示，遥感信息提取是从遥感数据中提取信息的过程，所提取的信息包括：单一地物目标信息、地物成分信息、地物变化信息与地物类别信息。提取方法可以是简单的波段组合，亦可是各种算法所组成的复杂工作流程。

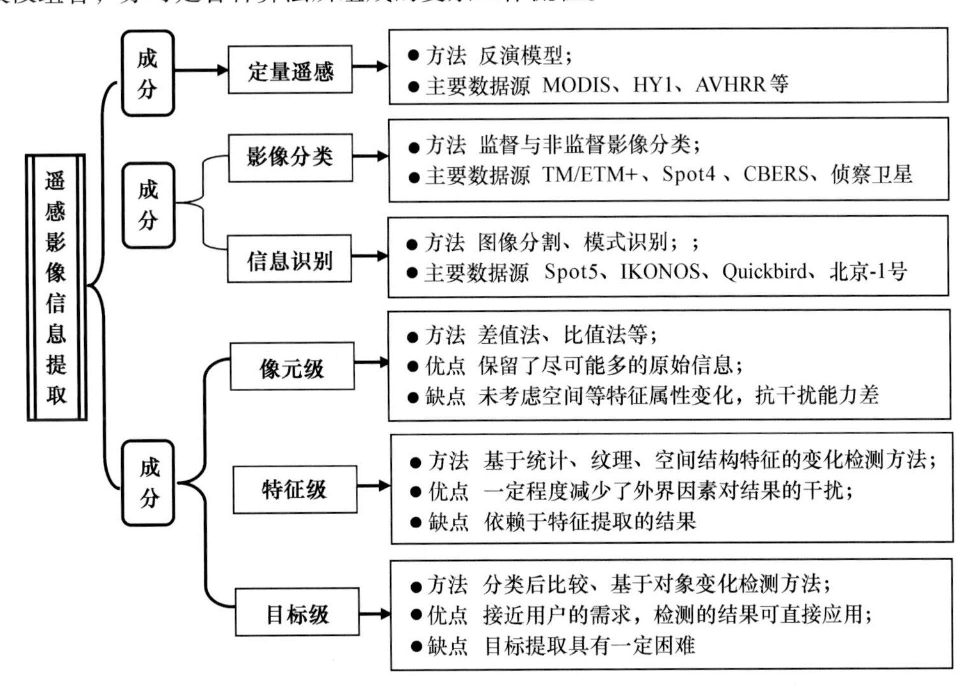

图 3.3　遥感影像信息提取

遥感信息提取由人工目视解译或计算机自动处理实现，人和计算机的优缺点相辅相成，如图3.4所示，遥感信息提取几乎是人与计算机的结合来完成，依靠单方面的情况是很少的。

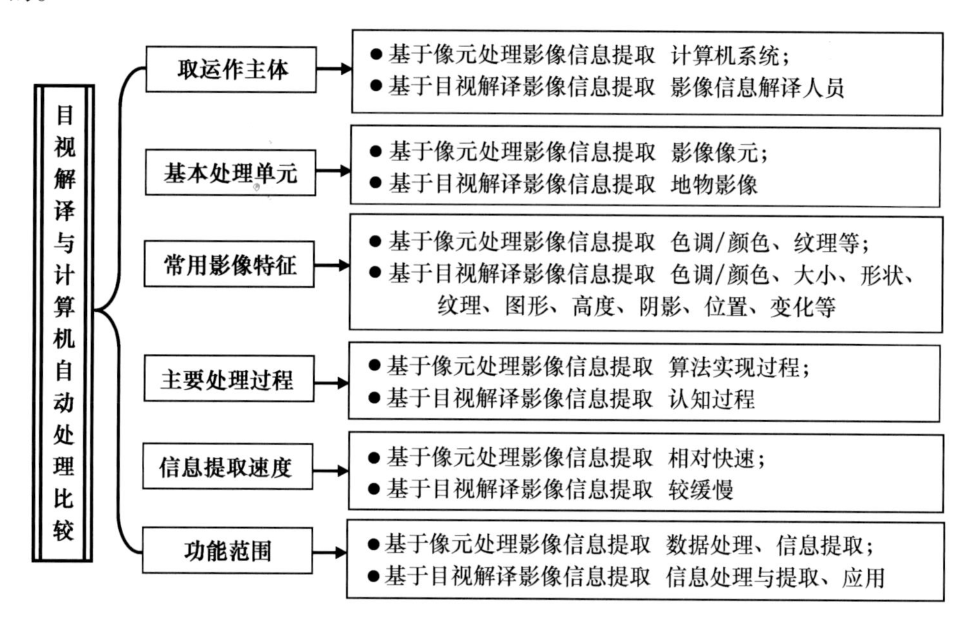

图3.4 目视解译与计算机自动处理比较

第四章　环东海及其附近重要海上通道空间融合信息特征

第一节　概　述

就海上战略通道，依据与中国利益相关程度、地域远近，以及外军掌控的状况等，大致可以分为以下三类：一是在中国近海周边的重要海峡通道；二是与我国家战略资源密切相关的海峡通道；三是涉及全球海上利益的海峡通道。对此，环东海及其附近重要海上通道，当属朝鲜海峡、津轻海峡、宗谷海峡、大隅海峡、宫古海峡、台湾海峡等。

第二节　海峡分述：朝鲜海峡、津轻海峡、宗谷海峡、大隅海峡、宫古海峡、台湾海峡

1. 朝鲜海峡

位置：

该海峡位于朝鲜半岛南部海岸与日本九州岛西北海岸及本州西南端海岸之间。中心坐标：34°35′58″N，129°47′48″E。

归属类型：

岛弧-大陆之间的海峡；纺锤形；边缘海-边缘海连通型；两国领属型。

海峡特征：

第四纪冰期时，因冰川发育引起海退，使日本列岛与朝鲜半岛相连。冰期后，海水入侵，形成朝鲜海峡。该海峡所处海区属日本海大陆架区，海底地形较平坦，但有少量的舟状盆地和洼地（对马岛西北）。第三系沉积物厚达千米。现代沉积物呈西南—东北带状分布；东、南部为砂质，并有贝壳和珊瑚；九州北岸及岛屿附近出现岩石底；西北部朝鲜近岸为泥底，向外为砂质泥。

朝鲜海峡是对马海峡和朝鲜海峡的统称，沟通日本海与东海，中部踞有岛屿，使海峡的形势复杂、显要，是日本海进出东海和太平洋的咽喉。

朝鲜海峡其广义指日本九州西北部对马岛与壹岐岛间的东水道及对马岛与朝鲜半岛南岸间的西水道。狭义指东水道，水域长 120 n mile，宽约 27 n mile，最窄处 25 n mile，深度92～129 m，中部水深 100 m 以上。狭义的朝鲜海峡指朝鲜半岛与对马岛之间的水道，

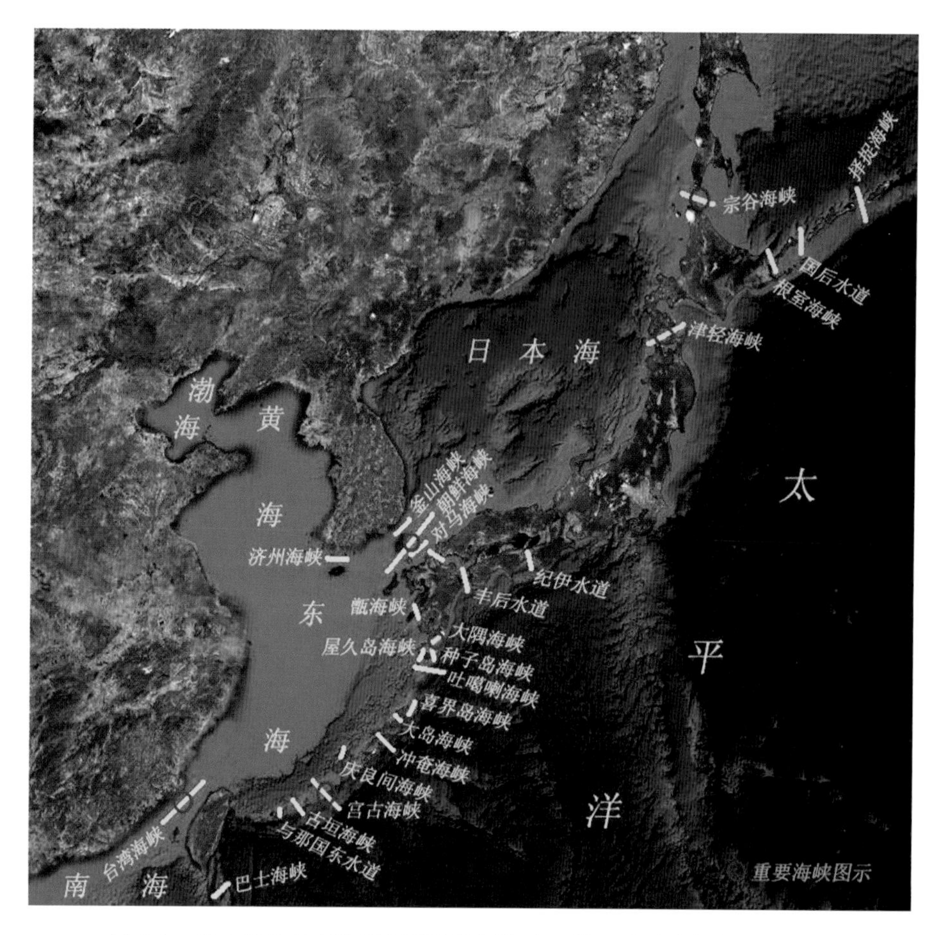

图 4.1　日本列岛与东海以东重要岛间海峡水道卫星遥感信息处理图示

宽 36.22 n mile，平均水深 95 m。朝鲜和韩国均称为釜山海峡，日本则称为朝鲜海峡或对马海峡西水道。

位于东水道中部的壹岐岛又将该水道分为两部分：对马岛与壹岐岛之间的水域称对马海峡；壹岐岛与九州岛之间的水域称壹岐水道。海峡两端开阔，航路畅通。正如上述，朝鲜海峡地处东北亚地区海上交通的要冲，战略地位十分重要，历史上朝鲜海峡曾是重要的海上战场。最为著名的是 1905 年日俄之间在对马海峡进行的对马大海战。

该海峡中间较窄、两头较宽的海峡，呈东北—西南走向，长达 164.84 n mile，宽 97.30~151 n mile，水深大部为 50~150 m，平均水深约 90 m，最大水深 228 m。对马岛与壹岐岛将海峡分隔成东、西水道，其中的东水道系指对马岛与九州岛之间的水域，该水道又细分为界于对马岛至壹岐岛之间称对马海峡，宽约 52.97 n mile，平均水深约 50 m，最深 131 m。两水道最窄处各宽 24.86 n mile。海峡两岸陡峭，岸线曲折，岬湾交错，近岸多岛屿。海峡中有巨济岛、对马岛、壹岐岛等，是控制海峡的要地。海底起伏平缓，为泥、沙、贝底质。

对马岛　该岛北端位于 34°40′27.79″N，129°28′29.99″E；对马海峡西侧。该岛呈近南—北走向，稍为向右偏，长条形，南—北长约 73 km，最大宽度约为 18 km，由上岛和

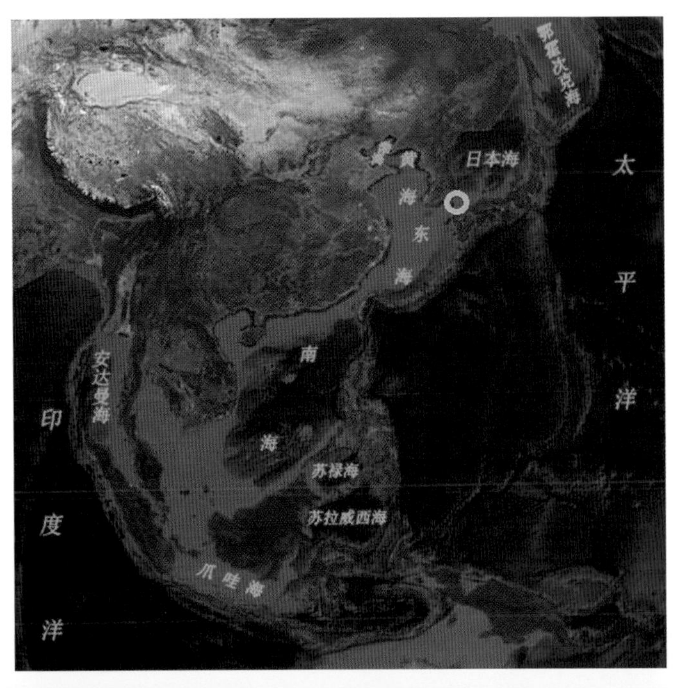

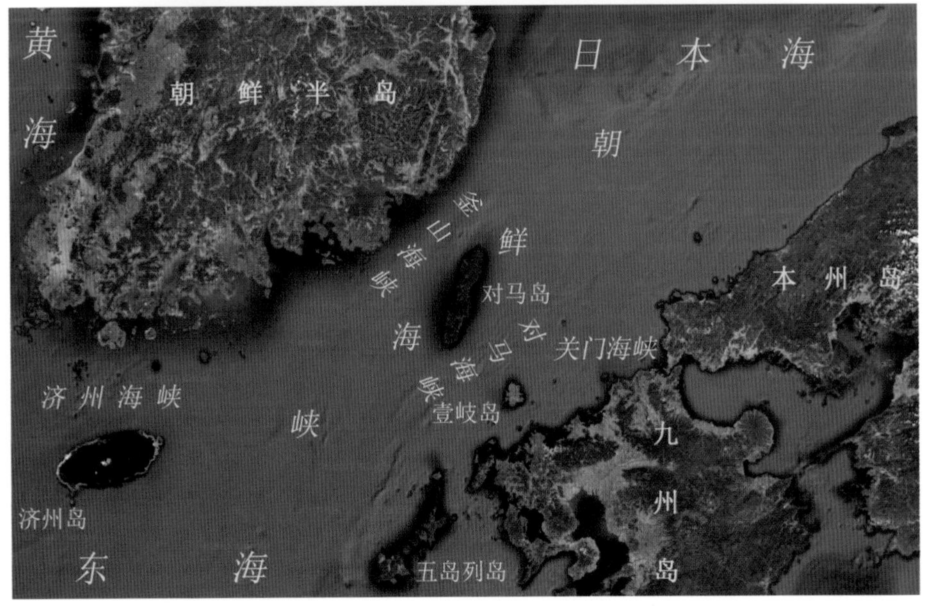

图 4.2　朝鲜海峡卫星遥感信息处理图像

下岛组成。全岛为山地，平地少，地势险峻。全岛信息反射率表征了岛上植被茂盛。岛岸非常曲折，并有很多小港湾，例如，严原港、博多港、比田胜港与仁田港等。多为小吨位船舶避泊地，位于东岸的避泊地不适宜避偏东风，位于西岸的避泊地不适宜避偏西风，在下岛东岸的中部有严原港，为主要港湾。水产业为主要产业。

在岛的南、北两端附近距岸约 1.5 n mile 以内分布有礁石。

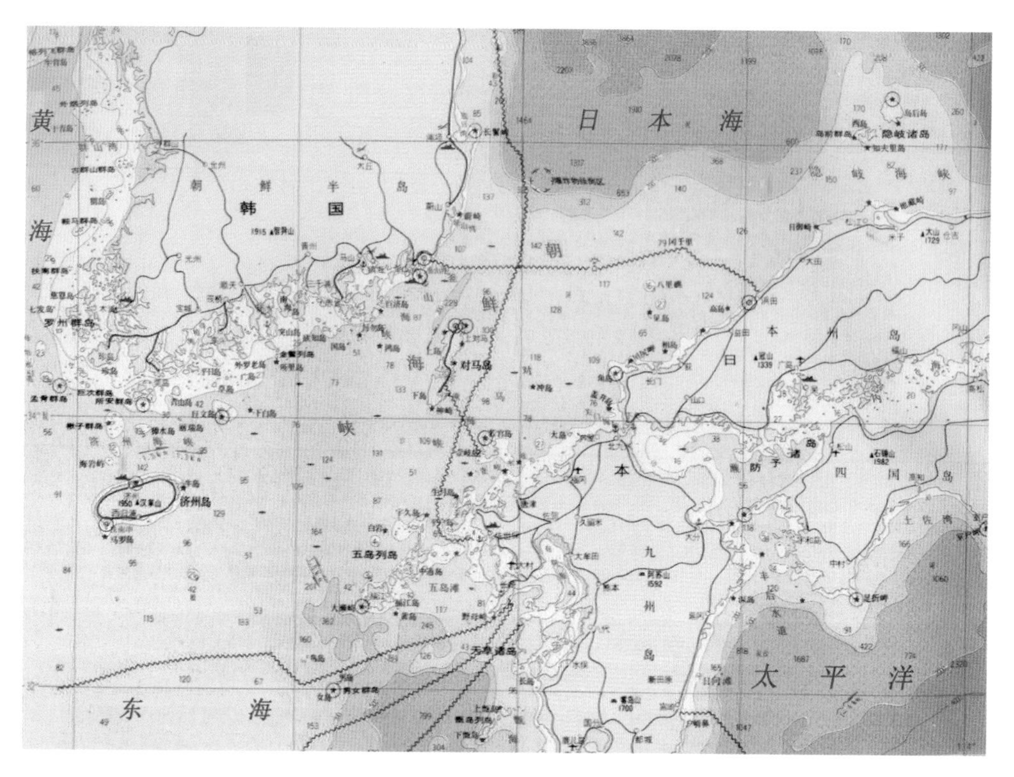

图 4.3 朝鲜海峡海图图示（朱鉴秋，1996）

壹岐岛与九州岛之间则称壹岐水道；而西水道亦称釜山海峡，系指对马岛与朝鲜半岛东南部之间水域，宽约 36.22 n mile，平均水深 95 m。人们对其称之为狭义的“朝鲜海峡”。

该海峡系连接日本海与黄、东海的东北亚海上交通的重要枢纽，从朝鲜海峡向西南直达中国东海，向西通过朝鲜海峡与中国黄海相连，向东通过关门海峡、濑户内海可达太平洋，向北通过日本海出鞑靼海峡抵鄂霍次克海。诚然，朝鲜海峡成为诸多国家潜艇争夺最激烈的水域，因其具有如此重要的战略意义，美国海军也视其为控制全球的 16 个海上咽喉要道之一。

海峡海底地形从沿岸向中央由复杂多样演变到简单。沿岸岸线蜿蜒曲折，并多岩礁与浅滩，沟槽纵横，展现出多种地貌类型。邻近朝鲜半岛釜山与本州沿岸，以及济州岛、对马岛近岸 30 m 等深线以外，海底地形无大的起伏，水深介于 60～120 m，个别达到 130～140 m 左右。

釜山海峡靠近并平行于对马岛的西北一侧，有一长 90 km，宽约 10～15 km，外缘水深 150 m 左右，最深达 228 m 的海槽。而进入海峡北侧的日本海与九州岛以西水域陡深至 200 m 以上。

海峡及其周边底质类型有明显的分区，海峡中以沙为主，沿岸则多岩。

该海峡两岸属沉降式海岸，岸线曲折，岬湾交错，近岸多岛屿。主要港口有韩国的釜山、镇海、马山、丽水，日本的北九州、下关、福冈、佐世保、长崎。“日韩海底隧道”东起日本佐贺县的镇西，经壹岐岛、对马岛，西至韩国釜山，全长 250 km。西岸有韩国海、空军基地镇海、釜山，东岸有日本海军基地佐世保。对马岛驻有日本防备队。

气象 该海峡位于亚洲东部的季风区内，属副热带气候，季风显著，四季分明，其间有对马暖流经过，对海峡天气有较大影响。冬季多西北风，夏季多西南风，6—9月为台风季节。冬、夏季气温差异很大，平均气温1月为6℃，8月则为26℃；冬季盛行北—西北风，夏季盛行南—西南风；海雾多出现在3—7月，平均雾日达20天。

表4.1 朝鲜海峡气象特点

季节/类别	内　容
春季	大陆冷高压显著减弱，暖空气活动加强，季风转换，风力较弱，风向不定，气旋和锋面活动比冬季增加，天气多变，多雾，能见度低。尤其是朝鲜半岛南岸，济州海峡，常出现浓雾，能见度低，造成船舶触礁的事件
夏季	受大陆低压影响，南~西南风，风力在全年中最小，平均3~4级，6—7月份海雾较多，受梅雨阴云天气影响，多微风细雨，能见度很低，在太平洋高压边缘，经常有台风北上，台风来临时风速达45 m/s以上，大风可持续4天之久，8月海风弱，平均气温26℃
秋季	夏季风向冬季过渡，风向由西转为北—东北风，风力逐渐增大，多晴天，能见度良好，9月份有时台风袭击
冬季	冬季(11、12、1、2、3月)海峡大风最多，1月最多风力达27 m/s，最长可持续3天。4、5月份风力下降，大风约占10%~20%，朝鲜半岛一侧大于20%，平均风速6~8 m/s，鹿岛西侧海域大于8 m/s，大风最长维持2天，本季为冬季风向夏季风转的季kn，风向不稳，35°N以北的偏南风为主；35°N以南朝鲜半岛一侧，多西风和东—东北风，日本一侧和南部海区多北—东北风；济州海峡5月份多北—西北风
气温	海区气温南东南高，北西北低，日本沿海的年平均温度比朝鲜半岛沿岸年平均温度偏高2℃左右，年平均温度为14~16℃，8月份最高为26℃，1月份最低为6℃
台风	侵袭该海区的台风平均2个/年，台风最早侵袭时间是6月7日(1953年)，最晚侵袭时间在10月14日(1951年)，主要在6—9月间，海区以日本一侧受台风袭击最多，占60%以上，朝鲜半岛一侧次之占22%，穿越海峡的最少占12%
气旋	气旋是影响该海区天气变化的主要天气之一，其范围大小差别很大，从几十至几百至数千千米，给海上带来大风和阴雨天气，一般风力6~7级，而距中心越近，大风持续时间越长，由于阴雨，海上能见度低，气旋引起的天气变化要比夏季气旋恶劣得多。影响该海区的气旋主要起源于中国大陆，也有一些起源于中国东海南部海面上，生成后多向东—东北方向移动
海面风	冬季朝鲜海峡大风最多，1月份最大风力达27 m/s，最长可持续3天。春季海区风力显著下降，大风约占10%~20%，朝鲜半岛一侧大于20%，海区平均风速6~8 m/s，鹿岛西侧海域大于8 m/s，大风最长维持2天，本季风向比较乱，35°N以北的偏南风为主；35°N以南朝鲜半岛一侧，多西风和东—东北风，日本一侧和南部海区多北—东北风；济州海峡5月份多北—西北风
能见度	海区能见度南部比北部好，东部比西部好，海峡中部比沿岸好的特点，济州海峡、济州岛和35°N以北海区，能见度比其他海区差。能见度年变化规律明显，每年9—12月能见度良好，低能见度主要出现在4—7月，小于0.5 n mile频率较高，一般都在2%以上，小于2 n mile低能见度频率6月份最高，为10%；4—5月在5%~10%之间；大于等于5 n mile良好能见度，每年8月至次年3月都占90%，4—7月在80%~90%之间
云　量	海区云量分布比较有规律，总的趋势是朝鲜一侧的云量比日本一侧少，济州海峡，济州岛西部，南部云量比较多，平均总云量一般各月都在6成左右，4月和7—10月偏少，只有5~6成，平均低云量各月均在四成以上

水文

①潮汐　朝鲜海峡有明显的两次高潮和两次低潮，潮差不等显著，为半日潮和不规则的半日潮，潮差自东北向西南增大，在东北端，日本海潮差为 0.2~0.5 m，在它的西南端，木沛港潮差最大为 3.1 m，高潮间隙在朝鲜这一侧，自东北向西南逐渐增大，东北部 8~8.5 h，西南部 10~11 h，在日本一侧则相反。在对马岛西侧水道及济州岛北侧，涨潮流以西南或西为主，落潮流向东北，海峡九州岛沿岸涨、落潮流流向则相反。潮流流速界于 0.5~2.5 kn，平均大潮流速：1~2.5 kn，小潮流速 0.5 kn，最大可达 2.5 kn。

②风浪、涌浪　春季（4、5、6 月），以北向风浪为主，海峡内东北向浪最盛，春季风浪大于夏季而小于秋季，大于等于 5 级的风浪约占 20%；夏季是全年风浪最小的季节，大于等于 5 级的风浪约占 15%；4、5 月份是冬夏的过渡期，涌浪方向分布与风向相近，这段时间内海峡内是以北向涌为主。

③海流　进入该海峡的海流有西南部流入的对马暖流与东北部进入的寒流。前者系黑潮一个分支，在对马岛南端分为东、西两支，西分支主流流速达 0.5~1 kn；东分支沿距日本海岸 10~35 n mile，流速呈现约 0.2~0.3 kn。而后者沿距朝鲜半岛海岸 20~35 n mile，呈现宽达 10~20 n mile，流速约 0.6 kn。

近来有人认为：它是黑潮水与中国大陆沿岸水在东海中部相遇的混合水，具有高温、高盐和流向稳定等特征。流幅 70~150 km，夏宽冬窄。从济州岛东南起，对马暖流由南转向东北流速 25~50 cm/s，最大为 90 cm/s，流量（3.3~4.9）×10 m/s。流抵对马岛西南后，分别进入东、西水道。西支势力较强，流幅窄、厚度深、流速大（夏季表层最大流速 75~90 cm/s，冬季为 25~30 cm/s），流量占流入该海峡总流量的 52~71%；东支势力较弱，流幅较宽、厚度浅、流速小（夏季表层最大流速 50~65 cm/s，冬季 20~30 cm/s），流量占总流量的 29%~48%。对马暖流靠朝鲜一侧，接纳了部分朝鲜西岸和南岸的沿岸流，故在济州岛至对马岛一带，出现锋面。受岛屿及地形影响，在对马岛北面、东面和济州岛东面及东水道出口处，还存在着涡旋或逆流。对马暖流除有夏强冬弱的季节变化外，还有 7 年及 4 年的变化周期。

朝鲜海峡是东海水输入日本海的唯一通道，每年进入日本海的水量约 5.7×10^4 km^3，占流入日本海水量的 88%。对马暖流不断地把大量海水输入日本海，使日本海的平均水位要比同纬度邻近的太平洋的水位高 4~24 cm。当暖流流量增加时，日本海水位上升；反之则下降。

④水温　海峡中表层水温分布特征是从西南逐渐向东北降低，冬、夏季差异较大，夏季可达 25℃，冬季则降至 12℃左右。盐度约 33.8。透明度从海峡中央的 15~25 m，向两岸逐渐变小，以至小于 10 m 以下。

⑤海水透明度　朝鲜海峡中的透明度的海峡南口近东海地区透明度最大，北口近日本海区次之，两侧沿岸海区最小，其中朝鲜南岸，尤其是济州岛海峡附近的透明度最小，一般小于 10 m，海峡中部透明度约为 15~25 m，全年 8 月份透明度为最大，5 月份为最小。

生态

生物资源丰富，鱼类区系为印度-西太平洋区中-日亚区。暖水性鱼种占优势。对马暖流、朝鲜半岛南部沿岸流与来自日本海的冷水交汇处及涡旋区附近，为良好的渔场。盛产鳁、鲹、鲐、柔鱼、鲷和秋刀鱼等。

海峡两岸

海峡西侧的朝鲜半岛海岸破碎、曲折、多泥滩，并分布有数百个大小岛屿，济州岛及其北侧的济州海峡就位于海峡的西口，岛滩间水域较狭窄；而海峡东侧的日本海岸相对缓平，多分布有低山与平原。

附近港口 下关、北九州、福冈、佐世保、釜山、丽水、马山、济州与木浦等。

战略地位 朝鲜海峡是日本列岛与亚洲大陆联系的海上便捷通道，日本海连接东海和黄海的唯一通道，也是东北亚海上交通枢纽。朝鲜海峡是军事必争的要地。1904—1905年日俄战争期间，双方舰队曾激战于该海峡。第二次世界大战期间美国把朝鲜海峡作为封锁的重点。朝鲜战争期间海峡是美国的后勤支援通道。海峡两岸有众多军事基地，美国、日本、韩国经常在海峡地区进行军事演习。

2. 津轻海峡

位置：

北海道岛与本州岛之间。中心坐标：41°29′57″N，140°36′57″E。

归属类型：

岛间海峡，边缘海—大洋连通型。

海峡特征：

该海峡系连接日本海与太平洋的通道，系日本列岛重要的海上门户之一，具有重要的战略意义。对俄罗斯来说，该海峡亦是其太平洋舰队由日本海出入太平洋的咽喉要道。由海峡北上，直通鄂霍次克海及阿留申群岛，东去则为夏威夷群岛和太平洋，其交通和战略地位十分重要。海峡全年不封冻，是日本海北部唯一不冻的海峡。北海道的函馆及本州的青森是海峡内的主要港口。南岸陆奥湾内有大凑和青森军港，附近则有三泽空军基地。从符拉迪沃斯托克（海参崴）经津轻海峡到太平洋只有 800 km。

该海峡基本呈东北—西南走向，长达 72 n mile，宽窄各处不尽相同，范围在 10~40. 54 n mile。南岸位于本州岛的尻屋崎，北岸位于北海道的惠山岬，之间为海峡东口，宽约 25. 70 n mile，而西端，南岸位于本州岛的龙飞崎，北岸位于北海道的白神岬，之间为海峡西口，宽只有 10 n mile。海峡地形崎岖不平，海峡内浅于 20 m 的水深紧靠岸边，200 m 等深线大致平行于海峡两岸，其范围内呈以狭长的、纵贯海峡的深水通道，水深多限于 200~250 m 之间。多海盆和海谷。由海峡东口-海峡中央清晰呈现为海谷地貌，而海峡西口则分布有水深达 300 m 左右的海盆。东深西浅，东部最深处 449 m，西部最浅处 133 m。中央水道一般水深 200 m，最深处 521 m。海峡横向海底地形起伏落差很大，如从龙飞崎到白神岬间，延伸着两个突起部分，其间为深度 280 m、350 m、450 m 的 3 个海底洼地。

已修建连接海峡两侧青森和函馆的海底隧道，全长 53. 85 km，海底部分长 23. 3 km，隧道高 9 m，宽 11 m，顶部至水面垂直距离 240 m，为世界上最长的海底隧道。提高日本南北交通运输能力，增强日本北部国防有重要意义。沿岸大部为丘陵地，岸线曲折，多岬角和港湾。南岸有大凑军港和青森港；北岸有函馆港。

水文 对马暖流从西向东流经津轻海峡，流速 2~4 kn，在尻屋崎以东海面与千岛寒流相汇。表层水温夏季 20℃，冬季 7℃，为日本北部唯一不冻海峡。日潮潮差较小，自西而东大潮升 0. 6~1. 3 m，小潮升 0. 5~0. 7 m。津轻海峡的潮汐特点是日潮不等，比面向太

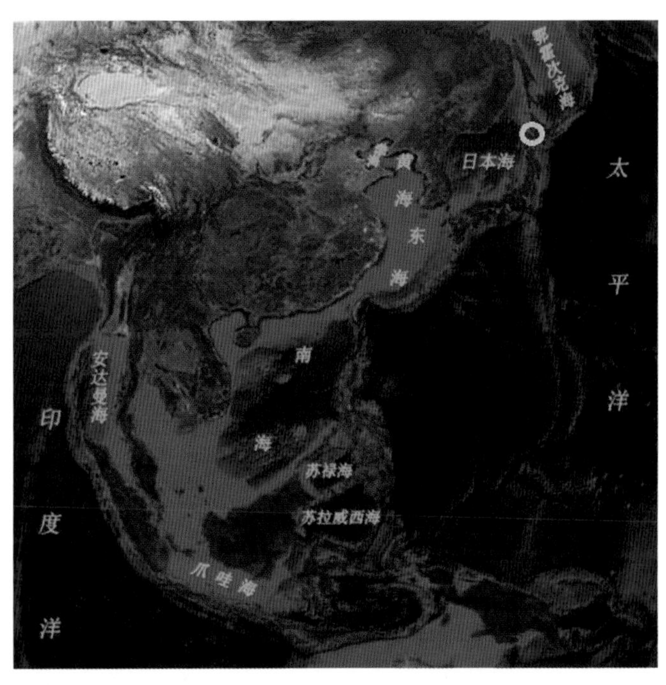

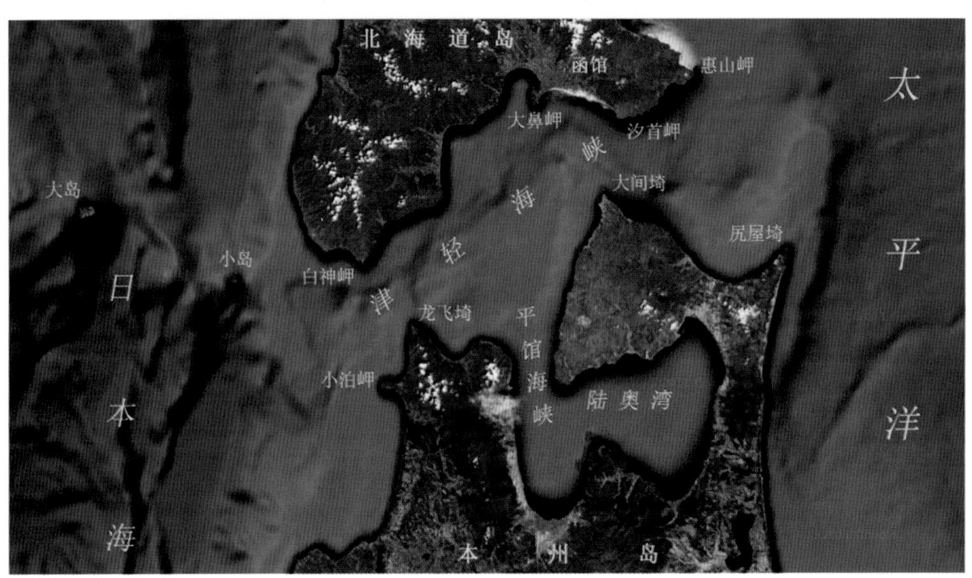

图 4.4　津轻海峡、平馆海峡卫星遥感信息处理图像

平洋北海道南岸稍小，海峡北岸高、低潮呈现潮时大致相同，而潮高却出现不等现象，高高潮后为低低潮。平均高潮间隙 4~4.5 h。

接近该海峡西口，来自对马暖流的主要分支进入津轻海峡称之为津轻暖流。该暖流处在冬季时，流出海峡东口时有南下趋势；处在夏季时，则抵达襟裳岬西南部约 40 n mile 处转流南下，此时流速可达 3 kn，远大于冬季流速。

由于海峡东西口所处的太平洋与日本海潮汐差别大，海峡中出现显著的潮流。但由于

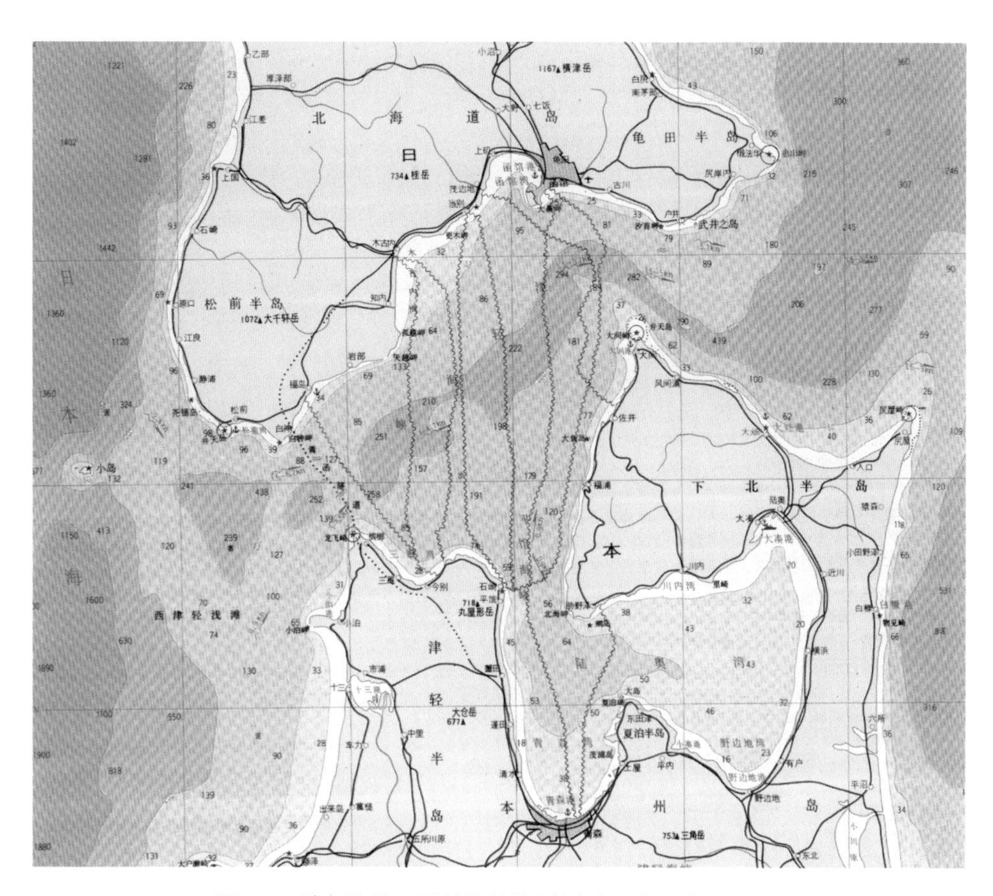

图 4.5　津轻海峡、平馆海峡海图图示（朱鉴秋，1996）

海流强于潮流，东向的主流路径大致在海峡中央，流势呈夏强冬弱，沿岸则出现逆流区域。海峡中的流为海流与潮流的合成流。

气象　年平均气温约 9℃。年降水量 1 200~1 500 mm。春夏多东南风，冬季多西风和风暴。该海峡强风以西—西北风最多，东—东南风与西南风次之。海峡附近有从东北方进入日本海的低气压引起的伴有雨、雪，且各季节持续时间不尽相同的暖湿强风，称之为“山脊风”，与船舶航行有着密切关系。

海峡中的海雾全年出现季节性差异较大，规律是 11 月至翌年 2 月基本无雾，6、7 月份最多，7、8 月份局部出现，海峡东口比西口多，北部比南部多。同时，伴随山脊风的侵袭海雾更浓。

海峡两岸：

海峡北岸系北海道岛的南岸，呈东北—西南走向。沿岸多低、中山与岬角，如惠山岬、汐首岬、立待岬、大鼻岬、更木岬、矢越岬与白神岬等。而南岸则系本州岛北岸，海岸线走向呈似折线形，接近中段偏西，津轻半岛的东侧为平馆海峡及其内侧的陆奥湾，海岸山地连绵。由东向西岬角有尻屋埼、大间埼、福浦埼、烧山埼、大埼、明神埼、高野埼与飞龙埼等。

附近港口　函馆港、福岛港、松前港、小泊港、平馆港、大畑港、大湊港与青森港等。

平馆海峡

位置：

该海峡位于津轻海峡南岸津轻半岛与下北半岛之间。中心坐标：41°09′29″N，140°42′10″E。

归属类型：

浅水海峡；海湾-海峡连通型。

海峡特征：

该海峡，呈南—北走向，为进出陆奥湾的唯一通道。其中高野埼与烧山埼之间的海峡北口，即是陆奥湾口门。今津北部的小岬与辨天岛之间为海峡南口，海峡中部水深达50~90 m，最狭窄处约55 n mile。海峡两岸海岸较为平直。

水文 潮流流速小于1 kn，通常涨潮流向南，落潮流向北。但海峡北口由于受津轻海峡环流影响，海流流向不规则。

附近港口 平馆港、青森港、川内港与大凑港等。

3. 宗谷海峡

位置：

地处鄂霍次克海西南侧与日本海东北部，界于俄罗斯萨哈林岛南端与日本北海道岛西北端之间。中心坐标：45°43′20″N，142°01′36″E。

归属类型：

该海峡系第四纪初由岛架沉降而成；岛间海峡；边缘海-边缘海连通型；国际水道。

海峡特征：

该海峡又名为拉彼鲁兹海峡，连通日本海和鄂霍次克海，系日本海通往太平洋的战略要道，也是俄罗斯太平洋舰队出入太平洋的重要要道。海峡是日俄两国交通运输的最短航道。其最窄处界于北海道岛最北端的宗谷岬与萨哈林岛最南端的克里利翁角之间，仅23 n mile，公海部分仅3.2 n mile，海峡内水深为30~74 m，最深处118 m。海峡海底地形很不对称，如图4.7所示，50 m以上的深水区，偏向海峡北部，最大水深达74 m，深水区呈东北—西南走向。在海洋动力条件下，底质主要为砾贝、岩与粗砂等。海峡北侧的卡缅奥帕斯季岛的可航宽度为8 n mile，而北侧则为18 n mile。

水文 该海峡水文气象条件较为复杂，有2股海流，已有的认知为宗谷暖流源自对马暖流，暖流经北海道北部沿岸向东流向知床岬方向，继之分成几个支流，分别流向根室海峡、国后水道与北转至鄂霍次克海；另一是从鄂霍次克海南下的寒流沿海峡北岸流入日本海。

宗谷暖流流速呈明显的季节性差异，夏季可达3 kn，春、秋季转小为1.5 kn，冬季更是减弱。海峡中的流由海流与潮流合成，日周潮流较半日周潮流强，但其变化并非与潮流一致。最大潮差达1.5 m。南侧的海峡沿岸流东出日本海，流速达1.5~3 kn；已如前述，鄂霍次克海南下的寒流，沿海峡北侧转向西流入日本海。导致了海峡南、北侧表层水温相差1倍之多，如每年8月份，南部为18℃左右，而北部则为7℃左右；在最冷月份，南部近2℃，北部则接近-2℃。

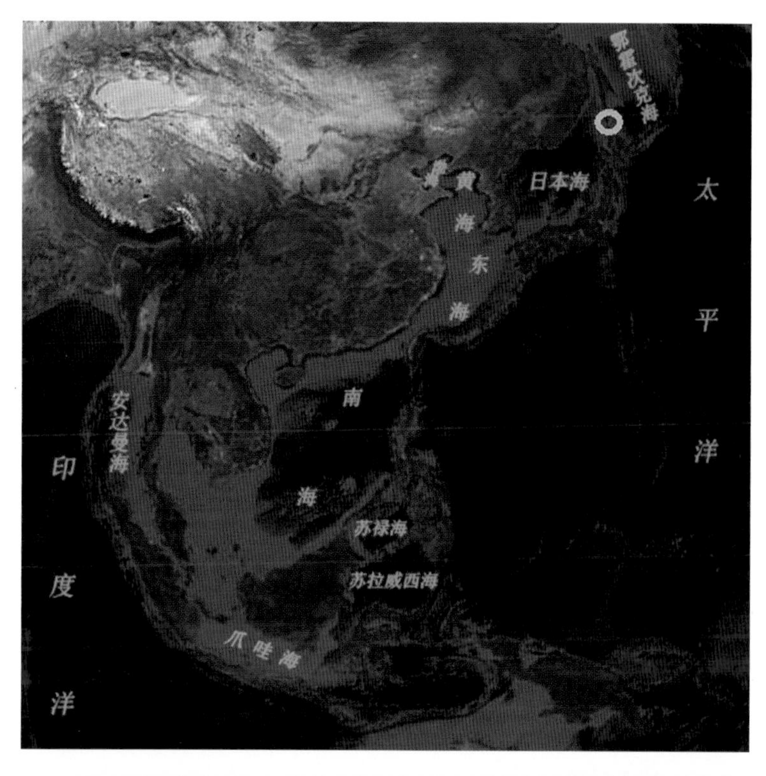

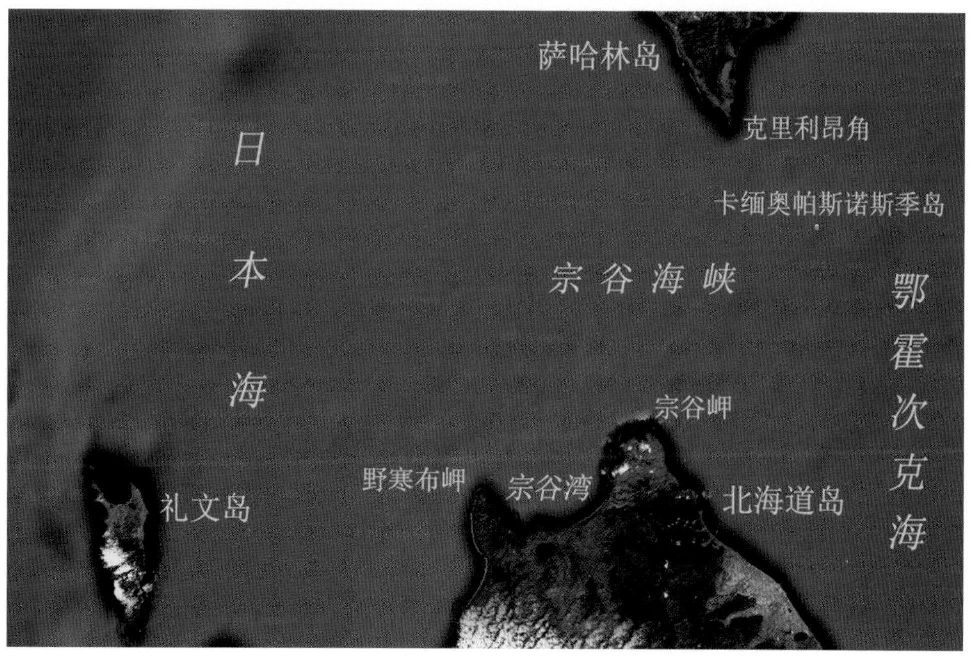

图 4.6　宗谷海峡的卫星遥感信息处理图像

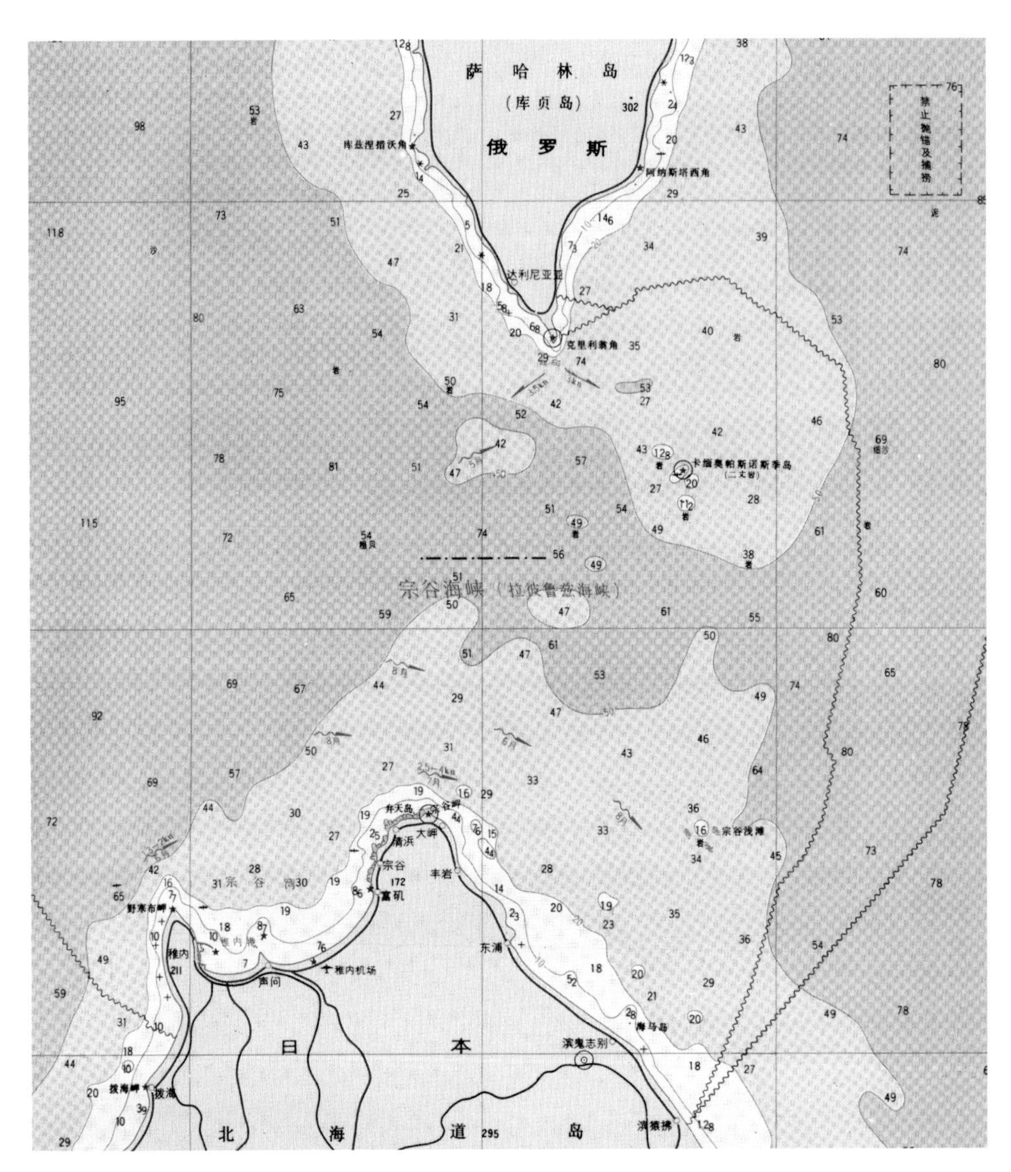

图 4.7　宗谷海峡海图图示（朱鉴秋，1996）

海峡内流冰多出现在 1—3 月，4、5 月初也时能见到，鄂霍次克海的流冰，常随东北季风漂移穿过海峡进入日本海，也时而封住海峡东口，6—8 月多雾，北侧较南侧大，向东逐渐减少，海峡南部的岸冰常年冰情严重。

气象　海峡中的雾多出现在每年 6—8 月份，并且靠近克里利翁角的海峡北侧相对海峡南侧浓，影响通航。观测经验表明，当海峡处在北风时，雾很少出现；偏南风时，海峡南侧的雾相对北侧少。

海峡两岸

附近港口北部有阿尼瓦湾内的科尔萨科夫港，南部有宗谷湾中的雅内港。

南侧的宗谷岬位于呈南北走向的半岛台地状丘陵的北端，沿岸低平，属沙质岸。近岸有礁脉延伸，向东水中散布有险礁。

萨哈林岛　位于海峡的北侧，战略地位极为重要。该岛系太平洋沿岸俄罗斯最大岛屿，西隔鞑靼海峡同大陆相望。南北长 948 km，东西宽 6～160 km，面积约 7.64×10^4 km^2，1985 年人口达 69.3 万。而陆上北部地势低平，沿岸多潟湖，中、南部绵亘着东、西萨哈林山脉。

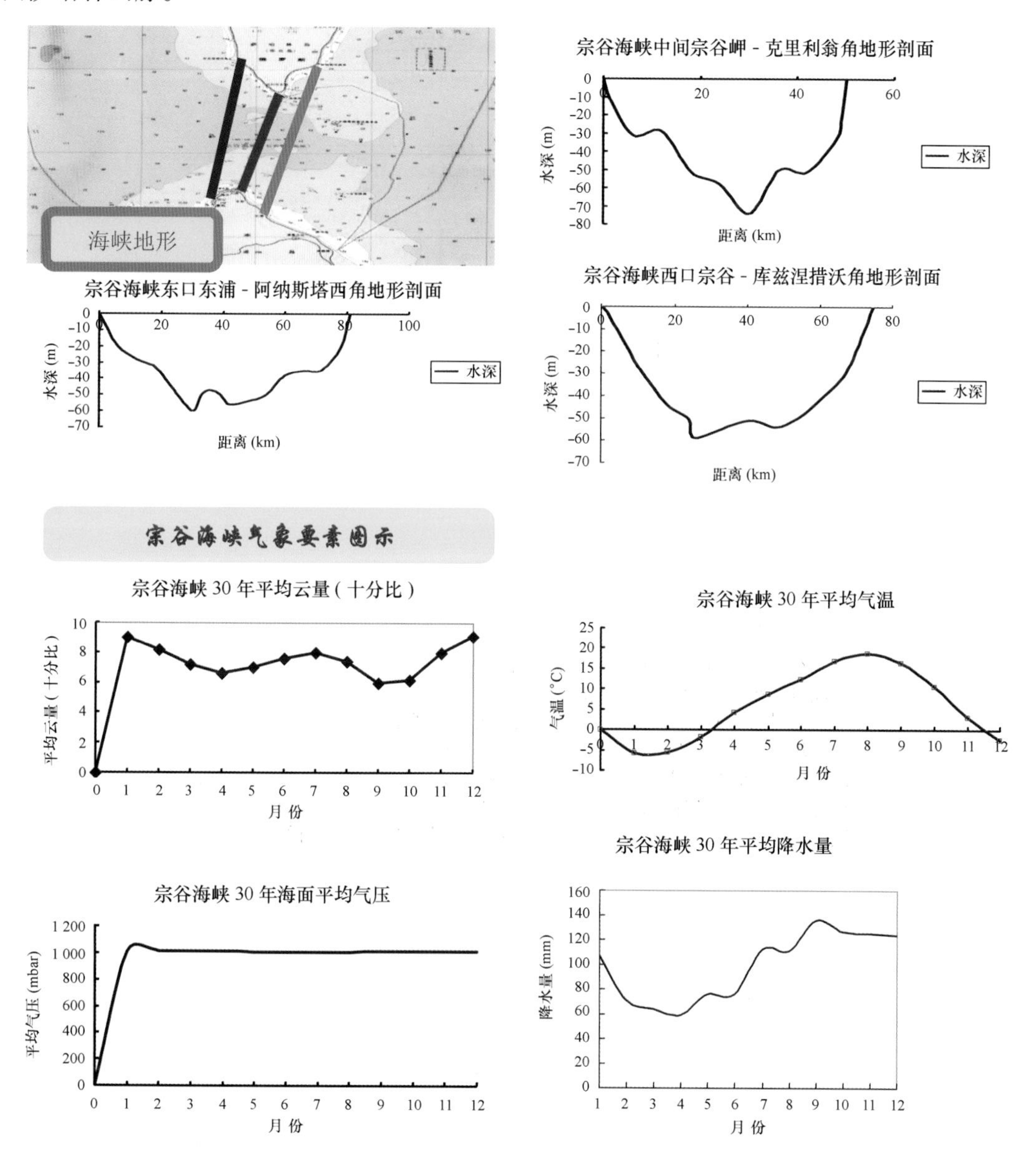

图 4.8　宗谷海峡地形剖面与多年气象要素平均图示

该岛北部地势较低，中南部多山。西萨哈林山脉（最高点奥诺尔山 1 330 m）和东萨哈林山脉（最高点洛帕京山 1 609 m）横穿库页岛沿岸。

该岛上有超过 6 000 条河流及 1 600 个湖泊。此外，库页岛上拥有众多的湖泊和沼泽

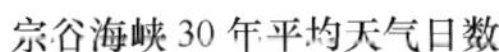

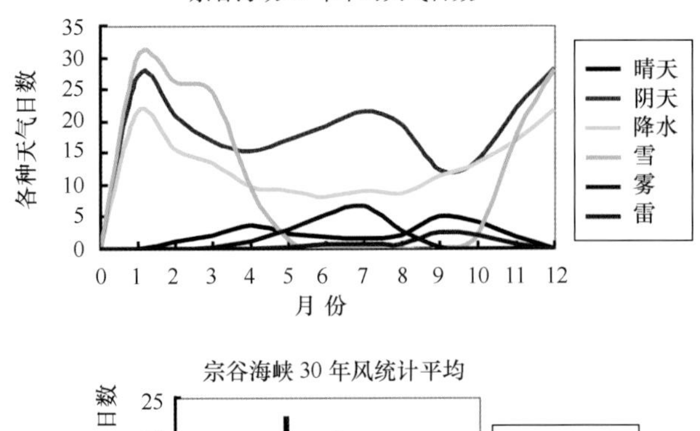

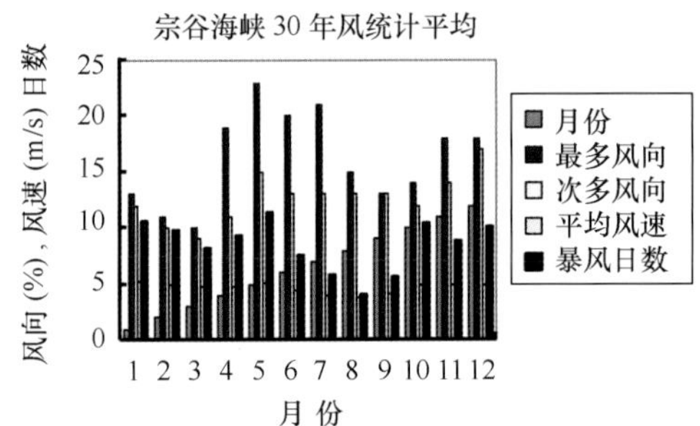

图 4.9　宗谷海峡多年平均天气日数、风特征统计图示

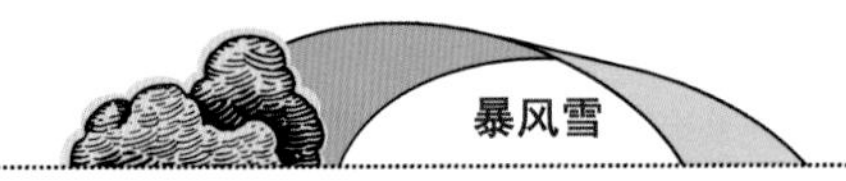

海雾

- 多发生在6－8月，通常海峡北侧浓，南侧淡薄；
- 偏北风时雾少，偏南风时南侧少北侧多；
- 偏东南风时海峡狭窄部与偏西南风时海峡东部雾很淡薄；
- 宗谷海岬附近，3月份不出现雾，4月稀少，日出前后至8 h左右发生，短时间内消散；5月份多发生在日出前后至8 h左右或降雨后时辰，4～5 h消散，多系淡雾；6 月份多发生在日出前后到正午，7，8月份多发生在半夜至翌日6 h；
- 雾发生时风向多为南东、东、北东，多系浓雾或淡雾，有时持续40～50 h。

图 4.10　宗谷海峡海雾特征

地。岛上森林资源丰富，有萨哈林冷杉、鱼鳞松、阔叶藤本松。高山上有石桦灌木丛和偃松。此外，还有石油、天然气、煤等资源。渔业资源发达。

该岛属于大陆性气候，气候寒冷，夏季短暂，冬季长达 6 个月，冬天的平均气温都在 -19～-24℃ 之间，北方地区气温最低可到-40℃。若干港口长期冰封。北部封冻达 8 个月之久。夏季凉爽多雾，8 月平均气温相应为 19℃。降水较丰富，年降水量平原地区约 600 mm，山地可达 1 200 mm。

北海道岛　该岛位于日本的最北部，系日本第二大岛。北隔宗谷海峡与俄罗斯的萨哈林岛相望，南以津轻海峡与本州岛为邻，西临日本海，东濒太平洋，面积达 83 500 km^2 以上，人口 564 万（2004 年），人口密度近 68 人/km^2。

岛上多高山，山地丘陵占 68%，其中火山占全境的 41%，台地占 21%，而平原、低地占 11%。以石狩、勇拂平原为界，分半岛与胴体两部分。半岛大部属那须火山带，近 20 年曾有多座火山喷发。胴体部有两列山系纵贯南北，东侧有北见与日高山地，西侧为天盐和夕张山地，构成北海道的骨架。山脉间有上川等盆地散布，东北部有东西向的千岛火山带横亘，火山灰土占全境 1/2 以上，东、南部居多，沼泽土占 6%，主要在东部与北部。

河流多发源于中部山地，下游往往形成冲积平原。而海岸线平直，海岸阶地较发育。

气候冬寒夏凉，从 11 月至翌年 4 月为冬季，一月平均气温 -4 ~ -10℃，8 月 18 ~ 20℃，年降水量达 800 ~ 1 000 mm，积雪期 4 个月，无霜期约 140 天。该岛气候东、西差异较明显，临日本海一侧，雪量大，夏季温度较高，而濒太平洋一侧冬季多晴天，夏季气温较低；内陆大陆性气候明显。西岸有暖流，东南岸为寒流，而北岸与东岸有流冰，东南岸夏季有海啸。大部分地区植物以冷杉与针枞为代表。

该岛的耕地约占全国的 1/5，以旱田为主。该岛东、西两侧邻近为世界著名渔场，海洋渔业产量占全国 1/3，并有诸多轻工业，海、陆、空交通也极为便利。

该岛的西部北侧岸段，即纹别港至宗谷岬海岸，全长达 172 km，除音稻府岬至神威岬之间约 59 km 岸段多岩石与黏土的陡崖外，主要为沙质岸，岸段间有突出的小岬角，岸上有连绵的低山丘。岸线向外 1 n mile 水深大于 10 m，等深线大致平行岸线，水深 20 m 以外海底坡度变大。

4. 大隅海峡

位置：

该海峡位于九州岛以南，界于大隅半岛与大隅诸岛之中。中心坐标：30°49′15″N，130°45′43″E。

归属类型：

边缘海—大洋连通型；大陆板块上拱产生岛弧岛间海峡。

海峡特征：

该海峡呈东北—西南走向，长约 12. 97 n mile，宽约 17. 84 n mile，最窄处在佐多岬至竹岛间宽约 15. 14 n mile，水深 80 ~ 150 m，海峡中水色透明度较大，一般达 16 ~ 30 m，夏季可达 48 m。底质为珊瑚、沙、泥、岩、贝等多种多样，海峡中无障碍物，除沿岸附近有礁石外，适于各种类型的船舶昼夜通航，中央为国际航道。海峡北岸陡峭，南部小岛岸段不仅陡峭，并多礁石。该海峡为从东海通向日本东南沿海港口的捷径，海峡中时有潜艇潜航。

从东海进入太平洋再前往北美，基本上都走这条水路。从上海、宁波等东海港口，乃至广州、深圳、香港等南海港口，到美国、加拿大，穿过大隅海峡的航线是最近的，航海上叫作“大圆航线”，比别的航线要近 55 n mile 以上。

南侧有西之表港，可靠泊 5000T 级以下船舶。海峡东口北侧有内之浦和南侧日本航天发射中心的种子岛。海峡北侧的鹿儿岛湾内有鹿儿岛港，可靠泊万吨级船舶。

该海峡北岸的陆地为海拔 300 ~ 600 m 的丘陵地，有些山脉直逼陡峻的海岸。海峡南岸为一列小岛，岛岸险峻，岛岸附近有礁石。

该海峡的西北方为男女群岛与甑岛列岛。其中，甑岛列岛位于九州岛以西，之间相隔

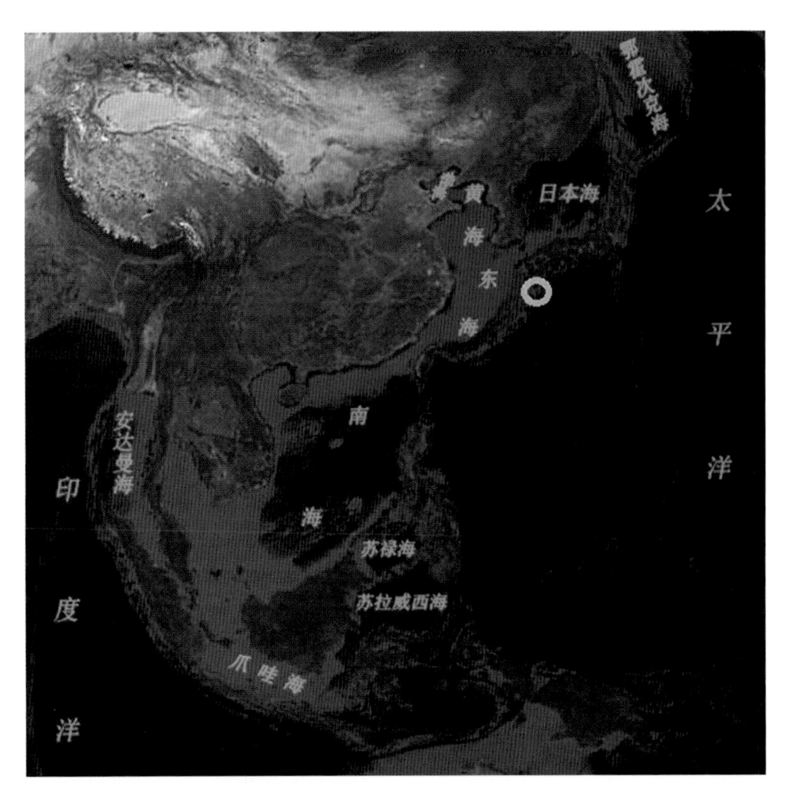

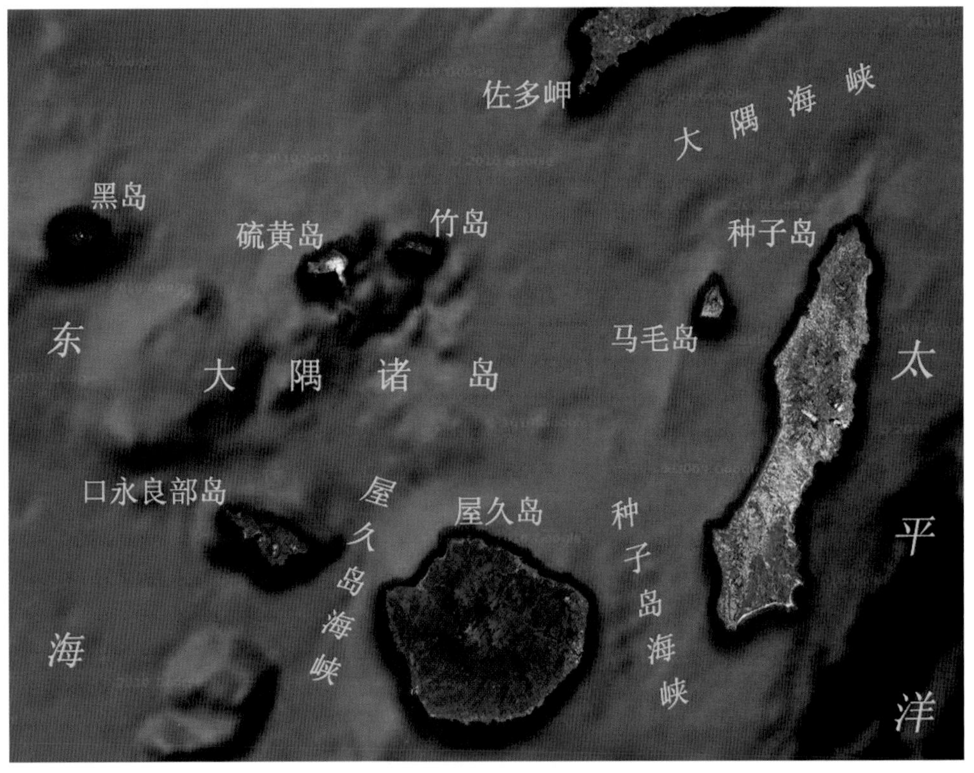

图 4.11　大隅海峡、屋久岛海峡、种子岛海峡卫星遥感信息处理图像

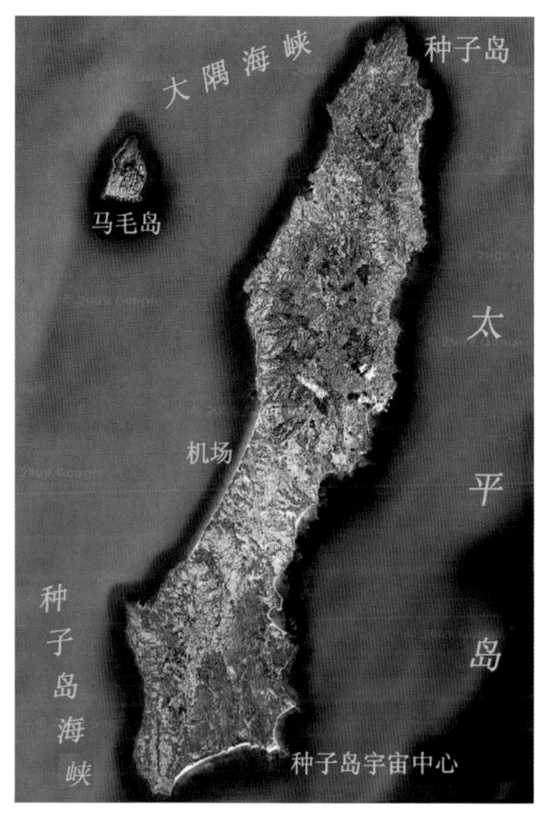

图 4.12　大隅海峡南侧重要的种子岛卫星遥感信息处理图像

甑岛海峡。该列岛一字排列，呈东北—西南走向，长达 20 n mile 以上，由上甑岛、中甑岛、下甑岛和许多小岛组成。列岛的南半部周围陡深，200 m 以上水深距岸最大不过 2 n mile，而列岛的北半部则相对较浅。从该列岛东北端向东有断续的岩石小岛。

水文

①潮汐属半日潮，涨潮流向西，落潮流向东，流速 3~3.8 kn。

②该海峡的潮流较为复杂，除大隅半岛与种子岛之间的沿岸外，因受 1.1~1.8 kn 的东流影响，终日向东流，西流向很少，即使有持续时间也不过 1~2 h；高潮前约 1 h 40 min 东流最弱（或西流最强），低潮前约 1 h 40 min 东流最强。而屋久岛北部海域当最强流速时间比大隅海峡中部则晚约 3 h。

③海流以黑潮为主，流向东北，流速 1~2 kn；大隅半岛沿岸有一股低温的西南流。由于附近分布有较多的岛屿和地形效应，以及多变的气象条件，导致这里海流也较为复杂。流幅达 30 n mile，流速 1.5~3 kn，夏季比冬季较强的黑潮主流，在屋久岛与诹访濑岛之间流向东南，而在种子岛以南转为东北流向，并在九州岛东岸外海北上，流向四国岛海域。

在该区黑潮季节性差异，表现在冬季黑潮常在都井岬东南方离开海岸；西北季风期，黑潮主流稍压向南方，穿过屋久岛与诹访濑岛之间流向东南，在种子岛南方 30 n mile 以上处转为东东北流向，流向四国海域，这时种子岛东岸常出现南流。

当黑潮支流向东流经草垣群岛、黑岛、硫黄岛和竹岛一线的南北海域，以 1~2.5 kn 的流速进入大隅海峡，穿过该海峡后在都井岬海面与黑潮主流汇合，但也有部分经过种子海峡南下。夏季大隅海峡的东向流有时可达 3 kn。

④表层水温 21~25℃，盐度 33.5~35.9。透明度 16~30 m，8 月达 48 m，潜艇水下航行易暴露。

气象

①该海峡狭窄处常发生雾，春、夏季这里有雾并多雨，影响视距；冬、秋季多晴天，但在7—10 月系台风季 kn，其中以 9 月出现最多。季风较为明显，春季多东风，夏季多南风，秋、冬季多西北风，其中冬季风力较强。6—8 月为雨季，雨天连续可达 30~60 d。属亚热带海洋性气候。

②平均气温：2 月 6.5℃，8 月 34℃。年降水量约 2 000 mm。11 月至次年 3 月多西北风，初秋常有风暴。3—7 月有雾，6 月最多。

表 4.2 大隅海峡潮流特点

海 域	特 点
从海峡西口的佐多岬－马毛岛一线线东至户埼东南大隅海峡大部分海域	高潮后 2 h 到低潮后 2 h 为东北流向，低潮后 2 h 到高潮后 2 h 为西南流向，大潮期平均最大流速为 1.3~2.0 kn，小潮期平均最大流速为 0.5~1.0 kn。 一日两次西南流与东北流之间流速不等达 1.5 kn，导致大潮期月赤纬最大时流速为 3 kn。 春季夜间、夏季午后、秋季白天与冬季午前则出现强西南流
约在马毛岛以西 9 n mile 大隅海峡西南口	高潮后 4.5 h 到低潮后 4.5 h 为北北东流向，低潮后 4.5 h 到高潮后 4.5 h 为南南西流向，大潮期最强流速为 0.8 kn。 因这里日周潮流向东、西方向流，最强流速则为 0.8kn，月赤纬出现最大时，潮流更为复杂
大隅海峡东南部近岸	潮流流向为南南东与北北西，其两者分别与大隅海峡的东北流和西南流相对应，转流时间大致相等，而大潮期平均流速约 1.0 kn
地处大隅海峡东口的种子岛北端喜志鹿埼东北东方约 13 n mile 水域	潮流流向为西北与东南向，两者分别与大隅海峡东北流和西南流相对应，而转流时间却比大隅海峡约早 2 h，大潮期平均最强流速为 0.6 kn，日周潮流影响大致比大隅海峡稍强些，系一日一回潮流

海峡两岸

海峡北侧都井岬与火埼之间的志布志湾湾口向东南敞开，湾口宽 12 n mile，向陆纵深达 14 n mile 以上。湾内从都井岬至埼田湾附近岸段与肝属川河口至火埼岸段二者基本为砾石岸，从埼田湾绕过湾顶到肝属川河口多为平直的沙质岸，10 m 等深线距岸也不过 0.6 n mile；湾中部水深 40~70 m 左右。其湾口潮流呈东北、西南向流。

从佐多岬至野间岬海岸，这里主要有南北长达 38 n mile，东西宽约 5~11 n mile 的鹿儿岛湾。湾口处于立目埼与开闻岬之间，湾口宽约 9 n mile，口门向西南，沿岸陡深。靠近湾顶有一名为樱岛的将该湾的上部一分为二。10 m 等深线多贴近岸边，湾中部水较深多在100~220 m 之间，而湾口水深却近 100 m 左右。这里的潮流为往复流。

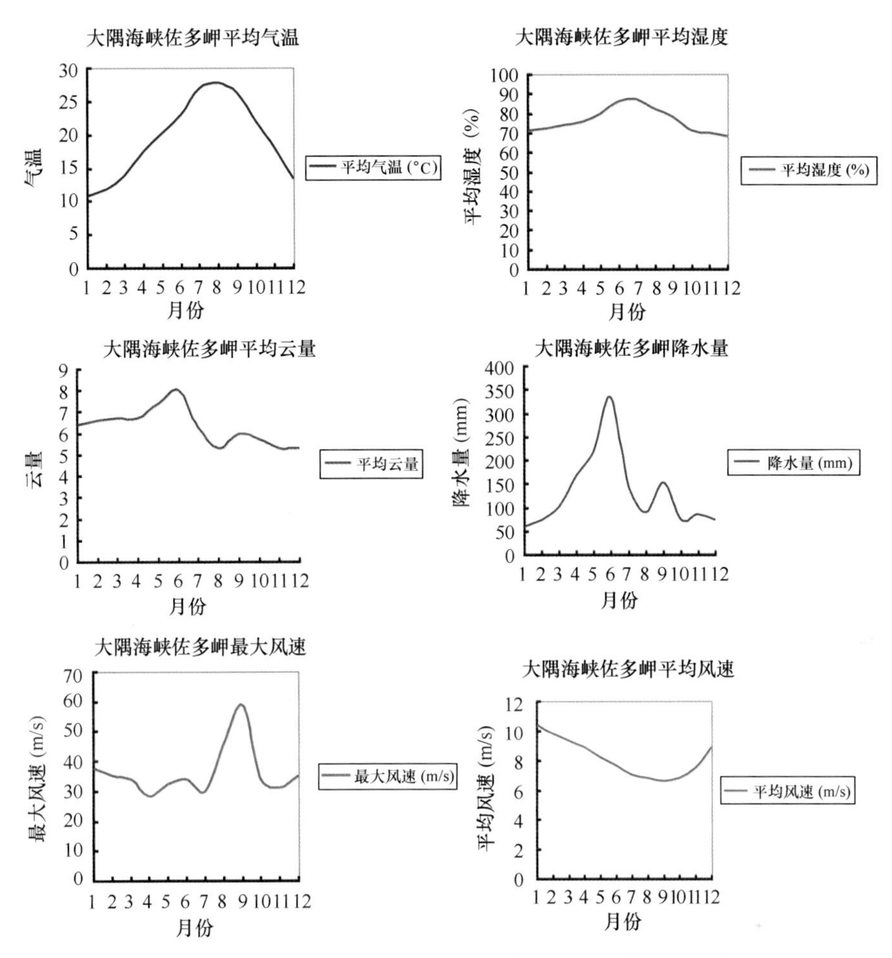

图 4.13 大隅海峡全年云量、风、气温、降水、湿度等平均要素特征图示

战略地位 根据 1982 年的《联合国海洋法公约》，大隅海峡属于国际海峡，外国舰船和飞机可以自由通行。大隅海峡东离横须贺海军基地约 500 n mile，北距佐世保军港 170 n mile，是舰船常行航道。

大隅海峡附近岛屿

①竹岛 该岛地处大隅海峡海峡西口，其西端位于 30°48′28.79″N，130°23′46.43″E；硫黄岛以东 5 n mile，距九州南岸的佐多岬仅 15 n mile，在大隅海峡最窄处。因全岛竹林密布而得名。该岛西端奥恩博埼为一高达 69 m 的圆锥形山，岛上有居民。岛的北岸乌层崎与崎江鼻之间小湾水深达 16 m，湾内底质为珊瑚沙、贝壳与沙等。

该岛面积 4.2 km^2，岛顶高达 221 m。该岛沿岸陡直水深，200 m 等深线距北岸 3 n mile，距东岸 1.5 n mile，距西南岸约 0.5 n mile。岛岸岬角大多有礁脉延伸的暗礁，除岛的东南角距岸 0.22 n mile 的暗礁外，余之均在离岸 200 m 以内，不宜登陆。惟待夏季风向合适时，可在岛的南岸或北岸中部附近登陆。

距陡峭的东南角 0.15 n mile 处，有一水深 3.8 m，名叫大礁的暗礁。再向外延伸 0.2 n mile，也有一水深 6.8 m 的暗礁。

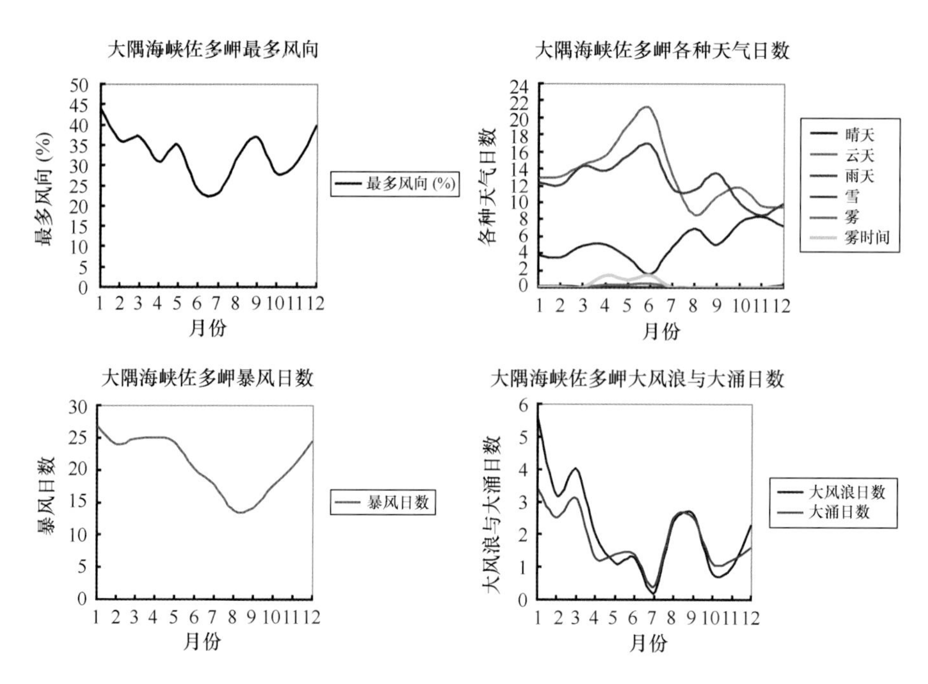

图 4.14　大隅海峡全年天气、风向、暴风、风浪等平均要素特征图示

图 4.15　通过大隅海峡航行中的潜艇

②硫黄岛　该岛西端位于 30°46′57.74″N，130°15′43.07″E；黑岛以东 16 n mile 处。该岛地处竹岛以西 5 n mile 处，其西侧相距 16 n mile 处则是黑岛，系一高大约 706 m 的活火山，其近中央处有一座很尖山峰高约 349 m，因其岛上盛产硫黄而得此名，并有鱼群，上有居民居住。

该岛周围多岩礁与浅滩，其中西端黑岛埼附近有若干岩石，其中距岸约百 m 处为一尖顶名叫“立神岩”岩石，再由此向西南方近 200 m 处，则有一破波岩石。而在黑岛埼东南部1 n mile,有一陡直的峭壁叫播磨埼的东侧有一深水小海湾，而播磨埼外端有一有一岩脉向东南方延伸达 370 m。

200 m 等深线分别距该岛北岸 2. 5 n mile、西岸 2 n mile、南岸 7 n mile、东岸 1. 5 n mile，在此等深线范围内，多有岩礁与浅滩。有名称的礁滩如役驴礁、锡塔基浅礁、中浅礁、北浅礁、竹岛鹅礁与位于硫黄岛东部 1 n mile 因火山爆发形成的熔岩小岛。

③黑岛 该岛西端位于 30°50′18. 55″N，129°54′17. 15″E；草垣上岛以东约 23 n mile 处。该岛地处硫黄岛以西 16 n mile 处，面积约 11 km^2，岛上山峰高达约 620 m，其如同竹岛一样，遍布竹林，岛上有居民。除岛的西端地形稍有坡度外，余之岛岸很是陡峭，而岛的岬角多有岩礁向海延伸，距岸 370 m 以内多礁石，如岛东部距岸 370 m 处有一高达近 50 m 的名叫长礁的小岛。

据报该岛周围无好锚地，仅在卡布利鼻的北侧小湾内有一水深 21 m，底质为沙与贝壳的小锚地。

汤礁，该岛礁群系远离该黑岛东南部约 10 n mile 处，系有 3 个近 60 m 高的小岛，以及高约 0m 的岩石所组成。该礁周围水深很深，200 m 等深线距该礁东侧和北侧近 930 m，而南侧则相对很远。

梅吉浅滩，位于汤礁西南部 11. 5 n mile 处，据报水深 148 m。另有报道，汤礁以南 7. 5 n mile 处有一水深 8. 2 m 的浅点。

④草垣岛 该岛位于大隅群岛最西部，系由 17 个岛岸绝壁的小岛组成的列岛。东北—西南走向，长达 5. 55 km，宽约 370 m，列岛周围水相对深。其典型小岛有两个。其一为草垣下岛，该岛位于小列岛南半部，高达 175 m；其二为草垣上岛，该小岛位于列岛的东北端，高 147 m，西北西方 31 n mile 处，有一最小水深仅 10 m 的浅水区。

⑤硫黄岛港 由图像中可知，该港位于岛的南岸西部，港口向南敞开，纵深 500 m 以上，港口北侧为山体，而西侧有永良部埼作屏障，并有防波堤，早先据报该港可停泊 2000T 级以下船只。

海峡西口右侧有一名为马毛岛的小岛，该岛位于竹岛以东 21 n mile 处，宽达 5~9 n mile 的水道将它与其以西的种子岛相隔，岛大致呈南北走向，岛顶高达 71 m，岛上植被茂盛。邻近岛岸，特别是 600 m 以内多礁石，其中岛岸北端礁脉延伸达 0. 5 n mile。

附近港口 海峡北侧分布有喜入、鹿儿岛、加治木、樱岛、垂水、鹿屋、大泊、内之浦、志布志、福岛、外浦、油津、内海与宫崎等；海峡南侧分布有硫黄岛、西之表、岛间、一凑、栗生与宫之浦等。

5. 宫古海峡

位置：

该海峡位于冲绳岛和宫古岛之间。中心坐标：25°23′16″N，126°25′53″E。

归属类型：

边缘海-大洋连通型；深水海峡；宽阔型海峡；岛间海峡。

海峡特征：

该海峡属琉球群岛中最宽的海峡，其位于冲绳岛与宫古群岛之间，呈西北—东南走向，长达 145 n mile，一般水深 100~500 m，最大水深千米以上，其大部分水域被 500 m

等深线所包围，但等深线却呈东北—西南走向，深达 1 800 m 以上的冲绳海槽与琉球海沟分别位其西北侧和东南侧。

海峡中的浅滩，特别是 3 个较大的浅滩分隔成诸多水道，如位于海峡中央略偏西南，长达 41 n mile，东西最宽 29 n mile，一般水深 100 m 以上，而其西侧最浅为 30 m，底质系珊瑚与贝壳的这一浅滩，与宫古岛之间形成一宽约 14 n mile，水深 350 m 以上的深水道；另位于上述浅滩东北约 6 n mile 的一个圆形浅滩，则呈东北—西南走向，最宽达 10 n mile，水深 110 m 以上，同时有数据表明这里最浅水深 18 m，底质为珊瑚和贝壳，与其相邻的东北方 24 n mile处有一南北长达 13 n mile，东西最窄约 1 n mile 的海参形浅滩，它与圆形浅滩之间最大水深为 350 m 以上。

该海参形浅滩与冲绳岛之间的深水道水深通常为 500 m 以上，最大水深则大于 1 800 m,500 m 等深线彼此相距达 19 n mile 之宽。中国奔南太平洋到澳大利亚等国，或者横穿太平洋到中美洲、南美洲等地，穿行宫古海峡是非常经济的。

潮流 涨潮流向东北，落潮流向西南。

透明度 海峡中透明度达 15~26 m 不等。

气象 这里雾日以3—4 月份较多，频率近 0. 8%；冬季以北风为主，东北风次之，夏季以南风为主，西南风与东南风次之。

海峡两岸

该海峡南侧系宫古列岛，该列岛位于先岛群岛东部，水深超过千米的深海将其与冲绳岛分隔。但其被水深 200 m 以上的海槽分隔成东、西两部分，并各自位于一个独立的岛架上。其中东部包括宫古岛、伊良部岛、下地岛、来间岛、池间岛与大神岛等；西部包括水纳岛、多良间岛等。

其中，宫古岛系宫古列岛主岛，呈三角形，长 31 km，宽约 10 km，面积达 148 km^2，为琉球群岛第八大岛。全岛地势较平坦，由石灰岩形成。东北部为高度通常 100 m 的丘陵地，西部为珊瑚礁台地，中部有全岛最高达 109 m 的山岳。

宫古岛岛岸弯曲不大，港湾少。其中东岛岸的世渡埼至东平安名埼多为沙质岸，间有砾石岸段，南半段内侧多陡崖，沿岸有干出的珊瑚礁；南岸东半段系岩石陡岸，岸外陡深，西半段多砾石岸，这里珊瑚滩宽达 0. 59 n mile；西岸多沙质岸滩。同时，在该岛周围，尤其是西部，有许多小岛、浅滩与礁石。

这里潮汐属不规则半日潮。气候温和，年平均气温 23℃，1、2 月平均气温 18℃，7 月最高达 28℃，年平均湿度 80%，年降雨量 2 200 mm，年降雨日达 210 天；春秋为雨季，多东北风，夏季多西南风。

海峡北侧为冲绳岛，该岛自然条件在第五章节中有所详述，不在此赘述了。

台湾海峡另作论述。

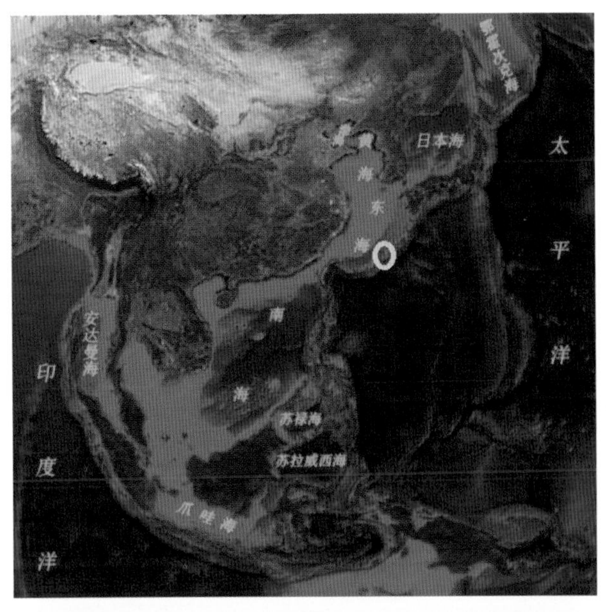

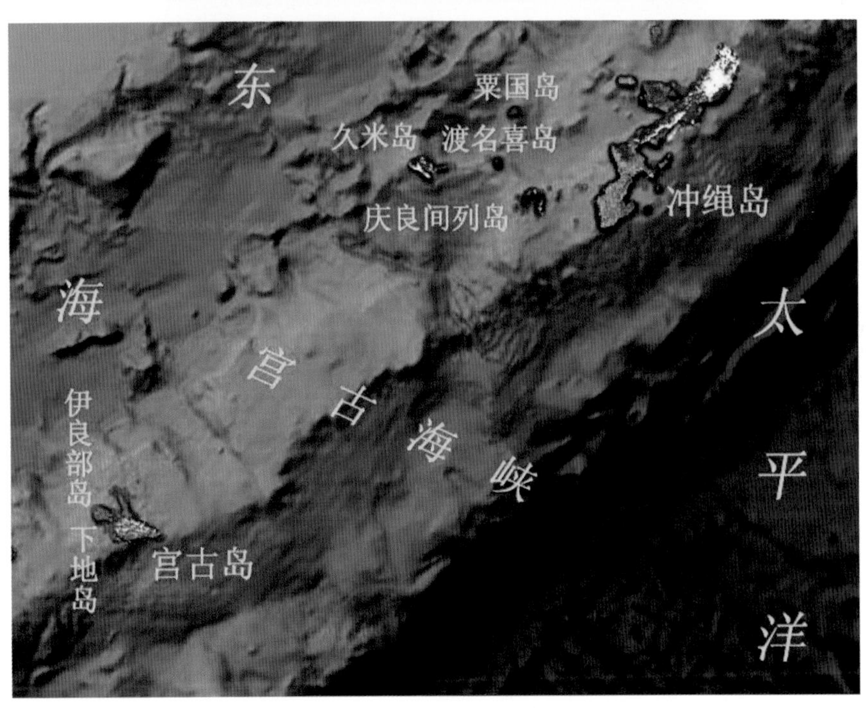

图 4.16　宫古海峡卫星遥感信息处理图像

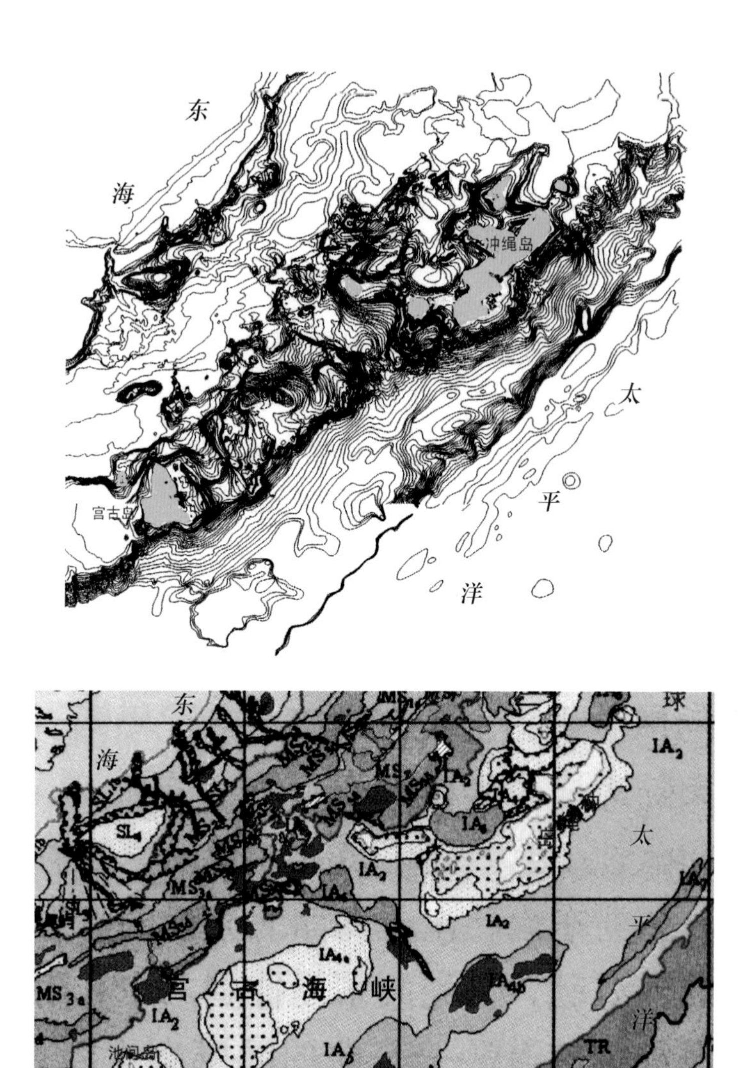

IA_2 断阶型岛坡斜坡；IA_{4a} 岛弧顶部褶皱断块台地；IA_{4b} 岛坡断块台地；
IA_5 岛坡深水阶地；IA_6 岛坡断陷盆地； TR 海沟

图 4.17 宫古海峡海底地形地貌图（刘忠臣，傅命佐等，2005）

第五章　环东海及其附近狭窄海峡通道空间融合信息特征

第一节　环东海及其东北部岛间海峡通道地理背景

1. 概述

日本位于西太平洋，亚洲的东北部，领土呈以南北狭长的群岛国家，主体是北海道、本州、四国、九州 4 个大岛，面积占全国领土的 96%以上。另辖有琉球群岛、先岛群岛、硫黄列岛、小笠原群岛等面积较小、数量较多、分布很广、由大小 4 000 多个岛屿组成，岛间相应分布有形态各异的海峡水道，位置十分重要。其东濒太平洋，西临日本海，北侧有鄂霍次克海，与中国、韩国、俄罗斯为邻，南部与西部隔东海与我国的江苏、浙江、福建三省以及上海市相望。南端的先岛群岛同我国台湾岛仅隔 60 n mile。其总面积达 377 800 km^2。因其地处北半球北回归线以北，南北温度相差达 21℃。

由于日本地处环太平洋造山带，地壳极不稳定，经常发生大地震与火山活动，使地层不断隆起和沉降，沉降与隆起地形间，往往形成海岸阶地与溺谷等复杂地形，并形成有广大的堆积平原。

日本拥有 34 000 km 漫长的海岸线，在弯曲的海岸和零落散布的岛屿之间，特别是面向太平洋方向的东海岸，分布着众多的港湾、海峡水道，海峡水道多为边缘海-大洋连通型的岛间海峡，总计达 54 个之多。其中，除前述重要的宗谷海峡、津轻海峡、朝鲜海峡、大隅海峡、宫古海峡等外，多为狭窄的海上通道。对此，以其地理区位顺序予以阐述。

表 5.1　环东海海上狭窄通道

名称	名称
根室海峡	甑岛列岛附近海峡水道
珸瑶瑁水道	种子岛海峡
野付水道	屋久岛海峡
国后水道	吐噶喇海峡
择捉海峡	口之岛水道
齿舞群岛中诸多水道	中之岛水道
北海道西岸海峡水道	诹访濑水道
平馆海峡	恶石岛至小宝岛水道
浦贺水道	宝岛至上根屿之间水道

续表

名称	名称
纪伊水道	大岛海峡
濑户内海中诸多海峡水道	喜界岛海峡
丰后水道	冲奄海峡
关门海峡	与路岛和德之岛之间水道
隐岐海峡	德之岛与冲永良部间水道
佐渡海峡	冲永良部岛和与伦岛间水道
朝鲜海峡	与路岛水道
壹岐水道	具志川北水道
九州岛西部诸多水道	具志川南水道
济州海峡	庆良间海峡
五岛列岛岛间水道	阿嘉海峡
男女群岛岛间水道	石垣海峡

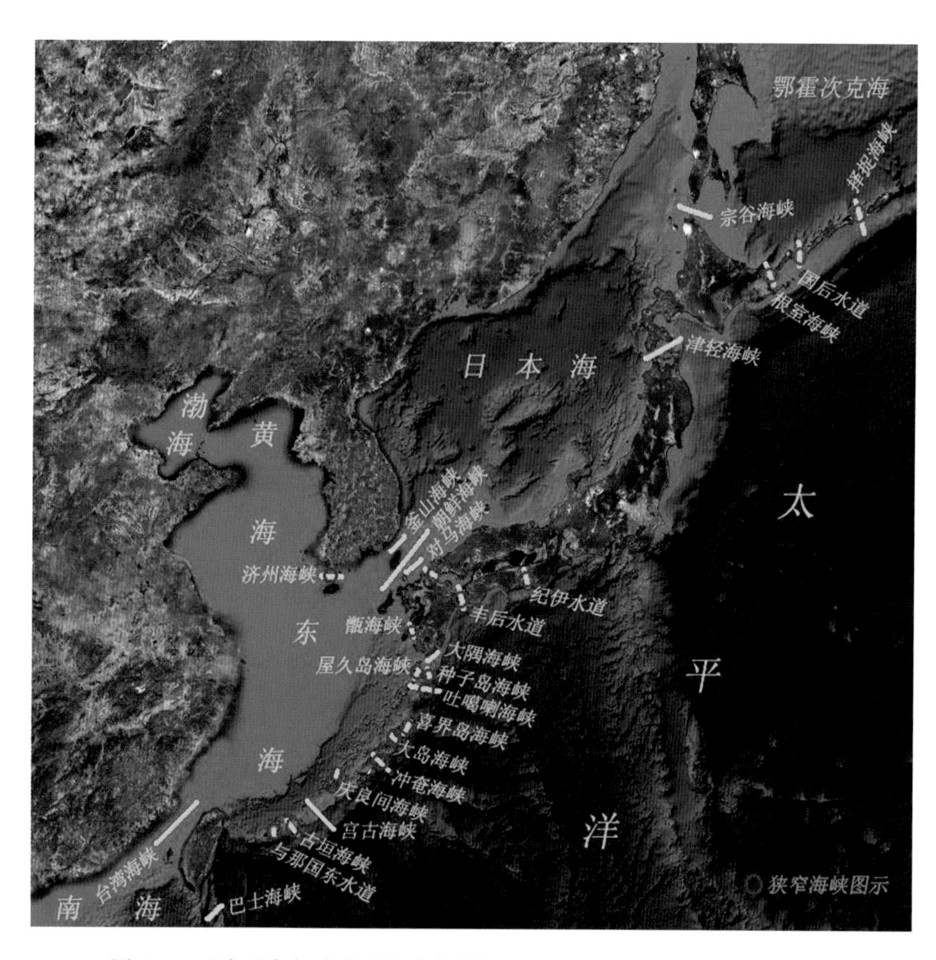

图 5.1　日本列岛与琉球群岛狭窄岛间海峡通道卫星遥感信息处理图示

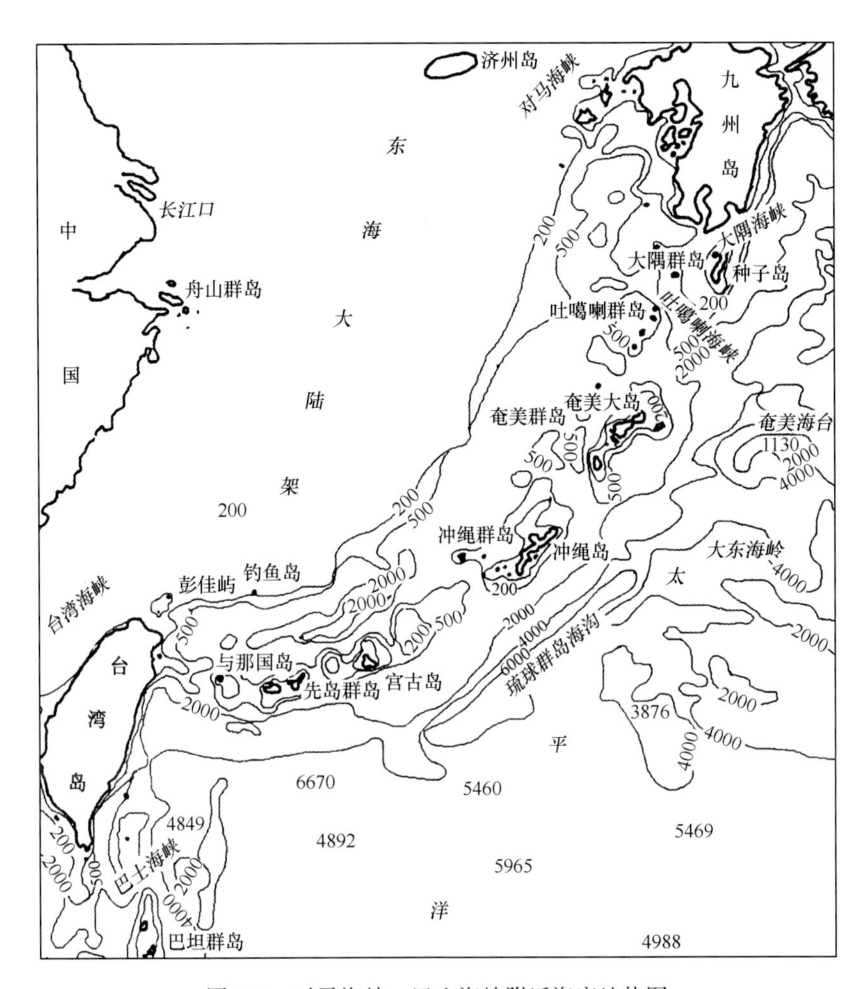

图 5.2 对马海峡—巴士海峡附近海底地势图

2. 邻近日本的海底地势特征

日本附近的海底地形极为复杂，众多的海山、海台、浅滩、海槽、海沟与海盆，使之水下地形起伏很大。

日本列岛以东的日本海沟呈东北—西南走向，系从千岛海沟—小笠原海沟—马里亚纳海沟，长达 489 n mile，宽近 55 n mile，从北向南逐渐加深，最深处达 9 850 m。在与千岛海沟连接地有一海山，名叫襟裳海山。而位于千岛群岛与北海道东侧的千岛海沟，南北长达1 599 n mile，总面积为 264 000 km^2，最深处深达 10 546 m，沟壁异常陡峭，它系西太平洋海沟的起点，一直向西南延伸到菲律宾海沟的南端。

日本海沟西侧的伊豆诸岛中，大岛—鸟岛与本州岛在同一岛架上，而西之岛与硫黄列岛也同在一个岛架上。深达 2 000 m 以上的四国海盆，则紧邻于伊豆诸岛的西南部，其南侧为九州—帛琉海岭。两者的东面便是小笠原群岛，该群岛及其附近海底地貌更为复杂，群岛以东就是伊豆—小笠原海沟。

位于西南部琉球群岛邻近的海域，水深不仅大，海底地形也崎岖不平，该群岛岛链的西侧为冲绳海槽，东侧为琉球群岛海沟。

冲绳海槽介于琉球群岛与东海大陆架之间，平行于琉球群岛，呈一宽达60~100 n mile的狭长型地沟状凹槽。而海槽的东、西壁坡度差异极大，靠近东海大陆架的西坡坡度，为0.7°~0.8°，并明显的以200 m等深线为界，向深水处海底坡度急剧变陡，而东壁坡度则达10°。海槽底部平坦，南深北浅，多深为1 000~2 400 m，浅处为600~800 m，最深处位于宫古岛与我国钓鱼岛之间，深达2 719 m。

琉球群岛海沟呈一东北—西南走向的狭长海沟，东西两侧地形不对称，其西侧等深线基本平行，而东侧海底坡度较缓。海沟深6 000~7 000 m以上，长达130 n mile，最宽约16 n mile,邻近海沟西端外侧海底有隆起地形。

琉球群岛海沟西侧，即琉球群岛东侧水下地形陡深，地形坡度近10°，跨过上佐阶地，地形坡度达13°。

深于200 m以上的诸多海槽，分处在琉球群岛岛屿之间，岛屿表征的是岛架大多狭窄而陡峭，逐渐向外海底地形极为起伏。其中，喜界岛东、西两侧海底地形呈平顶而隆起；作为火山岛的鸟岛，从海底800 m处高耸至海面以上。

冲绳岛西岸的水下阶地被断层分开为二个。冲绳岛以南的岛架被近400~1 000 m的6条海谷所切割：

其一，该岛与西北侧岛架上的伊平屋列岛之间水深达300 m以上；

其二，伊平屋列岛与其西南方的粟国岛岛架之间也有一大于300 m的深海海槽；

其三，由两个被深为200 m以上的海槽所分割的岛架上的小群岛组成了宫古列岛，该列岛与其东北方的冲绳岛之间，被深达1 000 m以上的海槽所分割；

其四，位于八重山列岛南部的新城岛以西的海谷最深处达1 000 m以上；

其五，位于八重山列岛偏东南部的黑岛以东的海谷，水深也达千米以上；

其六，石垣岛与西表岛也有一深达千米以上的海谷。

与此同时，八重山列岛和宫古列岛之间有一相隔水深近400 m的海盆。

3. 邻近日本的海流

邻近日本的海流主要在其东、南与北部，如黑潮及其分支对马暖流和次一级分支黄海暖流、津轻暖流、亲潮与宗谷暖流等。

高温、高盐、水色透明大、流路与流速多变动的黑潮暖流，流速达2~4 kn，最大为5 kn。其源于吕宋海面，由台湾岛和与那国岛之间进入东海，呈蛇行沿大陆架斜坡北上，并穿过屋久岛与奄美大岛之间，流经日本列岛东侧，并接近本州南岸，继之流向东与东东北方，称之为黑潮延续体。

黑潮暖流具体表现特点，尤以夏季最为清晰，其大部分流经琉球群岛西北侧，流向呈东北向，基本与琉球群岛相平行。流幅宽达50~60 n mile，其西北缘与东海200 m等深线趋于一致，而流轴位于台湾岛东北岸和与那国之间、钓鱼岛东南方-久米岛西北45 n mile处-奄美大岛西北90 n mile的连线上，流速2~3 kn，而流幅边缘流速则降至为1 kn。在此，除大隅海峡附近的海流，冬季强于夏季外，冬、夏季差异不大。

由奄美大岛与屋久岛之间的黑潮逆流呈东向，即从笠利崎的东东北方近50 n mile处附近南下，抵达冲绳海峡。同时，南大东岛的北部有一流速约1 kn的西流，而该岛与冲大东岛之间则有一流向西南的海流。在冬、夏季它们无多大差异。

黑潮主流靠近九州岛南岸与东岸，多随季节与气象变化，特别是进入冬季西北季风期，黑潮远离日向滩达70~80 n mile，并出现逆时针转流，增强南下至种子岛以东。而靠近九州岛西侧的，则为对马暖流及其分支黄海暖流。

其实复杂的海流往往出现在岛屿分散、地形效应复杂、气象变化大等环境下，如大隅海峡即是其例。

在屋久岛与诹访濑岛之间，黑潮主流呈西向东南流，到达种子岛以南转向东北方，此时黑潮流幅达30 n mile，流速1.5~3 kn。进入冬季西北风期，风应力关系，黑潮虽从屋久岛与诹访濑岛之间穿过，但流向四国海区。此时在种子岛、草垣岛、黑岛、硫黄岛、竹岛等附近，黑潮往往出现不同的流向与流速。

在卫星图像中，也清晰地表征出沿九州西岸北去的黑潮，在五岛列岛附近分为两股。其一，经朝鲜海峡流入日本海的称之为对马暖流，表现的特点是流势夏强冬弱；其二，经济州岛南岸向黄海流去的，则称之为黄海暖流。而进入日本海的对马暖流分流后的汇合，大部分转流入津轻海峡进入太平洋，称之为津轻暖流；一部分沿北海道岛北上，经宗谷海峡注入鄂霍次克海，则称之为宗谷暖流。

黑潮接近本州南岸时，流幅约20 n mile，流速达2 kn，当流速为1 kn以上时，流幅宽达50 n mile，流向呈东或东东北方，继之与津轻暖流、亲潮相交，便产生冷、暖涡。

在此，应予以提到的是源于鄂霍次克海和白令海的亲潮，属于寒流，流速达0.3~1.5 kn，流向西南，海表温度为1~17℃。

4. 独特的自然条件与特殊的战略地位

日本列岛向北延伸与千岛群岛相接，向南依次排列着琉球群岛、台湾岛、菲律宾群岛，蜿蜒数千海里，犹如一条由岛屿组成的锁链，纵列在亚洲大陆的东侧，将亚洲与太平洋隔开，已如上述，这就是地理上所称之的第一岛链。若以台湾岛为中节点，日本诸岛则处在第一岛链的北半段，并恰好将东亚大陆基本环绕。在第一岛链以东是第二岛链，第二岛链主体是琉黄列岛和小笠原群岛。日本领土涵盖两个岛链的重要部分，显然，这在战略上具有极为重要的意义。

日本在整个世界地理形势中，位于中国、俄罗斯和美国三个大国的结合地带。但在二战后，不论是冷战时期还是当前，日本又处在一个非常敏感的位置。

由上所述可知，日本独特的地理区位，使其成为东亚大陆的海上屏障。如果以日本诸岛作为东亚大陆的前哨防御阵地，可使东亚大陆的前沿防御纵深增大数百千米。

由于以日本诸岛为基干的第一岛链北半段基本覆盖了东亚沿海，使日本控制着东亚、特别是东北亚绝大多数的出海通道。日本对于东亚地区各国向海洋方向的发展，从事海洋方向的军事活动，都具有极大的制约作用。

第二节　日本列岛及附近狭窄岛间海峡

1. 北海道岛附近狭窄岛间海峡

北海道岛系日本第二大岛。位于日本的最北部，北隔宗谷海峡与俄罗斯的萨哈林岛相望，南以津轻海峡与本州岛为邻，西临日本海，东濒太平洋，北侧有鄂霍次克海，面积达83 500 km^{2}以上。564万（2004年）人口，人口密度近68人/km^2。其周边及其邻近有宗谷海峡、根室海峡、择捉海峡、津轻海峡与国后水道等。

1）根室海峡

位置

位于北海道岛东岸与国后岛之间。中心坐标：44°02′08″N，145°24′23″E。

归属类型

边缘海-大洋小型海峡连通型。

海峡特征

该海峡系连接太平洋与鄂霍次克海的通道，其长达70 n mile，分南、北两个口门。北口知床半岛北端知床岬与国后岛北端海角宽约40 n mile，中央水深达2 400 m，向南至野付水道与南口北半部，水深浅至10 m以下；南口纳纱布岬与国后岛最南端的海角，宽20 n mile，其南半部水深也仅为20~30 m。该海峡北段西岸系知床半岛，中段为仅宽8.5 n mile的野付水道，中部水深5~10 m，分布有很多暗礁与浅滩，仅能通航小船。海峡安全通航期通常在5—10月。南段则是根室湾。

水文 宗谷暖流穿过宗谷海峡后，沿北海道岛北岸向东南流至知床岬外海，一股分支进入根室海峡。海峡中潮流，涨潮时，除海峡北部因受海流影响，主要呈西南流，落潮时呈东北流。

海冰 海峡多有海冰，1—2月沿岸结冰，2月以后有流冰，通常4月中旬浮冰封闭海峡，10天左右后浮冰完全消融。港湾甚少，海峡北部为渔场，知床半岛东岸的罗臼港为渔业基地。

气象 秋、冬季多西风与西北风，春、夏季多偏东南—南风，风力较小。春、夏季多有雾出现，尤以7—8月为甚。在东北—西南风出现条件下，雾出现频率最高；反则，在西北—北风出现条件下，很难出现雾。同时，即使雾出现，视距也多在数百米以上。

附近港口 根室港、罗臼港、古釜布港等

海峡两岸：

北海道岛 东部北侧岸段系指知床岬至纹别港间海岸，北濒鄂霍次克海，海岸较为平直，知床半岛位于北海道岛的最东北角，该半岛的西岸长达约63 km，为一陡峭岩石岸，间有沙质和砾石岸，岸上纵深有呈东北—西南走向，并与海岸平行的高山，其中硫黄山峰高达1 563 m。

从网走港向西北延伸的海岸为连绵的沙质岸，并有数个潟湖。20~50 m等深线与海岸极近平行，其中20 m等深线距岸1~1.5 n mile，险滩礁石甚少。而顺沿能取岬向东北76 km沙质岸段，有低矮的丘陵与之平行，这里的10 m等深线距岸仅0.5~1 n mile。

在知床半岛左侧为一敞开的海湾，该湾称之为网走湾，该湾对避北风的能力极差。

东部南侧岸段系指长达268 km的纳沙布岬至襟裳岬之间海岸。该海岸东段曲折，特别是纳沙布岬至钏路港，长约130 km，为北海道最弯曲的海岸，多岩石陡岸，并有小岛和险礁，岸线以上则为低矮的海岸台地；而西部岸段较为平直的沙质岸。20 m等深线一般距岸2~3 n mile，个别岸段则为1 n mile，而200 m等深线基本平行于海岸，距岸约16 n mile。这里有多处港湾可停靠与避风。

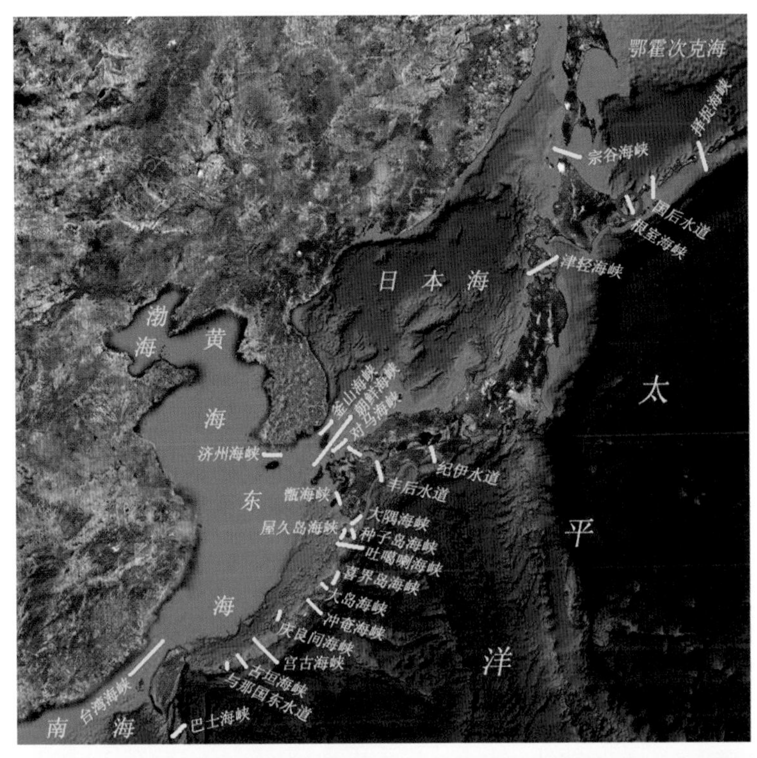

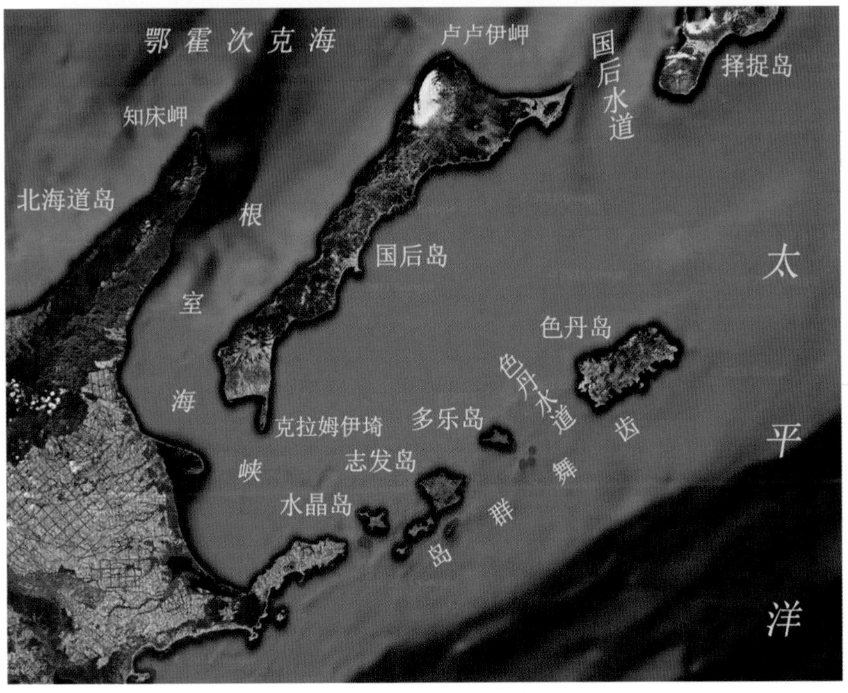

图 5.3　根室海峡卫星遥感信息处理图像

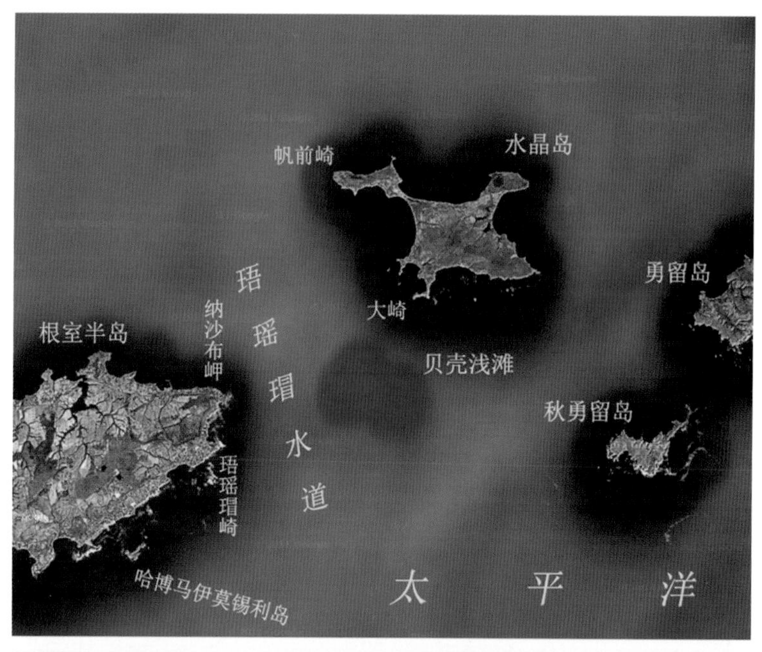

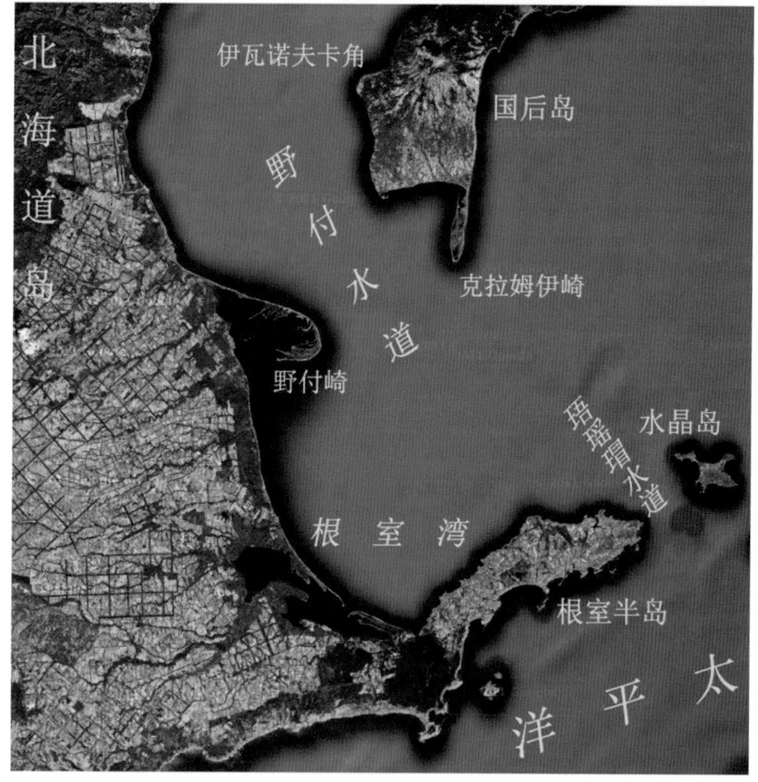

图 5.4　根室海峡南部野付水道、珸瑶瑁水道卫星遥感信息处理图像

国后岛 该岛系齿舞群岛中较大的岛屿，第二次世界大战后日俄二国对该群岛一直存在领土之争。该岛位于北海道东北，根室海峡东侧，呈长条形，东北—西南走向，长达 120 km，宽约 5~30 km，面积 1 500 km^2。该岛北端卢卢伊角至南端克拉姆伊崎之间弯曲海岸系根室海峡的东岸，西南隔根室海峡与北海道相连，东北隔国后海峡与择捉岛为邻。岛上地形陡峻，多火山，分布有爷爷岳、岛登山、泊山等诸多山峰，其中，爷爷岳（茶茶岳）为一活火山，常被云雾覆盖，海拔 1 822 m，为全岛最高峰。多原始森林。环岛有古斧布湾、白糠湾、乳吞路泊地与安渡移矢东锚地等。该岛与色丹岛间有优良的渔场。

气候 该岛每年 9 月上旬至翌年 4 月下旬盛行西北风；11 月上旬至翌年 5 月中旬，特别是 1—3 月为降雪季节；当出现偏东北风时，岛北岸与东南岸常有大浪侵入。

该岛沿岸雾多始于 5 月上旬，终于 8 月下旬。浓雾出现在 6、7 两个月。据报，偏西北风时雾散天晴，偏南风时浓雾袭来，西风雾即消散，偏东风与北风时雾稍薄，偏东风后常下雨。

海流、潮流 该岛东南岸东北部 2~3 n mile 处，涨潮流向西，落潮流向东，大致在高、低潮时转流。大崎海面西流为 0. 8 kn，东流为 0. 5 kn，白糠湾附近海面 4~5 n mile 处西流为2 kn,东流为 1. 3 kn。

该岛北岸，距岸约 2 n mile 海水为东向流，涨潮中期流速达 1 kn。而岛的西北岸海面，涨潮为西南向流，落潮为东北向流，大致在高、低潮时转流，涨潮中期流速大于 2 kn。

每年 1—3 月出现沿岸冰。

2）珸瑶瑁水道

位置：

位于根室半岛东端与水晶岛西南侧的贝壳浅滩之间。中心坐标：43°24′10″N，145°51′24″E。

归属类型：

岛间狭窄水道。

水道特征：

该水道系连接太平洋与根室海峡的通道，水深 50~90 m，其中大于 20 m 的可航宽度达 800 m，水道两侧 20 m 以浅分布有很多礁石。

水文 日潮不等现象明显。水道中流的特征各处不尽相同，分述于下：

水道南侧 从低潮后约 3 h 至高潮后约 3 h 为南向流；再继之到低潮后约 3 h 为北—东向流，前者高潮前后最大流速达 1. 5 kn，后者则减小至 0. 5 kn 以下。

水道北侧 从低潮后约 1 h 至高潮后约 1 h 为东—南向流，再继之至低潮后约 1 h 为西北向流。前者流速小于 0. 5 kn，后者可达 1. 5 kn。

水道狭窄段 东南向潮流时段为低潮后约 3 h 至高潮后约 3 h；北流向潮流时段为高潮后约 3 h 至低潮后约 3 h，流速前者高潮前后最强，后者低潮前后最强，流速达 3 kn。

水道两侧 往往出现逆流，并伴有涡流，特别在贝壳岛经常出现。

海冰 每年 1—4 月经常有流冰，并有时出现流冰覆盖整个水道。

气象 该水道全年雾的出现有较大差异，以 6—8 月出现频率最高。特别当偏南风时，浓雾的视距不过数米。

水道两岸：

水道西侧距岸近 1 500 m 左右分布有许多明礁与暗礁。水道东侧，特别靠近贝壳浅滩亦分布有诸多岩礁。西岸系北海道岛东侧，东岸为水晶岛。

其中，根室半岛大致呈长条形，东—西走向，长 29.4 km，中间南—北宽 5.93 km。岛上山峦起伏，沟壑纵横，环半岛有众多岬角，半岛南侧多海湾。从岛岸向陆纵深为高度小于 50 m 的台地。半岛上覆盖有茂密植被。其最东部的纳沙布岬与珸瑶瑁崎隔珸瑶瑁水道便是贝壳浅滩，珸瑶瑁崎向东北隔 4.64 n mile 海峡水域，便是水晶岛。

水晶岛西南距根室半岛纳沙布岬 4 n mile，呈不规则状，系齿舞群岛一部分，为平坦的小岛，扼守了珸瑶瑁水道，与纳沙布岬海角隔海相望，环岛有 5 个之多海湾，西北—东南长 8.21 km，东北—西南宽 5.56 km。岛高 9~18 m，岛上杂草茂盛。

3）野付水道

位置：

该水道位于根室海峡南部野付崎与国后岛的西南端之间。中心坐标：43°38′31″N，145°23′44″E。

归属类型：

岛间狭窄水道。

水道特征：

该水道系根室海峡最狭窄处。水道两侧的浅滩，如：克拉姆伊浅滩、诺特托浅滩、野付浅滩、龙神浅滩与野付北浅滩等的不稳定性，导致地形多变。通常水道宽达 8.5 n mile，可航行宽度在 2 n mile 以内的水深限于 5~10 m。

水道两岸：

水道西侧的野付崎位于纳沙布岬西北西方 23 n mile 处，为一低平的沙嘴，上有繁茂的树木；东侧的克拉姆伊崎为位于国后岛南端低平的沙嘴。

4）国后水道

位置：

该水道位于国后岛与择捉岛之间。中心坐标：44°26′57″N，146°42′57″E。

归属类型：

岛间水道；大洋-边缘海连通型。

水道特征：

该水道系连接太平洋与鄂霍次克海相对较短、宽达 12 n mile、最大水深 484 m、底质为沙砾的水道，其 200 m 水深以上的可航宽度达 5 n mile。

水文 该水道涨潮时为南向流，落潮时为北向流；高、低潮时出现转流，流速不强；夏季强海流流速达 5 kn。

海冰 流冰主要出现在 2—4 月，冰块出现西侧多于东侧。

气象 10 月至翌年 4 月出现强烈的西北风，6—8 月盛行强烈的东南风。时有海雾，多是该岛东南岸的海雾被风吹送过来的。

水道两岸：

该水道左侧为国后岛，该岛邻近海峡的是其东端低平沙嘴的安渡伊矢岬，该岬角与其东北部的辨天岛被一片岩礁所包围，并向东北方延伸达 1 n mile；右侧是择捉岛，该岛系北海道诸岛中最大的岛屿，岛屿呈西南—东北走向，长达 210 km，宽 6~40 km，岛上山峰与岬角卫星遥感信息中清晰可见，海岸陡深，距岸 1.5 n mile 并无岩礁分布。

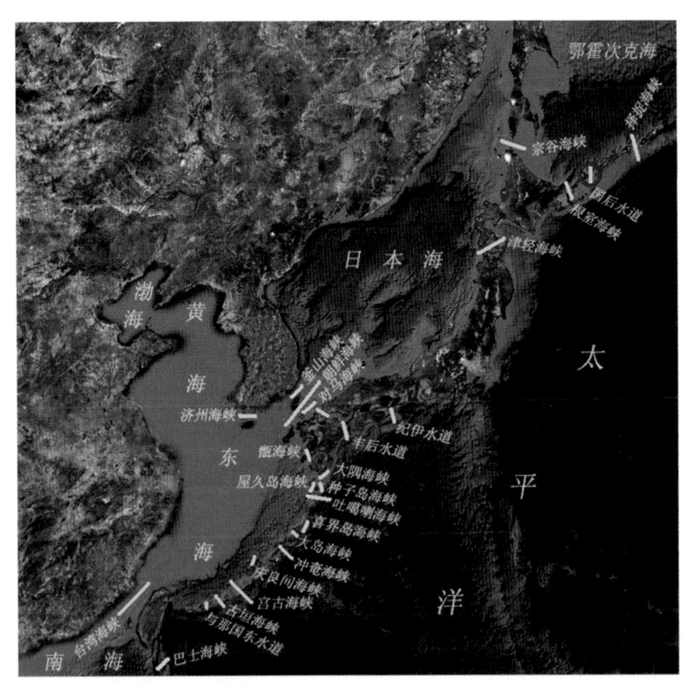

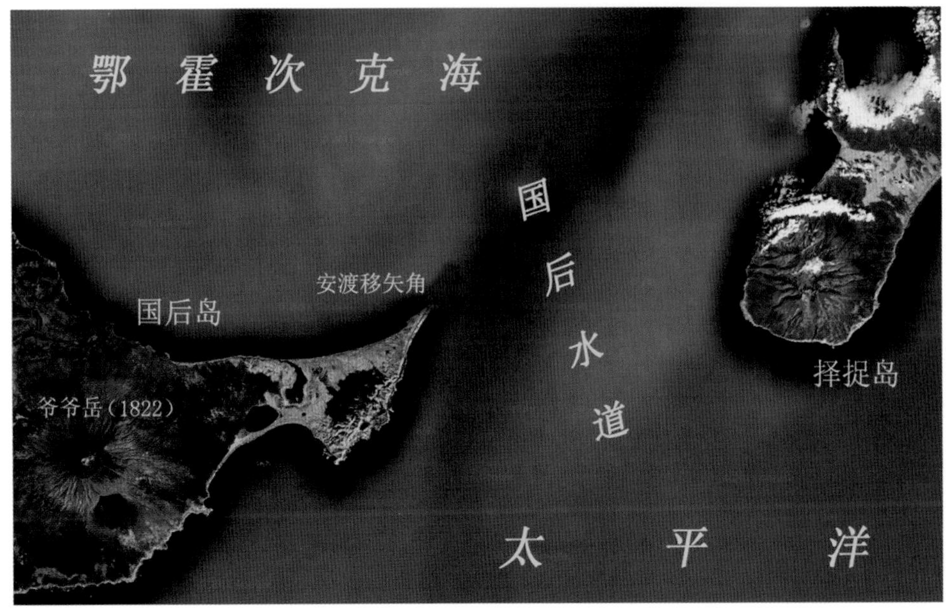

图 5.5　国后岛卫星遥感信息处理图像

5）择捉海峡

位置：

该海峡位于择捉岛与得抚岛之间。中心坐标：45°32′34″N，149°08′47″E。

归属类型：

岛间海峡；大洋-边缘海连通型。

海峡特征：

该海峡系连接太平洋和鄂霍次克海的短而宽的海峡通道。海峡西侧择捉岛的腊基贝兹岬与海峡东侧得抚岛的最西部岬角之间为海峡最狭窄处，宽达 22 n mile，海峡中最大水深达 600 m 以上。海峡北口深度大于南口，海峡深水区靠近择捉岛一侧，200 m 等深线距岸约 1.4~3 n mile；邻近得抚岛一侧，由于山体礁脉的延伸，近岸多岩礁，100 m 等深线距岸达 11 n mile。

水文 海峡中有强的海流与潮流。涨潮时有北向流，落潮时有南向流，并有转流出现。海峡南、北口分别受暖流与寒流的影响。

海冰 海峡中出现的流冰多始于 1 月，终于 5 月。

气象 盛行西北风，且多晴天。

海峡两岸：

如图 5.6 中所示，海峡西侧择捉岛最东端的腊基贝兹岬为一绝壁岬角，高达 140 m 的悬崖上瀑布极其清晰显著；海峡东侧得抚岛岛岸南北两侧虽较陡峭，但正如前述，向海峡一侧，山体礁脉的延伸，地形坡度相对西岸为小，近岸多岩礁。

6）齿舞群岛中诸多水道

如图 5.7 所示，从北海道东部，根室海峡南侧的纳沙布岬的东北方 30 n mile 以内，排列的水晶岛、志发岛、多乐岛与色丹岛等大小诸多岛屿，统称为齿舞群岛。其岛间水道如表 5.2 所列。

表 5.2 齿舞群岛岛间水道

名 称	位 置	宽（n mile）	水深地形特点	水文特征
水晶水道	水晶岛与勇留岛之间	3.0（最窄处）	深水区靠近位于水道中央偏东，西侧多暗礁与浅水域	据报，夏季大潮期，从低潮后约 3 h 至高潮后约 3 h 为西向流，随后从高潮后约 3 h 至低潮后约 3 h 为东向流，前者流速 0.8 kn，后者达 1.3 kn
志发水道	勇留岛与志发岛之间	0.5（可航宽）	水下地形起伏不平，岩礁的分布有碍航行	潮流不规则
多乐水道	志发岛与多乐岛之间	6.0	水道两侧岛岸礁脉向水中延伸，深水区处在宽达 2.5 n mile 的水道中央，多有水深浅于 10 m 的岩礁分布，有碍航行	据报，涨潮时为南向流，流速达 1.5 kn，落潮时为北向流
勇留水道	秋勇留岛与勇留岛之间	1.5	两侧岛岸礁脉向水中延伸，深水区处于水道中央宽度仅 1 n mile	—
色丹水道	多乐岛与色丹岛之间	12	水道西侧有岩礁分布，深水区偏东，宽约 8 n mile	据报，夏季涨潮时为南向流，落潮时为东北向流。但受日潮不等影响，流向有所变化

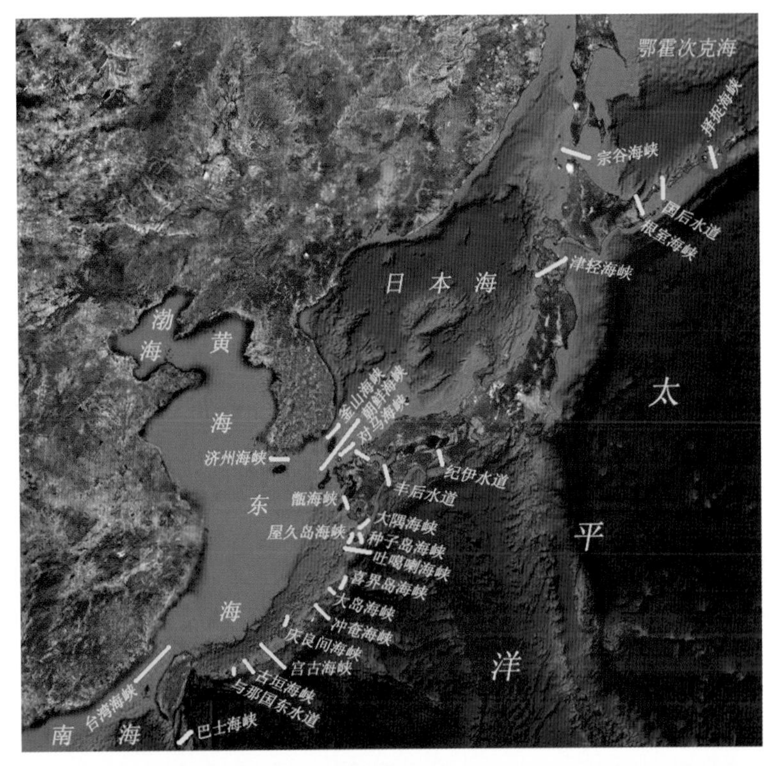

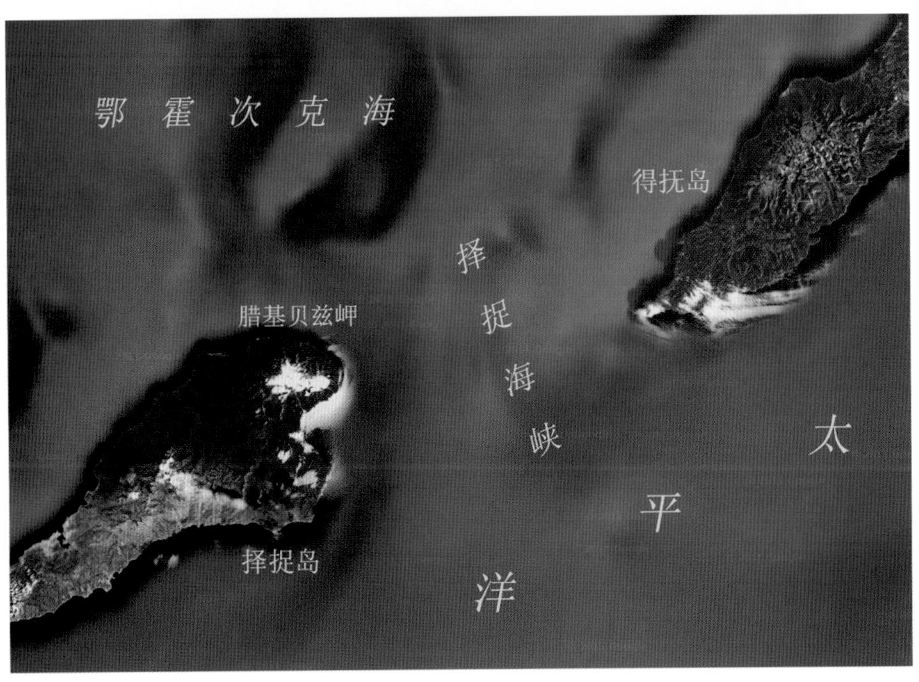

图 5.6　择捉海峡卫星遥感信息处理图像

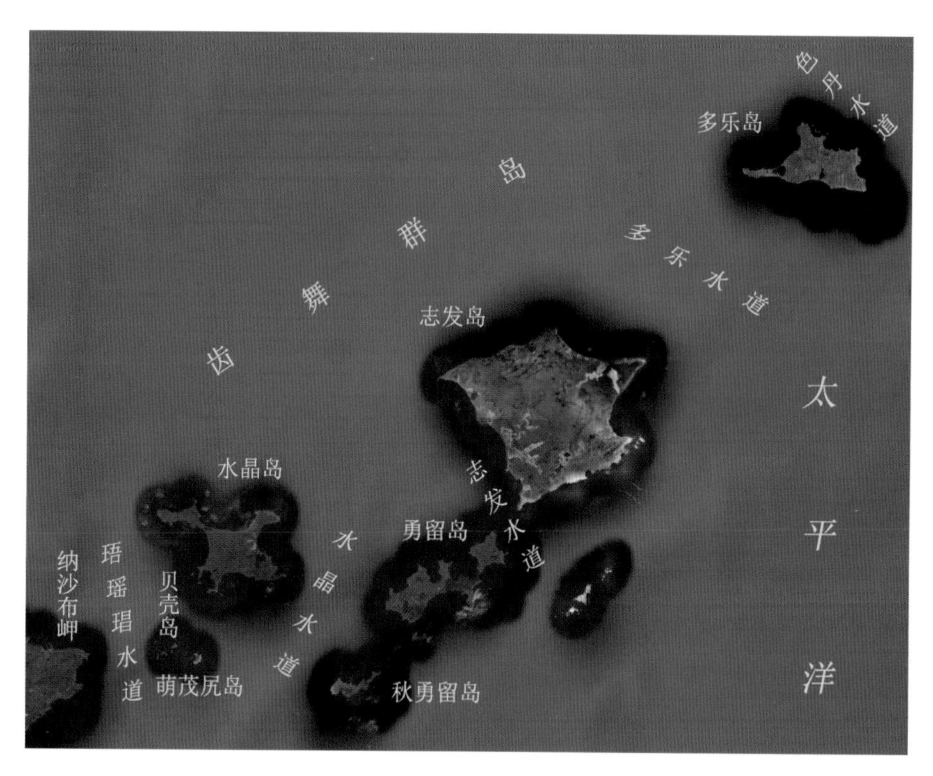

图 5.7 齿舞群岛中诸多水道卫星遥感信息处理图像

7）北海道西岸海峡水道

如图 5.8 所示，北海道西岸面对日本海，岛屿分布甚少，南有奥尻海峡，北有利尻水道，岛间海峡水道如表 5.3 所列。

表 5.3 北海道西岸海峡水道

名称	位置	宽（n mile）	水深地形特点	水文特征
奥尻海峡	奥尻岛与北海道尾花岬角等之间	10（最窄处）	海峡南、北口门水深 500 m 以上，南口宽是北口的 1 倍。在狭窄处 200 m等深线以深宽度仅 0.5 n mile	据报，海峡北口海流不规则，但夏季偏北向流时，流速 0.5~1.5 kn
利尻水道	利尻岛与北海道的天塩平野之间	12	水道西侧利尻岛海岸陡峭，深水区靠近岛岸，而东侧离岸水下地形平缓，20 m 等深线距岸 7 n mile，水道宽度 5 n mile 左右	有东向海流，夏季达 1~1.5 kn

2. 面向太平洋的本州岛与四国岛附近以东海峡水道

1）浦贺水道

位置：

该水道位于东京湾外侧。中心坐标：35°12′02″N，139°46′00″E。

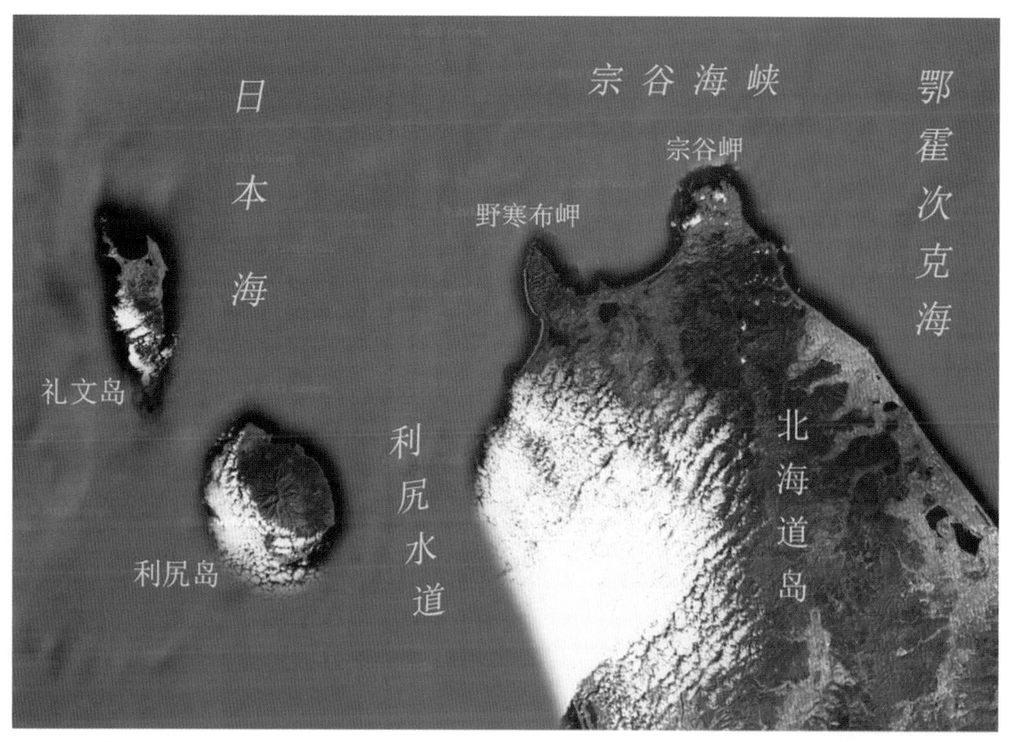

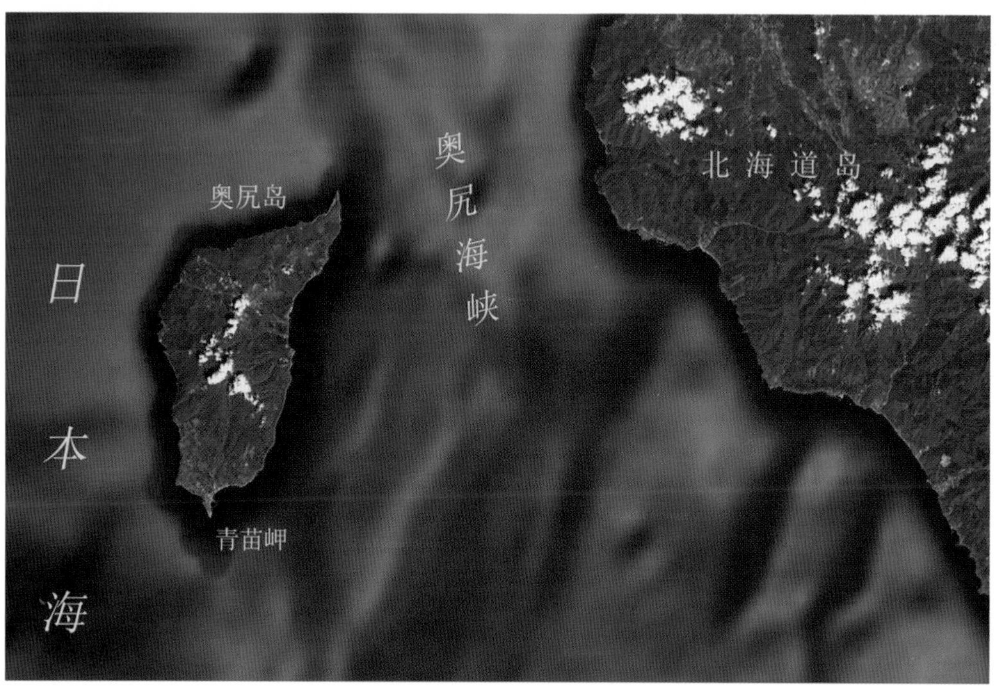

图 5.8　北海道西岸奥尻海峡、利尻水道卫星遥感信息处理图像

归属类型：

深水水道；海湾—大洋连通型。

水道特征：

该水道呈东北—西南走向，北口宽约 4.92 n mile，南口宽达 10.31 n mile。中央水道大致居于东、西海岸之间，深 48~753 m，畅通无阻。大致在水道西岸的金田湾东，水道陡深 200 m 以上，水道两侧海岸曲折多岩礁，并有几个浅水湾。其中，水道东海岸，即富津岬-洲埼长达 37 km，南部有馆山湾，北部有开湾；水道西岸，即剑埼-观音埼长 14.81 km，其近岸岩礁密布大于东海岸。

水文 该水道北口富津岬附近潮流强，周围水深不断变化；南部大房岬以南近岸潮流，大致向南或西南方流动，在波左间与洲埼海面潮流向西流，流速达 0.5 kn。洲埼以南近岸涨潮流向北，落潮流向南，高、低潮后约 1 h 转流，涨潮流流速 2.3 kn，落潮流流速 1.5 kn。洲埼西方，涨潮流向东北，最强流速达 1.1 kn，落潮流向南，最强流速 2.2 kn；高、低潮后约 1 h 转流。距观音埼 1 n mile 处，海面强潮流速达 2 kn。

总体上，潮流东南流最强时，沿该水道从北口向南口流动，反则，潮流西北流最强时，沿该水道从南口向北口流动。

2）*伊良湖水道*

位置：

该水道位于伊势湾口的伊良湖岬与神岛之间。中心坐标：34°33′52″N，137°00′07″E。

归属类型：

海湾-大洋连通型。

水道特征：

该水道系从外海进入伊势湾与三河湾最好水道，伊良湖岬-神岛间水域宽约 2.24 n mile,水道水深 10 m 以上的宽度达 1 n mile。

气象 该水道区夏季多偏南风，冬季多偏西北风。据报，多年平均暴风日数达 141 天，阴天 134 天，雾日多出现在 6、7 月份，较少，冬季更少。

水文 该水道潮流呈现为西北流时，系从名古屋低潮后 20 min 到高潮后 20 min 流动；东南流时，为名古屋高潮后 20 min 到低潮后 20 min 流动。春季大潮期，1 天内呈现 2 次最强流，流速达 2 kn；夏季大潮期，白天呈现强东南流，流速约 2.7 kn，接着转为强的西北流，流速 2.1 kn。

3）*纪伊水道*

位置：

该水道位于本州纪伊半岛西侧与四国岛东侧之间。中心坐标：33°58′09″N，134°52′18″E。

归属类型：

深水水道；内海-大洋连通型。

水道特征：

该水道南—北长达 20 n mile，东—西狭窄处约 14 n mile，为濑户内海通向太平洋的东口。水道南、北两侧水面逐渐开阔，向内纵深有由良海峡与鸣门海峡，分别沟通大阪湾与播磨滩。水道中央呈西北—东南走向，水深约 60~200 m 之间，两侧近岸水深逐浅于 50 m 左右，底质砾、泥、岩均有。

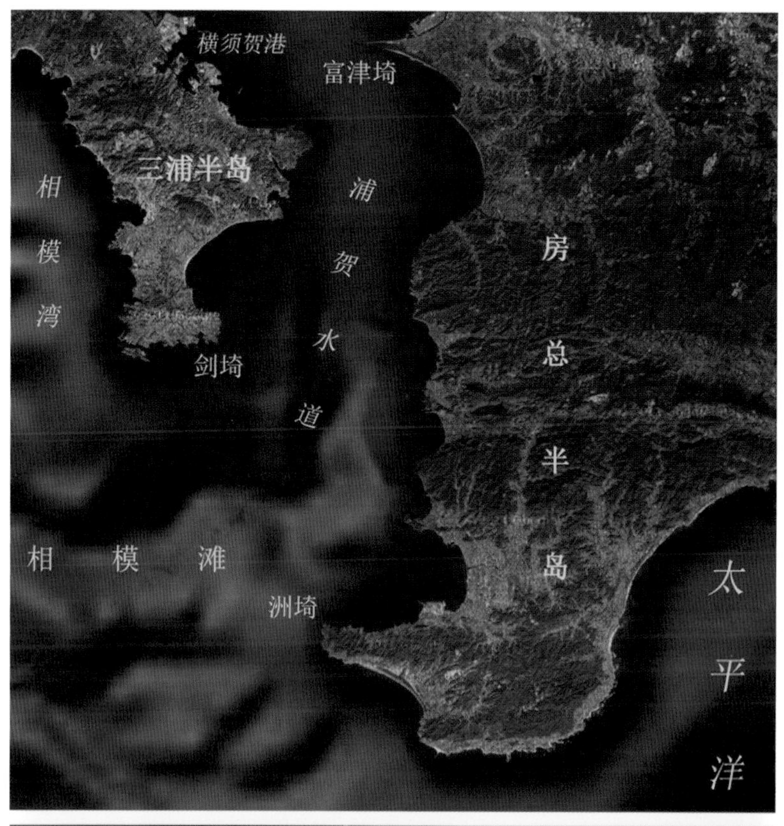

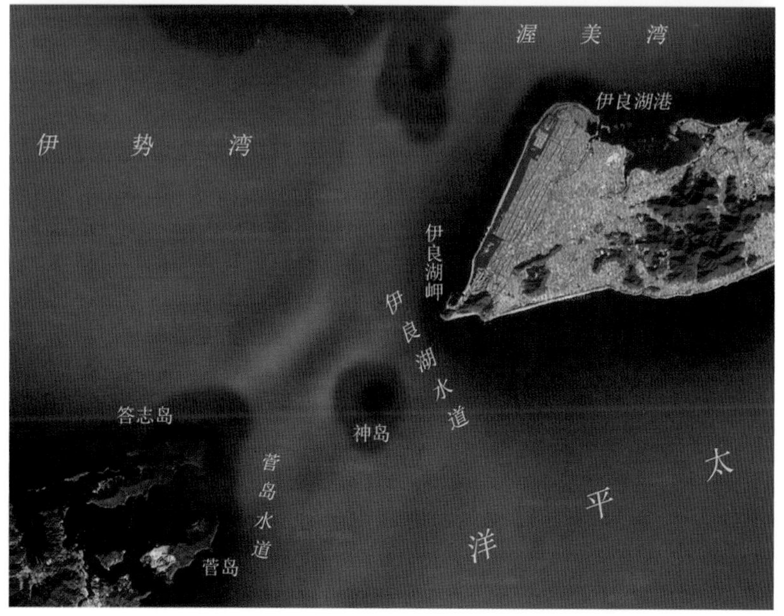

图 5.9　浦贺水道与伊良湖水道卫星遥感信息处理图像

水文 涨潮为北向流，落潮为南向流，流速约 1 kn。

水道两岸：

该水道东侧的海岸曲折，日御埼呈以悬崖岬角，岬角外水深 20 m 处还分布有很多岩礁；西侧的蒲生田岬位于四国岛的最东端，也呈以悬崖峭壁，并有岩脉向东延伸达 3 n mile，形成伊岛。

附近港口 有田边港、御防港、由良港、日和佐港、橘港与德岛港等。

4）濑户内海中诸多海峡水道

表 5.4 濑户内海中诸多海峡水道

名称	位 置	宽（n mile）	水深地形特点	水文特征
明石海峡	大阪湾西北侧，界于淡路岛与与明石之间	2	水深有的达 115 m 左右，30 m 等深线之间的海峡水道偏南，宽约 0.9 n mile，海峡北侧分布有浅滩，并有一些岩礁，而南侧海岸陡峭，在海峡最窄处 20 m 等深线紧靠海岸	潮流很强，界于 4.5~6.1 kn 之间。涨潮为西流，落潮为东流，前者大于后者
友岛水道	生石鼻与纪伊半岛和歌山西北之间	5.1	被分为由良海峡、中水道与加太水道，其中由良海峡为主要通道	涨潮流为北流，落潮流位南流，流速 2 kn 左右
来岛海峡	大岛与四国岛北岸的今治港之间	2.1	系濑户内海中连接燧滩与安艺滩的通道。其间有弯曲、狭窄的 4 条水道，最小水深不足 20 m，大部分水较深	潮流很强，并常伴有急潮与涡流。

5）丰后水道

位置：

该水道位于四国岛西岸与九州岛东岸之间。中心坐标：32°54′32″N，132°15′00″E。

归属类型：

深水水道，内海-大洋连通型。

水道特征：

该水道为从太平洋进入濑户内海重要的深水道，水道两侧地形复杂，沿岸多险滩。呈西北—东南走向，水道中央水深界于 85~100 m 之间。南部水道最狭窄处宽约 15.7 n mile，水道两侧地形复杂，沿岸多险滩。其北口为宽约 7 n mile 的速吸海峡，最窄水域界于关埼与佐田岬之间，主航道位于高岛~佐田岬之间，水深有的达 360 m 以上。

潮流 丰后水道的潮流通常为南、北向流，从低潮 2~3 h 后到高潮 2~3 h 后为北向流，反则，从高潮 2~3 h 后到低潮 2~3 h 后为南向流；而速吸海峡大潮期最大流速的北向流为 5.9 kn，南向流为 5 kn，并伴有急流与涡流。

气象 该水道区夏季多偏南季风，冬季多偏北季风。雾多出现在 6、7 月份，冬季较少。

水道两岸：

该水道两侧海岸弯曲，近岸多岩礁，港湾甚少，20 m 等深线距岸约 0.3 n mile。尤其位于丰后水道东侧，该段海岸较为曲折，山地直邻海边，多处陆地岩脉向海延伸，而形成

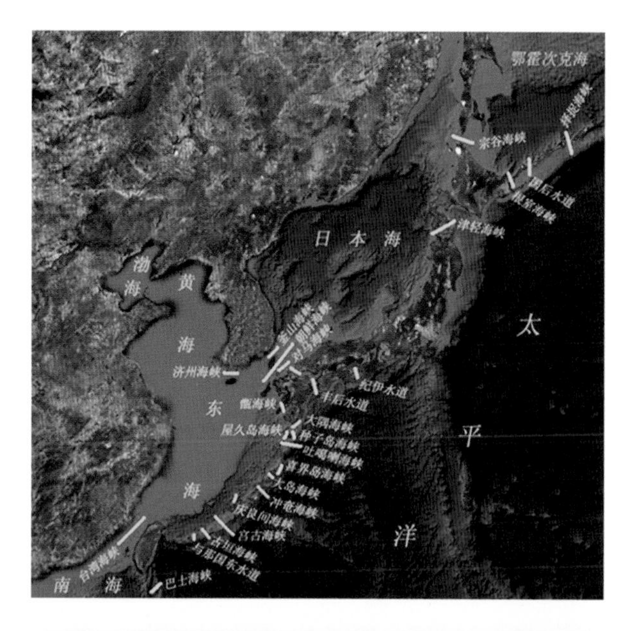

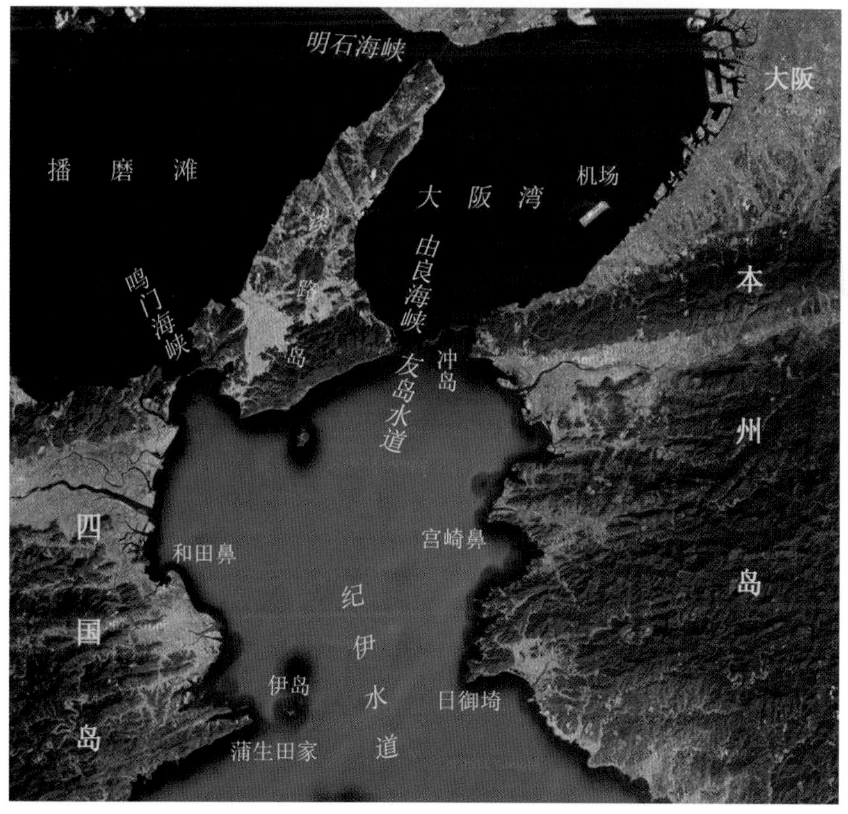

图 5.10 纪伊水道卫星遥感信息处理图像

半岛与海湾，最为突出的是从女子鼻附近，由东北向西南延伸到佐田岬，呈一狭长达 35 km 的半岛，并与西南部九州的关埼之间形成速吸海峡。近岸广布礁石，水深多达 30~60 m 以上。由良岬两侧，从西北向东南分布有连续不断的岛屿，如日振岛、御五神岛、横岛等，排列在水深约 50~70 m 处，并仅靠丰后水道。

其中，佐田岬位于四国的最西端，系丰后水道北口东角的岩石角，其岬端有御岛；高岛位于佐田岬西南方约 5 n mile 处，岛顶高 146 m，在该岛东东北方约 200 m 处有一水深 1.8 m 的暗礁，沿岛岸分布有礁石。

3. 邻近日本海本州岛西海岸附近海峡

1）关门海峡

位置：

该海峡位于日本本州西端下关市与九州北端北九州市之间，濑户内海最西部。中心坐标：33°56′49″N，130°56′48″E。

归属类型：

狭长型；内海-边缘海连通型。

海峡特征：

该海峡细长而弯曲，长达 15 n mile，中央水道深 15~20 m，西部浅于 10 m，东北端最狭处宽约 700 m，为濑户内海西口重要航道。海峡东口中有一沙洲使之分为北水道与中央水道；而西口则被六连岛与马岛等分成隔成东、西水道。可航宽度为 0.3~1 n mile。1942 年和 1944 年两条铁路隧道凿通，下条长 3 614 m，上条长 3 605 m（海底长 1 140 m）。1958 年公路隧道（在东部）凿通，延长 3 460 m，宽 4~7.5 m。另有关门隧道和关门大桥。

水文　海峡内潮流较强。下关水域高潮时西流最强，约低潮时东流最强。

气象　全年多东风，夏季盛行海陆风，冬季受西北季风影响，12 月至翌年 2 月，月平均风速 5 m/s。海雾多出现在早春到梅雨期，全年雾日约 16 天。

2）本州岛西北岸的海峡

表 5.5　靠近本州岛西北岸的海峡

名称	位　置	宽（n mile）	水深地形特点	水文特征
隐岐海峡	本州岛与隐岐诸岛之间中心坐标：35°48′07″N，133° 04′05″E	21.6（最窄处）	呈东—西走向，主要界于本州岛与岛前群岛之间。东、西口门水深大致 130~170 m，中央地形呈鞍脊形，水深 80~90 m 左右，邻近岸边水深较大，多在 40 m 以上。 海峡北侧的岛后水道宽达 2.3 n mile，水深约 30 m 以上	一般涨潮流呈东北向，落潮呈西南向，但随季节有所变化
佐渡海峡	本州岛与佐渡岛之间，中心坐标：37°51′43″N，138°39′20″E	17	呈西南—东北走向。东北部较浅，水深近 100 m，西南部深达 500 m。海峡两岸陡深，特别靠近佐渡岛东北侧，水深达 340 m 以上，200 m 等深线与海岸平行，距岸 1 n mile	对马暖流一股经能登半岛与佐渡岛之间流入该海峡，之后流向东北东方

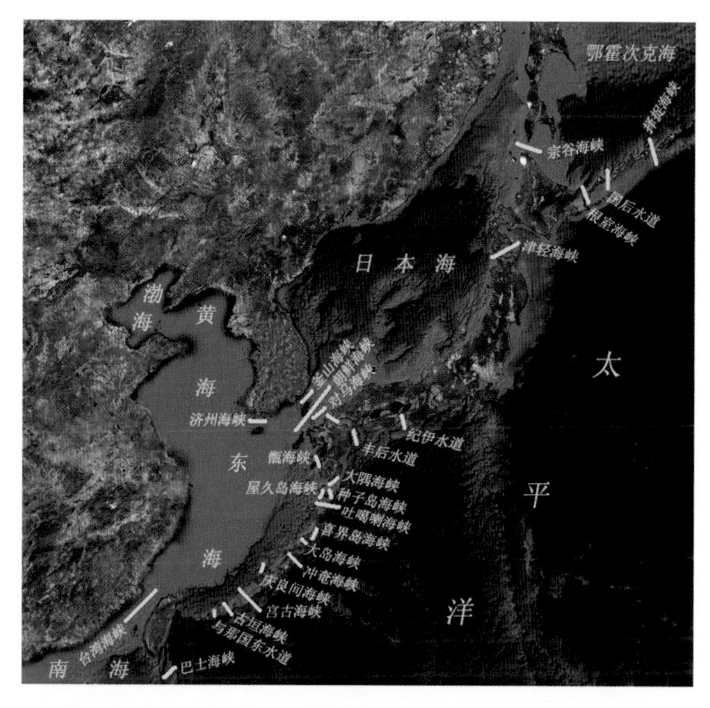

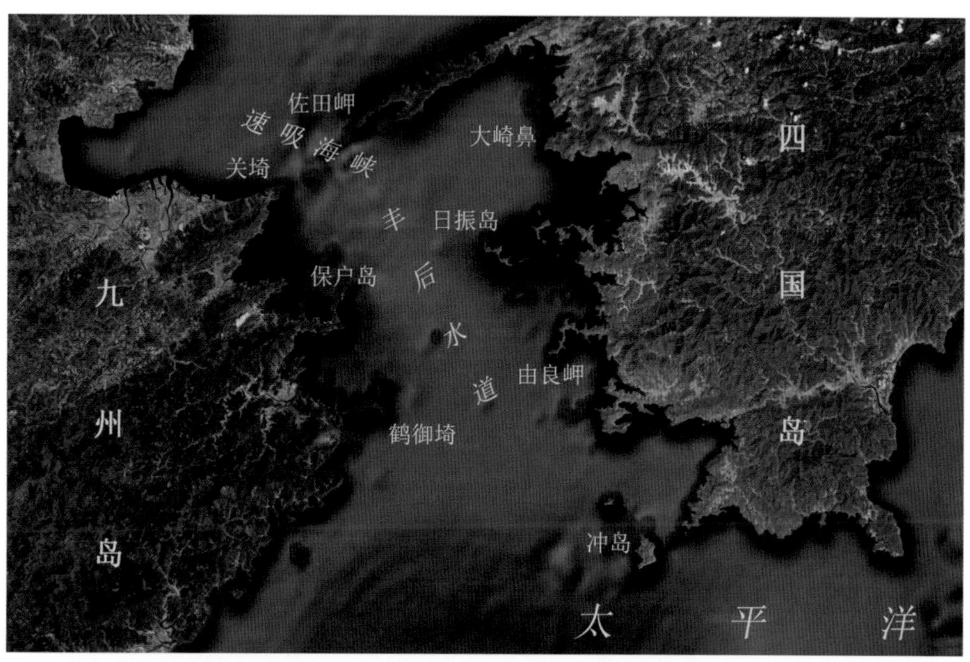

图 5.11　丰后水道卫星遥感信息处理图像

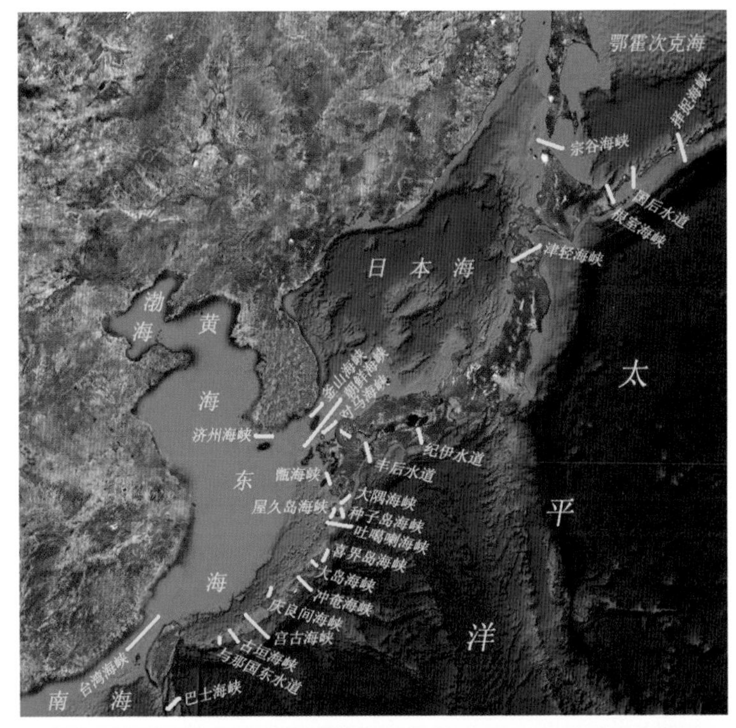

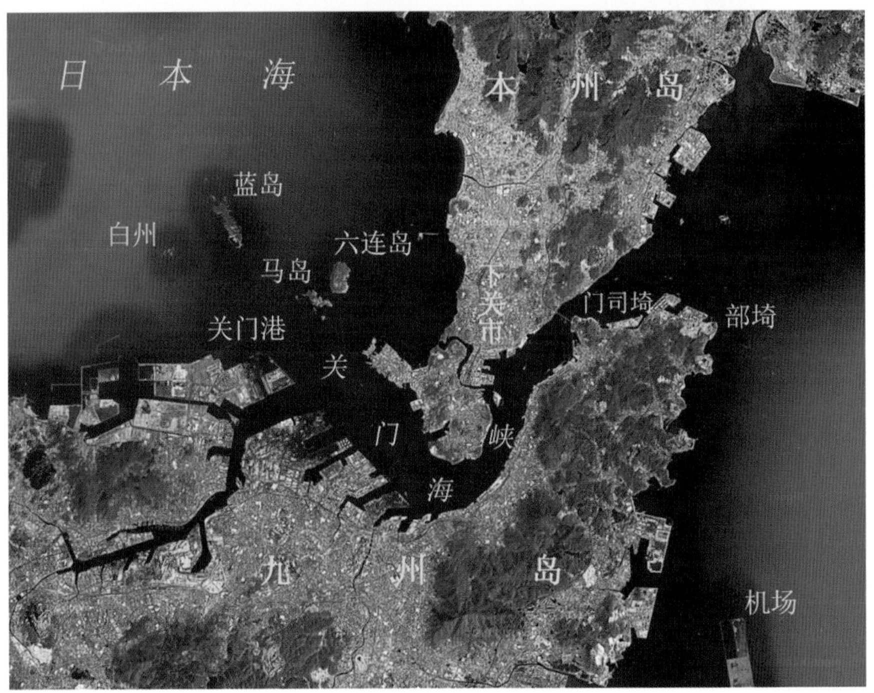

图 5.12　邻近日本海的关门海峡卫星遥感信息处理图像

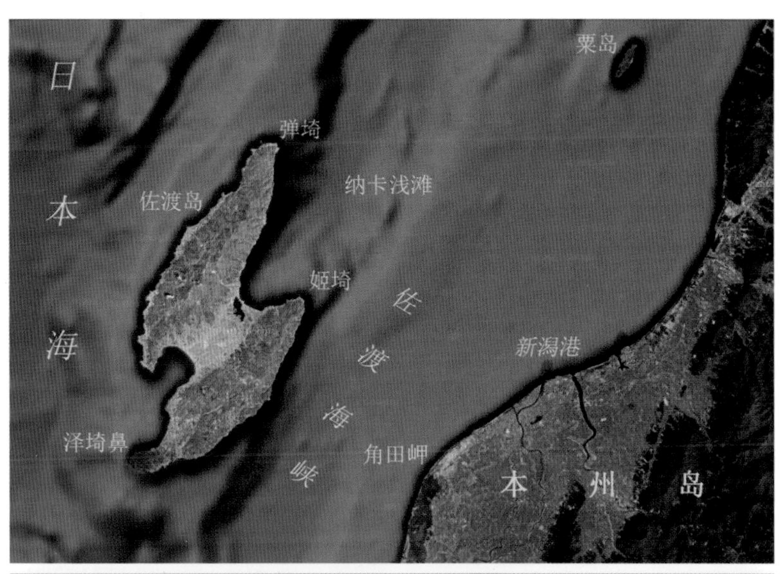

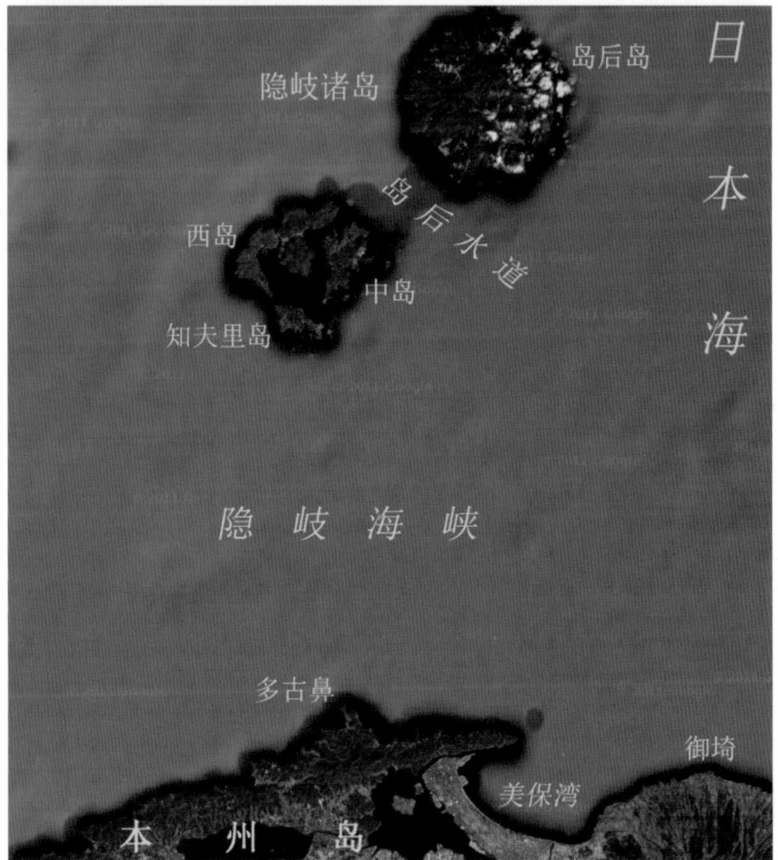

图 5.13　佐渡海峡、隐岐海峡等卫星遥感信息处理图像

第三节　九州岛及其附近岛间海峡

1. 概述

九州岛为日本第三大岛。东北隔关门海峡与本州岛相对，东隔丰予海峡和丰后水道与四国为邻，东南临太平洋，西北隔对马海峡与韩国相望，西隔黄、东海与中国遥对。该岛连其所属岛屿面积达 43 400 km^2，人口 1 478 万（2003 年），平均密度为约 341 人/km^2。

该岛地势山高谷深，山间多有盆地和平原，并有较多火山分布于南部，且向南延伸到吐噶喇列岛。南部九州山地为四国山地的延伸部分，斜贯九州岛中南部。发源于山地的河流多湍急，海岛岸线曲折，多海湾和半岛；东部日向滩沿岸为隆起的平直海岸。

气候温暖多雨，除山地外，1 月平均气温 4℃以上，大部分地区年降水量达 2 000 mm，同时梅雨期时间长；台风侵袭时常风涝成灾。

工业地带在北九州，农副业也较为发达。铁路与公路干线借助关门海底隧道和关门大桥与本州相连，并有重要的北九州港。

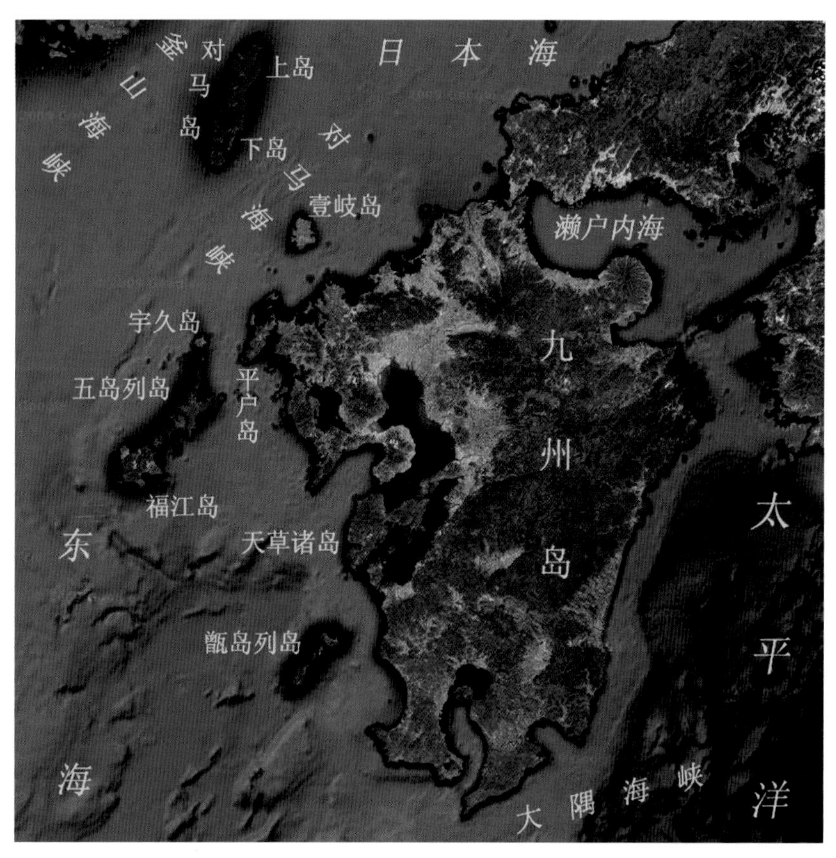

图 5.14　对马岛–大隅海峡之间诸岛空间分布遥感信息处理图像

2. 海峡分述

1）壹岐水道

位置：

该水道位于九州北岸西部与壹岐岛之间。中心坐标：33°38′41″N，129°44′00″E。

归属类型：

宽阔型水道；岛间水道。

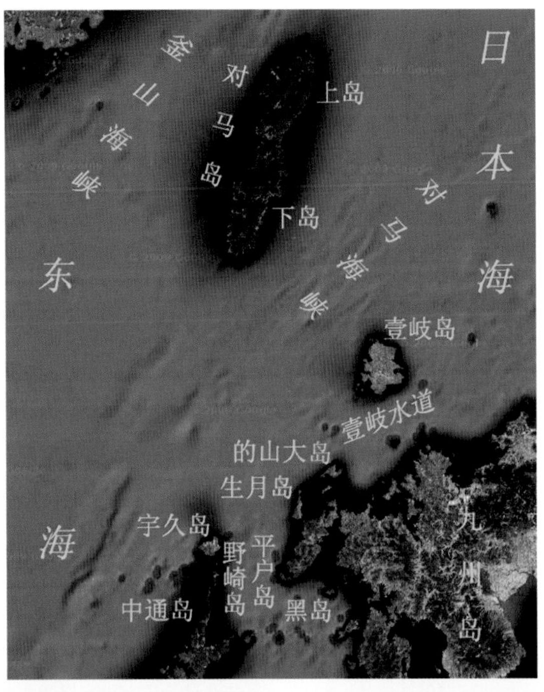

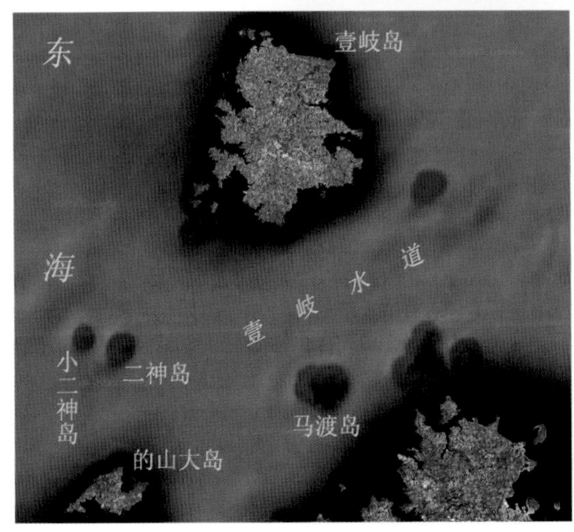

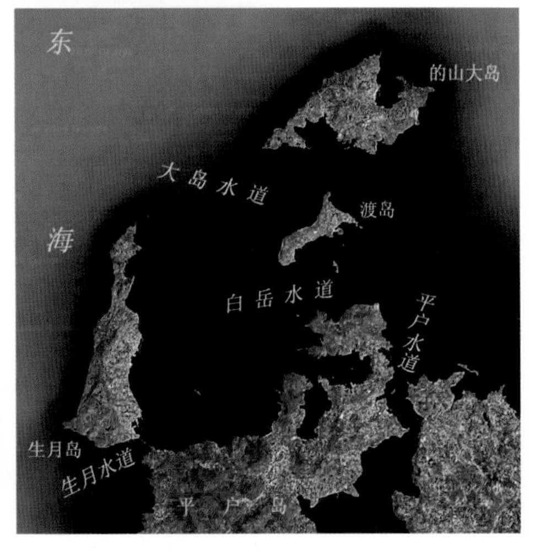

图 5.15　对马海峡、釜山海峡、壹岐海峡、大岛水道、白岳水道、平户水道、生月水道等卫星遥感信息处理图像

水道特征：

该水道为大型船的常用航道。从关门海峡西口至该水道距离约55 n mile，水道中部宽约7 n mile，水深50 m左右，在水道东口的北侧有名岛等群岩和暗礁，在东口的中部有乌帽子岛，在西口的中部有二神岛，最小宽度为3.5 n mile。

水文 水道附近海流流向呈西南与东北流，流速0.5 kn以下。平均最强流速，大潮期为1 kn，小潮期为0.3 kn，一般每天有两次高潮与两次低潮，潮时不等现象为两相邻高潮时比两相邻低潮时稍大。月赤纬大的大潮期，强东北流与强西南流大于2 kn以上。该水道东北流自低潮后5 h 30 min至高潮后5 h 30 min；西南流自高潮后5 h 30 min至低潮后5 h 30 min。平均最强流速，大潮期为1 kn，小潮期为0.3 kn，每天两次的东北流与西南流有强弱。

水道两岸：

水道北侧为台地型的壹岐岛，南—北长17 km，东—西宽约14 km，岛岸多曲折，分布有诸多岩礁。水道南侧为九州岛北岸，海岸相对缓平，多分布有低山与平原。

壹岐水道西口的二神岛及小二神岛以南有平户岛，其间有的山大岛、度岛及生月岛等。其中，二神岛位于壹岐水道西口约中央处，为马鞍形岛，高98 m，岛岸险陡，距岸200 m以外无暗礁。小二神岛高57 m，位于二神岛的西北西方约1.8 n mile处，为一小岛，周围急深。在该岛的东北东方约0.6 n mile处，有卡拉托礁高3.4 m。

平户水道

该水道位于平户岛与九州岛之间。据报，2 000 T级的船舶可通航。由于该段沿九州西岸海难较多，船舶要选在白天的憩流时通过。

2）九州岛西部诸多水道

表5.6 靠近九州岛西岸的具有通航意义的海峡水道

名称	位 置	特 点
生月水道	平户岛与生月岛之间	最窄处约0.2 n mile，中央水深15~23 m。水道西侧生月岛呈长铃铛形，南—北长10 km，其南端隔生月水道与平户岛相对，岛周边距岸0.16 n水深达10 m以上。潮流流速最大为4.9 kn
平户水道	平户岛与九州岛之间	据报2 000 T级船可通航。在水道中的南风埼西南方水道中沿岸自高潮后2 h至低潮后约2 h呈现南向流，继之沿岸低潮后2 h至高潮后约2 h为北向流
仓良水道	关门海峡至福冈湾口之间中央处	水道狭窄，多通航小船。落潮流向北—东北，涨潮流向南—西南，流速最强处在奥诺马礁附近，大潮时平均流速1.3 kn；水道内一天中北流比南流持续时间长，流速也强
嫦娥海峡（净贺岛海峡）	大岛与壹岐岛之间	海峡北口东岸滨有大礁，西岸滨有高1.8 m的伏诺利礁岩棚。在南口大岛一侧向海峡中央有延伸的礁脉。同时，海峡两岸滨分布有诸多礁石，大礁西北西方约0.9 n mile处有一水深15.6 m的礁滩
大海峡（住吉海峡）	冲岛西岸与对马岛上岛之间	水道狭窄，水道北部宽约200 m，水深21~34 m，南半部分布有很多浅滩。最狭窄处的潮流，以低潮后3.5 h至高潮后2 h呈现为西北流，继之高潮后2 h至低潮后3.5 h为东南流，最大流速为2.5 kn
生月水道	生月岛与平户岛之间	水道最狭窄处达400 m，水道中央水深14.6~23 m，并分布有浅滩，强潮流达4.9 kn

续表

名称	位置	特点
针尾水道	针尾岛西南岸与西彼杵半岛之间	细长的水道长达 2 n mile，大部分水深 25~40 m，水道两侧陡深，水道南口门有一水深浅于 12.8 m 的水下高地，水道中分布有岛礁。潮流强，小船可通过
三角海峡	宇土半岛与大矢野岛东北端之间	海峡北口被高达 85 m 的中神岛分隔成东、西水道，前者水深 20 m 以上的航道宽 60~100 m，称之为大水道；后者水道狭窄，称之为小水道。涨潮流向北，落潮流向南。大水道大潮平均最强流速为 3.5 kn
藏藏海峡	户驰岛与千束藏藏岛之间	海峡最狭窄处仅 200 m，水深 15~30 m。涨潮流向北，落潮流向南
甑海峡	上甑岛与九州本岛之间	海峡主航道宽达 6 n mile，水深 42~53 m。海峡中多南—南南西流，流速不大，如中岩东、西两侧的涨潮流向北，落潮流向南，流速 1~1.5 kn

3）济州海峡

位置：

该海峡位于朝鲜半岛西南端与济州岛之间水域。中心坐标：33°49′46″N，126°31′51″E。

归属类型：

岛屿-大陆间海峡；边缘海-边缘海连通型。

海峡特征：

该海峡靠近半岛一侧为近 100 m 左右的大陆架，而邻近济州岛水深达 140 m，海峡宽达 70.2 n mile，东通朝鲜海峡，西口连接黄海，为连接朝鲜半岛东西两岸重要航道。海峡中分布有揪子群岛、巨文岛与珍岛等。

3. 五岛列岛狭窄岛间水道

1）概述

五岛列岛 该列岛位于九州西侧，从九州西北端的平户岛西方约 10 n mile 处起，至西南方约 50 n mile，排列相间着宇久岛、中通岛、若松岛、奈留岛、久贺岛、福江岛等大小 230 个岛屿。这些岛屿间有小值贺、津和埼、若松、泷河原、奈留及田浦等 6 条水道中有强潮流，但都能通航。

冬季季风期，一般盛行偏北风。12 月至翌年 2 月，月平均风速 4~5 m/s 以上。夏季多西南风，8 月最热，平均 27℃左右；4—7 月沿岸多雾，一般发生后 2~3 h 消失。

潮流 该列岛西侧，一般涨潮流向东北，落潮流向西南。在各岛间、列岛北端东北侧、福江岛西南侧等处，潮流一般为西北、东南流。西北流在低潮后 1.5~2 h 至高潮后 1.5~2 h；东南流在高潮后 1.5~2 h 至低潮后 1.5~2 h。水道狭窄部流非常强，最强可达 6.5 kn。

该列岛北部东北侧，涨潮流的一部分流向西北方，经野崎岛南、北两水道。列岛西侧涨潮流为东北流，但靠近小值贺岛附近诸岛就分为 2 支流；一支折向东方，与从野崎岛南侧流来的西北流汇合而流向北方，经小值贺岛与野崎岛之间的水道，而后又与野崎岛北侧水道流来的西北流汇合，进入小值贺水道，经过寺岛和宇久岛间的狭水道流向西方，在狭水道内的流速有时很强；另一支流向小值贺水道西口，在西口与前一支的一小股汇合，发生强激潮。

落潮流在宇久岛西侧也分为2支。一支流向西南，经小值贺岛西侧附近诸岛间，另一支流向东南方，经寺岛与宇久岛间的狭水道，流向野崎岛北端。在此又分为2支：其中一支流经野崎岛西侧水道，而至南口又分为2支，一支经野崎岛南侧水道流向东南方，另一支沿中通岛西侧流向西南方，经小值贺岛西侧后，与同方向的流汇合。

宇久岛 该岛西端位于33°16′17.54″N，129°04′13.09″E；岸线曲折，环绕该岛有诸多岬角，形成许多小湾。位于岛中央的岛顶城岳高达261 m，如：对马濑鼻，位于宇久岛北端的低鼻，有险礁从鼻端向北方延伸约550 m，其外端水深31 m；长崎鼻，位于岛东端低鼻，鼻周围距岸约600 m有岩礁延伸出，再向东方约400 m为浅水地。另有，神浦位于宇久岛西南岸，在神浦渔港和其西方的寺岛之间，水深7.3~23 m。

表5.7 宇久岛附近水道空间分布特征

名 称	位 置	特 征
寺岛水道	寺岛与宇久岛之间处	为一“S”形狭水道，水深大于5 m，最狭处宽仅200 m，北口有干出1.5 m的乌贼土礁，最小水深3.6 m的乌贼土岩等险礁
小值贺水道	宇久岛和寺岛南侧	为东—西方向水道，一般水较深。前小岛与六岛间为东口，寺岛与六岛间为西口。东口东方约2 n mile有黑母岩，中央有周围水深的相礁。西口虽然宽约1 n mile,但纳岛北方约400 m内有几个孤立浅礁
六岛水道	六岛和野崎岛之间	水道西口附近、野崎岛北端北方约400 m处有一适淹黑岩礁，岩礁南侧水浅，北侧陡深

小值贺岛 该岛西南端位于33°11′27.80″N，129°02′39.72″E；呈不规则形状，东西长约7 km。东岸的前方锚地两侧有2个圆锥形的峰，北峰高137 m，称为东城岳；南峰称为殿崎岳高69 m。岛上植被茂盛。环绕该岛有诸多岬角及其外延的岩礁与小海湾，其中长崎鼻位于小值贺岛北端，鼻端稍内方有一高59 m的秃山，西面临海一侧陡峭。前方锚地是小值贺岛东岸一小湾，有礁脉从湾口北角的唐见埼鼻向南方延伸250 m，它的外端有一赤丸礁。湾滨一带距岸约150 m或350 m内有礁脉延伸，湾顶北侧的舵垣礁、中央干出0.3 m的三礁等较显著。湾口南角的殿埼鼻北—东—南方约600 m内为浅水区，东方约600 m有一水深3.6 m的神浦礁，东北方约550 m有水深2.2 m的冲舵垣礁，北方距岸约350 m有干出1.3 m的大根礁等。

该岛与纳岛一起构成了小值贺水道的南滨。隔一宽约0.8 n mile的水道，与野崎岛西岸北部相对。

该岛与它西方约3 n mile内的许多小岛，均为臼状火山岛，附近的海底为熔岩原。

2）若松水道

位置：

该水道位于中通岛与若松岛间水道。中心坐标：32°54′07″，129°02′03″E。

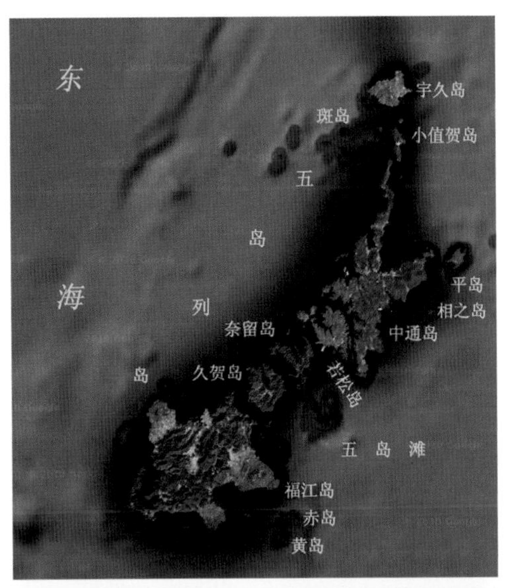

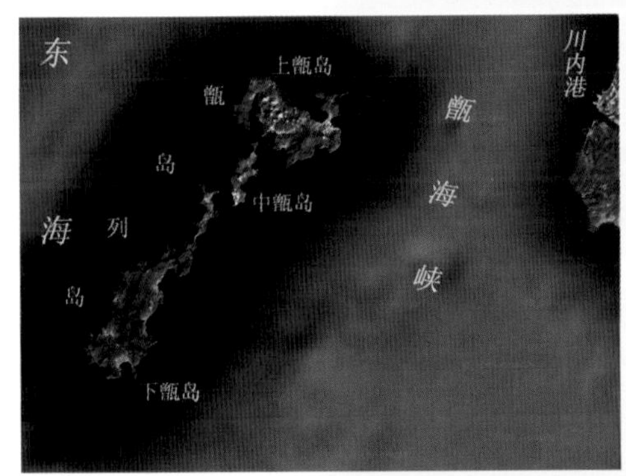

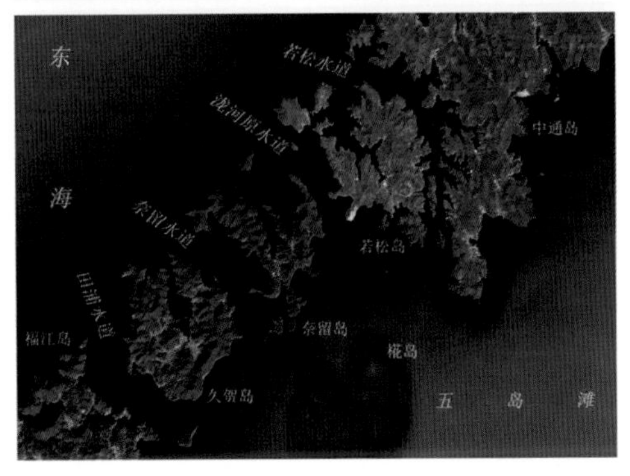

图 5.16　五岛列岛岛间诸水道、寺岛水道与甑海峡等卫星遥感信息处理图像

归属类型：

岛间狭窄水道。

水道特征：

该水道开始大致西—东走向，到中间后折向南，略成“7”字形，全长约 8 n mile。西北口在串岛和若松岛北端的一濑鼻之间，宽约 1 500 m；南口在若松岛东南端的白埼和

中通岛的西南角入鹿鼻之间。水道南部有上中岛、下中岛、野岛、荒岛、葛岛等，它们几乎都排列在水道中央。在若松水道中还有诸多分支水道。

沿岸多弯曲，中通岛一侧的道土井湾、大浦内及若松岛一侧的若松港，均为最安全锚地。

潮流在若松水道，西北流发生在低潮后 1.5 h 至高潮后 1.5 h，东南流发生在高潮后 1.5 h 至低潮后 1.5 h。水道北口北滨的青木浦前面，大潮期平均最强流速不到 1 kn，而在潮流最强的下中岛东侧附近，北流达 4 kn，南流 4.7 kn。

水道两岸：

该水道东北侧为中通岛，西南侧为若松岛。其中：

中通岛，该岛中部位于 33°02′48.38″N，129°04′3.07″E；为五岛列岛中最不规则形状，南—北长 38.87 km，北端隔一津和崎水道与野崎岛相对；西南岸隔一狭长的若松水道与若松岛相临。东岸的中部为中通岛的中心地。东岸南部的奈良尾港，西岸的青方湾及奈摩浦有锚地。

该岛北部为一狭长半岛，它从有川湾与奈摩浦之间，直伸向北，长达 16 km。半岛上山峰从东、西两岸崛起。半岛北端为津和埼，山脊高仅 75 m。地势向南逐渐升高，5 km 后到高 366 m 的权现山，再向南 5 km 至高 444 m 的古番岳，为全岛之顶。植被茂盛。

若松岛，东北端位于 32°56′1.10″N，128°59′20.02″E；形状极不规则，多被狭长的海湾分隔，其与中通岛西南侧仅隔一若松水道。该岛西侧北部有深湾，西南部隔一泷河原水道与奈留岛相对。该岛靠泷河原水道一侧的岛岸和南岸多岩而险峻，特别是南岸，岸线多弯曲，沿岸海底起伏不平。环岛有诸多岬角，如：一濑鼻为若松岛西北角，是一险峻的悬崖角，近旁有一高 6.3 m 的岩及一适淹礁；比夏果鼻为若松岛北端，靠近鼻北侧有一最高为 26 m 比夏果岩；神崎鼻位于相岛东南方约 1.6 n mile，是若松岛西岸的一个角，向泷河原水道内突出。从渔生浦水道西口至神崎鼻长约 1.7 n mile 岸线较平直。

若松岛西北岸有一向若松水道北口开口的深湾，湾口北侧有日岛、有福岛及渔生岛。日岛与有福岛之间的水道称为宫水道，但两岛有堤相连。此外，有福岛与渔生岛间也有堤相连。日岛、有福岛及渔生岛所围成的海域为日岛渔港。

3）*泷河原水道*

位置：

该水道位于若松岛与奈留岛之间。中心坐标：32°52′34″N，128°57′33″E。

归属类型：

岛间水道。

水道特征：

该水道全长约 4 n mile，有福岛与葛岛之间为西口，宽达 1.2 n mile，高埼鼻和汐池鼻之间为南口，水深 10 m 以上的水道宽 1 000 m。该水道涨潮流向北、西方，落潮流向南、东方。大潮期流速 5~6.3 kn，神崎鼻前的水道狭窄部流最强；小潮期流速 2~3 kn。涨潮流沿奈留岛北岸流动，直到高潮后约 1 h。克布达岛附近是潮流汇合点，常引起强潮激浪。而水道北方诸岛间潮流微弱。

水道两岸：

该水道东北侧为若松岛，西南侧为奈留岛。其中若松岛前边已述，仅就奈留岛列述如下：奈留岛，被夹在泷河原水道和奈留水道之间，它东北与若松岛相对，西南与久贺岛相对，为一形状极不规则的岛。岛周围有许多伸入很深的海湾，靠奈留水道一侧的岛的西南岸有许多小湾。这些湾顶均为沙滨，但各湾之间的岬角均多岩，附近常有暗礁。环岛有诸多岬角，如：黑濑鼻为奈留岛西端，它构成了奈留水道北口北角。从该鼻至西南西方约 200 m 内，有数个连续的明礁，鼻内方有高 186 m 的山；挂先鼻是大串泊地南南东方约 2 n mile 的小半岛西端，前端有险峻的圆丘。距岸 100 m 内有许多岩，南方约 150 m 处有干出 1.5 m 的希锡奥嘎达礁。

4）渔生浦水道

位置：

该水道位于渔生岛与若松岛之间。

归属类型：

岛间水道；小型水道。

水道特征：

该水道最狭部宽仅 50 m，因两岸有石陂延伸出，低潮时宽仅一半。但水道内水深大于 5.4 m，且中央无碍航物，所以潮流缓和时小艇常走此水道。涨潮流向东，落潮流向西，最强流速 3 kn 左右。

5）奈留水道

位置：

该水道位于奈留岛和久贺岛之间。中心坐标：32°49′43″N，128°54′11″E。

归属类型：

岛间水道；小型水道。

水道特征：

该水道全长约 5 n mile。西口介于黑濑鼻与折纸鼻之间，宽约 2.22 km，南口介于末津岛与福见鼻之间，宽约 0.7 n mile。水道西滨为连续的险岩角和沙滨。水道南口附近有柱礁等两三个暗礁，水也深。挂先鼻与早埼之间是奈留水道最狭部，水深 20 m 以上的航道宽约 900 m。

大潮期流速达 5.5 kn，落潮流从水道内流向柱礁，水道内有强烈的激潮。特别在北口，激潮会突然发生，激潮随潮时而变化位置。

奈留水道北口西北方 5.5 n mile 附近的潮流与生月水道西方的大致相同，但日周潮流较弱，南流最强流速 1.5 kn，无一日一次潮现象。

水道两岸：

该水道东北侧为奈留岛，西南侧为久贺岛。其中奈留岛前边已述，仅就久贺岛列述如下：久贺岛，其西南端位于 32°49′49.79″N，128°50′0.31″E；形状不规则，岛岸曲折多岩，其隔奈留水道与奈留岛相对，系一多山岛，植被茂盛。岛西岸大体上为较平直的岩岸，高 200~300 m 的山脉从岸边崛起，山脉中的番屋岳高 344 m，为岛顶。有一向北开口的长条形海湾。

折纸鼻系该岛北端，多岩，长有稀疏树木。鼻端附近有许多孤立的明礁，最两端有一高 12 m 的坎多利岩。福见鼻为久贺岛东端，它构成了奈留水道南口西角。其北方约 0.8 n mile距岸约 250 m 处有鸟小岛，靠水道一侧陡深，距岸 80 m 水深即达 20 m 以上。

福见埼至金刚埼沿岸虽有岩礁散布，但距岸 100 或 400 m 内水深即达 20 m。

野首埼至长崎鼻约 5.55 km 的沿岸一般陡深，20 m 等深线距岸 150~400 m，但有的地方有岩礁，黑埼西北方约 130 m 有水深 3.6 m 的岩礁。

久贺岛西北端附近有孤立险礁。从北岸伸入很深的久贺泊地，几乎把岛一分为二。

从长崎鼻南南东方 600 m 附近向东方延伸约 300 m 的沙嘴，构成了一小浦的浦口西角。从这里至丸山鼻约 2.78 km 沿岸，20 m 等深线距岸 200~700 m。丸山鼻西北方约 1.11 km 距岸 250 m 处有水深 4.5 m 的岩礁，东方约 550 m 距岸约 300 m 有水深 1.3 m 的岩礁。

6）田浦水道

位置：

该水道位于久贺岛与福江岛之间。中心坐标：32°46′01″N，128°50′21″E。

归属类型：

岛间水道；

水道特征：

该水道全长约 5 n mile。北口位于系串鼻东侧。东口被位于水道中央的多多良岛分为两支，多多良岛与金刚埼之间的称为北水道、与屋根尾岛间的称为南水道。该水道虽然平均宽约 2.22 km，但东口水深 10 m 以上的水道狭窄，北水道宽约 700 m，南水道宽约 900 m。该水道东、西两岸虽可接近到约 450 m 航行，但金刚埼南方的险礁及多多良岛西北方有马伊礁。

潮流　田浦水道，从低潮后 1.5 h 至高潮后 1.5 h 为北北西流，从高潮后 1.5 h 至低潮后 1.5 h 为南南东流。水道中央平均最强流速，大潮期为 5 kn，小潮期为 1.5 kn。

日周潮流 1 日 2 次的北北西流及 2 次的南南东流的流速差很小，低低潮后的北北西流及这以前的南南东流比其他的北北西流及南南东流稍强，月赤纬大时，2 次北北西流及 2 次南南东流的流速差达 0.8 kn。这种强的北北西流，发生在春季夜间、夏季午后、秋季夜间、冬季午前。

水道两岸：

该水道东北侧为久贺岛，西南侧为福江岛。其中久贺岛前边已述，仅就福江岛列述如下：福江岛，位于五岛列岛西南端，其西南端位于 32°36′53.38″N，128°35′56.34″E；为列岛中的主岛。

该岛东西长约 30 km，南北宽约 25 km。四周有 5 个高角。全岛多山，火山性草山从岩岸隆起，草山与内方更险峻的高山之间，为肥沃的平地。

该岛东北岸与久贺岛西南岸相对，中间隔田浦水道。东北岸 200 m 左右的山峰崛起，山上树木茂盛。岛西北部为一已耕作的高角，它的顶称为京岳高 186 m，为一显著圆顶山，从京岳向四周逐渐降低。其南方有一高 436 m 的父岳，为福江岛最高峰，它是西北、东南方向走向山脉的基点。岛岸弯曲，形成许多港湾。系串鼻为福江岛北端，它构成了田浦水道北口西角，是一险峻的岩角。角端附近有强烈激潮。

富江湾　该湾位于福江岛东南岸。湾口介于长崎鼻与卡斯拉（加素罗）鼻之间，宽约 2.3 n mile，向西北弯入约 2.3 n mile。湾内西南侧有浅水地延伸。

崎山鼻至卡斯拉鼻的海岸，为福江岛东部半岛的南岸。该半岛有鬼岳火山群。多为多草的圆锥形山，它的西北部有高 315 m 的火岳、高 318 m 的鬼岳，东南部有高 144 m 的箕岳、高 125 m 的臼岳，西北侧地势逐渐降低而成为耕地。该沿岸 20 m 等深线，距岸 300~800 m。

从湾口南角的长崎鼻至福江岛南端的笠山鼻沿岸布满浅礁，10 m 等深线有的地方距岸达 1 n mile。

富江湾口涨潮流向内、落潮流向外，流速不超过 1 kn。

福江岛南岸，从东部直到西部的大开湾内，有黑礁湾及大宝浦，可作偏北风时的锚地。该大开湾沿岸，高 150~200 m 的山丘起伏，部分为耕地和森林，坡地大都被草覆盖，它背后有高 400 m 以下的山脉延伸。大宝浦口至大濑埼的西部海岸，为海蚀的险峻悬崖岸。

气象 大礁埼附近，冬季盛行西北季风，整个冬季月平均风速 4~5 m/s。1—3 月的暴风日数为 10 天以上，天气恶劣，特别是 12 月至翌年 1 月，据报，每月约有 20 天阴天。

夏季多偏东风，平均风速 3.5 m/s，但附近沿岸 4—7 月有雾。一般雾日少，最多在 4 月，4 天左右，其他月为 2~3 天。

潮流 大礁埼附近，北流从低潮后 2 h 至高潮后 2 h，南流从高潮后 2 h 至低潮后 2 h。大潮期平均最强流速 1 kn。日周潮流较强，1 日 2 次的北流及南流强弱不同，低低潮前的南流比其他流强，有的差 1.5 kn。大潮期月赤纬大时，南流达 2.5 kn。这种强南流，发生在春季的午后、夏季的白天，秋季的午前，冬季的夜间。

赤岛、大板部岛及黄岛附近流速较强，但数海里外即变弱。涨潮流向北，落潮流向南。

笠山鼻（笠山岬）为福江岛南端，该角从海方逐渐升高，为良好的耕地。海岸多岩，浅滩延伸较远。

4. 男女群岛及其狭窄岛间水道

男女群岛位于福江岛南南西方约 35 n mile，呈东北—西南方向排列成弓形，长约 7 n mile。除有男岛和女岛 2 个主岛和 3 个稍小的苦路岐岛、寄岛、花栗岛外，还有许多小岛和突岩，该群岛各岛几乎都由玢岩构成，无平地，岛岸多为悬崖峭壁，沿岸陡深，而且浪高。曾多无人居住。各岛间和各岛周围有许多暗礁。另有，烟礁位于男女群岛东北端，为一尖顶暗礁，它的最浅处水深 0.9 m，周围陡深。它的南南西方约 600 m，还有一水深 1.8 m 的暗礁。潮流强时，这 2 个礁均会产生激潮。该两个岩礁与男岛东端的礁之间陡深。

各岛间诸多水道流较强，涨潮流向北，落潮流向南，流速达 3 kn 以上。

表 5.8 男女群岛间水道空间分布特征

名 称	位 置	特 征	水道两岸
马亾水道	介于男岛与苦路岐岛之间	该水道宽约 400 m。潮流会引起强激潮。水道中央横着一干出 1.2 m 岩礁，它西侧有一水深 7.3 m 的暗礁	男岛位于男女群岛北部，岛上无显著的山峰，仅有一东—西走向的高 223 m 的平缓山脊，岛上有低矮树木。岛岸为陡峭岩壁，并形成有台地。另外，各岬角附近向岸纵深 700 m 内有几个孤立礁。岛东岸为陡峭悬崖，有岩礁散布，距岸 300 m 内险要，岛西岸及南岸西部多岩礁而险峻。岛西岸南部附近有暗礁。环岛有诸多岬角。 苦路岐岛 该岛隔一马亾水道与男岛西端相对，为一高 104 m 小岛。全岛为险峻悬崖，四周有岩礁。特别在南端，有礁脉向南方延伸约 500 m，最南端的称为中礁，最小水深 14.6 m
锅水道	介于苦路岐岛与寄岛之间	水道中多岩礁	苦路岐岛上边已述。 寄岛与苦路岐岛仅隔锅水道。其东部有 2 个险峻的尖峰，其中北峰高 177 m，南峰高 184 m。岛西南端至西方和西南方约 500 m 内，有几个明礁，帆立岩高 17 m，这些明礁外方水陡深
中水道	介于帆立岩与花栗岛之间	为宽约 550 m 的水道，水深，为群岛中最安全水道，但潮流较强	花栗岛位于寄岛南南西方，系一险峻倾斜面的小岛，在南端附近岛顶高 142 m。岛东侧距岸约100 m有一明礁，礁东北方距岸约 100 m有一水深 5.4 m 的礁。岛南端东方约 300 m有一水深 12.8 m 的礁。其他各角附近距岸约 100 m 也有明礁
花栗水道	介于花栗岛与女岛之间	由于两岛距岸 100～150 m 以内有明礁，航道宽仅 150 m	花栗岛上边已述。 女岛位于男女群岛西南端，高 283 m，为群岛中最高岛。略呈瓢形。岛岸几乎全为悬崖绝壁，全岛小树茂盛。岛北顶较尖，南坡多树，东坡为光秃的险峻悬崖。 前滨为女岛东岸弓形的开湾，前面有岩礁。前滨岸边有井，平时水量较多，水中含少量盐分。前滨与西岸的后滨之间有小道相通。后滨为女岛西岸的弯入部

5. 甑岛列岛及其附近狭窄海峡水道

甑岛列岛系由多山的上、中、下甑岛 3 个大岛和许多小岛组成，并从甑海峡西侧的上甑岛向西南方延伸约 20 n mile。

列岛南半部周围陡深，一般距岸 1～2 n mile 水深即达 200 m 以上；但北半部周围较浅，从列岛东北端有许多岩小岛向九州西岸方向延伸。

潮流　绳濑鼻北方 2 n mile 附近，涨潮流向东，落潮流向西。流速小于 1kn。钓挂埼附近，涨潮流向西，落潮流向东。流速 1~2.5 kn，海面常起激潮。下甑岛与鹰岛之间流速 1~2 kn，据报有东南方向落潮流。

早埼附近，涨潮流向北，落潮流向南，流速均为 1~2.5 kn。早埼南方约 1.5 n mile 的野崎鼻附近海面常起激潮。

1）蔺牟田水道

位置：

该水道位于中、下甑岛之间。中心坐标：31°47′02″N，129°48′34″E。

归属类型：

岛间水道；狭长小型水道。

水道特征：

该水道为一宽约 350 m 的狭水道，潮流很强。有的潮时，水道两侧的一侧会产生激潮。水道中央有水深 8.2 m 的纳卡岩。

从中甑岛一侧向西方延伸出约 850 m 的礁脉西端有一高 5.3 m 冲濑上。从下甑岛一侧向东方延伸 300 m 的礁脉，低潮时均干出。

大潮期潮流流速为 2~3 kn，有时会超过。涨潮流向北，落潮流向南，憩流时间约 15 d。该水道强风逆潮流方向吹来时，该水道会引起激潮。有时也会出现终日西北流或西南流。

水道两岸：

该水道北侧为中甑岛，南侧为下甑岛。

中甑岛（平良岛），该岛南端位于 31°46′29.52″N，129°49′40.51″E；上、下甑岛之间，北侧有干出砾滩与中岛相连，西南岸隔蔺牟田水道与下甑岛相对。全岛多杂草及小树林，部分为耕地。岛顶位于岛中央的木口山高 297 m，东岸多沙滨。西岸一般为险峻陡岸。

浦口南角的矢埼南南东方约 250 m 有干出 0.9 m 的岩礁，该岩南南西方约 600 m 处的平礁高潮适淹。

有几乎露出水面的礁脉从中甑岛南端的东侧向东方延伸约 900 m，其上有一辨庆岛，距岸约 350 m，高 49 m，较显著。岛南端西侧的源太郎埼附近距岸约 300 m 内有岩礁。

辨庆岛附近，涨潮流向北，落潮流向南，而夏季极不规则，有时会出现终日南流或北流。流速 1~1.5 kn。

下甑岛，该岛南端位于 31°37′20.04″N，129°41′21.50″E；为甑岛列岛中最大的岛，岛上多山。列岛中最高峰尾岳位于岛中央偏北，高 604 m。山峰树木茂密，从西方望去呈钝峰，但从东北~东方望去呈锐峰，特别显著。

岛北部突出，形成狭窄多角，海岸附近多岩。东岸有沙滨及砾滨，但西岸陡峭隆起 300 m 以上。早埼至壁立鼻海岸段险峻，耸立着几个高 300~450 m 的山峰。由良岛位于这段海岸中央距岸约 500 m 处，由 2 个小岛组成。

2）甑海峡

位置：

该海峡位于上甑岛与九州本岛之间。中心坐标：31°48′31″N，130°02′52″E。

归属类型：

岛间水道。

海峡特征：

该海峡中央的中岩和鸭岩天狗鼻北北西方距岸约 1 n mile 之间为主水路，宽约 6 n mile，水深 42~53 m。中岩与上甑岛之间，有许多小岛散布。

甑海峡多南~南南西流，流速不大。中岩东、西两侧涨潮流向北，落潮流向南。流速 1~1.5 kn。这附近潮流在上甑岛西岸中河原浦高、低潮 1~2 h 后转流。

鸭岩附近涨潮流向北，落潮流向南，流速 0.8~1 kn。北流从中河原浦低潮后约 1 h 至高潮后约 1 h，南流从高潮后约 1 h 至低潮后约 1 h。

水道两岸：

该水道西侧为甑岛列岛之间，东侧为九州本岛。具体内容已如上述。

3）佐世保港

该港位于九州西岸的北部，松浦半岛，东南佐世保湾顶端，港市之西南，临东海，西至中国上海港 455 n mile。由于该港的地形条件优越使之成为天然良港，长期主要作为日本军港兼商港。主要码头有：立伸码头，在湾顶，在坞式港池四周，计有诸多泊位，水深均达 10.6 m，均可靠泊 2 万吨级船只。在进港的船舶中多是美国军舰，其次是防卫厅的自卫舰和佐世保重工业的修理船及外贸船。

佐世保市，该市为长崎县第二大城市，主要有造船业。因有西海国立公园，使之逐渐成为观景旅游地，且该市具有海上军事基地特色。港滨缺乏平坦地面，市街沿佐世保川扩延呈细长形。

气象 全年北风最多，但夏季多偏南风，冬季多偏北风。气温在 8 月最高，平均为 27.5℃左右，1 月气温最低，平均为 5.5℃左右。

降水多在 6—7 月梅雨期，最高在 7 月，降水量达 350 mm。冬季降雪，但其天数和降雪量均少。

雾极少，通常不影响船舶航行。

潮流 在港内的庵埼及其北方约 0.9 n mile 的椎木附近海上，涨潮流流向港内，落潮流流向港外，在高、低潮后约 1~2 h 转流，流速不超过 0.5 kn。在口木埼西方海上，东南流自低潮后 2~3 h 至高潮后 2~3 h，西北流自高潮后 2~3 h 至低潮后 2~3 h，东南流很少超过 0.5 kn，西北流有时可达 1 kn 以上。

第四节 琉球群岛狭窄岛间海峡分布特征与区位价值

1. 概述

打开太平洋海图或从卫星图像上可以看到，辽阔的太平洋海面上，在日本九州岛和中国台湾岛之间，有一呈从东北向西南延伸的，连绵不断长约 700 n mile 的弧形岛屿锁链，将东海与太平洋分开。其主要包括有大偶诸岛、吐噶喇列岛、奄美群岛、冲绳诸岛与先岛诸岛以及诸岛间海峡等，其中冲绳诸岛与先岛诸岛则称为琉球诸岛，总计有大、小岛屿 473 个，其中岛岸长于 1. 85 km 以上的 89 个，合计面积约 4 500 km^2，总称为琉球群岛。该群岛是东亚大陆沿海的一条天然屏障，各岛多珊瑚礁海岸。

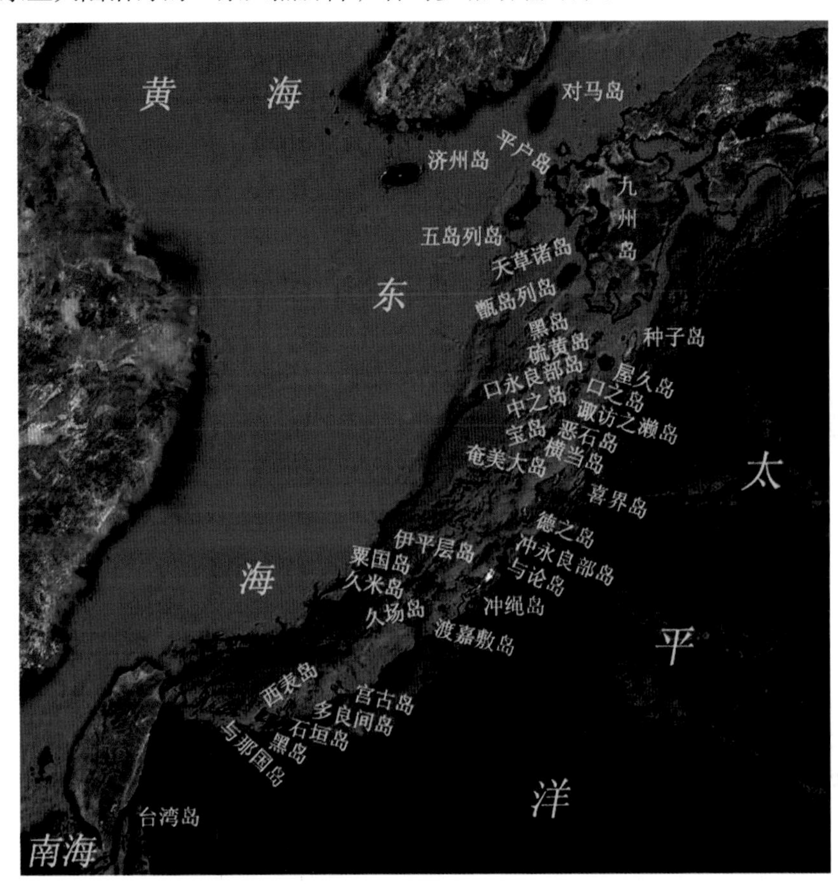

图 5. 17　东海以东诸岛卫星遥感信息处理图示

琉球群岛中，面向东海的群岛内侧的吐噶喇列岛与粟国岛等系雾岛火山带的一部分，中部由古生代与中生代地层构成，为群岛的主要部分，琉球石灰岩分布较广。其中，屋久岛的宫之浦岳海拔 1 935 m。而面向太平洋的群岛外侧，则由第三纪地层构成，地势较低。纵观琉球群岛，它系一列海底山脉，出露海面以上为岛屿，处于海面以下的形成暗礁或浅滩。通常水深大于 200 m 的海槽多将诸多岛屿或群岛之间分隔成复杂的海底地形。狭窄的岛架外，水下地形多陡深。

琉球群岛附近海域水深极为深邃，水下地形崎岖而复杂，岛链东侧系琉球海沟，西侧则是冲绳海槽，岛链上海底地形起伏也很大。如表 5. 9 所示，从北向南形成有众多岛间海峡。

位于琉球群岛东南侧的琉球海沟发育特点，表现在琉球群岛东侧水深急剧变深，海底坡度达 10°，穿过断续阶地后，则达到 13°以上，当地形下倾至水深 6 000~7 000 m，便是狭长的琉球海沟。它呈东北—西南走向，水深大于 7 000 m 的范围长约 130 n mile，最宽处为 16 n mile,该海沟西侧的等深线大致平行，海底坡度较陡，而东侧海底坡度则较缓，位于海沟的西端外侧，海底地形有所隆起。

冲绳海槽位于琉球群岛与东海大陆架之间，呈以地沟状的狭长凹槽，并平行于琉球群岛的东北—西南走向，南部较深，水深 1 000~2 400 m，最深处位于宫古岛与我国的钓鱼岛之间，达 2 719 m；较浅的北部，水深 600~800 m。海槽底部地形较为平坦，但其东、西槽壁坡度差异较大，前者达 10°，后者缓为 40′~50′。而海槽西北侧，我国大陆海岸自然延伸的东海大陆架外缘，即 200 m 等深线以深，海底地形坡度急剧变陡。

各岛的海岸多为珊瑚礁海岸。属于亚热带海洋性气候，夏长冬短，如那霸年平均气温 22℃，最冷的 1 月份为 16℃，最热的 7 月份为 28℃。年降水量达 2 000 mm 以上。但在梅雨季节更有所增大，常有台风过境，风涝成灾。棕榈与榕树等热带和亚热带植物繁茂。

表 5.9　琉球群岛岛间海峡通道示例

名　称	宽（ n mile）	水深（m）	名　称	宽（ n mile）	水深（m）
大隅海峡	15	90~110	冲奄海峡	48	200-600
种子岛海峡	10（最窄）	40~80	与路岛和德之岛之间水道	12	200
屋久岛海峡	6.5	—	德之岛与冲永良部之间水道	18	多系 600
吐噶喇海峡	23	400~600	冲永良部岛和与伦岛之间水道	18	500 以上
口之岛水道	5	500	与路岛水道	0.5	—
中之岛水道	11	600	恶石岛至小宝岛水道	19	最浅 188
诹访濑水道	9	600~900	宝岛至上根屿之间水道	21	400-800
大岛海峡	0.5~2	30~100	庆良间海峡	0.8	60
宫古海峡	162.26	100~500	阿嘉海峡	—	可航宽 350

2. 大隅诸岛中狭窄海峡

大隅诸岛位于琉球群岛最北部，主要由种子岛、屋久岛、口永良部岛、草垣群岛、黑岛、硫黄岛、竹岛与马毛岛等岛屿组成，其中前三者面积相对较大。种子岛、屋久岛、马毛岛与九州岛位于同一岛架上。其东北侧有大隅海峡相隔与九州岛南岸相望，南邻吐噶喇海峡。

种子岛、屋久岛、口永良部岛春、夏多雨，秋季多晴天。4、5 月份常出现雾，进入 6 月的雨季持续 1~2 个月。雨季过后强烈的西南风称之为黑南风或荒南风，该风持续 10 天左右后，出现较弱的西南风。春季多东风，夏季多南风，秋、冬季多西北风，其中冬季风力较强。

潮汐、潮流　该岛周边潮汐属不规则半日潮。岛西侧涨潮流向西南，流速约 1 kn，落潮流向东北，流速约 2 kn；岛东侧涨潮流向北，流速约 1 kn，落潮流向南，流速 1~2 kn。

气象　全年气候温和，无霜雪期；年平均气温 19.4℃，1 月平均最低气温 11.4℃，8 月平均最高气温 27.7℃；年平均降雨量 2 563 mm，全年降雨日达 179 天。冬、春季多西北风，夏季常为西风，并多台风，秋季多东北风。

①竹岛 该岛地处大隅海峡海峡西口，其西端位于 30°48′28.79″N，130°23′46.43″E；硫黄岛以东 5 n mile，距九州南岸的佐多岬仅 15 n mile，在大隅海峡最窄处。因全岛竹林密布而得名。该岛西端奥恩博埼为一高达 69 m 的圆锥形山，岛上有居民。岛的北岸乌层崎与崎江鼻之间小湾水深达 16 m，湾内底质为珊瑚沙、贝壳与沙等。

该岛面积 4.2 km^2，岛顶高达 221 m。该岛沿岸陡直水深，200 m 等深线距北岸 3 n mile，距东岸 1.5 n mile，距西南岸约 0.5 n mile。岛岸岬角大多有礁脉延伸的暗礁，除岛的东南角距岸 0.22 n mile 的暗礁外，余之均在离岸 200 m 以内，不宜登陆。惟待夏季风向合适时，可在岛的南岸或北岸中部附近登陆。

距陡峭的东南角 0.15 n mile 处，有一水深 3.8 m，名叫大礁的暗礁。再向外延伸 0.2 n mile,也有一水深 6.8 m 的暗礁。

②硫黄岛 该岛西端位于 30°46′57.74″N，130°15′43.07″E；黑岛以东 16 n mile 处。该岛地处竹岛以西 5 n mile 处，其西侧相距 16 n mile 处则是黑岛，系一高大约 706 m 的活火山，其近中央处有一座很尖山峰高约 349 m，因其岛上盛产硫黄而得此名，并有鱼群，上有居民居住。

该岛周围多岩礁与浅滩，其中西端黑岛埼附近有若干岩石，其中距岸约百米处为一尖顶名叫“立神岩”岩石，再由此向西南方近 200 m 处，则有一破波岩石。而在黑岛埼东南部1 n mile,有一陡直的峭壁叫播磨埼的东侧有一深水小海湾，而播磨埼外端有一有一岩脉向东南方延伸达 370 m。

200 m 等深线分别距该岛北岸 2.5 n mile、西岸 2 n mile、南岸 7 n mile、东岸 1.5 n mile，在此等深线范围内，多有岩礁与浅滩。有名称的礁滩如役驴礁、锡塔基浅礁、中浅礁、北浅礁、竹岛鹈礁与位于硫黄岛东部 1 n mile 因火山爆发形成的熔岩小岛。

③黑岛 该岛西端位于 30°50′18.55″N，129°54′17.15″E；草垣上岛以东约 23 n mile 处。该岛地处硫黄岛以西 16 n mile 处，面积约 11 km^2，岛上山峰高达约 620 m，其如同竹岛一样，遍布竹林，岛上有居民。除岛的西端地形稍有坡度外，余之岛岸很是陡峭，而岛的岬角多有岩礁向海延伸，距岸 370 m 以内多礁石，如岛东部距岸 370 m 处有一高达近 50 m 的名叫长礁的小岛。

据报该岛周围无好锚地，仅在卡布利鼻的北侧小湾内有一水深 21 m，底质为沙与贝壳的小锚地。

汤礁，该岛礁群系远离该黑岛东南部约 10 n mile 处，系有 3 个近 60 m 高的小岛，以及高约 0 m 的岩石所组成。该礁周围水深很深，200 m 等深线距该礁东侧和北侧近 930 m，而南侧则相对很远。

梅吉浅滩，位于汤礁西南部 11.5 n mile 处，据报水深 148 m。另有报道，汤礁以南 7.5 n mile 处有一水深 8.2 m 的浅点。

④草垣岛 该岛位于大隅群岛最西部，系由 17 个岛岸绝壁的小岛组成的列岛。东北—西南走向，长达 5.55 km，宽约 370 m，列岛周围水相对深。其典型小岛有两个。其一为草垣下岛，该岛位于小列岛南半部，高达 175 m；其二为草垣上岛，该小岛位于列岛的东北端，高 147 m，西北西方 31 n mile 处，有一最小水深仅 10 m 的浅水区。

⑤硫黄岛港 由图像中可知，该港位于岛的南岸西部，港口向南敞开，纵深 500 m 以上，港口北侧为山体，而西侧有永良部埼作屏障，并有防波堤，早先据报该港可停泊

2000T 级以下船只。

海峡西口右侧有一名为马毛岛的小岛，该岛位于竹岛以东 21 n mile 处，宽达 5~9 n mile的水道将它与其以西的种子岛相隔，岛大致呈南北走向，岛顶高达 71 m，岛上植被茂盛。邻近岛岸，特别是 600 m 以内多礁石，其中岛岸北端礁脉延伸达 0.5 n mile。

⑥附近港口 海峡北侧分布有喜入、鹿儿岛、加治木、樱岛、垂水、鹿屋、大泊、内之浦、志布志、福岛、外浦、油津、内海与宫崎等港口；海峡南侧分布有硫黄岛、西之表、岛间、一凑、栗生与宫之浦等港口。

1）种子岛海峡

位置：

该海峡位于屋久岛东岸，与种子岛西岸南端之间。中心坐标：30°22′19″N，130°45′49″E。

归属类型：

边缘海-大洋连通型；岛间海峡。

海峡特征：

该海峡长达 18 n mile，最窄处约 10 n mile，水深 40~80 m。航道顺直无碍航物，适于各种类型船舶通航。

潮流、海流 海峡两侧涨潮流向北，低潮后 0.5~1.5 h 之间为涨潮流；落潮流向南，高潮后 0.5~1.5 h 之间为落潮流，流速 2~4.5 kn。夏季海峡中部海流始终向南，到达种子岛西岸的黑潮在住吉岬附近分为南北两支，其中南支流穿过该海峡向南流，但当潮流也流向南时，流速大到 3~4.5 kn，反之，潮流流向北时，流速则减弱。

海峡两岸：

海峡东侧为种子岛，该岛位于大隅群岛最东部，南—北长 57 km，东西宽 5~14 km，面积达 447 km^2，岛岸长约 200 km，系琉球群岛第四大岛。其北部相隔 22.5 n mile 水域与九州的佐多岬相望，它与西部的屋久岛等岛屿构成了九州南岸的天然屏障。

岛上地形起伏不大，北高南低，中部为低矮丘陵，周边有海蚀台地。高达 302 m 的高峰尾山为该岛的主峰，岛岸较平直，西岸有西之表港与岛间港，东岸有大浦湾内的熊野港。这里农牧业较为发达。

该岛周边水下地形较为复杂，到处有岩礁分布。兹分述如下。

礁脉从该岛北部岬角向北延伸，且在岬角西南离岸 550 m 处出露形成明礁。

位于喜志埼以北 1.4 n mile，水深达 7.3 m 孤立礁的东南侧近 0.5 n mile 处，有一水深浅于 20 m 名为濑浅滩的礁盘，这里常发生激潮。而位于西之表湾湾口南角箱埼南南西方近 1.8 n mile 处，距岸 0.43 n mile 有 3 块干出礁石，称之为三岩。其南北 0.54 n mile，东西 0.16 n mile 内系浅滩。

住吉岬周围 0.1 n mile 内分布有干出礁，该岬以北 0.27 n mile，距岸 0.1 n mile 处有一干出 3.1 m 的礁石。住吉岬以南 3.7 n mile 处的海角称为荒埼。

岛间埼周边距岸 0.21 n mile 内有危险的岩礁，该岬角以西附近常发生激潮。

岛间埼至城埼为砾石海岸。城埼北北西方 2 n mile，距岸 0.22 n mile 处有干出岩礁。而其西北方约 1.5 n mile 处，距岸近 0.5 n mile 内也有水深 3 m 的暗礁。

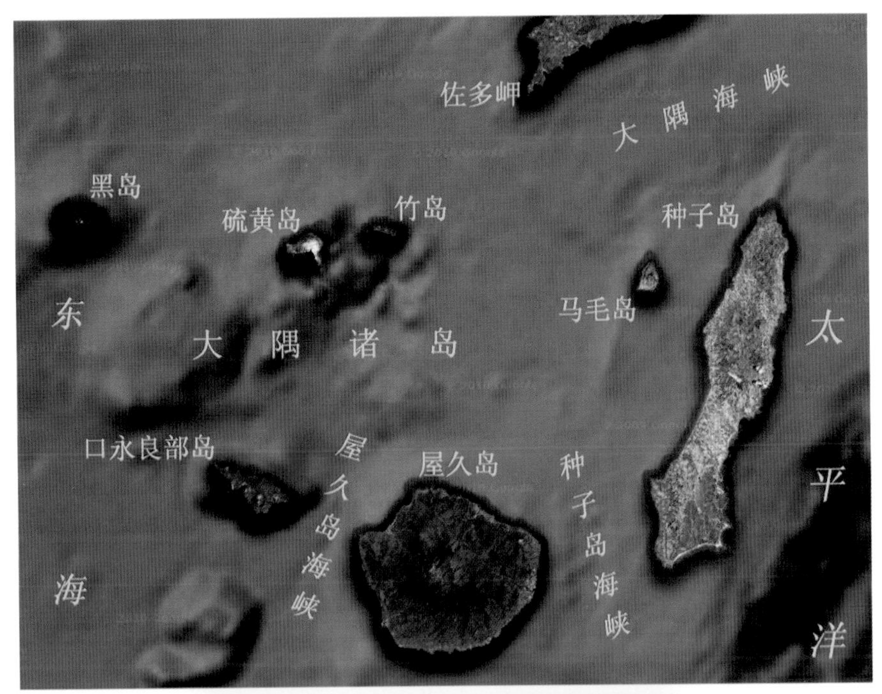

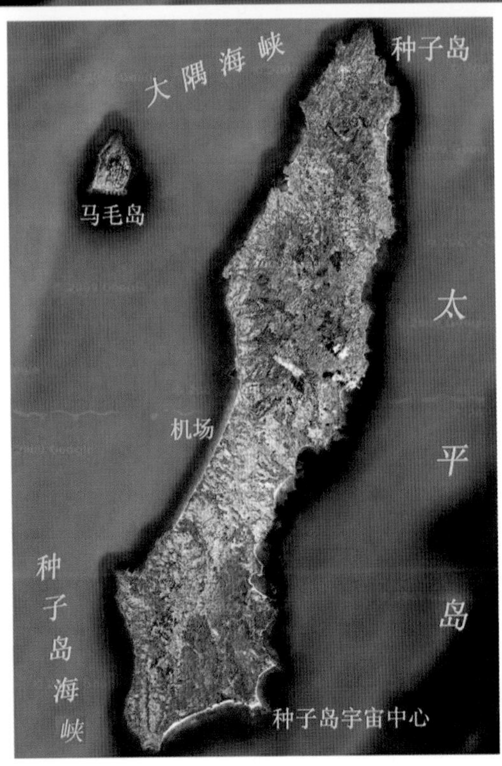

图 5.18　大隅海峡、屋久岛海峡、种子岛海峡卫星遥感信息处理图像

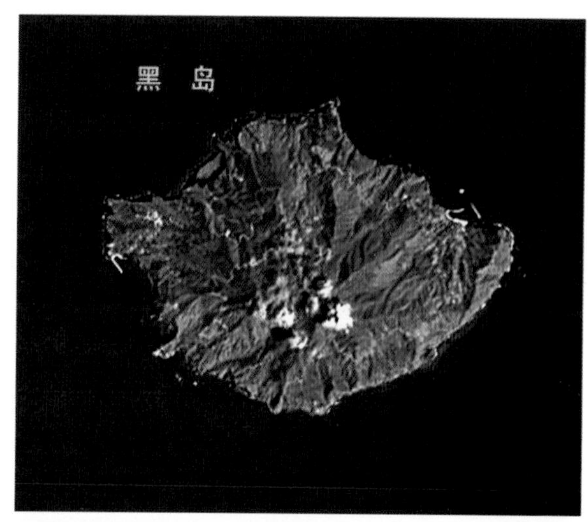

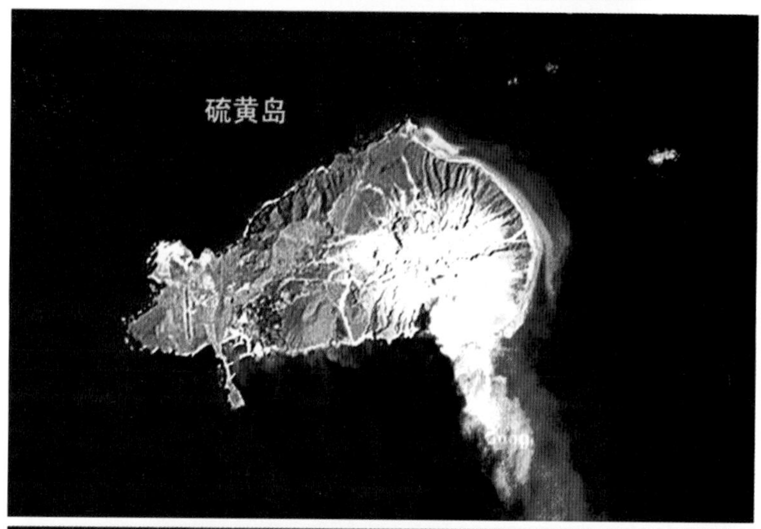

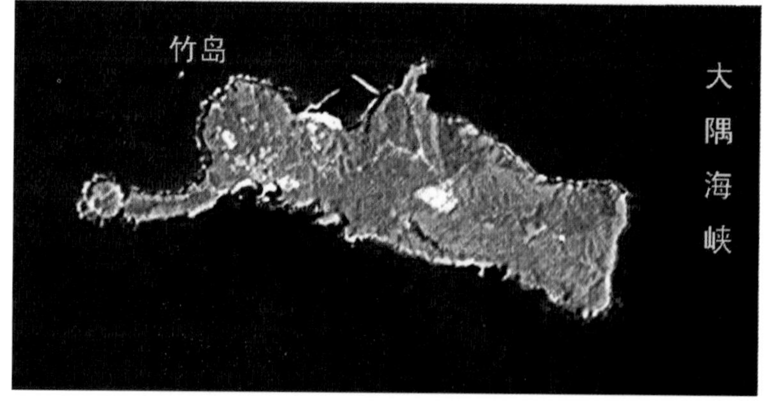

图 5.19　大隅海峡西侧的竹岛、硫黄岛、黑岛等卫星遥感信息处理图像

从大竹埼向南约 9 n mile 内，有一列群礁。另有诸多类型的小礁石散布在该岛的周边。

海峡西侧为屋久岛，该岛位于吐噶喇海峡东北岸，西隔屋久岛海峡与口永良部岛相望，东距种子岛约 10 n mile，呈圆形，直径 28 km，面积达 500 km^2，系琉球群岛第三大岛。岛上山峰高耸，1 935 m 高的宫之浦岳为琉球群岛最高峰，其周围千 m 以上高峰达 30 余个，海岸平直多险崖，这里水力与林业资源丰富。

该岛周边潮汐属不规则半日潮。该岛附近潮流沿海岸流动，每一方向 6 h。低潮后 0~1.5 h 至高潮后 0~1.5 h 为涨潮流，高潮后 0~1.5 h 至低潮后 0~1.5 h 为落潮流。如南岸与北岸的涨潮流向西，流速 1.5~2.3 kn，落潮流向东，流速 1.5~2 kn。西岸流速较东岸稍弱。

2）*屋久岛海峡*

位置：

该海峡位于屋久岛与口永良部岛之间。中心坐标：30°24′48″N，130°19′18″E。

归属类型：

岛间海峡；深水型海峡。

海峡特征：

该海峡宽达 6.5 n mile，水较深。海峡两侧涨潮流向南，落潮流向北，高低潮 30 min 后转流，海峡中央潮流较弱且不规则。

口永良部岛附近为不规则半日潮。该岛西端附近潮流特征是，从低潮后约 3 h 到高潮后约 3 h 流向北，从高潮后约 3 h 到低潮后约 3 h 流向南；而该岛西南岸附近潮流特征则是，从低潮后 0~1.5 h 到高潮后的 0~1.5 h 沿着岛岸向西北方，其他时间反之。

海峡两岸：

海峡西侧为口永良部岛，该岛系一火山岛，位于屋久岛以西偏北 6.5 n mile 处，两岛之间相隔屋久岛海峡遥遥相对。其长 13 km，最宽处达 6 km，中央狭长低地的南、北侧分别是口永良部湾与西浦；岛岸陡峭，周边水深较大，200 m 等深线距岸 0.4~25 n mile。该岛东、西两端地形差异较大，东部多高山，主峰 657 m，600 m 以上的活火山新岳最为典型。

海峡东侧为屋久岛，该岛自然条件已在本节有所详述，不在此赘述了。

3. 吐噶喇群岛中狭窄海峡

吐噶喇群岛位于奄美群岛与大隅群岛之间，呈东北—西南向排列，长达 95 n mile，总面积约 90 km^2，为雾岛火山带中一列火山岛，包括中之岛、口之岛、卧蛇岛、小卧蛇岛、平岛、诹访濑岛、恶石岛、宝岛、小宝岛与横当岛等小岛。其中诹访濑岛与中之岛火山仍在活动。

这里的水下暗礁与火山岛列走向基本一致。除宝岛与小宝岛位于水下 100 m 的台地上，其他火山岛与水下暗礁皆没有共同岛架，均系独立的由水深近 800 m 的海底耸立而起的。

各岛共同特点是岛岸多峭壁，岸外多珊瑚，礁外多深水，海流与潮流较强，同时岛上多丛林与竹林。

该群岛总的水文气象特征如下。

潮汐、潮流 这里属不规则半日潮。中之岛和宝岛的平均高潮间隙分别为 6 h 46 d、7 h 08 d，大潮升 2.0 m，小潮升 1.5 m，平均海面 1.2 m。各岛沿岸涨潮流向北或西北方，落潮流向南或东南方，岛岸附近常发生回流。

海流 吐噶喇海峡黑潮主轴核心流速变化剧烈，在 41.5~146.2 cm/s 之间变化，流速变化从大到小排列依次为夏季、春季、秋季、冬季，平均核心流速为 92.0 cm/s；其主轴主要位于屋久岛以南 30 n mile 海域，南北方向最大摆动幅度达 82 n mile；吐噶喇海峡黑潮平均流量为 24.1×10^6 m^3/s，而流速结构呈多核结构与多股流动，具体表现为黑潮流向该群岛西侧后，分出多条南北分支，致使各岛南、北侧出现急流；往往上述分支在岛屿东南附近又出现汇合，在岛屿南端却发生湍急。当风向与流向一致时，有大浪出现。

气象 夏季西南季风期海上平静；8 月中旬后，开始多北风，9 月风力增大，风的作用下波浪也大。

1）吐噶喇海峡

位置：

该海峡位于屋久岛与口之岛之间。中心坐标：30°08′47″N，130°09′42″E。

归属类型：

边缘海-大洋连通型；岛间海峡。

海峡特征：

该海峡宽达 23 n mile，水深为 400~600 m，但海峡中的平礁、上滩和中滩水深却浅于 200 m。该海峡无纵深，海域开阔且陡深，东去的船舶常通过该海峡。

潮流、海流 涨潮流向西，落潮流向东，流速 1.5~2 kn。西风与西南西风时，通过海峡4~5 kn海流向东。

雾、风 在这里雾日出现 2—3 月，5—6 月这期间雾日最多，10 月与 12 月偶有出现。这里有明显的季风，冬季以北风为主，西北风次之；夏季南风为主。

海峡两岸：

该海峡南侧为口之岛 该岛系一火山岛，位于平礁以南约 7.5 n mile 处，面积达 13.3 km^2。其自然特点是南部为高山，岛峰高 675 m，位于中央偏南，岛岸多悬崖，周围环有珊瑚与孤立岩石，如赛利伊角、水垂礁、芽礁与珊瑚滩等，10 m 等深线距岸最远 0.6 n mile，岛上有茂盛的林木。而靠近口之岛东北侧，则有一名为平礁礁体，该群礁位于吐噶喇群岛最北端，呈东北—西南走向，断续分布长达 1.5 n mile。其最高部位 28 m 在该群礁南部，而北部则有一高 15 m 的礁体，再往北 3.5 n mile 处，有一浅水区。该礁周围 200 m 等深线以内，呈以长条形，南北长 5.5 n mile，东西宽 3.5 n mile，并向北伸入到吐噶喇海峡南部。各礁体之间水浅，且海流很强。

海峡北侧为屋久岛，该岛自然条件已在本节有所详述，不在此赘述了。

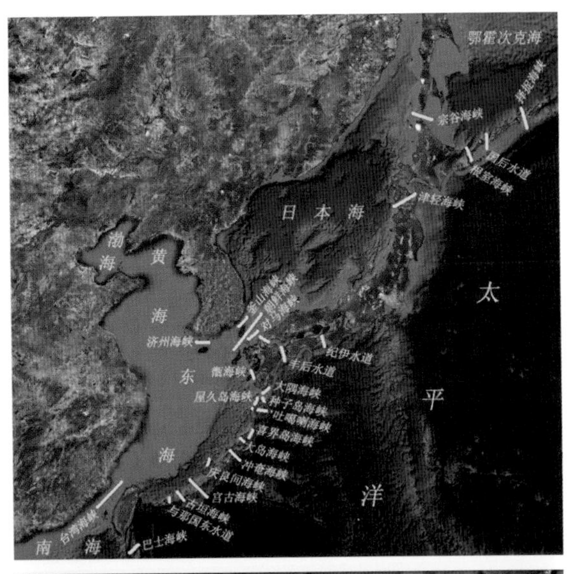

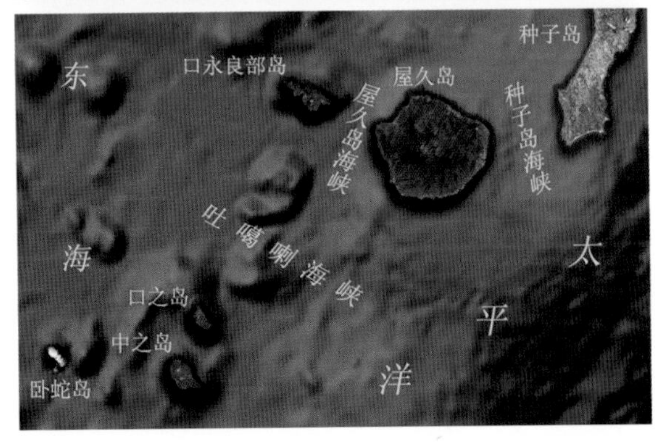

图 5.20　吐噶喇海峡、中之岛水道、诹访之濑水道
卫星遥感信息处理图像

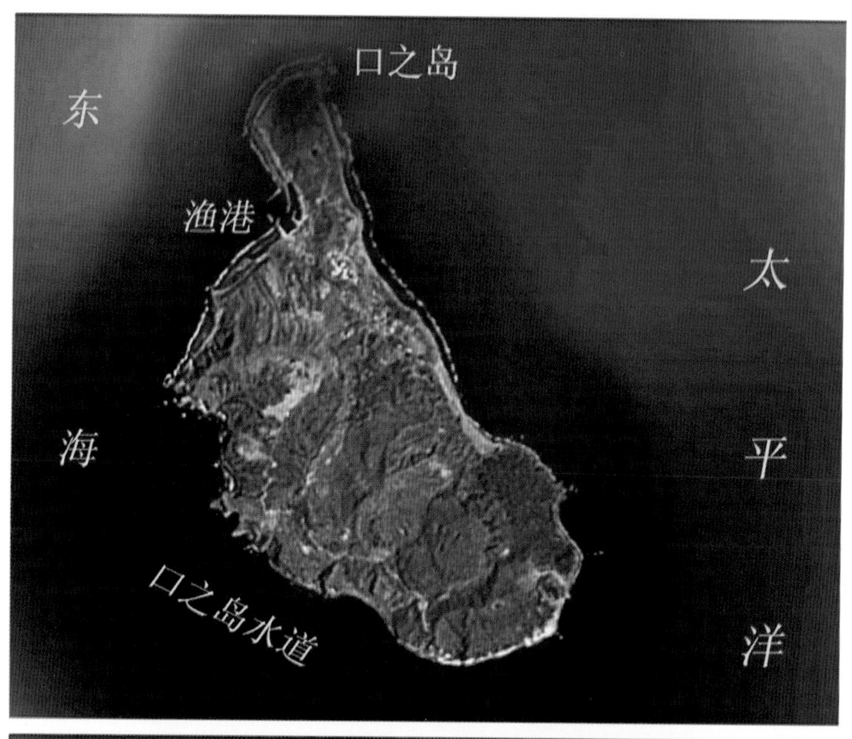

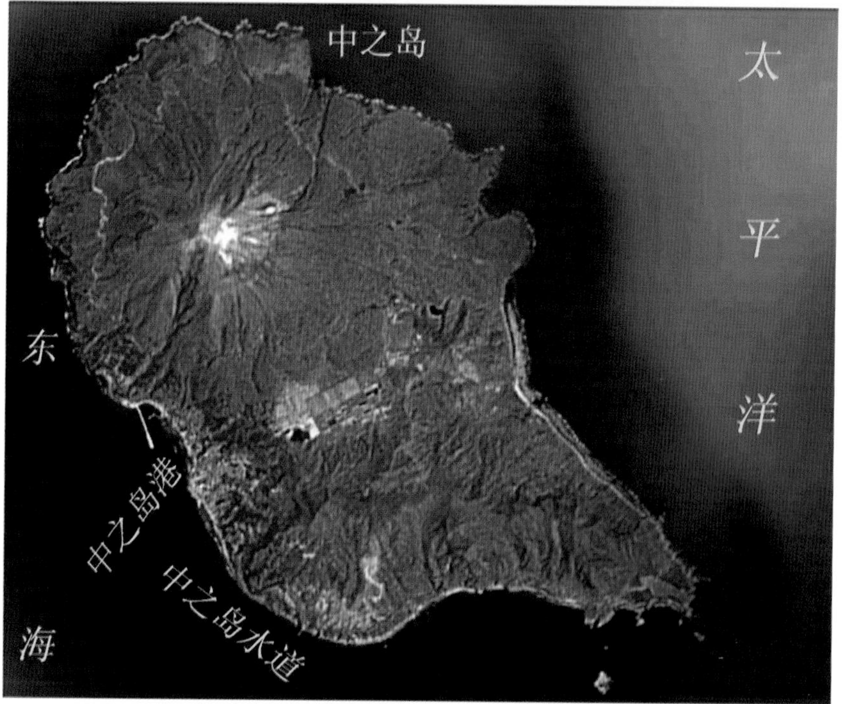

图 5.21　口之岛、中之岛及其邻近水道卫星遥感信息处理图像

表 5.10 吐噶喇海峡水深与岩礁空间分布特征

名称	方位	特征
平礁	吐噶喇列岛东北端	该礁呈东北—西南走向，长达 1.5 n mile 礁滩，上有十余个岩礁出露水面，其最南部的高达 28 m。礁体之间浅水区海流强烈。该礁周围 200 m 等深线所围区域，南北长 5.5 n mile，东西宽 3.5 n mile。该礁附近常出现强烈东南流，有时也出现西北流
上滩	平礁以北 8 n mile 处	该滩系一珊瑚暗滩，滩上常有急湍流。200 m 等深线将其所围区域，东西长 2.5 n mile，南北宽约 2 n mile
中滩	上滩东北约 5 n mile 附近	该滩系最浅水深 151 m 的珊瑚滩，200 m 等深线将其所围区域，东西长 3.5 n mile，南北宽约 2.5 n mile。滩上有浪花

2）口之岛水道

位置：

该水道位于口之岛与中之岛之间。中心坐标：29°55′12″N，129°53′32″E。

归属类型：

岛间水道；深水型水道。

水道特征：

该水道宽约 5 n mile，水深近 500 m。有流向东的浅海流，水道内多有急流。

水道两岸：

水道南侧为中之岛，该岛也系一火山岛，位于口之岛西南约 5 n mile 处，面积达 35 km^2，为吐噶喇群岛中最大岛屿。高达 976 m 的最高峰御岳位于该岛的西北部，而东南部为高丘陵区。岛岸均系悬崖峭壁，周边分布有岬角和岩礁，如鲣埼、单礁、赛利岬与高元埼等，200 m 等深线距岸最远 1.8 n mile。

水道北侧为口之岛，该岛自然条件已在本节有所详述，不在此赘述了。

3）中之岛水道

位置：

该水道位于中之岛及其西南方诹访之濑岛之间。中心坐标：29°44′25″N，129°48′48″E。

归属类型：

岛间水道。

水道特征：

该水道宽达 11 n mile，水深约 600 m。水道中有流向东的强海流，并有急流。

水道两岸：

水道南侧为诹访之濑岛，该岛也为一火山岛，系吐噶喇群岛中第二大岛，隔中之岛水道与中之岛相对，面积达 266 km^2。位于岛屿中部的岛峰高 825 m，山顶光秃，山脉从岛顶向东北与南南西方延伸，岛上有很多林木。该岛周边分布有如富立鼻、古里埼、须埼与长埼等岬角、岩礁。

另在该水道西北方，从北向南分布有小卧蛇岛、卧蛇岛与平岛等。

水道北侧为中之岛，该岛自然条件已在本节有所详述，不在此赘述了。

4）诹访之濑水道

位置：

该水道位于诹访之濑岛与恶石岛之间。中心坐标：29°32′18″N，129°39′19″E。

归属类型：

岛间水道；边缘海-大洋连通型。

水道特征：

该水道600~900 m的深水区位于中央水道，而靠近诹访之濑岛一侧水较浅。水道中有强烈的东向海流，这里有时发生激潮。

水道两岸：

水道南侧为恶石岛，该岛位于诹访之濑岛西南方约9 n mile处，面积达7.4 km^2。其西部最高点御岳高达584 m，高地向东南伸展至低平地，岛岸有高的悬崖，岛上多林木。

水道北侧为诹访之濑岛，该岛自然条件已在本节有所详述，不在此赘述了。

5）恶石岛至小宝岛之间水道

位置：

该水道位于恶石岛至小宝岛之间水道。

归属类型：

岛间水道；边缘海-大洋连通型。

水道特征：

该水道宽达19 n mile，恶石岛西南方500 m等深线所围的狭长水域中，最浅水深188 m。而小宝岛东北方500 m等深线范围内有小的岛屿、干出0.9 m的礁石与暗礁。

水道两岸：

水道南侧为小宝岛，该岛位于恶石岛西南方20 n mile处，位于岛屿中部的岛峰高达102 m，岛岸外有较平的，并多孤立尖岩的干出滩，岛岸以南水陡深，而以北有几个排列的尖顶岩石，在西侧有一山丘。岛上有茂密的竹林。

水道北侧为恶石岛，该岛自然条件已在本节有所详述，不在此赘述了。

6）宝岛至上根屿之间水道

位置：

该水道位于宝岛至上根屿之间水道。

归属类型：

岛间水道；边缘海-大洋连通型。

水道特征：

该水道宽达21 n mile，水深400~800 m，500 m等深线距岸2 n mile。上根屿周边500 m等深线呈以向东北延伸的狭长型，这里最小水深130 m左右。两岛屿之间500 m等深线相距达8 n mile内，水深为500~800 m。

水道两岸：

水道北侧为宝岛，该岛位于小宝岛西南约7 n mile处，处在岛屿中央的岛峰高260 m，岛顶地形起伏大，岛岸陆部地形平缓，岛上矮竹丛生。其周边岬角、岩礁分布有赤木埼、草礁、鹭埼、前立神、荒木埼与黑山礁等。水道南侧则是上根屿和横当岛。其中横当岛系一死火山，位于吐噶喇群岛最南端，宝岛西南方 23 n mile 处，面积达 3.7 km^2。东、西两个岛顶中，前者高 495 m，后者高 259 m，宽约 200 m 的地颈将两岛顶相连。岛岸多为断崖，距岸 0.11 n mile 以外无障碍礁石等。

图 5.22　恶石岛与横档岛之间水道卫星遥感信息处理图像

4. 奄美群岛中狭窄海峡

该群岛位于吐噶喇海峡与冲绳群岛之间，其由奄美大岛、喜界岛、加计吕麻岛、与路岛、请岛、德之岛、冲永良部岛、与论岛和鸟岛等岛屿组成的岛群，呈东北—西南走向排列，形似一个岛屿，但彼此之间相离较远。其中奄美大岛系琉球群岛中第二大岛。

该群岛气象特点主要表现在西南部雨量相对最多，向东北逐渐减少，雾少，晴朗天气多。

1）大岛海峡

位置：

该海峡位于奄美大岛与加计吕麻岛之间。中心坐标：28°10′34″N，129°15′54″E。

归属类型：

边缘海-大洋连通型；狭长型岛间海峡。

海峡特征：

该海峡长达 13 n mile，宽 0.5~2 n mile，水深 30~100 m，底质为沙或岩，沿海峡有多个岬角，附近又有多处港湾。

潮汐、潮流　多处潮汐不尽相同，兹列于表 5.11 中。涨潮流自低潮后 1.5 h 到高潮后 1.5 h，为西北流；落潮流自高潮后 1.5 h 到低潮后 1.5 h，为东南流，流较强。

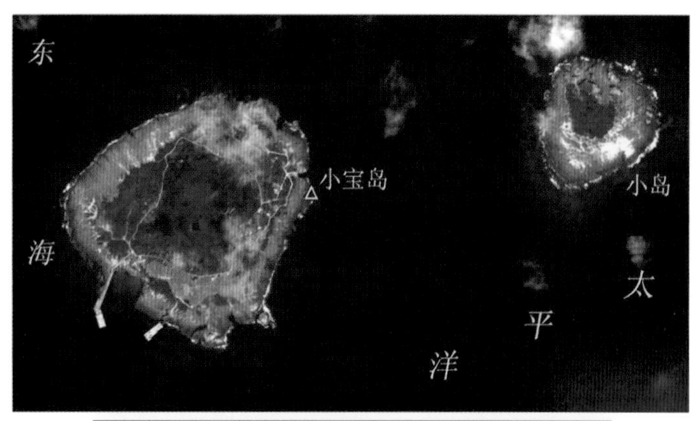

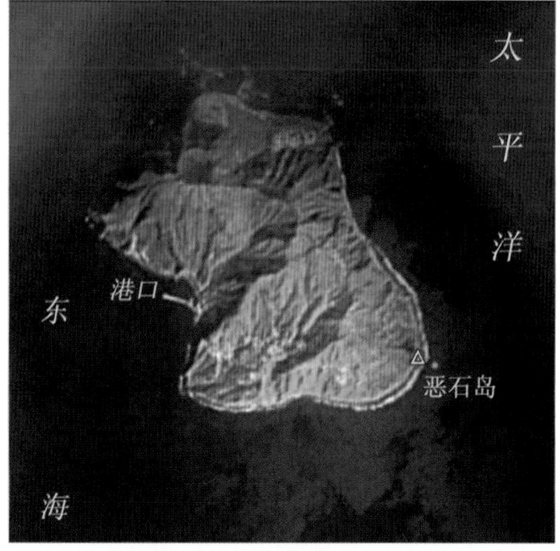

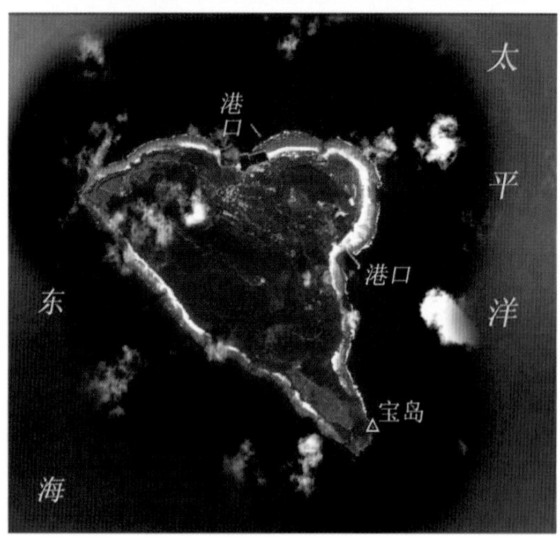

图 5.23　小宝岛、小岛、恶石岛、宝岛卫星遥感信息处理图像

表 5.11 大岛海峡中潮汐

地 名	平均高潮间隙	大潮升（m）	小潮升（m）	平均海面（m）
西古见	6 h 50 min	2.0	1.5	1.2
久慈湾	6 h 50 min	2.0	1.5	1.2
古仁屋港	6 h 48 min	1.9	1.4	1.1

海峡两岸：

海峡北侧为奄美大岛，该岛位于奄美群岛最北端，系奄美群岛中第一大岛，俗称大岛。它与其附近岛屿位于同一狭窄岛架上，并呈东北—西南走向，长 57 km，最宽约 30 km，面积达 718 km^2。岛上山脉相连，第一岛峰汤湾岳高达 694 m，岛岸各处不尽相同，西南部较陡峭，西北部多悬崖，东北部则低平；东南岸平直，海湾少，从仲干濑埼至笠利埼岸段为沙质岸，并有珊瑚礁向外延伸达 0.5 n mile，并有一些险礁。而该岛中部以北岛岸有礁脉向海延伸200~1 000 m,其中有的礁脉时有干出。

海峡南侧为加计吕麻岛，该岛隔大岛海峡与奄美大岛相对，长 20 km，最宽 12 km，似一长条形，面积 82 km^2。该岛突出特点岛岸曲折、多悬崖与礁滩，但湾顶海底平坦，周边多处有岬角与礁石。

奄美大岛东南隔大岛海峡与加计吕麻岛、与路岛、请岛相对。其东部有喜界岛。

潮汐、潮流 这里属不规则半日潮。笠利湾附近涨潮流向西北，最大流速约 3 kn；落潮流向东，最大流速达 4 kn。

气象 这里温暖多雨，全年雨量均匀，平均降雨量 3 000 mm/a；夏季多南风，冬季多北风。

2）喜界岛海峡

位置：

该海峡位于奄美大岛与喜界岛之间，中心坐标：28°23′22″N，129°50′30″E。

归属类型：

岛间海峡；大洋-大洋连通型。

海峡特征：

该海峡走向与奄美群岛排列方向一致，各处水深不尽相同，多在 100~200 m 之间，海峡中轴处水深相对两侧深，200 m 等深线之间相距达 1 n mile。海峡东南部喜界岛西侧地形坡度较大，海峡西北部奄美大岛东侧地形较平缓，最深处靠近喜界岛。

潮汐、潮流 这里属不规则半日潮。该岛以西与东北方，约距岸 2 n mile，涨潮流向西南，落潮流向东北，高低潮时转流，最大流速约 2 kn。喜界岛一侧涨潮流向南南西，最大流速 1.8 kn，落潮流向东北，最大流速 1.5 kn。

海峡两岸：

海峡东侧为喜界岛，该岛位于奄美大岛以东约 13 n mile 处，处在一个独立的岛架上，深达 200 m 的海槽将其岛架与奄美大岛岛架分隔。该岛长 14 km，宽 3.7~6.5 km，面积 56 km^2。岛中央为台地，其中最高点 224 m 在中南部。台地东南侧是悬崖，东北与西侧地势低平。其东北部为 80 m 左右的台地，西部为高 30~60 m 的沙丘，岛上多原野。

该岛周边为低平的珊瑚礁脉，低潮干出，构成了岛架的较浅部分。另有两个礁体：其一为奥嘎梅礁，位于该岛南端锡兹鲁埼西南 3.5 n mile 处，该礁上水变色；其二为莫利礁，位于该岛南端锡兹鲁埼东南 3.2 n mile 处，最小水深 29 m。

海峡西侧为奄美大岛，该岛自然条件已在本节有所详述，不在此赘述了。

3）冲奄海峡

位置：

该海峡位于冲绳岛与奄美大岛之间。

归属类型：

边缘海-大洋连通型；多水道海峡。

海峡特征：

将冲绳岛与奄美大岛之间的各岛相隔的水道总称为冲奄海峡，对其细分如表 5.12 所示。这里冬季以北风为主，东北风次之，夏季南风为主，东南与西南风次之，海峡出现雾日集中在 1、2 月份，夏季也时有出现。

这里属不规则半日潮。

海峡两岸：

海峡南侧为冲绳岛，该岛属琉球群岛中最大岛屿，其东北端位于与论岛西南 12.5 n mile处，狭细的形状，长 105 km，宽 4~32 km，面积达 1 220 km^2，约占整个琉球群岛的 1/10。其南、北地形有所差异，前者多丘陵和台地，林木较少，后者地形险峻，林木茂盛。到处分布有珊瑚海岸，特别是备濑埼经岛南端至东南部岛岸的知念岬，珊瑚礁发育最好。

冲绳岛东南岸多海湾，如中城湾与金武湾中水深多岛、礁，而从两湾之间与中城湾口南侧，珊瑚礁向海延伸的很远。金武岬到川田湾之间岸段众多的珊瑚礁，从岛岸向海断续延伸 0.2~0.9 n mile。而从川田湾至该岛北端边户埼的岛岸，也被珊瑚礁所围。汉那港口到大浦口之间岸段，距岛岸 0.7 n mile 内为断续的岸礁，而岸礁外侧有孤立礁石。

冲绳岛周边分布有诸多岬角与岩礁，如伊江岛、伊礁、乌瓦姆基险滩、姆基险滩、伊保岛、冈波岛、鲁坎礁与安田小岛。

气象 冲绳岛-奄美大岛区域属亚热带气候，终年温暖湿润，年平均气温 22℃，夏季最高 32.2℃，冬季最低 4.4℃。夏季多东与东南风，冬季多东北风，风力较强。常有台风过境。年平均降雨量 2 000 mm 以上，多阴雨天，5—8 月湿度最大。

海峡北侧的奄美大岛自然条件已在本节有所详述，不在此赘述了。

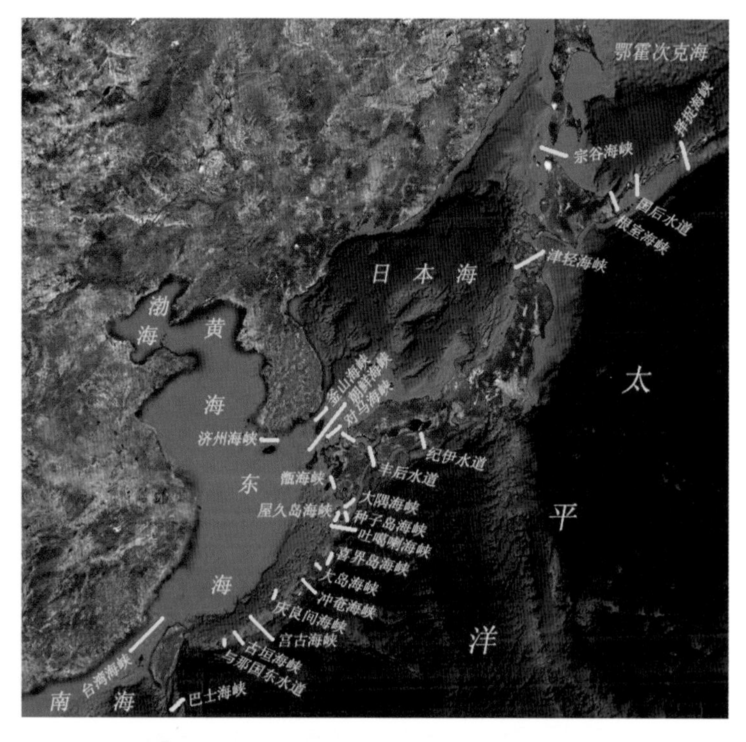

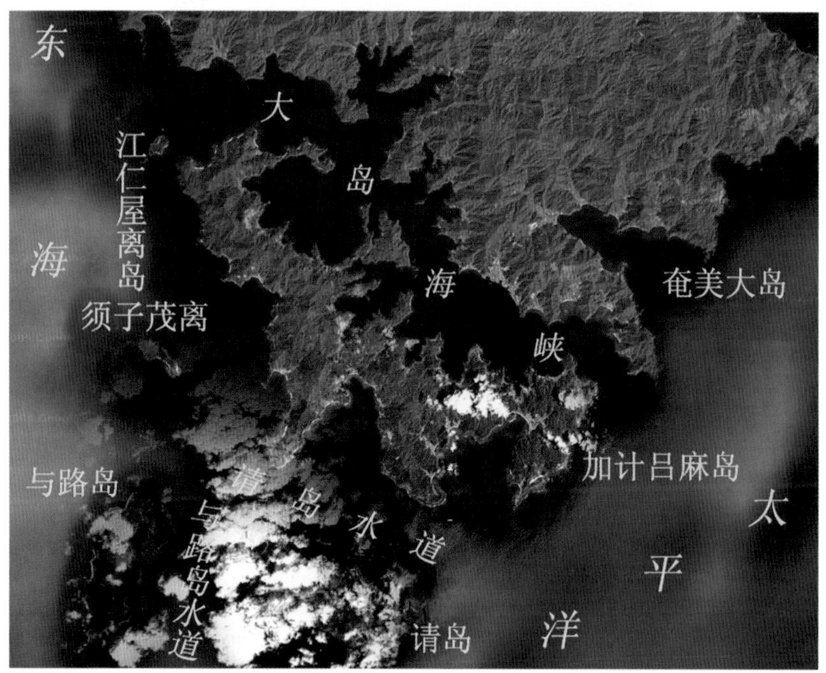

图 5.24　大岛海峡、请岛水道、与路岛水道卫星遥感信息处理图像

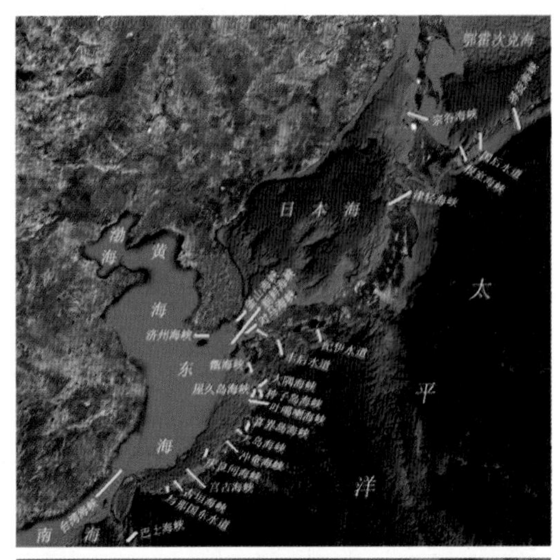

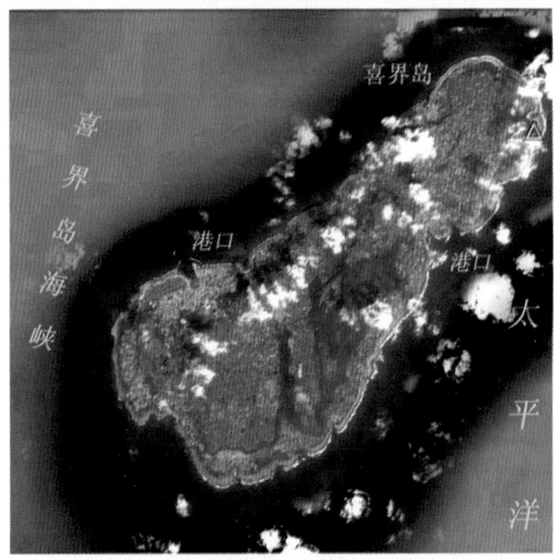

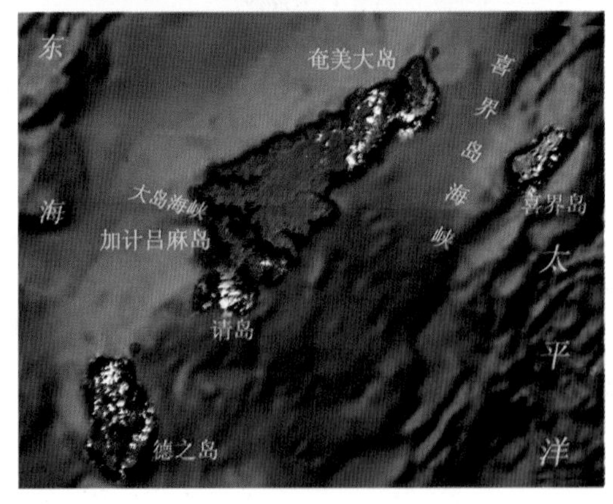

图 5.25　喜界岛与奄美大岛及其之间喜界岛海峡卫星遥感信息处理图像

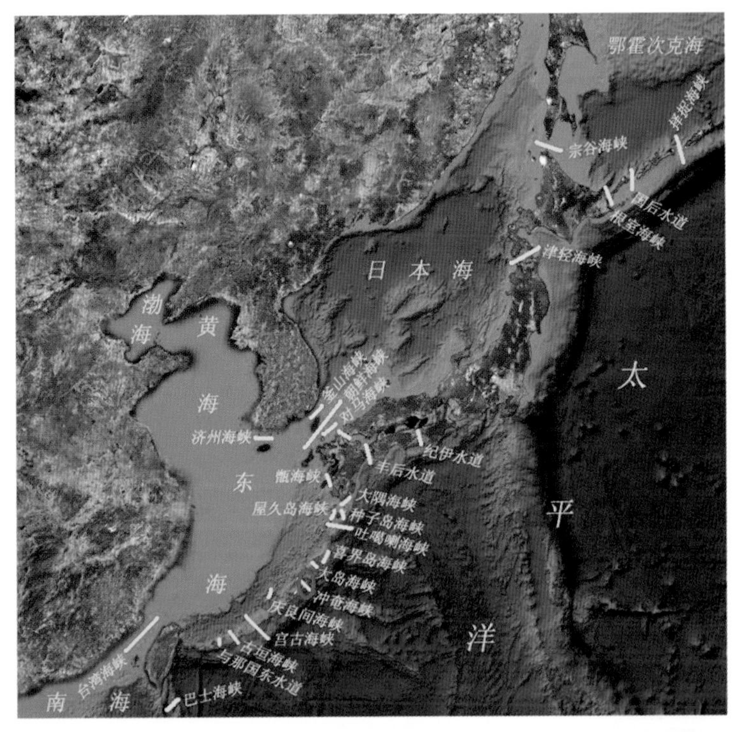

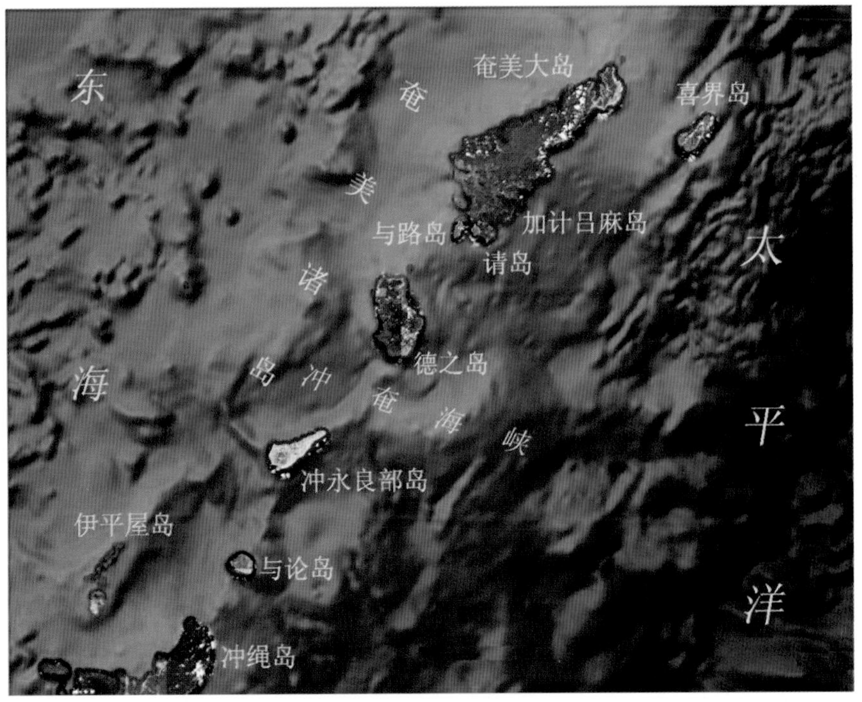

图 5.26　冲奄海峡卫星遥感信息处理图像

表 5.12　冲奄海峡中水道及其水道两岸

位　置	主要特点	水道两岸
与路岛与德之岛之间	水道宽达 12 n mile，水深大多近 200 m，200 m 等深线之间相距近 1.5 n mile。涨潮流向北北西，最大流速 1.3 kn，落潮流向东，最大流速 3 kn	与路岛以东隔 1.7 n mile 的与路水道与请岛相对，岛长 6.5 km，最宽约 2.8 km，面积 8.9 km^2。岛峰最高 297 m，岛岸多悬崖。 德之岛与其西南方的冲永良布岛和与论岛相间排列，其岛架与奄美大岛岛架几乎连续。该岛南北长达 26 km，东西宽 14 km，面积 253.4 km^2，系多山的岛屿，北部的天城岳高达 533 m，中部为花岗岩的，全岛最高峰的井之川岳高 644.8 m，而南部犬田布岳也高达 417.4 m，西南部地势则变为低平，为琉球群岛中第七大岛。岛上林木茂盛，并有较多的毒蛇。这里属不规则半日潮。沿岛岸涨潮流向北，落潮流向南，高、低潮后 3 h 转流，岛岸各侧局部涨、落潮流及其流速均有所不同
德之岛与冲永良部岛之间	水道宽约 18 n mile，水深多为 600 m，靠近德之岛附近 200 m 等深线所围水域中，最浅 98 m	冲永良部岛位于奄美群岛西南部，德之岛西南方 18 n mile 处，长 20 km，最宽约 9.3 km，面积 97 km^2。西南部岛峰高达 246 m，岛上各处地形差异较大，西南侧宽阔而高拔，东北部狭窄而低平。东、西岛岸为低平的珊瑚崖，北岛岸则是悬崖，大部岛岸边均有干出珊瑚礁向海延伸，长达 0.22 n mile。这里属不规则半日潮。该岛北侧涨潮流向西，落潮流向东，流速达 1.8 kn，在远离岛岸情况下流向则不规则。 德之岛在本表中已有详述
冲永良部岛和与论岛之间	水道宽近 18 n mile，远离岛岸水深多在 500 m 以上，500 m 等深线之间相距达 9 n mile	与论岛系奄美群岛最南端高度不超过百米的低平岛屿，位于冲绳岛东北方，长、宽约 6 km，面积达 22 km^2。岛岸多珊瑚悬崖与沙质岸，周边被干出的珊瑚礁所围绕。 冲永良部岛在本表中已有详述
与路岛及其东侧请岛之间的与路岛水道	水道宽约 1.5 n mile，水道中岩礁甚多，如位其中央的，由 4 个岩礁所组成的哈亚米岛列岩高达 74m。该水道内涨潮流向北，最大流速 2.8kn，落潮流向南，最大流速 3.7kn，同时有激潮	请岛位于加计吕麻岛以南，岛长 6.5km，最宽达 3.7km，面积 13.5km^2。位其西部的岛峰高达 398m，南岸多断崖。岛上多林木。 与路岛在本表中已有详述
请岛、与路岛和加计吕麻岛之间的请岛水道	该水道虽深，但有礁脉延伸到水道中，潮流也较强。这里涨潮流向西，流速可达 4 kn，落潮流向东，流速有时达 3.3 kn，高、低潮后 1.5 h 转流	加计吕麻岛隔大岛海峡与奄美大岛相对，长 20 km，最宽 12 km，似一长条形，面积 82 km^2。岛岸曲折、多悬崖与礁滩，但湾顶海底平坦，周边多处有岬角和礁石。 请岛和与路岛在本表中已有详述

第五节　战略要地冲绳群岛与海峡

1. 冲绳岛及其附近岛屿

冲绳群岛位于奄美群岛与先岛群岛之间，系由诸多海峡与水道相隔的冲绳岛、伊平屋列岛、伊江岛、庆良间列岛、粟国岛、渡名喜岛、久米岛等岛屿组成的岛群，呈东北—西南走向排列，绵延达 90 n mile，总面积 1 500 km^2。该群岛从北向南依次为：冲绳岛北端位于26°52′29. 83″N，128°15′36. 34″E；琉球群岛正中间，系琉球岛屿锁链中最重要的一环和其中最大的一个岛屿，其东北端位于与论岛西南 12. 5 n mile 处。

冲绳岛呈狭细的不规则形状，东北—西南走向，长 105 km，宽 4～32 km，面积达 1 185 km^2，约占整个琉球群岛的 1/10，其南、北地形有所差异，前者多丘陵和台地，林木较少，后者地形险峻，林木茂盛。到处分布有珊瑚海岸，特别是备濑埼经岛南端至东南部岛岸的知念岬，珊瑚礁发育最好，素有日本“南大门”之称，是群岛的基干和最有力的支撑点，具有十分重要的战略地位。

冲绳岛东南岸多海湾，如中城湾与金武湾中水深多岛、礁，而从两湾之间与中城湾口南侧，珊瑚礁向海延伸的很远。金武岬到川田湾之间岸段众多的珊瑚礁，从岛岸向海断续延伸 0. 2～0. 9 n mile。而从川田湾至该岛北端边户埼的岛岸，也被珊瑚礁所围。汉那港口到大浦口之间岸段，距岛岸 0. 7 n mile 内为断续的岸礁，而岸礁外侧有孤立礁石。

冲绳群岛位于台湾岛基隆的东北方，冲绳本岛位于琉球群岛中心，北部为山地，占全岛 2/3。由冲绳诸岛、宫古列岛、八重山列岛等一百多个岛屿，总面积约 2 250 km^2，人口约 100 万以上，主要分布在其中 46 个岛屿上。首府那霸市为本岛政治，经济，文化和交通中心，有深水港口和国际机场。

冲绳岛的西南有天然良港—那霸，可供万吨级大型舰船锚泊。此外，全岛还有多个机场，可容纳多种机型的大机群；这都使冲绳具备了成为重要军事基地的自然条件。由于冲绳岛所处位置的重要性，第二次世界大战结束后，美军更加重视冲绳岛的建设，它被称为美国的“太平洋枢纽”。

冲绳美军基地设施完备，与横须贺、佐世保等重要基地相呼应，构成了完整的军事基地群。坐落在冲绳西南的嘉手纳机场是美国在本土以外的重要空军基地。

冲绳岛中部东侧的胜连半岛，正好将金武中城港一分为二，北为金武湾，南为中城湾。其顶端中城湾一侧就是白滩基地，总面积达 1 560 000 m^2，因基地西南边的一片洁白沙滩而得名。

潮汐、潮流　这里属不规则半日潮。该岛北部与伊平屋列岛之间，涨潮流向西南，落潮流向东北，流速 0. 8 kn；而南部西岸附近，涨潮流向东，落潮流向西，流速 1. 8 kn；在南部东岸附近，涨潮流向西，落潮流向东，流速 1 kn。

海流　该岛附近海流流向与流速不定，由西南方接近该岛，常被流压西方或者东方。

气象　如上所述，该岛属亚热带气候，终年温暖湿润，年平均气温 22℃，夏季最高 32. 2℃，冬季最低 4. 4℃。夏季多东与东南风，冬季多东北风，风力较强。常有台风过境。年平均降雨量 2 000 mm 以上，多阴雨天，5—8 月湿度最大。

伊平屋列岛 该列岛系冲绳群岛最北的列岛，位于与论岛以西 21 n mile 处。它由伊平屋岛、野甫岛、具志川岛、伊是名岛、屋那坝岛以及若干小岛组成。

庆良间列岛 该岛位于冲绳岛以西，由前岛、渡嘉敷岛、座间味岛、阿嘉岛、庆留间岛、外地岛、屋嘉比岛、久场岛与其他一些小岛组成。其中，渡嘉敷岛最大。该列岛上多陡峭山地，林木茂盛，并多山溪。在其以东几个岛屿称为前庆良间。岛西侧水道称叫庆良间海峡。

庆良间列岛西北诸岛 该诸岛包括粟国岛、渡名喜岛、久米岛与鸟岛等。

2. 冲绳岛邻近狭窄海峡

1）庆良间海峡

位置：

该海峡位于渡嘉敷岛与其西侧诸岛之间。

归属类型：

岛间海峡。

海峡特征：

该海峡呈东北—西南走向，水道长 6 n mile，宽达 0.8 n mile 以上，水深 60 m 左右，险礁分布主要在其西侧，如南北长 400 m，最小水深 1.8 m，西侧水深 14.6~20 m，东侧水深 25~31 m 的麻茶武礁；又如北平礁、平礁与托姆莫亚礁等也系该海峡西侧的险礁。

潮流 海峡内涨潮流向北，落潮流向南，沿岸附近流速 1.5 kn。

2）阿嘉海峡

位置：

该海峡位于嘉比岛、安庆名敷岛、安室岛、名礁与阿嘉岛、庆留间岛之间。

归属类型：

岛间海峡；狭长型海峡。

海峡特征：

该海峡中嘉比岛与阿嘉岛北端之间最狭窄，可航宽度小于 350 m。该列岛间潮汐属不规则半日潮。

表 5.13 邻近冲绳岛的诸多水道

位　置	主要特点	水道两岸
米埼与具志川岛之间的具志川北水道	最小水深约 11 m。这里涨潮流向西，落潮流向东，约在高、低潮时转流，潮流很强，流速有时达 2.5~3 kn，并发生激潮	具志川岛位于具志川北水道与伊平屋岛以南，系一东西细长而低平的小岛，被珊瑚礁所围绕，其最高处 28 m。从岛的东端向西北方延伸达 0.9 n mile 的珊瑚礁上，有数个小岩岛。该水道北侧即为米埼
具志川岛与其以南伊是名岛之间的具志川南水道	水深 21~29 m，但水道两侧有珊瑚礁延伸。这里涨潮流也向西，落潮流向东，约在高、低潮时转流，潮流同样强，流速有时达 2.5~3 kn，并发生激潮	伊是名岛位于具志川岛以南，呈以直径达 4 km 的圆形岛屿，岛峰在其西南部，高 129 m，岛上林木茂盛。珊瑚礁环绕该岛，上发育有几个小岛和岩礁，岛岸除东南外，余之倾斜度小。另有高达 22 m 的愚龟岛位于城埼东北方近 700 m 处，它系伊是名岛岸边珊瑚礁延伸的顶端。 具志川岛在本表中已有详述

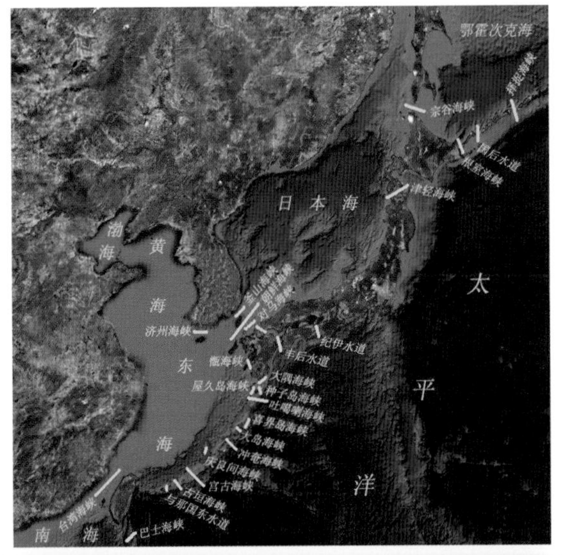

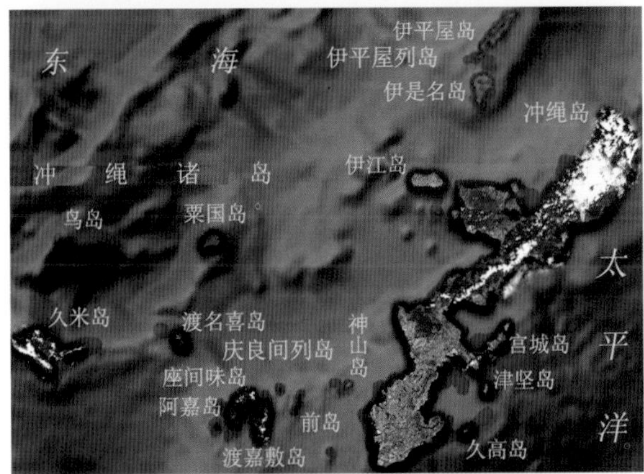

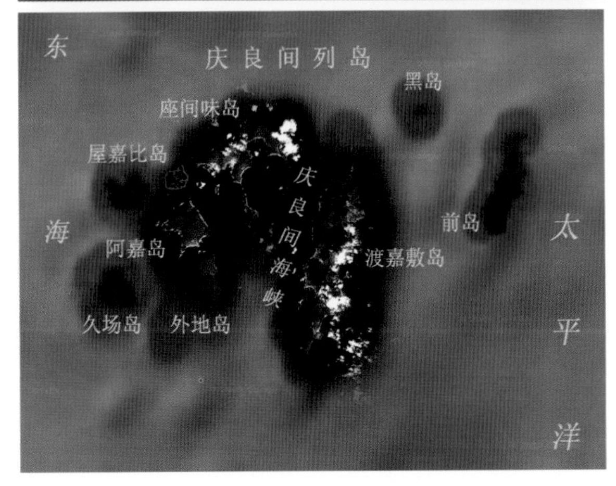

图 5.27　冲绳诸岛、伊平屋列岛、庆良间列岛等岛间海峡卫星遥感

第六节　先岛群岛中海峡

1. 概述

该群岛位于琉球群岛最西南部，它由宫古列岛与八重山列岛组成。其周围的岩礁被海草覆盖难以辨认。其中，宫古列岛位于先岛群岛东部，水深超过千米的深海将其与冲绳岛分隔。但其被水深 200 m 以上的海槽分隔成东、西两部分，并各自位于一个独立的岛架上。其中东部包括宫古岛、伊良部岛、下地岛、来间岛、池间岛与大神岛等；西部包括水纳岛、多良间岛等；而八重山列岛位于先岛群岛西部，为琉球群岛最西边的一列岛屿。水深 400 m 的海盆将其与宫古列岛分隔，它包括石垣岛、竹富岛、小滨岛、西表岛、波照间岛、仲神岛等组成。其中石垣岛与西表岛之间的数个小岛由珊瑚礁所连接。

该群岛周围涨潮流向北，落潮流向南。

这里东北季风多偏北风，冬季风强；西南季风多偏南风，夏季，尤其是 5—7 月风力弱。同时该群岛附近常有台风发生。

2. 石垣海峡与下地岛

1）*石垣海峡*

位置：

该海峡位于宫古岛以西至石垣岛之间，又分为东峡与西峡。

归属类型：

岛间海峡。

海峡特征：

石垣海峡中，东峡为宫古岛西侧的下地岛与多良间岛、水纳岛之间的水域，宽达 25 n mile，200 m 等深线包围整个海峡，一般水深在 100 m 以上，纵贯海峡中央水较深，靠近两侧岛屿水较浅，海峡西部较东部略深，海峡北口亚比浅滩最浅水深 8.6 m。

西峡为多良间岛、水纳岛以西与石垣岛之间水域。宽仅 19 n mile，200 m 等深线之间相距约 12 n mile，一般水深 300 m 以上，海峡北侧较南侧深。

这里潮汐属不规则半日潮。平久保埼附近涨潮流向东北，落潮流向西南。

石垣海峡雾日除 9—11 月外，余之各月均出现 1～2 次，其中以 6 月出现较多，频率 0.5%。

海峡冬季以北风和东北风为主，夏季南风为主，3—5 月南风逐渐增多，东南风与西南风次之。

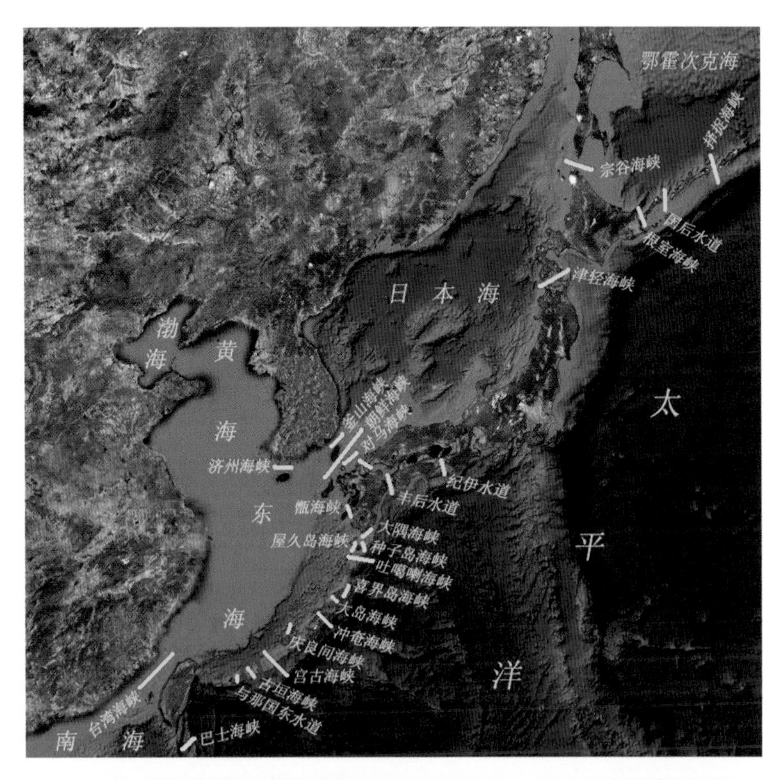

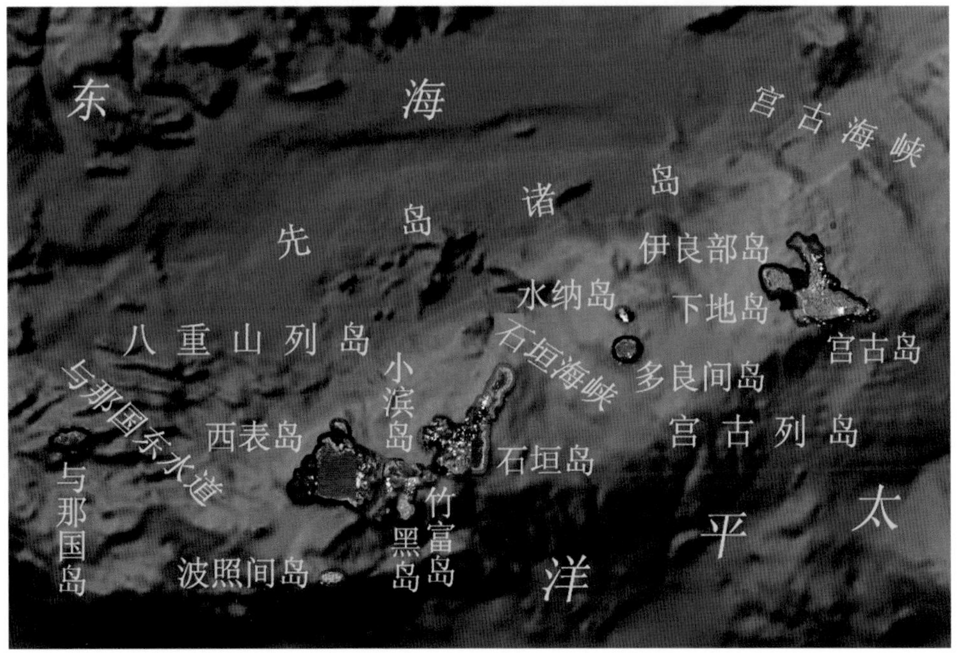

图 5.28　先岛群岛中古垣海峡及其两侧岛礁卫星遥感信息处理图像

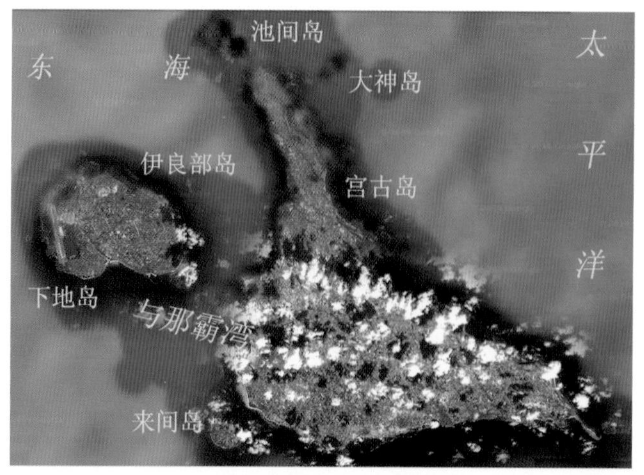

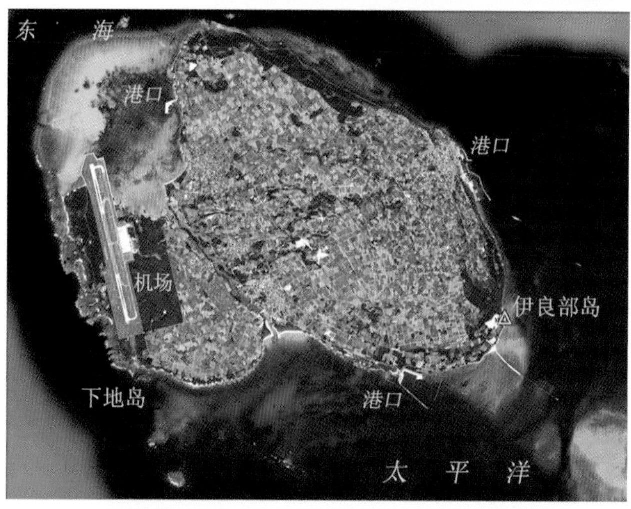

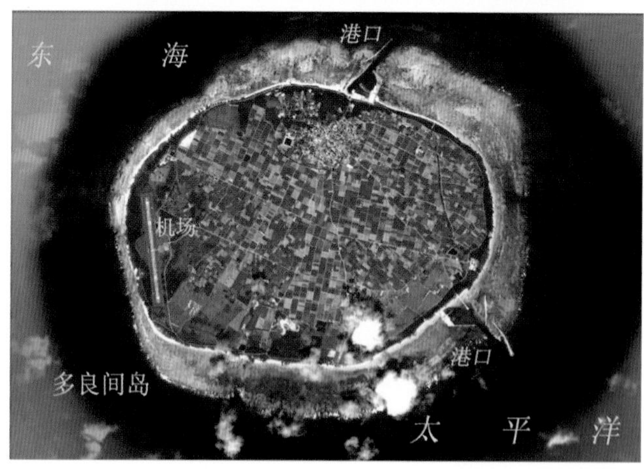

图 5.29　邻近宫古海峡、古垣海峡的伊良部岛与多良间岛卫星遥感信息处理图像

表 5.14 邻近石垣岛的海峡水道空间融合信息特征

位 置	主要特点	水道两岸
水纳岛至多良间岛水道	该水道系指以两岛岸珊瑚礁外缘之间，宽 3.4 n mile，30 m 等深线所包围的水域，水深一般 20 m 以上，最浅的 18 m，底质为珊瑚。 该水道潮流特点，从低潮后约 3 h 到高潮后约 3 h 流向西，流速 1.5 kn；从高潮后约 3 h 到低潮后约 3 h 流向东，流速达 3 kn	水纳岛与多良间岛在本节中已有详述
小滨岛与西表岛之间那良海峡	系石垣岛和西表岛之间通过珊瑚礁区的唯一水道。其南北长 3 n mile，水道曲折，水深 10 m 以上水域最窄处仅 200 m 左右。 该水道潮流很强，北流系从低潮后 3 h 到高潮后 3 h，流速 2.3 kn；南流则系从高潮后 3 h 到低潮后 3 h，流速 1.3 kn	西表岛位于琉球群岛西南部，石垣岛正西，长 29 km，宽达 19 km，面积 322 km^2，为八重山群岛中第一大岛，位居琉球群岛中第五大岛。岛上地势起伏高度在 300~450 m，东部的岛峰高达 469.7 m。 岛岸曲折多湾，除南岸西部外，多被珊瑚礁所包围，其中有的礁脉向海延伸 1 n mile 以上。各方位岛岸类型不同，如海湾与河口多沙质岸滩；东岸多宽度为 1~2.5 km 的沙质岸与珊瑚滩，滩外水浅；南岸为砾石岸，多系悬崖和珊瑚滩，其中东段较西段宽达 1.5 km，滩外水深；西岸多为曲折的沙质岸滩，间有砾石岸与珊瑚滩；北岸则多为沙质岸滩，而其突出部多为砾石岸。 这里潮汐属不规则半日潮。从西埼到浦内湾口附近之间，涨潮流向西南，落潮流向东北。 气候温暖湿润，年平均气温 23℃，2 月平均气温 17℃，7 月最高达 29℃，年降雨量近 2 470 mm，7 月最少，9 月最多；夏季多南风，余之各季多东北风。 小滨岛参看图 5.27
鸠间岛延伸的珊瑚礁与西表岛海岸之间的鸠间水道	最小宽度 0.7 n mile，主水道中央附近水深 31~47 m，水道两侧有许多孤立暗礁，而其中央南侧，即西表岛北端西埼以东约 2 n mile 处的白色珊瑚沙滩高达 3.4 m	西表岛在本节中已有详述

海峡两岸：

处于石垣海峡的东峡与西峡之间的水纳岛，位于宫古岛以西 30 n mile 处，呈西北—东南走向，长约 2.7 km，高达 7 m，低平的白沙岛。它被珊瑚礁所环绕，珊瑚礁从其西北端向外海延伸达 1.3 n mile，东北端向外海延伸也近 0.8 n mile，东北部的 10 m 等深线距岛岸 0.8 n mile，另一些岛岸外珊瑚礁外缘地形较陡峭。在该岛的东北方约 5 n mile 左右，有一水深 8.6 m，名为亚比浅滩的珊瑚礁滩。该外边则是水深 20 m 内，最浅水深 11 m，西北—东南方向长 3.6 n mile，最宽 2.6 n mile 的浅水区。该浅水区与水纳岛之间有一深水道。以及水纳岛南侧的多良间岛，系一高6~10 m的低平小岛，它位于水纳岛东南方以南4 n mile处，东西长5.6 km，宽4.4 km，陡峭的岛岸外被珊瑚礁所环绕，珊瑚礁向外海延伸可达0.5 n mile。

多良间岛与水纳岛之间水道的潮流，从低潮后约3 h到高潮后约3 h流向西，流速1.5 kn；从高潮后约3 h到低潮后约3 h流向东，流速为3 kn。

石垣海峡中，东峡段东侧为宫古岛、伊良部岛与下地岛，其中伊良部岛位于宫古岛西方，长8.5 km，宽5 km，面积达28 km^2，其地势从东北向西南逐渐变低，在其东南端悬崖上的岛峰，高达89 m，环岛被珊瑚礁所包围。同时该岛与下地岛以及来间岛之间有大片险恶礁滩。余之宫古岛与下地岛岛屿自然条件已在本节有所详述，不在此赘述了。

石垣海峡西峡中石垣岛，位于八重山群岛最东部，为八重山群岛的主岛，形状不规则，长35 km，宽约19 km，面积达258 km^2，为琉球群岛中第六大岛。岛上南北地形有所差异，北部多山，南部为平坦地，中部的岛峰高526 m。

石垣岛海岸类型较多，如东北岸为陡峭的石质岸，西南岸既低缓，并有沙质与卵石海滩，东南岸多沙质岸与珊瑚滩，西、北两岸多砾石与沙质岸。而该岛曲折多湾，湾内多暗礁，陡峭的岛岸多为石灰岩、火山岩或变质岩等，并被珊瑚礁所包围。

气候温和，年平均气温23℃，1、2月平均气温19℃，7、8月最高达28℃，年平均湿度80%，年降雨量近2 200 mm，年降雨日达208天；夏季多南风，余之各季多东北风。

另有，台东海峡界于与那国岛和台湾岛之间。其中与那国岛呈现很窄的岛架被深为400 m的海台所垠砌，东西长11 km，最宽约4 km，东部的宇良部山高达231.3 m。珊瑚礁环绕着该岛，周边分布有多处岩礁，如靠近西埼、东埼和新川鼻附近海域有高出海面的岩礁。

2）下地岛

如图5.29中所示下地岛，这个在普通地图上无法标出的小岛，却具有极高的战略价值。

该岛处于较为前出的最南端位置，几乎在琉球群岛的最南端、先岛群岛的东偏北方向，紧挨着伊良部岛，呈西北—东南走向，视其为可起到监视和封锁宫古水道作用，并对于日本海运航线可起到屏护作用。

在自身强度上，下地岛长约5 500 m，宽约2 700 m，面积不足15 km^2，地势平坦。从自然条件看，下地岛地辐非常有限，甚至没有充足的淡水供应，更缺乏必要的防护方面的自然条件。

该岛远离日本本土，并不具备不可取代的战略地理优势。

下地岛具有明显的战术价值，若从下地岛机场出战，到钓鱼岛的航程仅有97 n mile，作战反应时间可缩短一半以上，其军事意义是显而易见的。

第六章　第二岛链间海上通道融合信息特征

第一节　伊豆诸岛-小笠原群岛与硫黄列岛等地理背景

伊豆诸岛、小笠原群岛、火山列岛以及西之岛、南鸟岛等南方诸岛地处第二岛链北段，分布在日本本州岛南岸以南约650 n mile以内的海洋中，为富士火山系的延伸诸岛，岛屿多系山地岛，岛岸有多呈现悬崖峭壁，缺良港。在附近海面上还经常有活火山活动，也常出现浅水区，并常有地震发生。

气象　南方诸岛地处亚热带气候区，系日本少有的强风地带。冬季，暴风每月日数达20 d以上。伊豆诸岛与小笠原群岛全年气候温和，其中伊豆诸岛受黑潮影响，冬季气候温暖多雨，月平均气温约为7~10℃；夏季较凉爽，月平均气温23~25℃。小笠原群岛四季变化少，只分寒期与暖期。12月至翌年3月寒期中，盛行北—西北风，月平均气温达18℃；而4月至11月暖期中，盛行东南风。其中7—9月炎热，月平均气温约27℃。

伊豆诸岛全年降雨量达3 000~3 500 mm，其中6月梅雨期降雨量约300~400 mm，10月秋雨期达450~500 mm；小笠原群岛全年降雨量达1 500~2 000 mm，其中5月梅雨期降雨量约200 mm，10月秋雨期达150~200 mm。

水文　当黑潮主流通过三宅岛附近时，流向为东北—东北东时，则大岛与八丈岛之间，大体是黑潮偏东流区域，时出现漩涡。八丈岛与鸟岛之间呈现东南~西南流多，流速约0.5~1.5 kn；而当黑潮主流通过八丈岛附近，流向则呈现东北—东北东流时，三宅岛与青岛之间大体是黑潮偏东流区域，三宅岛以北流速弱，时出现向西流。青岛以南则呈现东南—西南流多。

南方诸岛潮汐呈现高潮时北方早，向南逐渐推迟，大潮期平均潮差，北部约1 m，南部约0.7 m；潮流在诸岛间，呈现东西向流。在未受海流影响处，西流抑或东流出现时间从低潮抑或高潮时，或其后1 h到下一个高潮抑或低潮时，或其后1 h。诸岛间的潮流因地形效应，流向亦各有不同，如窄水道的最强流速可达2~4 kn。当潮流受海流影响到流向与流速时，转流时常不稳定。在伊豆诸岛附近，因东北—东海流势力强，造成潮流受阻停止西流。而在利岛与神津岛之间呈现有流向东、西的潮流。西流（东流）的时间从低潮（高潮）后的1 h至下一个高潮（低潮）后约1 h，有的地方最强流速达3~4 kn。

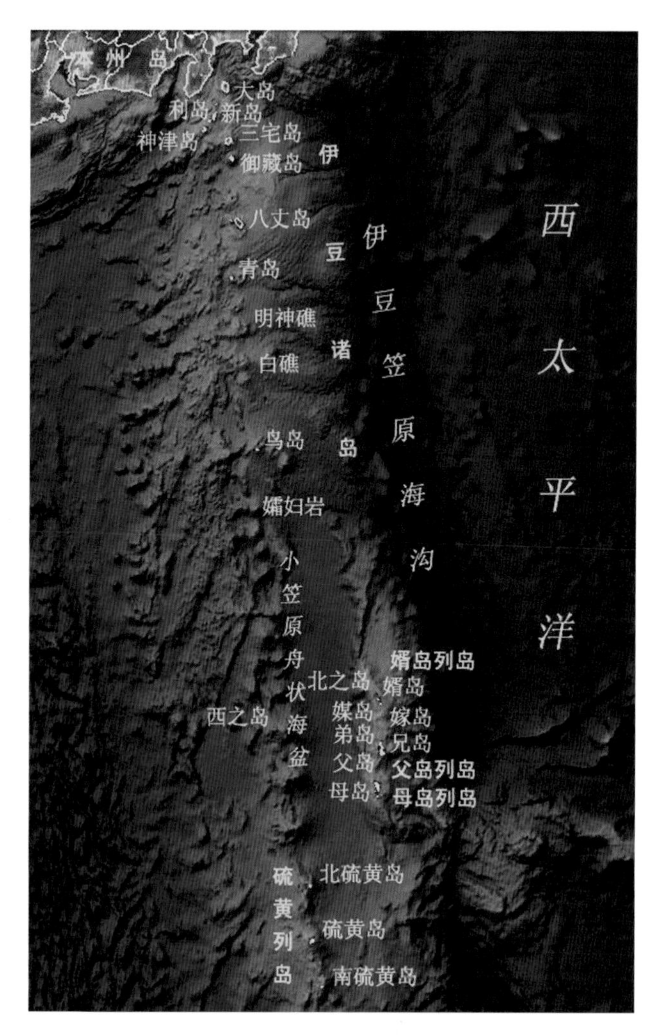

图 6.1　第二岛链北段伊豆诸岛-小笠原群岛-硫黄列岛卫星遥感信息处理图像

第二节　伊豆诸岛-小笠原群岛间海峡水道

1. 新岛-式根岛之间狭窄小岛海峡

位置：

该海峡位于新岛及其西南部式根岛之间。中心坐标：34°20′16″N，139°13′57″E。

归属类型：

岛间水道。

海峡特征：

该海峡呈西北—东南走向，长 1. 53 n mile，宽约 1. 36 n mile。根式岛的南侧，涨潮为

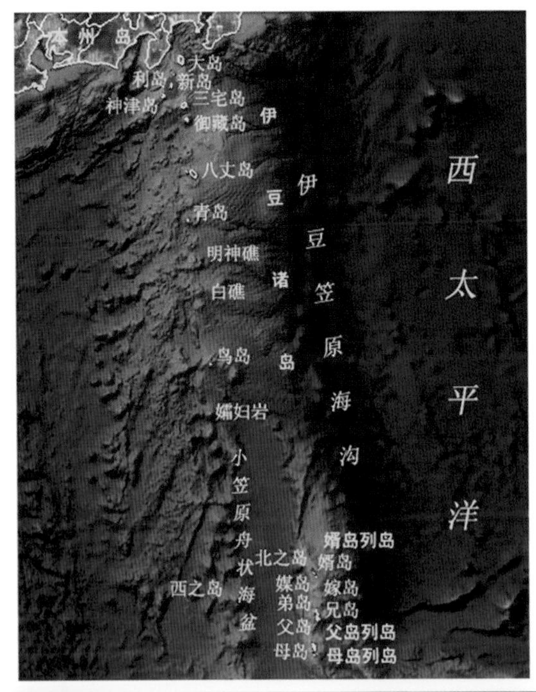

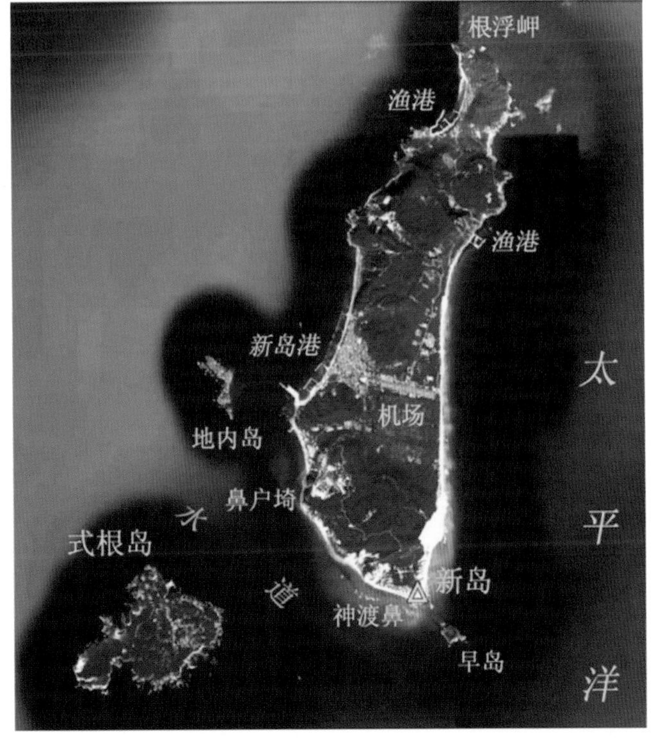

图 6.2　新岛-式根岛之间小岛海峡水道卫星遥感信息处理图像

西流，落潮为东或东南流。落潮流基本和海流流向相同，故在落潮流速强时就产生一片急潮。在式根岛和神津岛之间，涨潮为西北西流，最强流速为 2 kn，落潮为东南流，最强流速为 2.8 kn。水道中，涨潮从式根岛东侧向地内岛方向北流，落潮从西方经水道内东流，流至新岛南侧的沙洲变成急潮，经常向南南东方流去。落潮流速大于涨潮流速。夏季在式根岛的北端长堀鼻的东方，落潮流速为 1.5 kn，同时在东北端平床埼的海面为 3.8 kn，涨潮有时流速达 3.8 kn。

海峡两岸：

新岛 该岛位于该水道东北侧，岛南端位于 34°20′0.38″N，139°16′12.65″E；利岛的南方约 5 n mile。该岛形似南宽北窄的细长岛屿，呈南—北走向，长约 11.10 km，东—西最宽处达 2.96 km，面积达 23.8 km^2。位于岛的北部有宫冢山，高达 429 m。岛的南部有总称为向山的高台地，在这两地之间是一片低平地，故从东西方远望时好像两个岛。另外在宫冢山的北方最高处高 234 m，总称为新岛山的小山脉与岛的北端相连。

该岛北端的根浮岬，系岩石陡崖海角，角顶高 176 m。该岛南端的神渡鼻系高达 90 m 台地，与其北方的悬崖相连。神渡鼻北方约 2.2 km 的大峰，高达 301 m，系向山中最高峰，在其东山根下形成白沙壁，并与羽伏浦相连。神渡鼻西北方约 2 n mile 处的丹后山，高达 283 m，系新岛南部的高峰。新岛西南角的鼻户埼，高 187 m 白色悬崖岬角，这里杂树丛生。

在岛的东侧羽伏浦，系旗城埼与神渡鼻之间长约 8.33 km 窄而低的一条沙滨。西侧有新岛港，北侧有若乡渔港、羽伏渔港，附近是沙质岸。其他岛岸几乎都是悬崖，尤其岛的南岸是呈高反射率的白色悬崖。

该岛南端的早岛与丸岛根之间约 1.5 n mile，三角形沙滩向南突出，其中有的地方是岩质底，海岸附近还有岩礁。该沙滩上波浪常常很高，潮流沿该浅滩的外缘流过。

在新岛北端的西南方约 2.41 km，距岸约 500 m 处有干出 1.5 m 的孤立浅石滩，其西北侧水陡深。石滩的西北方约 0.7 n mile 处有最小水深 20 m 的萨科岩浅滩，落潮时出现急潮，常呈现有波纹信息。

式根岛 该岛位于水道西南侧，岛东端位于 34°19′40.79″N，139°13′34.97″E；新岛的西南西方约 1.5 n mile 处。

该岛呈不规则状，南—北长 2.33 km，东北—西南宽 3.08 km，面积达 3.9 km^2。系伊豆诸岛中唯一地势低平的岛，其西部稍高，高度为 105 m。沉降式岩石海岸很发育，西侧大多是险的陡岸，环岛海岸犬牙交错，有多处小湾，无论各种风向都可作小船艇的避泊地。岛上有植被覆盖。居民点集中在岛的东部。

该岛附近分布有微型小岛与岩礁，尤以其南部岛岸附近较多。并在岛岸南部呈现有地热与温泉。西侧中部的大浦，浦内有两三处岩礁。该岛东南岸有式根岛港及岛的东北侧也有小港口两个。

2. 北之岛、笹鱼岛和婿岛之间的水道

位置：

该水道位于北之岛、笹鱼岛和婿岛之间。中心坐标：27°42′06″N，142°07′03″E。

归属类型：

岛间水道。

海峡特征：

北之岛、笹鱼岛和婿岛之间的水道呈东北—西南走向，长 1.29 n mile，宽约 1.6 n mile，深水。潮流很强，涨潮为西南流，流速达 2.3 kn，产生急潮。在笹鱼岛的东方，落潮为东流，流速达 3.5 kn。婿岛至针之岩之间的水道，落潮流在东侧，涨潮流在西侧产生急潮。在从媒岛西南侧的前岩的西方 900 m 附近向东南方，落潮时产生急潮。在嫁岛的北侧，涨潮为北流，在离岸 200~400 m 处与涨、落潮流无关，而在强流时产生急潮。在该岛的南侧，落潮大致为东流。

海峡两岸：

婿岛 该岛位于水道南侧，岛南端位于 27°40′12.37″N，142°08′44.84″E。婿岛是婿岛列岛中最大的岛，因地势平缓，有“平岛”之称。呈直角形，西北—东南走向，靠东部南—北最宽处 2.16 km，北部东—西最长处达 2.40 km。岛顶的大山高 88 m，位于南滨的湾口西角上的大富士山高 69 m。岛的东南角上有高 81 m 的红色土山，在该角的西方约 0.6 n mile 处有突起的双岩，其中，南岩呈现尖顶，高 36 m。岛上生长有草木，谷间溪流平常无流水。环岛呈高反射率的曲折海岸，岛的周边 0.5 n mile 以内还分布着危险的岩礁，尤以东北岸外为甚，婿岛东北端的东北东方约 0.9 n mile 处有高 2.5 m 的明礁。南滨的西侧附近有鸟岛，系高 36 m 的岩石小岛。婿岛东南有延续的礁脉偶尔出露水面，直抵针之岩处。

北之岛 该岛位于婿岛列岛的西北端，岛顶高 52 m，在其附近杂草丛生，但几乎没有树木与淡水。在该岛周围 0.5 n mile 以内有多处明礁。笹鱼岛位于中岛的东方约 0.8 n mile处，由数个岩礁构成的小岛，西岩高 30 m。

3. 弟岛海峡

位置：

该海峡位于弟岛和兄岛之间。中心坐标：27°08′39″N，142°11′22″E。

归属类型：

岛间海峡、浅水狭窄海峡。

海峡特征：

该海峡呈东北—西南走向，长 0.18 n mile，宽 0.1 n mile，狭窄且被浅水礁脉所堵塞，主水道靠近兄岛一侧。海峡中落潮流产生急潮，而且从东方来的波浪冲击礁脉，小艇也难以通航。

海峡两岸：

兄岛 该岛东南端位于 27°06′34.22″N，142°14′1.97″E；靠近弟岛的东南方，隔弟岛海峡与其相望。

该岛呈不规则状的岩石岛，西北—东南走向，长 5.71 km，中间最窄处 0.75 km。岛的周围多岬角与险峻绝壁，岛上多山，岛顶为南部的见返山位于家内见埼西方的 2.2 km 处，高达 254 m，呈现为岩石尖峰。树木稀少，呈现荒凉景象。岛的东北岸多弯曲，水很深，波浪高，缺少登陆点。西南侧的泷之浦湾是较好的泊地。

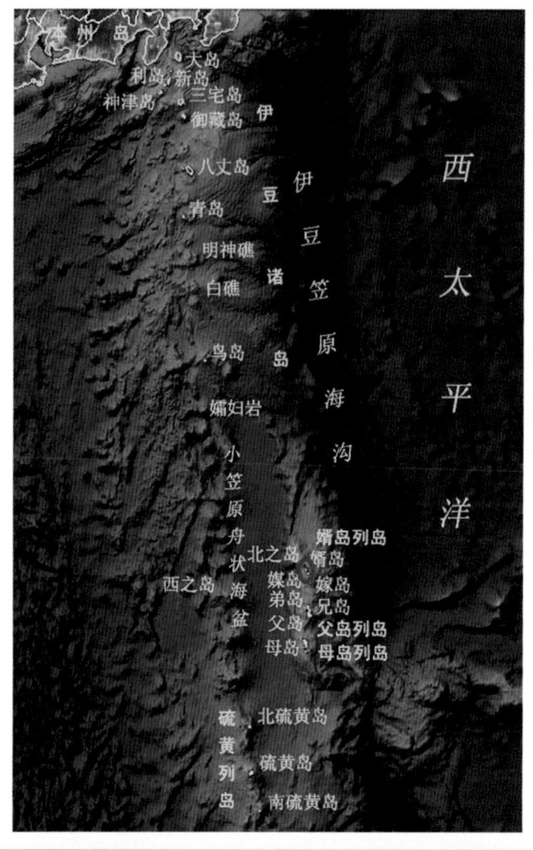

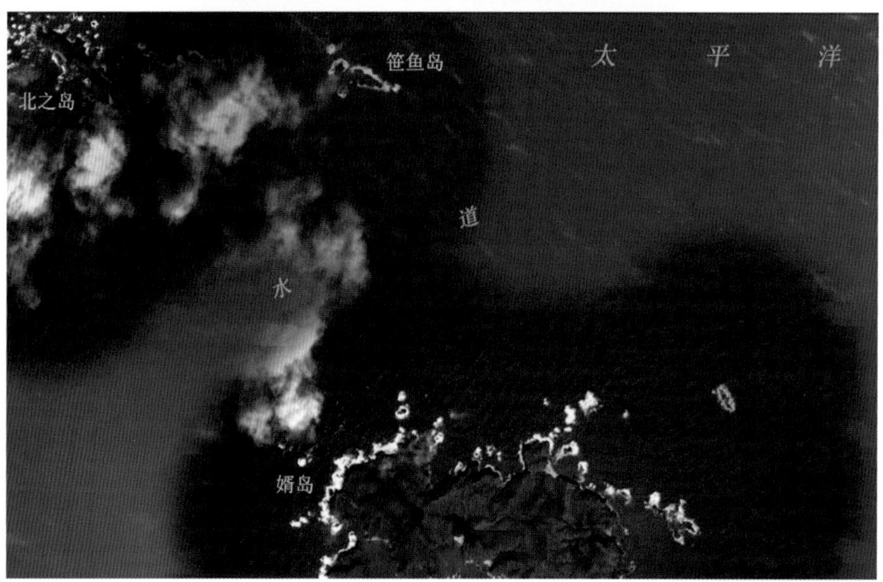

图 6.3　北之岛、笹鱼岛和婿岛之间的水道卫星遥感信息处理图像

在兄岛的筋岩岬的西方约 700 m 处有水深 4.1 m 的暗礁。

在西岛西南角的南方约 700 m 处的鱼岩高 6.5 m，为黑色的低矮列岩。西岛与鱼岩之间无险礁。

泷之浦湾 位于兄岛的西南侧，在筋岩岬和其东南方约 1 n mile 处的吐出鼻之间，为一沙底的敞开湾，水深 10~42 m。湾内受潮流影响不大，但落潮时人丸岛东北侧的东南流和吐出鼻附近的南流均较强。除西南风以外能防诸多向风，但在西南风时波浪侵入湾内。

在筋岩岬与人丸岛之间连接有明礁和浅滩。在北滨的海岸附近有礁脉延伸。东侧有小湾口，其南角有向北延伸的防波堤。在吐出鼻的西北西方约 400 m 处有水深 10 m 的暗礁。

弟岛 该岛东北端位于 27°11′2.29″N，142°11′58.59″E；父岛列岛的北部。该岛呈不规则状，南—北走向，长 5 km，居于岛的中间东—西最宽 1.67 km。岛上耸立无树木的岩石山峰，岛顶在岛的南部，高 234 m 的天海山系平顶山，顶部呈茶红色，并有松散的低矮植被覆盖。海岸崎岖，大多为险峻绝壁，东岸呈高反射率信息，西侧有几处小海滩。岛的中部山间虽有树林，一般呈现荒凉。在东岸的东望埼至二本埼的湾岸上有很多水量很少小溪。弟岛西北端的北鼻的南方约 400 m 处，高 55 m 的系船石东北方可登陆。

4. 兄岛海峡

位置：

该海峡位于兄岛和父岛之间。中心坐标：27°06′21″N，142°12′45″E。

归属类型：

岛间狭长型海峡，浅水海峡。

海峡特征：

该海峡呈东—西走向，长 2.74 n mile，最宽处 0.25 n mile。水深 10 m 以上的可航宽度约为 400 m。除在父岛北岸略中央的潮早埼的北方有水深 12.8 m 的暗礁和在其东南东方约 500 m 处有水深 0.9 m 的暗礁之外，无其他危险。潮流较强。

该海峡落潮为东流，流速达 4.5 kn，涨潮为西流，流速为 2.3 kn。落潮时，在海峡中部水深 12.8 m 的暗礁的东方，掀起极为强烈的激潮。

在父岛西北角与西岛之间，涨潮流大致向西南—西北方流动，流速约 0.8 kn，落潮流向东北东方流动，流速为 0.2~1 kn。

海峡两岸：

父岛 该岛东南端位于 27°02′12.19″N，142°13′46.93″E ；兄岛的南方，隔兄岛海峡相望。该岛是小笠原群岛的主岛，即父岛列岛中最南方和最大的岛屿。呈不规则状，南—北走向，长 8.24 km，中间东西最宽达 5.09 km，多山地峡谷，最高峰在中部，高 327 m。岛的西侧比东侧低而起伏，且海岸蜿蜒曲折，有许多小溪，峡谷中树木茂盛。岛的北岸较低，东和南岸少曲折，海湾沿岸为绝壁，但在东岸的小湾顶有滩地。南岸船舶难以靠岸。父岛的周围，特别是东北方及西南方海上有很多小岛和岩礁，是险恶地带。

位于二见港口南角，高达 150 m。在野羊埼的南方约 0.5 n mile 处的南浮矶，南北长，顶部略在中央干出。

父岛南岸从圆缘湾口西角向东南方有延伸约 600 m 的浅礁脉，在其外端附近有飞矶，高 3.1 m 的黑色群礁。

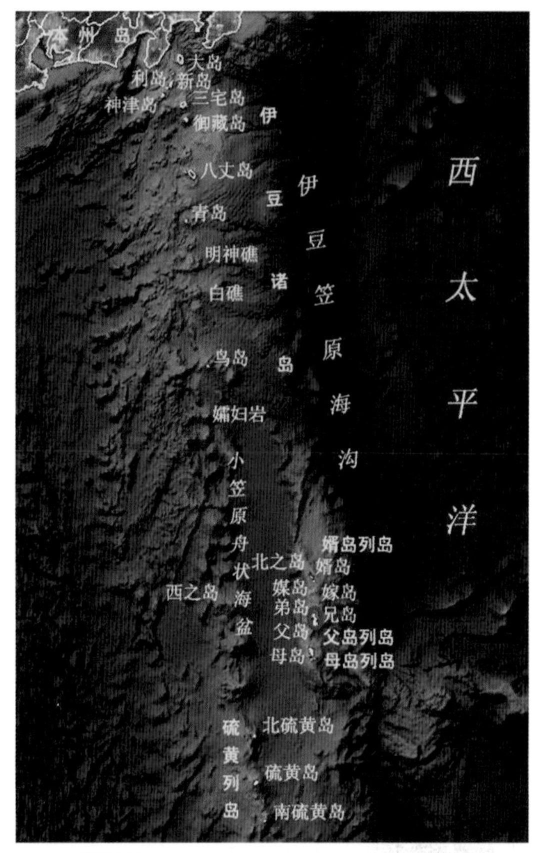

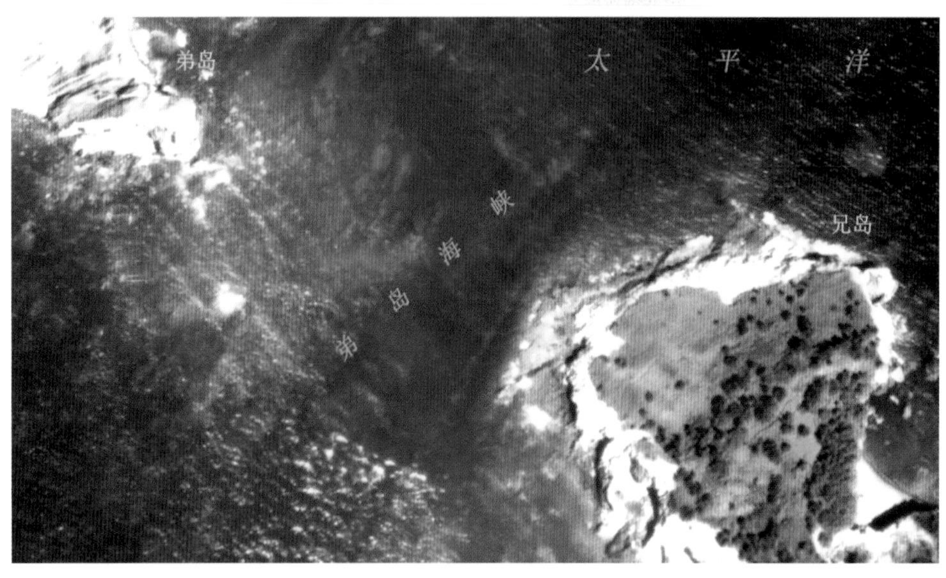

图 6.4　弟岛海峡卫星遥感信息处理图像

在父岛东岸南端有巽湾。南岸有圆缘湾及其他三个湾，都是敞开湾，缺少船舶靠岸处。在西岸的南埼与野羊埼之间有小港等几个小湾，水浅，多干出礁。

巽湾 位于父岛的东岸南部，鲸埼和巽埼之间弯进约 0.9 n mile 处，是较宽阔的海湾，向东南方开口，海岸大部分为悬崖。该海湾水深大、波浪高，不宜作锚地。在湾口北角的鲸埼和巽岛之间排列有 3 个干出岩礁。

二见港 该港位于父岛西岸北部，野羊埼和乌帽子岩之间向东湾入达 1.3 n mile，港口宽约 0.7 n mile，港内宽 1.5 n mile 港内水深大部分为 20~40 m，港岸多险礁。可停靠多艘大型船舶。该港为小笠原群岛中最好的避风安全锚地。该港附近有几处渔港。

气象 父岛在寒季（12 月至翌年 3 月）的月平均气温约为 18℃，在暖季（4 月—11 月）7 月—9 月最热，月平均气温为 27℃。全年降水量达 1 260 mm，冬季多西北风，夏季多南风，平均风速 3.2 m/s。全年多阴天，达 140 天。

兄岛已于上述，在此不再予以赘述。

5. 南岛海峡

位置：

该海峡位于父岛和南岛之间。中心坐标：27°02′30″N，142°10′49″E。

归属类型：

岛间海峡，浅水狭窄海峡。

海峡特征：

该海峡基本呈近南—北走向，长 0.83 n mile，宽 0.47 n mile。海峡右侧从北—南分布有大小高低不同，只生长矶松的石灰岩小岛和暗礁，并占据整个海峡宽度的 2/3，堵塞了海峡的大部分。主水道靠近南岛一侧，宽约 0.09 n mile。海峡内潮流强，在有波浪时小船通航困难。

海峡两岸：

南岛 该岛位于父岛南埼西方约 0.5 n mile 处，呈以南—北走向的细长形石灰岩小岛。南端最高达 60 m，环岛为险崖，树木稀少。该岛附近一带多岩石小岛和暗礁。从其北端向北北西方有延伸约 0.9 n mile 的浅礁脉，零星分布着明礁和干出礁，外端的水深为 12.3 m。该礁脉和东方陆岸之间分布有危险的岩礁。南岛及上述浅滩脉的西侧一带水深不规则，多险礁，在最外侧的是北端的西方约 1 n mile 的水深 4.1 m，常常呈现浪花的冲濑，及其西北西方约 250 m 处水深 18 m 的岩礁，南端的西北西方约 0.7 n mile 处，为水深 8.6 m 的点礁。并在南岛东南端的东南东方约 700 m 处有最小水深 4.1 m 的南冲濑。

父岛已于上述，在此不再予以赘述。

6. 姊岛海峡

位置：

该海峡位于姊岛与平岛之间，中心坐标：26°34′23″N，142°09′09″E。

归属类型：

岛间海峡，浅水狭窄海峡。

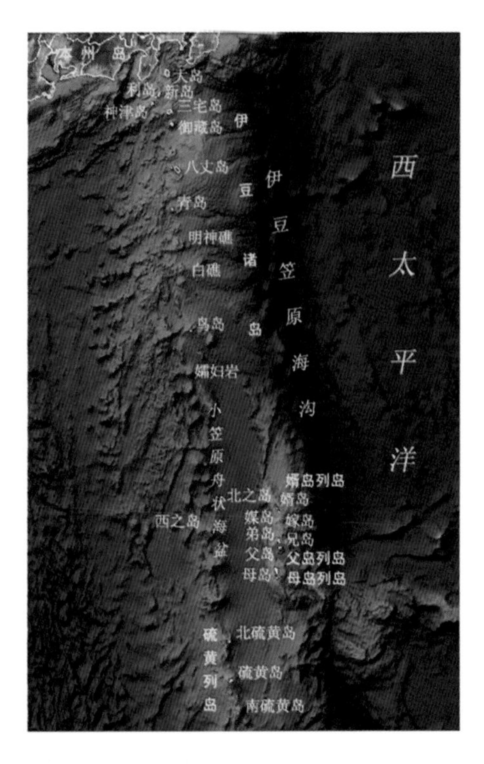

图 6.5　兄岛海峡卫星遥感信息处理图像

海峡特征：

该海峡呈东—西长 0.67 n mile 走向，南—北宽达 1.03 n mile。但其北半部有高 1 m 的坎纳吉岩等岩礁。据报，坎纳吉岩位于从平岛的南侧向南方扩延约 0.7 n mile 的礁脉上。礁脉南端的干出 0.3 m 的岩礁位于坎纳吉岩的南方约 300 m 处。另外，东南端的浅礁位于坎纳吉岩的东方约 0.6 n mile 处。

该海峡中央涨潮为西南西流，最强流速为 3.5 kn，落潮为东北流，最强流速达 4.3 kn。大致在高、低潮时转流。在北鸟岛的周围，涨潮为西北流，落潮为东南流。

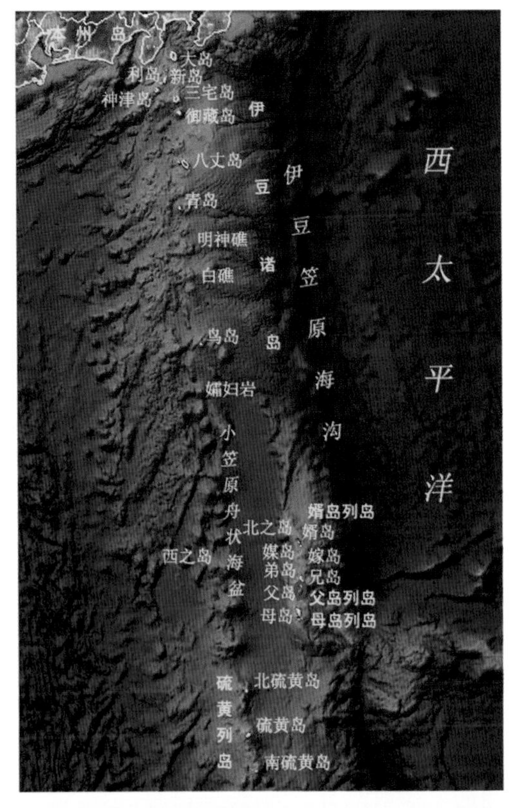

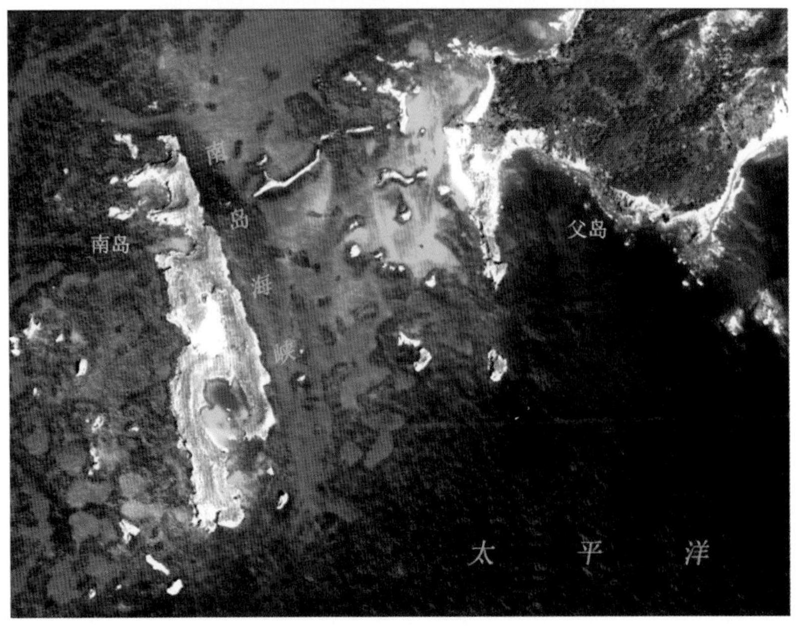

图 6.6　南岛海峡卫星遥感信息处理图像

该海峡水道偏于南侧水深 10 m 以上，航路宽度约为 600 m。该海峡潮流强，在强流海况下船舶通航困难。

另，姊岛屿妹岛之间，据报 6 月份的大潮，潮水经常向着南—西方流动，最大流速在低潮后 2 h，约为 1 kn，最小流速在高潮后 2 h，约为 0. 5 kn。当落潮时，在多布矶与水深 6. 8 m 的暗礁的西南侧产生急潮。

海峡两岸：

平岛 该岛位于母岛南端的西南方约 1. 5 n mile 处。该岛形似不规则状，多小湾，湾顶多呈现高反射率沙体信息。呈东—西走向，长 1. 61 km，南—北最窄处在东部，宽 90 m 的岩石岛，山丘不算险峻。全岛茅草茂盛，到处有小树。岛周围大部为礁石散布的险恶地带，有扎库扎库礁、坎纳吉岩等，在平岛东端的南方约 400 m 处高 28 m 的岩礁，附近也有向海延伸的岩礁。在岛的北侧东部有沙滩为可登陆处。

该岛与母岛之间有鲣鸟岛、丸岛、二子岛 3 个小岛和岩石小岛相连接。在母岛与鲣鸟岛之间有大海峡，丸岛的北侧有丸岛海峡，都较狭窄多明礁和暗礁，潮流也强，较大船舶难以通航。

姊岛 该岛北端位于 26°33′54. 46″N，142°09′17. 15″E；隔姊岛海峡，位于平岛的南方约 1 n mile 处。该岛形似不规则状，呈南—北走向，长约 2. 42 km，岛中间东—西宽 0. 3 km。岛岸犬牙交错，为多山丘的岩石岛，海湾较多。该岛山脉沿东西两岸南北走向，其中间有小溪向北流。岛的周围岩石陡岸或绝壁，在西侧能登陆。小船艇难以靠岸。除生长树木和杂草之外，全岛矮草茂盛。

该岛南、北近处散布有一些岩礁。姊岛东北侧的北鸟岛，高 44 m，为杂草覆盖的岩石小岛。其附近有向海延伸的岩礁。岩礁之间潮流较强。在姊岛南端海面的南鸟岛，高 63 m，顶部为杂草茂盛的岩石小岛。其东方约 0. 9 n mile 处有干出 0. 3 m 多布矶，其上常呈现有高反射率的浪花信息。在其北北西方约 600 m 处有水深 6. 8 m 的暗礁。南鸟岛的西方约 500 m 处有干出 0. 9 m 的岩礁。南鸟岛与三本岩之间多岩礁。

7. 向岛海峡

位置：

该海峡位于向岛及其东南方的帆挂岩之间。中心坐标：26°35′29″N，142°08′29″E。

归属类型：

岛间海峡，狭窄深水海峡。

海峡特征：

该海峡东北—西南走向，长 0. 86 n mile，宽约 1. 07 n mile。帆挂岩的北方 0. 5 n mile 以内因有水深 8~10 m 的礁脉，故水深 10 m 以上的航路宽度约为 400 m。上述礁脉的周围虽陡深，但海水变色不明显。帆挂岩的东方 500 m 处附近有高 3. 4 m 的 3 个岩礁组成的扎库扎库礁，其北方有零星分散的浅水礁。

在扎库扎库礁的东北方约 0. 5 n mile 及 0. 9 n mile 处分别有水深为 5 m 和 9. 1 m 的礁滩。帆挂岩与平岛之间水深不规则，且险恶，据报，在其中间有水深 16 m 以上的航路。

该海峡涨潮流大致为西流，流速达 0. 8 kn，落潮为西南流，流速达 0. 7~1. 3 kn。

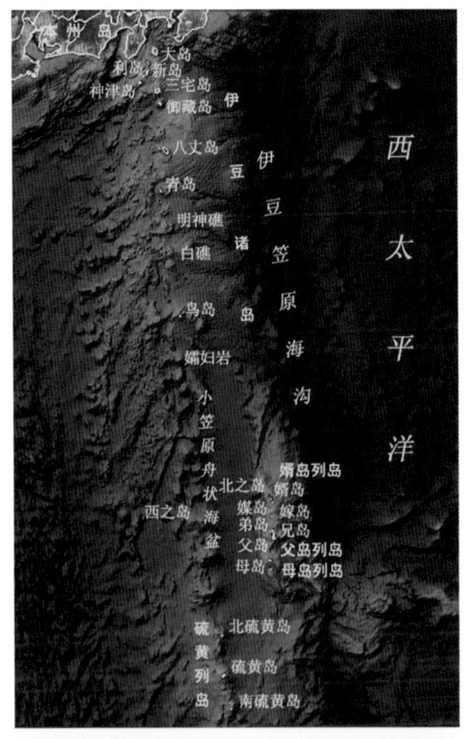

图 6.7　姊岛海峡卫星遥感信息处理图像

海峡两岸：

向岛　该岛南端位于 26°35′42.93″N，142°07′48.53″E；隔向岛海峡，在平岛的西北方约 1 n mile 处。该岛呈不规则状，南—北呈短粗走向，长 1.72 km，岛中间东—西宽 0.88 km。岛的东岸相对西岸少弯曲。岛的东西两岸有一两沙质或砾质岸之外，均为绝壁。

位于岛的西南端的小凑鼻的东侧的小凑是向南开口的小海湾，湾口西侧有波浪岩。在岛的西端桑木鼻的东南方约 600 m 处有沙质岸的小海湾，虽然海岸有礁脉，尚适于小船艇靠岸，是向岛的唯一登岸处。

全岛树木和杂草丛生，呈现低反射率信息。

岛的北岸与西岸外近处，分布有大小不一的岩礁。

平岛已于上述，在此不再予以赘述。

8. 侄岛海峡

位置：

该海峡位于妹岛与侄岛之间。中心坐标：26°33′60″N，142°13′21″E。

归属类型：

岛间海峡。

海峡特征：

该海峡据报水深 10 m 以上的航路宽度约 400 m，除在最窄处的东侧有水深 2.2 m 的岩礁，在西侧有高 17 m 的岩石小岛之外，航路上无暗礁。

海峡两岸：

侄岛　该岛南端位于 26°33′51.72″N，142°13′45.12″E；隔侄岛海峡，妹岛的东北方约 900 m 处。该岛形似博士帽状，东—西长 1.44 km，中间南—北宽 1.01 km。其周围为险崖，小船能靠上岛的小滨岸。近岸散布有一些岩礁，尤以北部较大。岛上植被茂盛。

从侄岛北端海面的四本岩有向北方延伸约 700 m 的礁脉，礁脉上有几个明礁，北端有水深2.7 m 的暗礁。侄岛东端500 m 以内有岩礁向海延伸，外端水深3.2 m 岩礁位于高 12 m 的鲔根的东北方约 250 m 处。侄岛的南侧一带有岩礁向海延伸，最外侧的助藏浅礁，由距岸约 500 m，水深 0.9 m 的两个岩礁组成，常呈现高反射率的浪花信息，其外侧陡深。

妹岛　该岛西南端位于 26°33′12.91″N，142°12′6.53″E；姊岛东方约 2.2 n mile 处。该岛形似不规则状，呈东北—西南走向，长约 1.98 km，岛中间西北—东南宽 0.76 km。岛岸犬牙交错，为岩石岛。海岸多为岩石陡岸或绝壁。西侧能登陆。

全岛杂树以岛的北部大于南部茂盛，南部呈高反射率信息。溪流稀少。环岛近岸散布有诸多岩礁，尤以西南部与北部为甚。从妹岛北岸有向北方延伸约 700 m 的 2 条多明礁的礁脉，西面的礁脉外端有高 6.1 m 的脐岩。从妹岛西南端有向西南方延伸约 700 m 的礁脉，在礁上除外端附近高 25 m 的西之根岩石小岛的之外，还有几个明礁。

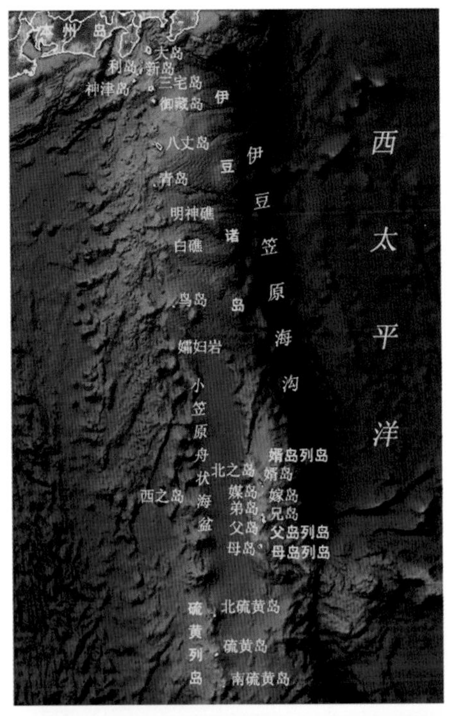

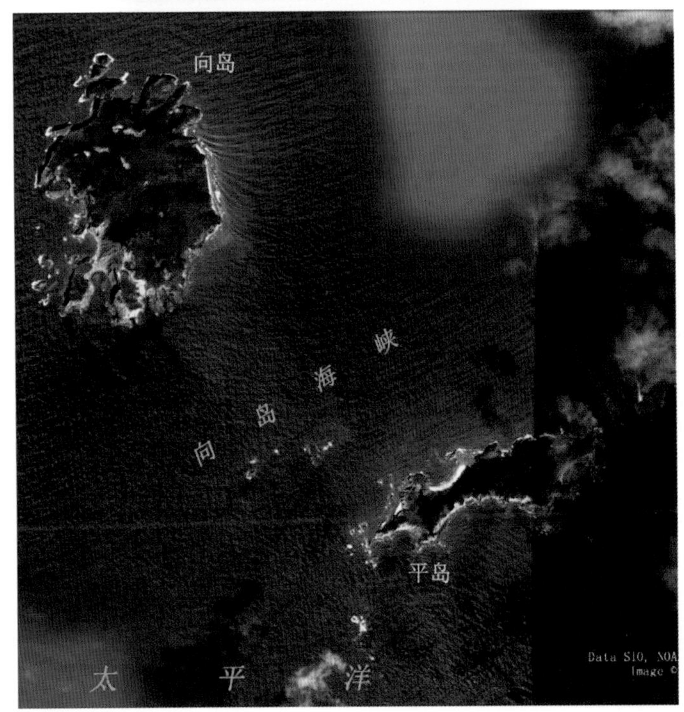

图 6.8　向岛海峡卫星遥感信息处理图像

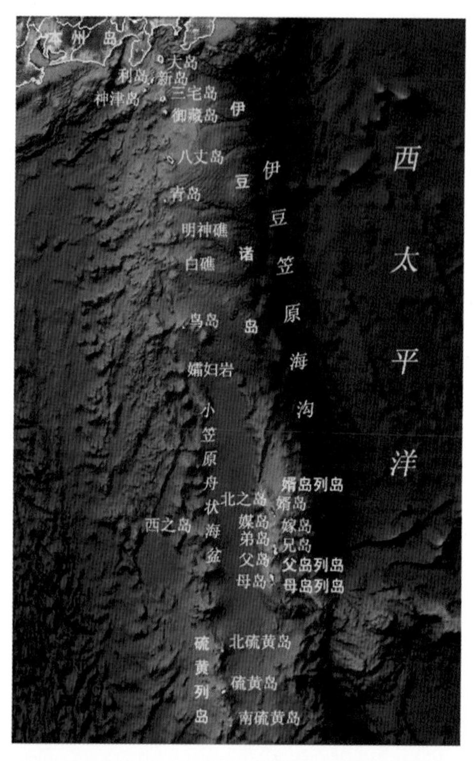

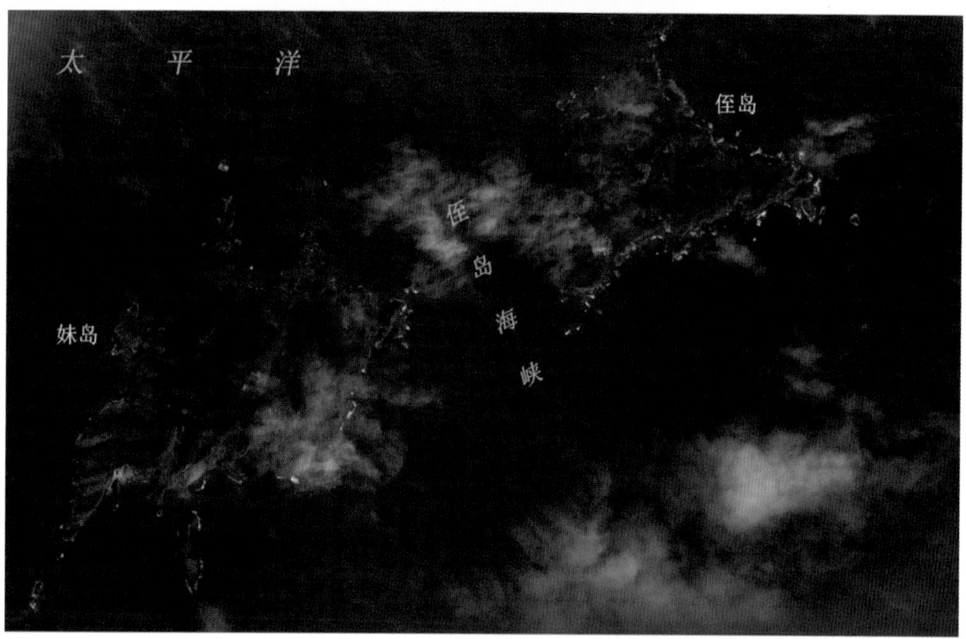

图 6.9　侄岛海峡卫星遥感信息处理图像

第三节　马里亚纳群岛狭窄岛间海峡水道

1. 地理背景

马里亚纳群岛（Mariana Islands）位于12°—21°N，144°—146°E中，在菲律宾东边大约1 351 n mile和巴布亚新几内亚的相似的距离北部，从夏威夷到菲律宾约3/4的距离上。西太平洋一系列火山和上升珊瑚构造形成的南—北走向的弧形岛链。

如图6.10所示，马里亚纳群岛从关岛向北延伸392 n mile，总面积约463.63 km^2。包括有16个火山岛和附近一些珊瑚礁，较重要的岛有关岛、塞班岛、蒂尼安岛、阿格里汉岛、萨里甘岛、罗塔岛。另有帕甘岛、亚松森岛和帕哈罗斯岩等3个活火山。

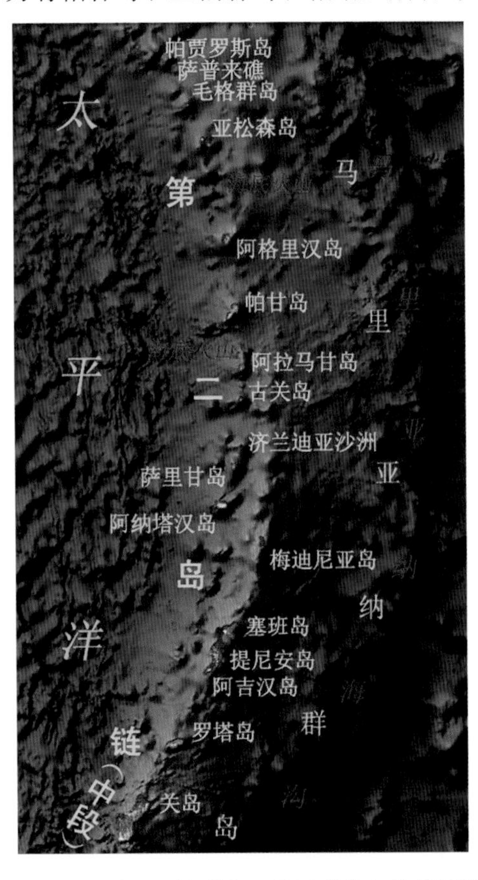

图6.10　马里亚纳群岛卫星遥感信息处理图像

马里亚纳群岛属热带海洋性气候。年平均气温26℃，年降水量在2 000 mm以上。每年8—9月多飓风。马里亚纳群岛周围，一般来说，涨潮流向西，落潮流向东，约在高、低潮时转流。除狭水道外，潮流较弱，其方向和流速不定。在该群岛的东侧附近，由于地形的关系，潮流极不规则。

2. 海峡水道分述

1）提尼安水道

位置：

该水道位于阿吉汉岛与提尼安岛之间。中心坐标：14°53′37″N，145°36′27″E。

归属类型：

岛间海峡。

海峡特征：

该水道呈西北—东南走向，系宽约 4.8 n mile 的水道。海峡水道中涨潮流向西北，落潮流向东南，最大流速 1 kn，约在高、低潮时转流。

海峡两岸：

阿吉汉岛　该岛北端位于 14°51′59.84″N，145°34′23.46″E；提尼安岛南南西方 4.8 n mile 处。

该岛形似圆头长饼形，呈东北—西南走向，长 4.87 km，中间西北—东南宽 1.77 km，面积达 7.09 km^2。岛高 177.8 m，环海岸陡峭，没有登陆处，有植被覆盖。据报，曾无人居住。

提尼安岛　该岛北端位于 15°06′5.93″N，145°38′40.61″E；塞班岛的西南方，其间隔一宽约 2.8 n mile 的塞班水道，西南距关岛 88.11 n mile，系马里亚纳群岛中第三大岛。

该岛形似南—北尖长中间粗的不规则形，南—北长 19.77 km，中间东—西宽 9.42 km，面积达 101.01 km^2。位于提尼安岛北端乌希角南方约 7.03 km 的拉索山，高 172 m，是该岛的顶峰。而位于拉索山西北方 1.85 km 的马加山，高 139 m，这两座山之间有一山脊，该山脊除南侧是斜坡，并已大部分耕种外，其余各侧都是悬崖。在卡罗利纳斯角和其北北东方约 10.18 km 的马萨洛格角之间还有一向该岛南半部绵延的山脊。但由于中央有一深宽的峡谷而起伏不平。这些角之间的海岸都是石灰岩悬崖，环岛分布有珊瑚礁滩。岛上有很多动植物。

岛上有个机场。该岛主要出口糖、木材等。据报，2000 年该岛有居民 3 540 人。

埃兹梅腊达浅滩　该浅滩位于提尼安岛西方约 20 n mile，水深 54.9 m，海水变色明显。在其北端的北方 2 n mile 处，另有一沙滩，水深 139 m。在提尼安岛北端西方 14 n mile处有一点滩，水深 23.8 m。

散哈龙锚地　位于提尼安港外，为海军锚地，水深 18.3～100 m，沙及珊瑚底，锚抓力良好，在西南季风时不安全。

提尼安湾　介于马萨洛格角和北北西方 3 n mile 的阿西嘎角之间，水深 27.4～45.7 m，为避西风的良好锚地。

2）塞班水道

位置：

该水道位于塞班岛与提尼安岛之间，中心坐标：15°06′17″N，145°40′21″E。

归属类型：

岛间海峡。

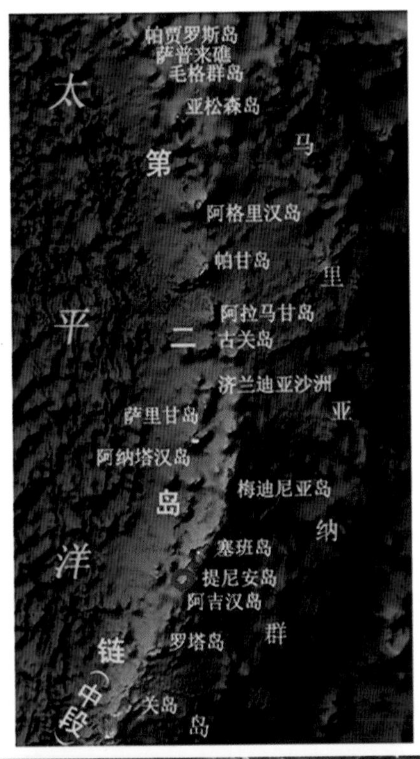

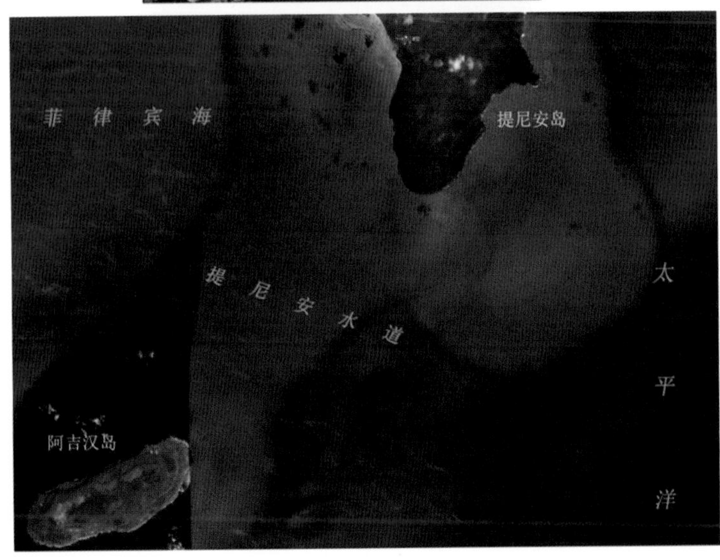

图 6.11　提尼安水道卫星遥感信息处理图像

海峡特征：

塞班水道涨潮流流向西北、落潮流流向东南，有时流速超过 2 kn。东北信风期间，涨潮流的流速有时达到 4 kn。涨、落潮流约在高，低潮时转流。在苏苏贝角北方约 3 n mile 处的嘎拉班潟湖内，涨潮流向北，落潮流向南，流速均较弱，均不超过 0. 8 kn，一般在高、低潮时转流。

在劳劳湾附近劳劳村南方，离岸约 0.3 n mile，水深 54.9 m 处，有一锚地。

海峡两岸：

塞班岛 该岛南端位于 15°05′32.38″N，145°44′59.62″E；梅迪尼亚岛南南西方约 44.86 n mile 处，距西南部的关岛 99.46 n mile 处，系马里亚纳群岛中最大岛屿。岛的东面是辽阔的太平洋，蔚蓝的海水中有一道近乎于黑色的水道，即是最深的马里亚纳海沟。

该岛形似跳跃的松鼠，东北—西南走向，长 22.73 km，中间西北—东南宽 8.88 km，全岛东西宽幅 2.2~10.5 km，面积达 185 km^2。岛上南—北方向的山脉，跨越塞班岛的中部，这是一串圆锥形的死火山，顶部叫奥索塔波乔山，高 474 m。多丘陵，山脉的东侧陡峭，西侧较缓，并逐渐变成平坦的耕地。东岸较西岸曲折，连绵不断的珊瑚礁环抱整个岛屿。

塞班岛西侧的岸礁，从塞班岛西南端——阿金甘角延伸到塞班港北端的达纳巴岸前，再延伸到马比角。位于萨巴内达角西方约 22 n mile 处，有一水深 69.5 m 的点滩；而位于该角北方 10 n mile 处，则有一水深 47.5 m 的浅滩；另在该角北北东方约 9.5 n mile 处，有一长 3.5 n mile、宽 1.5 n mile 的浅滩，呈东北—西南走向，水深达 47.5 m。

塞班岛是北马里亚纳群岛首府，西南面向菲律宾海，东北面临太平洋，背倚美丽的热带植被覆盖的山脉，由于近邻赤道，一年四季如夏，风景秀美。主要出产椰干，亦产芋、木薯、薯蓣、面包果及香蕉。设商船坞和国际机场，现为美国重要的空军基地。人口约 62 392（2000 年），其中，中国人 4 040 人。是近几年开发的世界著名的旅游修养胜地，1999 年官方统计发布，其中原住居民包括美国人和当地土著人，另有日本人、菲律宾人、韩国人、孟加拉人、泰国人和中国人。该岛的第一产业为服装加工业和旅游业。当地官方语言为英语，土著语言为查莫洛语。

气候 岛上全年处于亚热带海洋性气候，温暖而潮湿，无夏天和冬季的区分，温差较小。一年中温差在 1~2℃，7—8 月是雨季，12 月至翌年 2 月是旱季。全年日平均温度是 28~29℃，相对湿度为 80%，8—9 月经过北半球的热带气压和台风大都在关岛附近的太平洋上生成。

塞班港 位于塞班岛的西侧，是马里亚纳群岛的报关港。塞班港的港界是以 15°12′N，145°45′E，交汇处为圆心，以 2.5 n mile 为半径的圆弧。

达纳巴港 位于塞班港的北部。其东北端是塔纳帕格村。港岸边缘及岸外有珊瑚礁。

提尼安岛已于上述，在此不再予以赘述。

第四节　乌利西群岛及其狭窄岛间水道

1. 地理背景

第二岛链南段如图 6.13 所示，处于菲律宾海盆东南侧，加罗林群岛西部，其系指从关岛向西南长达 1171.63 n mile 中，串珠似的排列着乌利西群岛—雅浦群岛—恩古卢群岛—帕劳群岛—松索罗尔群岛—普洛安纳岛—托比岛—哈马黑拉岛等大小不一，形状各异的数十个岛礁，并主要分布在珊瑚环礁上。

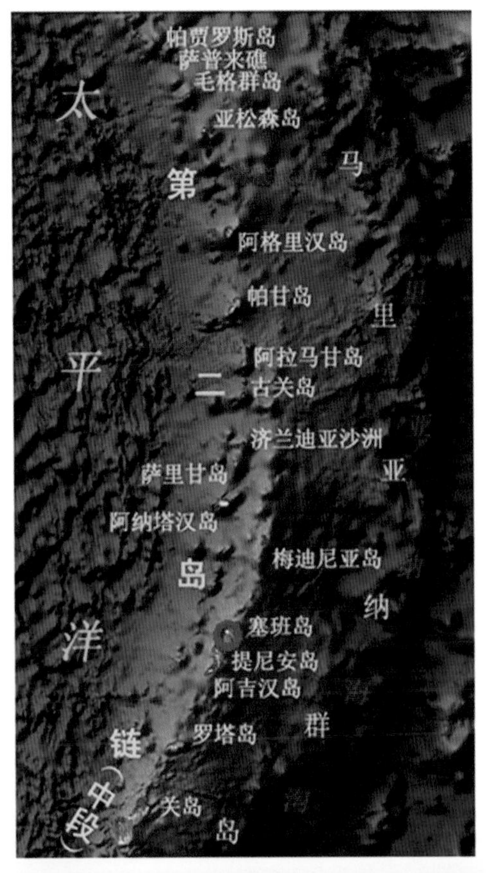

图 6.12　塞班水道卫星遥感信息处理图像

群岛上居民的主要从事捕鱼和生产椰干。

水文 据报海流潮流12月至翌年5月，在帛琉群岛和雅浦岛之间，有北赤道海流，一般流向为西，流速可达1 kn或1 kn以上。7月至11月，该海区常有向东的逆流。帛琉群岛以南到2°N左右。一年四季都有向东的逆流，流速通常可达2 kn，偶尔出现2~3 kn。3月至5月，逆流方向最不稳定。在帛琉群岛的各个水道中，潮流约在高潮或低潮时转流。

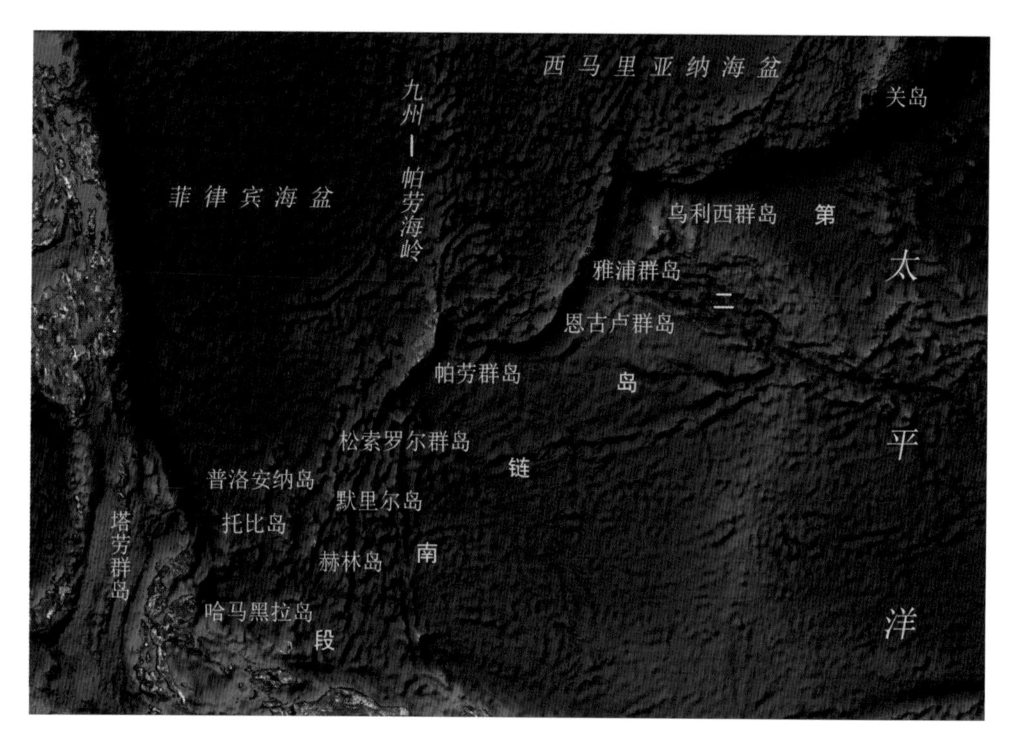

图6.13 第二岛链南段卫星遥感信息处理影像图示

2. 乌利西群岛及其岛间水道

位置：

该群岛位于9°46′31.72″—10°5′32.73″N，139°33′46.55″—139°46′23.39″E范围内，法斯岛以西44 n mile，雅浦群岛东北东方约85 n mile。属加罗林群岛一部分。

归属类型：

开放型复合环礁。

环礁特征：

乌利西群岛呈南—北走向的北大南窄的不规则状，包括一个巨大的珊瑚环礁和一个巨大的佐霍伊约鲁沙洲的暗礁，长达36 km，宽24 km。环礁上有30多个长满椰子树的小岛，沙洲上也有2个小岛。其中，主要小岛是模格模格岛、索伦冷岛、桑格提格奇岛、埃奥岛、法萨雷岛、曼格贾格岛、法拉罗普岛、阿索尔岛等近40余个岛礁。所有小岛均有岸礁，小船可登陆。陆地面积3.57 km^2，潟湖面积548 km^2。2000年人口统计为773人。

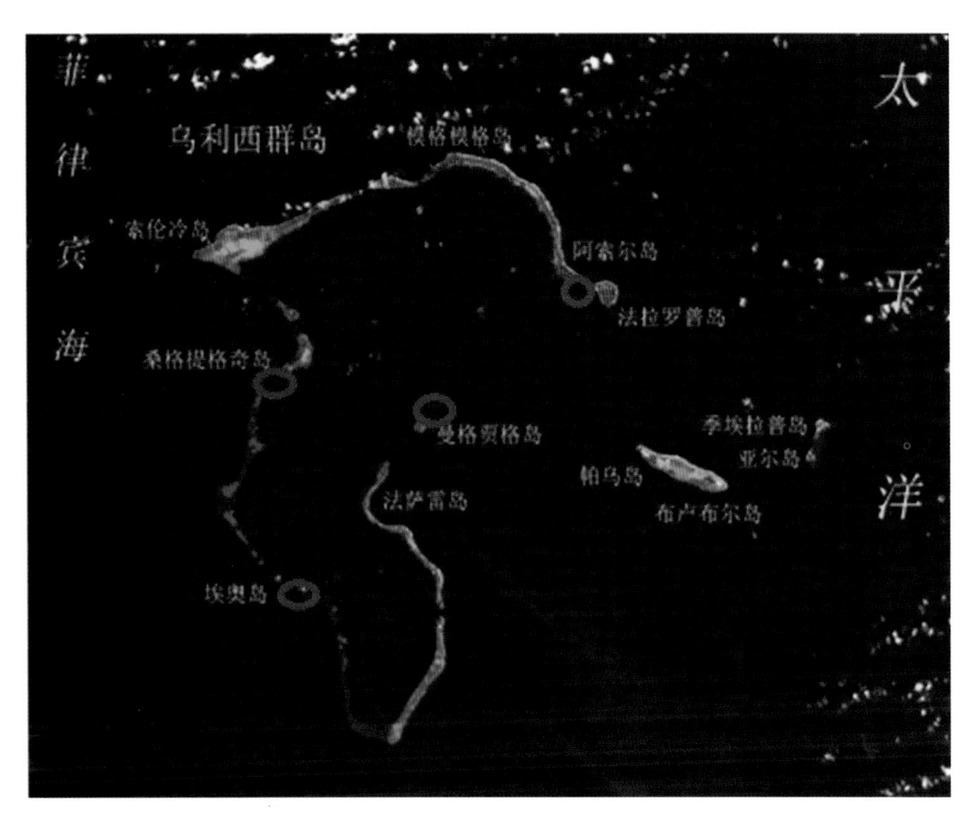

图 6.14　乌利西群岛大环礁及其口门水道卫星遥感信息处理图像

除礁湖内之外，潮流均强。在东北部的乌鲁希锚地，潮流流速约 0.5 kn，在托瓦奇水道，潮流流速为 2.5 kn。

环礁湖中水道：

罗瓦鲁埃鲁水道　位于环礁西南侧，介于埃奥岛和伊利尔岛之间，最小水深 10.1 m。由此，有一条良好的水道通往乌鲁希锚地。礁湖的南部和西部被礁石阻塞。邻近该水道的岛屿如表 6.1 所示。

表 6.1　埃奥岛发育空间融合信息特征

名　称	位　置	特　征
埃奥岛	南端的北北西方约 6 n mile，其东北端位于 9°51′54.69″N，139°36′37.43″E 处	该岛形似圆形，处于乌利西环礁西礁环南部，处于独立礁坪上，南、北两侧紧邻环礁口门，其直径长 0.16 km。岛上植被茂盛，有的树顶高 17.4 m。环岛呈现有高反射率的珊瑚沙礁滩信息，西南侧宽达 40 m 之多。在其东南相距 0.83 n mile 处有一植被茂盛的小岛

托瓦奇水道　在桑格提格奇岛西南侧进入，据报，已经 11 m 和 16.8 m 深度的扫海，水道北侧礁石清晰可见。邻近该水道的岛屿如表 6.2 所示。

表 6.2　桑格提格奇岛发育空间融合信息特征

名　称	位　置	特　征
桑格提格奇岛	乌利西环礁西侧中间，其东北端位于9°58′25.17″N，139°36′47.03″E；埃奥岛北方6.6 n mile处	该岛形似椭圆形，处于乌利西环礁西礁环大致中间礁坪上，西南紧邻环礁口门，其东—西长0.22 km，中间南—北宽0.15 km。该岛上植被茂盛。环岛呈现有高反射率的珊瑚沙礁滩信息。在其东北礁环上与其分别相距0.21 n mile、0.84 n mile、1.09 n mile、1.84 n mile，有4个大小不同的植被茂盛的小岛

多瓦鲁古伊水道　在阿索尔岛西南附近，通向乌鲁希锚地。该水道受两侧礁石限制很大。邻近该水道的岛屿如表6.3所示。

表 6.3　阿索尔岛发育空间融合信息特征

名　称	位　置	特　征
阿索尔岛	乌利西环礁的东北端上，距西北方模格模格岛5 n mile，其西北端位于10° 2′0.45″N，139°45′47.69″E处	该岛呈现西北—东南走向，形似短刀，西北—东南长1.34 km，中间偏北最宽处达0.45 km。树顶高19.5 m。岛上环岛呈现有高反射率珊瑚沙信息，环岛的礁坪呈现有较宽的礁盘，多宽达0.31 km，宽礁坪外围又呈现有高反射率的浪花信息。该岛与其东南的法拉罗普岛之间为相隔0.79 n mile的浅水道。岛上植被茂盛。岛西北侧有一码头。居民地主要分布在西南岸。岛西侧有良好的登陆点

木加伊水道　位于曼格贾格岛东北侧，为一良好水道，据报，已经9.8 m深度扫海。该水道内，有一航道，已经14.9 m深度的扫海，通向阿索尔岛西北方的乌鲁希锚地。邻近该水道的岛屿如表6.4所示。

表 6.4　曼格贾格岛发育空间融合信息特征

名　称	位　置	特　征
曼格贾格岛	乌利西环礁东侧中间偏北，距东北方的法拉洛普岛7.5 n mile，西南距法萨雷岛2 n mile，东北端位于9°56′51.97″N，139°41′17.53″E处	位于礁环中独立礁盘的西侧上，呈扇贝状，东—西0.36 km，南—北宽近0.36 km。全岛植被茂盛，居民地位于岛西侧中间，环岛呈现高反射率的珊瑚。北端附近有一良好的登陆点

第七章　邻近南海海上重要通道空间融合信息特征

第一节　地理背景

环南海及其邻近海上通道，主要分布在菲律宾群岛间与印尼所属群岛间。

菲律宾群岛全部位于赤道与北回归线之间，即 4°23′—21°25′N，116°40′—127°00′E；群岛自北北西—南南东延长。东临太平洋，西滨南海，北部隔巴士海峡与我国台湾岛相望，西南隔苏拉威西海、苏禄海与印度尼西亚、马来西亚相对。重要的海上通道有：巴士海峡、民都洛海峡、巴拉巴克海峡等。

在地理位置上，菲律宾群岛地处东南亚海上航线要冲，我国至东南亚的海上航线距菲律宾群岛很近，而联系西半球与东南亚以及澳洲的航空线，也经过菲律宾群岛。显然，这种交通上的有利区位，具有战略上的重要性。

印尼所属岛群间重要海上通道，地处南海、爪哇海、苏拉威西海 3 个海域与印度洋和太平洋相连通，西起马六甲海峡东到丹皮尔海峡，达 20 个大小海峡水道。其中，重要的海上通道，当属望加锡海峡、龙目海峡、巽他海峡、马六甲海峡与新加坡海峡等。

《联合国海洋法公约》中规定“群岛海道”通过制度不应在其他方面影响包括海道在内的群岛水域的法律地位，或影响群岛国对这种水域及其上空、海床和底土以及其中所含资源行使主权。群岛海道实行“过境通行制度”，以维护其他国家船舶和飞机的无害通过权利。

印尼指定的群岛海道多而长。自西向东的主要群岛海道有：卡里马塔海峡航段与巽他海峡航段构成连续的通航带，西南海通往印度洋的主要通道之一；中部群岛海道主要由望加锡海峡航段与龙目海峡航段构成连续的通航带，系船舶由苏拉威西海通往东南印度洋的主要航道；东部群岛海道主要由马鲁古海峡和翁拜海峡以及经班达海南下与东进所构成的通航带，系通往澳大利亚、新西兰以及巴布亚新几内亚等国港口的主要航道之一。

印尼地处太平洋西岸火山、地震带，包括 128 个火山活动中心，多位于岛链边缘，对于航船的影响主要是海底火山喷发释放的有毒气体或是船舶处于近岸遭海底火山喷发的影响。

图 7.1　环南海其邻近重要海上通道空间分布图示

17. 巴士海峡　21. 民都洛海峡　23. 巴拉巴克海峡　28. 新加坡海峡　29. 马六甲海峡
30. 卡里马塔海峡　34. 巽他海峡　37. 龙目海峡　44. 望加锡海峡

第二节　海峡分述：巴士海峡、民都洛海峡、巴拉巴克海峡、望加锡海峡、龙目海峡、卡里马塔海峡、巽他海峡、马六甲海峡、新加坡海峡

1. 巴士海峡

位置：

该海峡位于台湾岛与吕宋岛之间。中心坐标 21°25′11″N，121°30′11″E。

归属类型：

边缘海-大洋连通型；岛间海峡；宽阔型海峡；深水海峡。

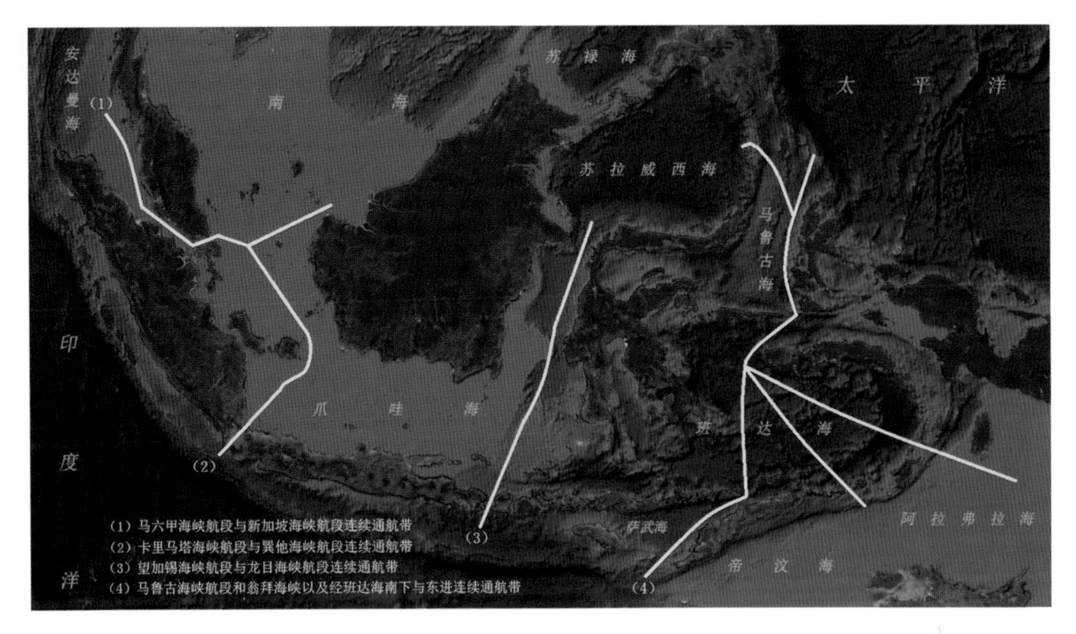

图 7.2　东南亚南部海上主要通道图示

海峡特征：

该海峡处于台湾构造带和吕宋岛弧构造带的交汇地，太平洋与南海的分界线。吕宋岛附近的岛架宽达 20~110 km，而台湾岛南端岛架则窄至 20 km 左右。正如图 7.4 所示，从北向南主要分布有巴坦群岛、巴林塘群岛与巴布延群岛，岛间分布有宽而深的巴士海峡、巴林塘海峡和巴布延海峡。

海峡区的涨潮流从太平洋穿过海峡向西流入南海，落潮流反之，岛间流速大，且不稳定。无论是西南季风期抑或东北季风期，在海峡区接近群岛流向起变化，群岛间水道流向也不定。

该海峡表征的特点如下。

①位于台湾岛与菲律宾吕宋岛之间水域宽达 200 n mile，它被巴坦群岛和巴布延群岛从北向南分隔成巴士海峡、巴林塘海峡与巴布延海峡，统称为巴士海峡。

②该海峡海底地形起伏变化甚大，主要是大陆坡，分布有海岭、海沟与海槛，深度在 2 400~2 600 m 之间。海峡海底表层沉积物以粉沙质为主。

③台湾岛与巴坦群岛之间的巴士海峡最宽、最深、最为重要。它平均宽近 100 n mile，最窄处仅有 51 n mile，水深一般在 2 000~5 000 m，最深处达 5 126 m，但其中部有一最浅水深为 27 m 的暗礁。海峡中涨潮流向西，落潮流向东，流速 0.5~3 kn；海流流向北，流速 1~3 kn，夏强冬弱。海流平缓，无强台风经过时，利于航行。

④黑潮流经这里，其两侧常出现冷涡与暖涡，表明了该海峡及其附近环流分布的复杂性。

⑤因该海峡地处北回归线以南，属副热带海洋性气候，海洋气象特征突出地表现为高温多雨，季风盛行，雷暴较多，台风影响也频繁。

正如所知，上述海峡系连接南海与西北太平洋主要通道，也是两者海水交换的重要通道，连接西北太平洋与印度洋通往非洲与欧洲的重要航道。诚然，巴士海峡的重要地理位置决定了它在战略上的重要性。不言而喻，一旦爆发战争，它将成为大国控制和封锁的重要海区。

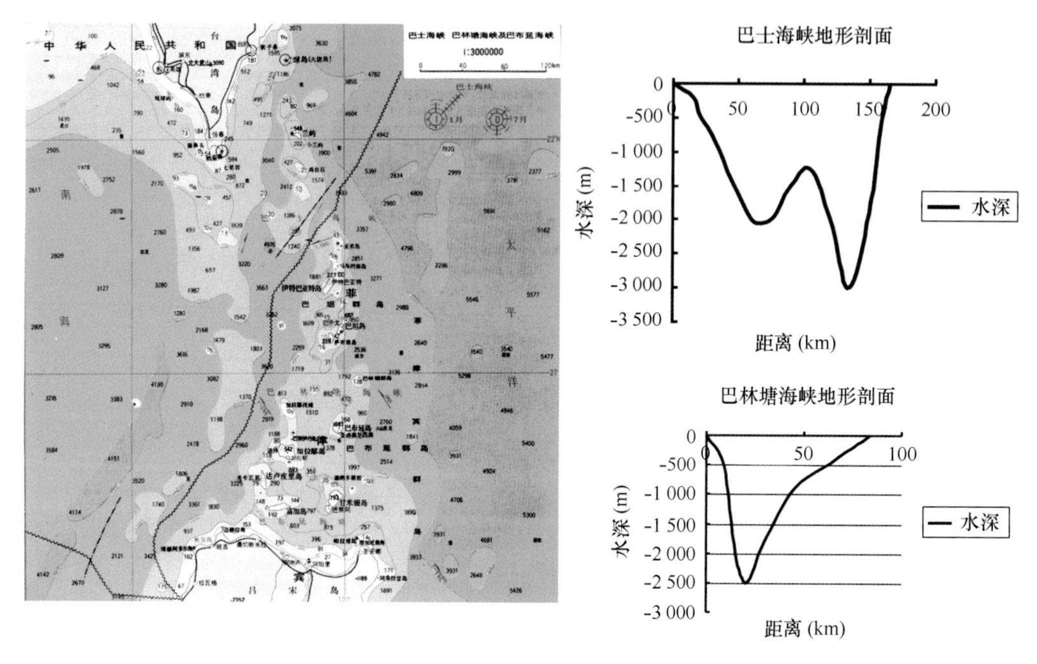

图 7.3　巴士海峡地形

表 7.1　巴士海峡逐月海浪要素特征表

要素 要素值 月份	平均波高（m）		最大波高（m）		平均周期（s）		大浪大涌频率（%）		小浪频率（%）
	风浪	涌浪	风浪	涌浪	风浪	涌浪	风浪	涌浪	
1	1.6~1.9	2.3~2.6	8.5~10.0	6.5~12.0	3.0	6.0	20.6~30.5	43.6~56.1	16.9~25.1
2	1.4~1.7	2.0~2.4	5.0~8.0	5.0~11.0	2.6~3.0	5.7~6.0	10.0~23.9	32.8~48.3	22.8~28.9
3	1.5~1.7	1.9~2.1	6.5~8.5	7.5~10.0	2.8~3.2	5.5~5.8	10.0~18.7	25.9~39.3	34.7~40.7
4	1.1~1.3	1.7~1.8	5.0~5.5	9.0~12.0	2.5~2.7	5.2~5.5	6.4~12.6	20.7~26.8	40.4~49.7
5	1.0~1.1	1.4~1.6	4.0~10.0	8.0~9.5	2.1~2.5	4.7~5.2	3.9~7.6	9.2~19.6	49.6~60.7
6	1.1	1.6	5.0~10.5	6.0~13.5	2.4~2.5	5.1~5.3	5.4~7.5	16.9~21.5	51.4~60.5
7	1.1~1.2	1.7~1.8	6.0~12.0	8.0~20.0	2.3	4.7~5.2	6.7~9.4	22.5~27.3	48.7~56.3
8	1.1~1.2	1.8~1.9	8.5~11.0	13.5~20.0	2.0~2.5	5.3~5.5	7.8~11.6	23.8~32.9	40.6~48.2
9	1.2~1.3	1.9~2.0	6.0~10.0	8.0~20.0	2.5~2.7	5.3~5.4	9.2~11.2	27.7~33.0	34.2~43.5
10	1.5~1.8	2.4~2.7	10.0~15.5	9.0~16.5	2.7~2.9	5.0~5.7	18.8~23.5	45.0~55.5	19.4~27.5
11	1.8~2.2	2.7~3.2	9.0~15.0	8.5~17.5	3.0~3.2	5.8~6.1	23.9~41.7	57.0~72.4	10.0~21.3
12	1.8~2.1	2.6~3.0	8.0~11.0	7.5~15.0	2.3~3.2	6.0~6.1	27.6~37.6	51.4~66.1	12.6~18.6

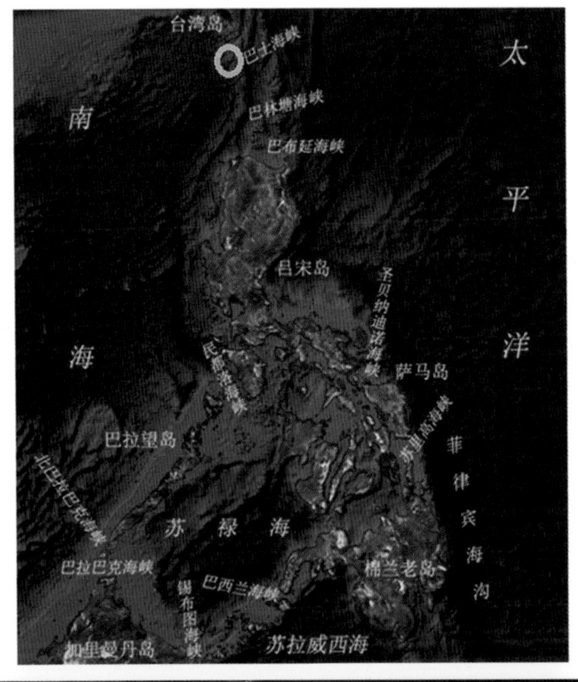

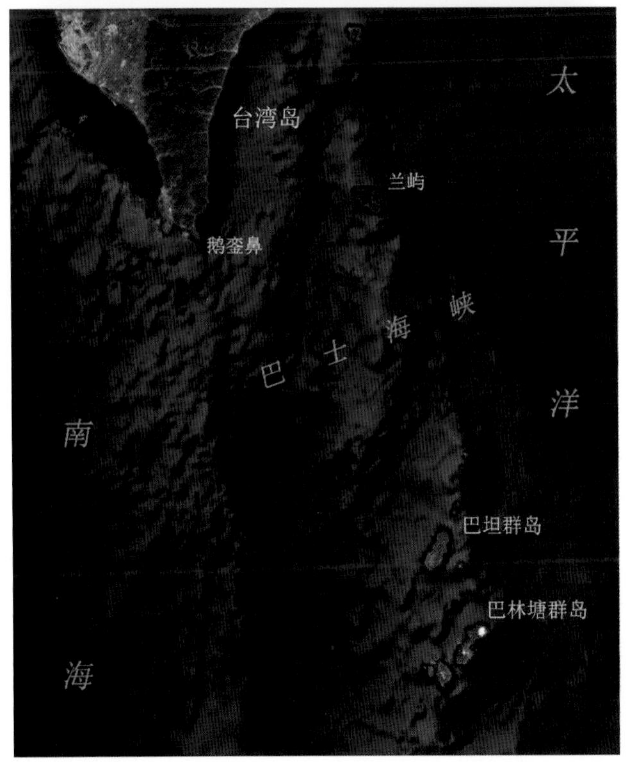

图 7.4　巴士海峡卫星遥感信息处理图像

- 属副热带海洋性气候，具季风特点、 高温、高湿；
- 冬季影响本海区天气系统为南下冷空 气，夏秋季受西北太平洋与南海热带气旋影响；
- 10月至翌年3月东北盛行风最大风力8～9级，4—8月盛行偏南风，10月为转换月份；
- 平均风速以11，12月最大，达10～12 m/s，5，6月最小，5～6 m/s，其他月份5～10 m/s；
- 6级以上大风出现在10月至翌年3月，频率25%～45%，9月频率5%～20%，5，6月频率5%；

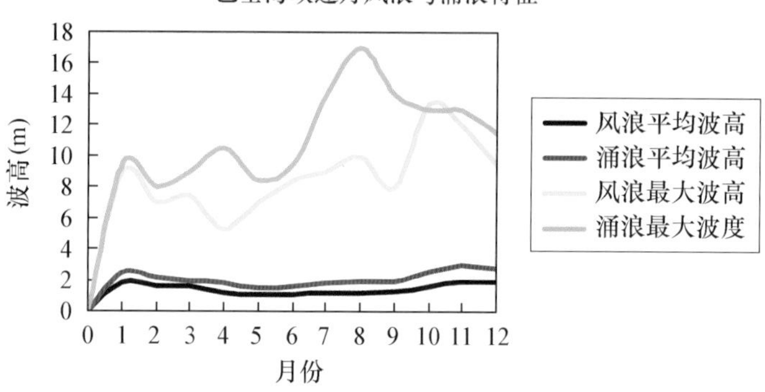

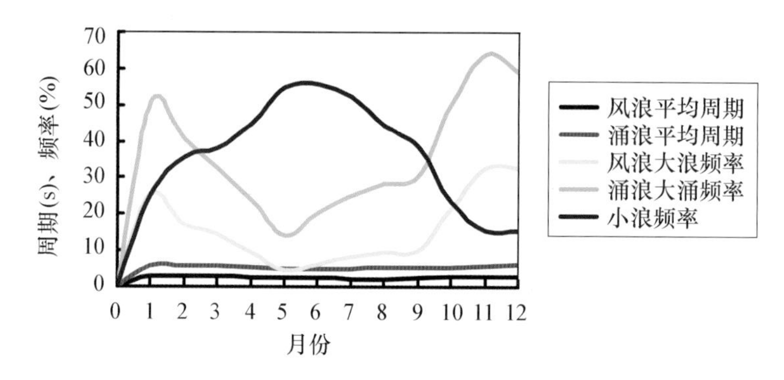

图 7.5　巴士海峡水文气象特点

海温　巴士海峡表层海水温度终年较高，一般为 25～29℃，南高北低，季节变化不大，冬季 24～27℃，夏季 28～30℃。巴士海峡表层温度梯度变化不大，冬季高温水舌呈东南—西北方向延伸，表层海温 24～27℃，全年 2 月份最低，大部分海域 25℃，台湾岛西南方最低 24℃。夏季南海的高温水向北输送，表层海温等值线与纬线基本平行，梯度较小，南高北低，为 28～30℃。由表层～100 m 层各月温度变化不大，只有 200 m 层水温明显降低，一般在 14～20℃之间。巴士海峡的温度跃层终年存在，而且稳定持久。

水色、透明度与海发光　该海峡具有水色高、透明度大，全年变化不大的特点。通常水色号较小，春夏季水色略高，水色号一般的在 2，5 月、7 月最高为 1～2 号，秋冬季节多为 3～4 号。海峡透明度较大，呈现南高北低，东高西低，夏季在 25～35 m 之间 . 冬季在 20～25 m 之间；大透明度（≥20 m）的频率分布也是东侧大于西侧，南部大于北部，

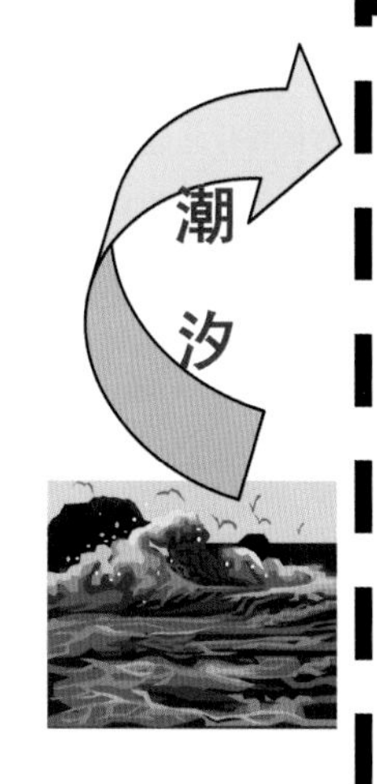

(1)不规则全日潮：海峡西部，台湾高雄南部至吕宋岛西北克拉佛里亚湾；
(2)规则半日潮：海峡东南部，吕岛阿帕里至巴布延岛以东海区；
(3)不规则半日潮：海峡中部与东北部海区；
(4)平均潮差分布：海峡东部大，0.5~1.0 m,吕宋岛东北部沿海和兰屿岛附近0.8~1.0 m,西部小于0.5 m,最大可能潮差海峡大部小于2.0 m,但海峡东北部最大达2.0 m以上.

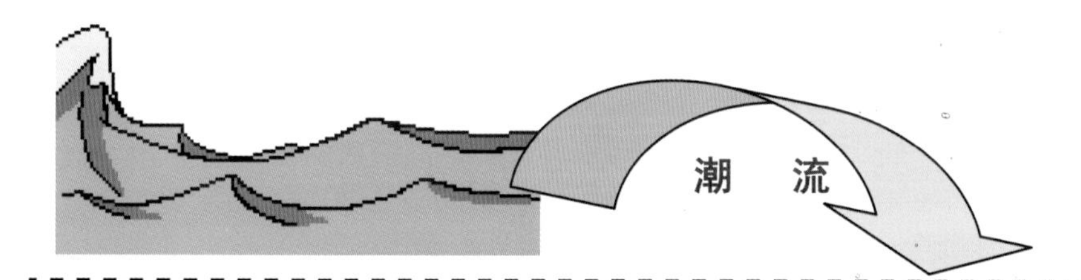

(1)海峡局部为规则全日潮,海峡中部为往复型潮流;
(2)涨潮流由东向西,落潮流由西向东;潮流流速一般小于2 kn,但巴坦群岛至台湾岛之间水深10~50 m层大于2 kn;
(3)海峡东西部海区为顺时针旋转流,东部流速最小0.9 kn左右;
(4)潮流旋转方向与分潮流旋转方向一致,全日分潮流轴方向较有规律,与潮波传播方向一致,在吕宋岛东北部海区为东南—西北走向,其他海区呈东北—西南走向。

图 7.6　巴士海峡潮汐、潮流特点

整个海峡多为30%~60%，巴坦群岛、巴布延群岛以东及吕宋岛北侧，大透明度出现频率高达 100%。巴士海峡的海发光常年不够强烈，小于 1 级，只有冬季巴林塘海峡和巴布延海峡在 1~2 级之间，发光类型多为火花型。

1）海峡中群岛与水道

巴坦群岛　该群岛由十余个岛屿和诸多小岩礁组成，其中大者相对较高，并具有火山性质，小者低矮，多由珊瑚形成。伊特巴亚特岛、巴坦岛与阿车超克岛等为重要岛屿，岛上多山，由山体向海岸分布有山谷、平地与注入海洋的河流。

伊特巴亚特岛　该岛位于塞延岛南南西方近 4.5 n mile 处，系巴坦群岛中最大岛。最高峰名为圣罗萨山，高达 278 m，东南海岸有一高达 231 m 的赖波斯特山，岛岸多陡峭。

巴坦岛　该岛位于伊特巴亚特岛南端东南方 16.5 n mile 处，系该群岛中第二大岛。

海流

(1)表层海流具有季节变化，10月至翌年3月海峡大部平均流向为西北流，流速0.2~0.5 kn;

(2)最多流向海峡大部为北向流，海峡东南部为西北流，北部有北北东流，，流速0.5~1.4 kn;

(3)5-9月西南季风期，海峡西侧与北部平均流向多为东北流，东侧南部的巴林塘海峡与巴布延海峡为偏北流，流速0.4~1.0 kn，最多流向为北、北北东，流速2~4 kn;

(4)深层流流向与表层相似，冬季上层黑潮水从太平洋流入南海，下层则由南海流入太平洋，冬季整个海峡海水由太平洋流入南海;

(5)夏季上层水从南海流入太平洋，下层主要为太平洋流入南海东北部，整个海峡海水由南海流入太平洋。

海水密度

◆表层海水密度终年在21.5~23.5 kg/m³，冬季略高，夏季略低，冬季密度等值线北高南低，梯度小;

◆北部23.5 kg/m³，巴林塘海峡以南小于22.5 kg/m³，随深度增加密度变大，至100 m层时等值线基本与经线平行，密度值23.5~24.5 kg/m³，200 m层终年在25.0~25.5 kg/m³;

◆夏季海峡表层密度降低，呈西低东高，密度等值线呈南一北走向，21.5~22.0 kg/m³;

◆海峡密度跃层为深海型;

◆12月至翌年4月，强度0.015~0.030 kg/m³，跃层深度相差较大，上界50~150 m，下界80~200 m，跃层下沉;

◆5-11月海峡西部跃层增强，密度跃层在0.030~0.040 kg/m³，而海峡东部密度跃层与冬季相似，上界多小于50 m，下界100 m左右，海峡东部下界约深至150 m以内。

图 7.7　巴士海峡海流、海水密度特点

岛北部高达 1 008 m 的伊拉达山为其最高峰，南部有高 453 m 的马达伦山。在岛的东北部距岸 370 m 处有一高 38 m，名为杜马卢岩的礁体。

阿车超克岛　该岛位于巴坦岛西南端西南方 22.5 n mile 处，岛上起伏不平，最高峰 340 m，其周边环有多浅于 20 m 的狭窄礁脉。岛北岸那套角南侧有一水深为 3.2 m 的岩礁，它与该角间形成一宽 0.5 n mile，最小水深为 12.3 m 的水道；另该角以北 1.3 n mile 处有水深为 1.8m 的岩礁。而该岛附近还有一些点滩。

潮流　涨潮流向西南，落潮流向东北，该群岛内潮流较为复杂，邻近岛屿和浅滩有急流与涡流。

海流　东北季风期这里盛行强风，海流流速偶尔变快。

●海水声速平面分布特点：夏季大，冬季小，南部略大，北部略小，上层大，深层小（50 m内变化不大）；

●全年声速等值线分布与海温相似，水平梯度不大；

●整个海峡8月份为全年表层声速最大月份，1 540~1 544 m/s，翌年2月为全年最小月份，为1 532~1 536 m/s；

●3月开始升温，声速逐月增大；

●表层一下各层声速随深度逐渐变小，由表层至100 m层各月声速变化不大，只有200 m层声速明显降低，1 508~1 524 m/s；

●海峡声速跃层为深海型，声道特性多为深海声道，声道轴约在800~1 000 m水深。

图 7.8　巴士海峡水声特点

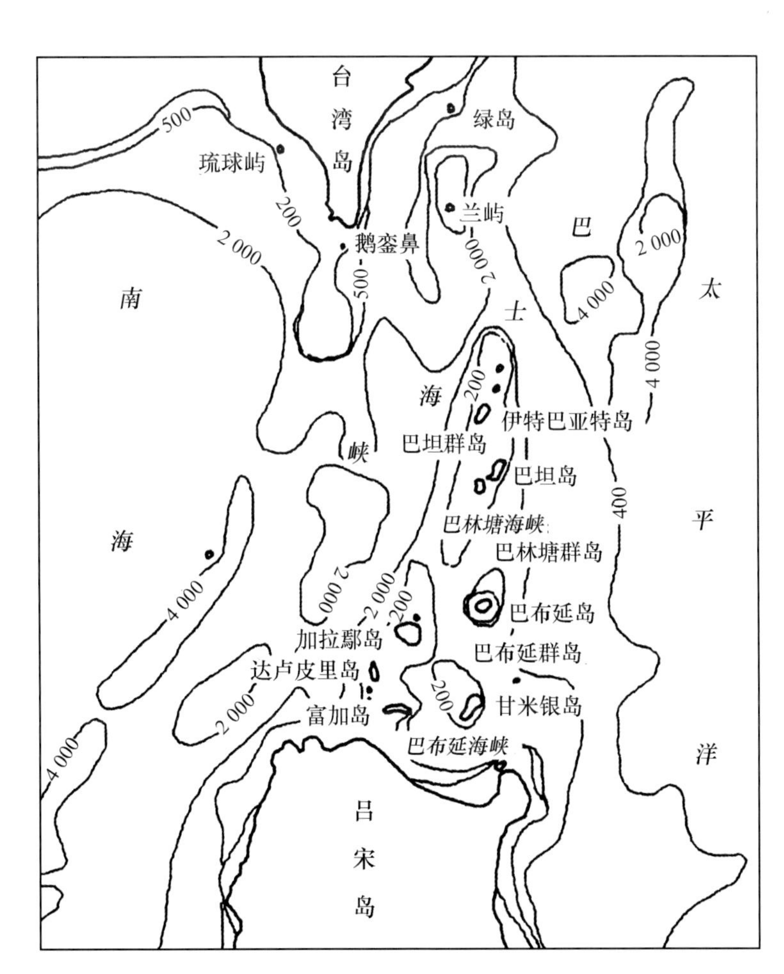

图 7.9　巴士海峡、巴林塘海峡与巴布延海峡海底地形图

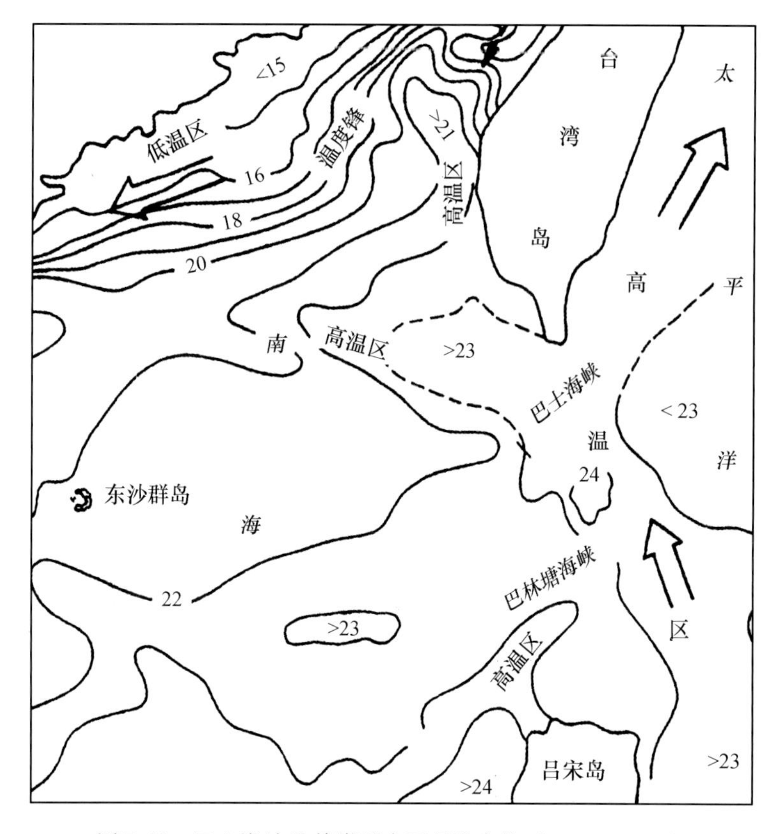

图 7.10　巴士海峡及其附近表面环流态势（1992-03-02）

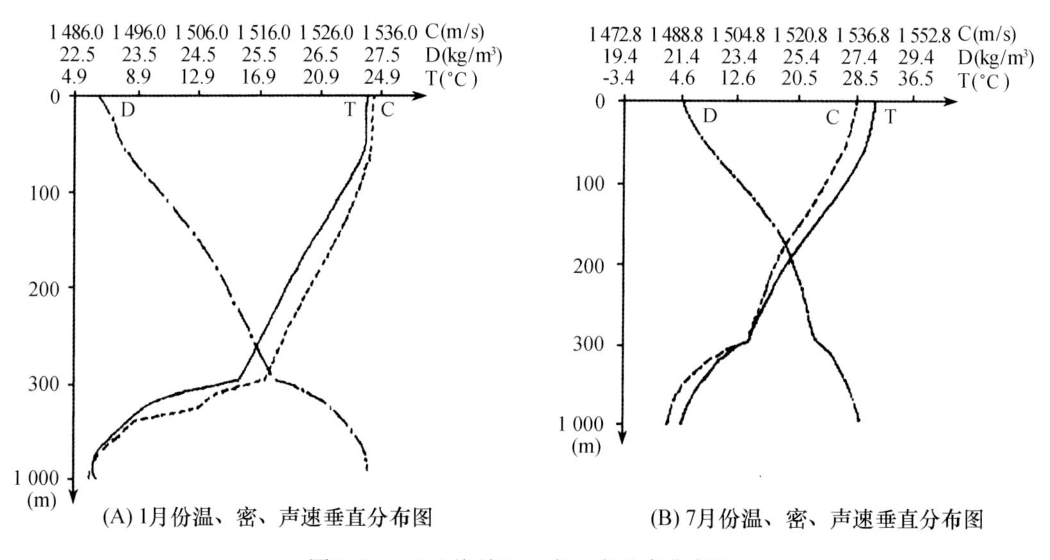

图 7.11　巴士海峡温、密、声垂直分布图

表 7.2　巴坦群岛小岛礁的分布特点

名　称	方　位	特　点
亚米岛	巴坦群岛最北端	高 219 m，其南端西部约 0.3 n mile 处有一高 71 m 小岛，而东端附近也有一小岛
北　岛	亚米岛南南西方 2.3 n mile处	高 268 m，其东侧约 0.2 n mile 内有三个岩礁，而西北端附近则有一明礁，东北端也有一出露岩礁
马布的斯岛	北岛以南 7.5 n mile处	其北部高 230 m，北侧有向东北延伸 0.12 n mile 礁脉，礁脉上有数个出露礁体。在该岛北端的北北西方 4.5 n mile 处，有一长达 2 n mile，宽约 0.7 n mile，最浅水深 10.5 m 的浅滩
塞延岛	马布的斯岛南南西方约 1.5 n mile 处	高 165 m，其北端与马布的斯岛西端之间分布有礁体出露无常的礁脉，而南、东侧距岸 0.5 n mile 内有险恶的礁石
的阿哥岛	伊特巴亚特岛南端以东约 6.5 n mile 处	系火山岛，高 513 m，周边被向海延伸达 0.27 n mile 的礁脉所围，附近有数个小岛和岩礁；其东南部 5.5 n mile 处有一最小水深 16.4 m 的小浅滩
伊巴荷斯岛	阿车超克岛以西 1 n mile处	系一低小岛屿，岛顶高 90m，周边有礁脉延伸，其东岸达 0.7 n mile
德奎岛	伊巴荷斯岛西北端以西 0.5 n mile 处	岛高 60 m，其周边 0.01 n mile 以内有礁石所环绕

（2）巴坦群岛间水道

表 7.3　巴坦群岛间及其邻近水道分布

名　称	特　点
亚米岛与北岛之间水道	基本无险礁，最小水深 47 m，邻近岛边海流强
北岛与马布的斯岛之间水道	水道深宽，其中部有最小水深约 10 m，呈长达 2 n mile，宽 0.7 n mile 的浅滩，浅滩周边时有出现急流。涨潮流向北，落潮流向东南，最大流速在高、低潮后约 5 h，盛行北流，而在回归潮时，通常东南东流强，流速达 5 kn
塞延岛与伊特巴亚特岛之间水道	水很深，唯在塞延岛南南东方 1.5 n mile 处有一水深 23 m 的小浅滩。其表现为流强，急流多
伊特巴亚特岛与的阿哥岛之间水道	水深无障碍，流也强
巴坦岛与阿车超克岛之间水道	宽达 2 n mile，水也深，涨潮流向东南，落潮流向西北，流速 5~6 kn，其东南口有激潮
阿车超克岛水道	位于阿车超克岛与伊巴荷斯岛之间，宽近 0.7 n mile，水深 18~40 m，涨潮流向南，落潮流向北，最大流速 3~4 kn
伊巴荷斯岛水道	位于伊巴荷斯岛与德奎岛之间，宽 0.3 n mile，水深 20~25 m

军事意义

巴士海峡所处的地理位置及其地形特征，使之这里的高海况与海洋物理特征，被认为是优良的潜艇活动区。正如上述，其特殊的地理位置与自然地理环境，特别是特殊的海洋水文气象条件，使之成为重要的军事要冲。

正如苏森所作的如下阐述，该海峡的季风性、高频率大风大浪的气象因素，使该海域的潜艇在与水面舰艇和飞机的相互对抗性搜索中处于相对优势的地位。流速较大表层流会很快地将空投的水声呐浮标移位带走，难以提高对潜艇目标的定位精度。有时，海流还会造成固定目标沿海流相反方向移动的假象。

海面波浪很大时，舰载直升机难以使深水声呐和拖曳声呐进行施放与回收，同时直接影响声呐浮标的探测性能，如波高 3.04 m 会使声呐浮标的传输信息损失达 75%，而大于 4.57 m 的波高几乎使声呐浮标的传输信息丧失。与此同时，潜艇探测声呐较少受海面波浪的影响。

简言之，巴士海峡有着强度小、上界深度深、厚度也大以及持久稳定的海水跃层，利于水下通信和潜艇的隐蔽行动。高海况下对直升机搜潜和反潜将带来极大的困难，巴士海峡这种特殊的海况，往往使潜艇在相互对抗中取得优势地位。

当水的密度发生变化时，声波会出现折射现象，即声波在水中从一种密度层向另一种密度层传播时，其传播路径是弯曲的。声波从低密度层向高密度层传播时，向法线方向折射；反则，从高密度层向低密度层传播时，则向偏离法线方向折射。此外，海面和海底还会使声波产生散射，出现圆弧会聚现象，使从某一声源发出的声波不能从某一海区通过，这一海区称为会聚区。因此，处于会聚区中的潜艇即使离声呐发射机的距离很近，也较难被探测到。

声速跃层使声音传播速度在垂直方向发生突变的水层。声波在海洋中的传播，不仅与声速的大小有关，而且与声速的垂直梯度有关。在上层，以水温变化的影响最大，随着水温的急剧下降，声速急剧减小，在温度跃层达到最小值，称为声道轴，即深声道。在温度跃层以下的深海中，温度的垂直变化趋于平缓，声速随着压强的增大而增大。

声速跃层对水下通信和潜艇的隐蔽具有积极的作用，在深声道中航行的潜艇可以探测到距离很远的目标。但在声速跃层之上发射的声呐信号，不易探测跃层之下的目标，所以潜入跃层以下的潜艇难以被发现。

就上述可知，巴士海峡海水的温度、盐度垂直结构分为黑潮表层水、亚热带次表层水、中层水、深层水和底层水 5 个性质各异的水团。巴士海峡终年存在着强度较小、上界深度较深（50~150 m）、厚度较大（50~150 m）、较持久稳定的深海型海水密度跃层，大大有利于在该海域的潜艇，进行水下通信和躲避水面、空中搜寻。

苏森同时也指出，巴士海峡的海水密度跃层可以为潜艇产生“液体海底”效果，便于潜艇的设伏和隐蔽攻击。海水密度跃层通常较为稳定，能有效地阻止海水的水下对流，有利于潜艇的操纵。在上层密度小、下层密度大的正密度梯度跃变层中，海水的浮力增大，俗称“液体海底”；在上层密度大，下层密度小的负密度梯度跃变层中，海水浮力减小，称为“海中断崖”。较为稳定的正海水密度梯度跃层可以使潜艇相对静止地悬浮在跃层水中，可以通过调节自身的浮力，在“液体海底”中慢速“静音”巡航，而不易被发现，并不失时机的对水面舰艇实施快速的攻击，继而迅速隐蔽潜航。

概括起来，由于巴士海峡的盐度表层变化较小，冬季为 34.5，夏季为 34.1。受高盐的黑潮影响，盐度梯度变化很小。以深海型标准，该海峡的海水密度跃层为正跃层，以温度跃层为主，终年存在，稳定持久。水色透明度较大，总的分布态势是夏季高，冬季低；东部高，西部低；南部高，北部低。2—10 月，海水透明度大于 30 m；11 月至翌年 1 月，海水透明度为 24~26 m。因此，巴士海峡高透明度海水虽然对潜艇的隐蔽会造成一定的影响，但是由于上界深度为 50~150 m 的水深适度、50~150 m 的厚度、持久稳定的海水密度跃层形成的“液体海底”以及占有优势的气象通信条件，在相当程度上弥补海水高透明度之大对潜艇活动造成的影响。宽厚狭长的巴士海峡“液体海底”为潜艇慢速“静音”巡航提供了良好的空间，以及该海峡与其西北部的东沙群岛水域所连成的大深度、大范围水体，为潜艇战术机动和攻击提供了很大的空间。

2. 民都洛海峡

位置：

该海峡位于民都洛岛西岸与其西南方卡拉棉群岛之间。中心坐标：12°20′00″N，120°40′00″E。

归属类型：

岛间海峡；内海-边缘海连通型。

海峡特征：

该海峡呈西北—东南走向，长约 53.18 n mile，东北—西南宽达 43.95 n mile，开阔而水深。该海峡分为西阿波水道和东阿波水道，为米沙鄢群岛与大洋洲之间重要水道，亦是连接南海与苏禄海之间的水道。海峡内涨潮流向东南，落潮流向西北。除此外，另有伊林海峡等。

海峡两岸：

民都洛岛 该岛位于米沙鄢群岛西北端，介于塔布拉斯和民都洛海峡之间。长 144 km，宽 96 km，面积 9 826 km^2。地质构造线方向突然改变处，其南北均为地槽型深海峡谷，即民都洛海峡等。该岛基本上是一个抬升地块，从帕屈立克山到木山的山脊线作北 20°西向。由山脊线向西南海岸坡度平缓，向东南海岸坡度陡急。岛的大部分由死火山熔岩组成，形成波状起伏的高原地面。岛的南部地势较低，主要为起伏的丘陵。沿海有一些断续而狭窄的冲积平原，其中以北部的巴科河冲积平原与南部的仙焦斯河冲积平原较广阔。多沼泽。河流多险滩、急流。该岛西岸系指卡拉维特角至布伦甘角，呈北北西—南南东走向，大部分为低平沙质岸，沿岸分布有众多的岩礁与浅滩，向陆纵深为山脉，岸外水深遽深，20 m 等深线距岸达 1.5 n mile。

没有沿海深水港湾和近海小岛。主要港口为曼布劳、卡拉潘等。

布桑加岛 该岛位于民都洛海峡西南岸，卡拉棉群岛中最大的岛屿，形状不规则，海岸

曲折多港湾，沿岸分布有岸礁岛峰高达 640 m。其附近分布的岛礁，诸如杜门巴利岛、楠嘎群岛、塔腊岛等 20 多个。

该岛东北岸即从北端的马嘎钦角向东 41 n mile 至阿洛农角之间为曲折的岸段，岛以北 28 n mile 范围内，以及距东北岸 5~10 n mile 范围内分布有众多岛礁，而其岸礁之宽从几米到千米以上，礁缘外遽深，近 20 m 等深线基本位于岸礁外侧。

对该岸段细分，其一由马嘎钦角向东南 10 n mile 至米努伊特锚地之间为卡拉维特湾，并在马嘎钦角外方分布有一些岛礁；其二从米努伊特锚地向东南 6 n mile 至卡尔托姆港之间为不规则岩石岸，并广布有最宽达 1 100 m 的珊瑚岸礁，距岸 4 n mile 内分布有迪博约延岛等，再向岸靠近有一些孤立的浅滩；在卡尔托姆港北侧半岛与戈戈农昆角之间为一大

海湾，湾中有岛；其三从卡尔托姆港向东南 6 n mile 至阿兰村之间为岩石岸；其四由阿兰村向东 1 n mile 间为一小海湾，继续向东再折向东北总计 8 n mile 到戈戈农昆角；从戈戈农昆角向南南东 6 n mile 之间便是米南加斯湾；再由米南加斯湾向东南 7 n mile 至阿洛农角之间岸段岬湾相间，各岬角有岩脉向海中延伸形成岛礁。

该岛南岸从东端阿洛农角向东 4 n mile 经博高角折向西 22 n mile 至该岛西南端之间海岸曲折，多宽达 0.5 n mile 岸礁，近岸有迪纳兰岛与马达亚礁等岛礁；再由博高角至乌孙港 12 n mile 之间为科朗水道北岸，由该港到布桑加岛西南端 9 n mile 之间岸段分布有数个小海湾。

该岸段附近最大岛屿即是科朗岛，该岛北岸与布桑加岛南岸之间为宽达 0.5 n mile，水深 23~47 m，涨潮流流向东，落潮流流向西，流速较弱的科朗水道。同时，布桑加岛与龟良岛之间水道深达 21 m。

布桑加岛西岸即从西南端至该岛马嘎钦角 20 n mile 之间为海岸曲折多岸礁的岸段，附近分布有许多岛礁，向西 22 n mile 以内有众多浅滩。又从该岛西南端向北 11 n mile 系海岸平直的古多湾；再从德多贝角到马嘎钦角之间为不规则岸段，并有宽达 0.5 n mile 的岸礁。

龟良岛 该岛位于布桑加岛西南近 4.5 n mile 处，系卡拉棉群岛中第二大岛。岛岸曲折多湾，其最高峰高达 475 m，邻近散布有许多岛礁，如嘎罗格岛、拉霍岛、拉木岛、朗卡岛与乌利利岛等 10 余岛屿，岛间有水道。

3. 巴拉巴克海峡

位置：

该海峡位于巴拉巴克岛及其以南 27 n mile 处的巴兰巴岸岛与邦吉岛之间。中心坐标：7°40′00″N，117°00′00″E。

归属类型：

边缘海-内海连通型；岛间海峡。

海峡特征：

该海峡沟通我国南海与苏禄海的海峡。其西部水深且无障碍物，其东部分布有诸多岛礁与险滩，并将海峡分隔成 8 条水道，诸如北水道、纳苏巴塔水道、科米兰水道、隆布坎水道、锡马纳汉水道、中水道、曼西海峡与马因海峡等。

另有西邦吉水道与南邦吉水道，它们主要由北侧的巴兰巴岸岛、邦吉岛，南部的西北婆罗洲群礁、北婆罗洲群礁、南海峡险礁、马拉及勒岛等岩礁相间而成。

水文 由我国南海进来经巴拉巴克海峡向东流的潮流，在巴拉巴克岛东岸较远水域转向东北偏北方。

气象 在巴拉望岛与加里曼丹岛之间，11 月至翌年 3 月盛行东北季风，风力大而稳定；11—12 月出现强风和大雨；5—10 月盛行西南季风，具周期性变化的风并多雨；4 月风向不定；通常该海峡区位于正常台风带外侧。

水道

①北水道 位于巴拉巴克海峡东南口东方，两侧有宽大的礁滩，水深大于 45 m，宽约 4.3 n mile。当季风强烈时，潮流与海流汇合，加大了流速。

②纳苏巴塔水道 位于巴拉巴克岛中部南方，介于多个礁滩之间，宽约 4.5 n mile，

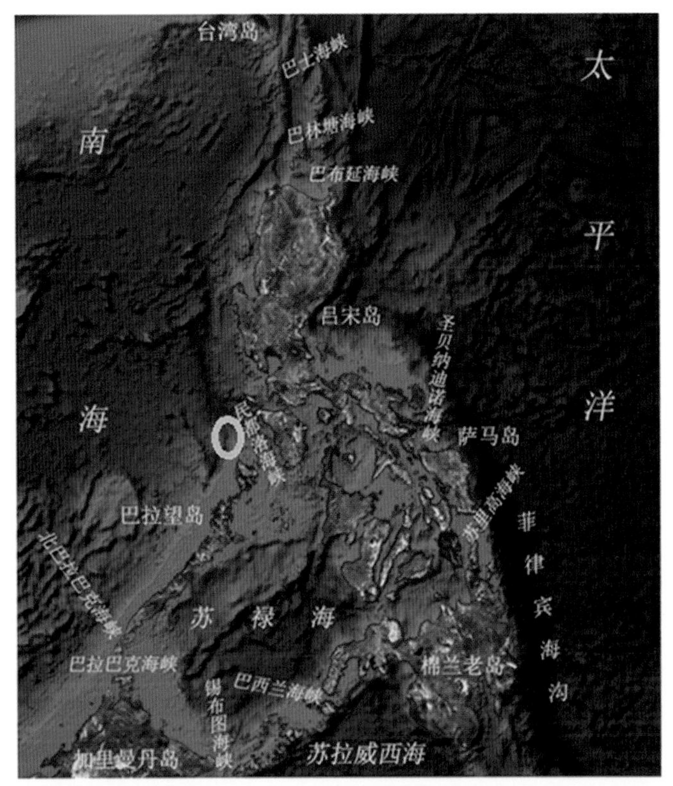

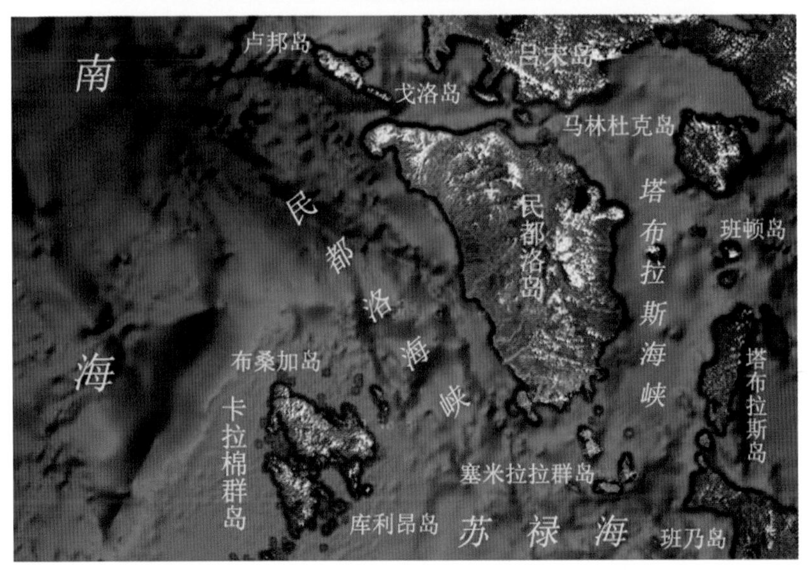

图 7.12　民都洛海峡卫星遥感信息处理图像

水深达 45 m 以上。在这里，同样潮流与海流汇合形成强大的流速，向西北或东南流去。

③科米兰水道　系位于巴拉巴克岛东南岸东方宽达 2.8 n mile 的小水道，两侧分布有险滩，最浅水深 8.6 m。

④隆布坎水道　位于巴拉巴克岛东南方，介于多个礁滩之间，宽约 3~4 n mile，水深

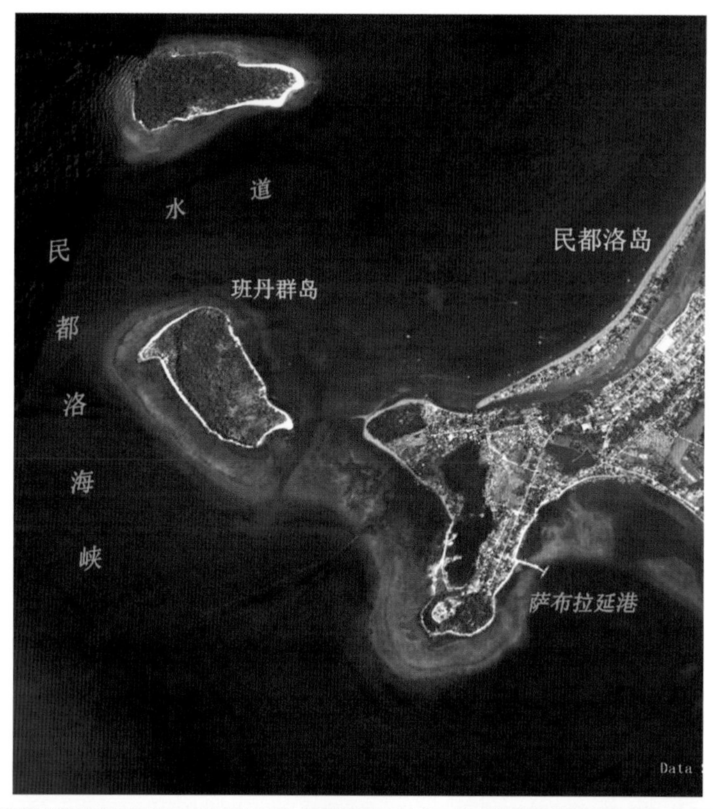

图 7.13 邻近民都洛海峡的水道、萨布拉延港、曼布劳港等卫星遥感信息处理图像

达 11～54 m。但在水道西部中央有水深 12.3 m 的珊瑚礁滩。

⑤中水道　位于巴拉巴克海峡中部与苏禄海之间，最窄水道宽 1 n mile，水深 36 m 以上，水道两侧分布有大片礁滩。

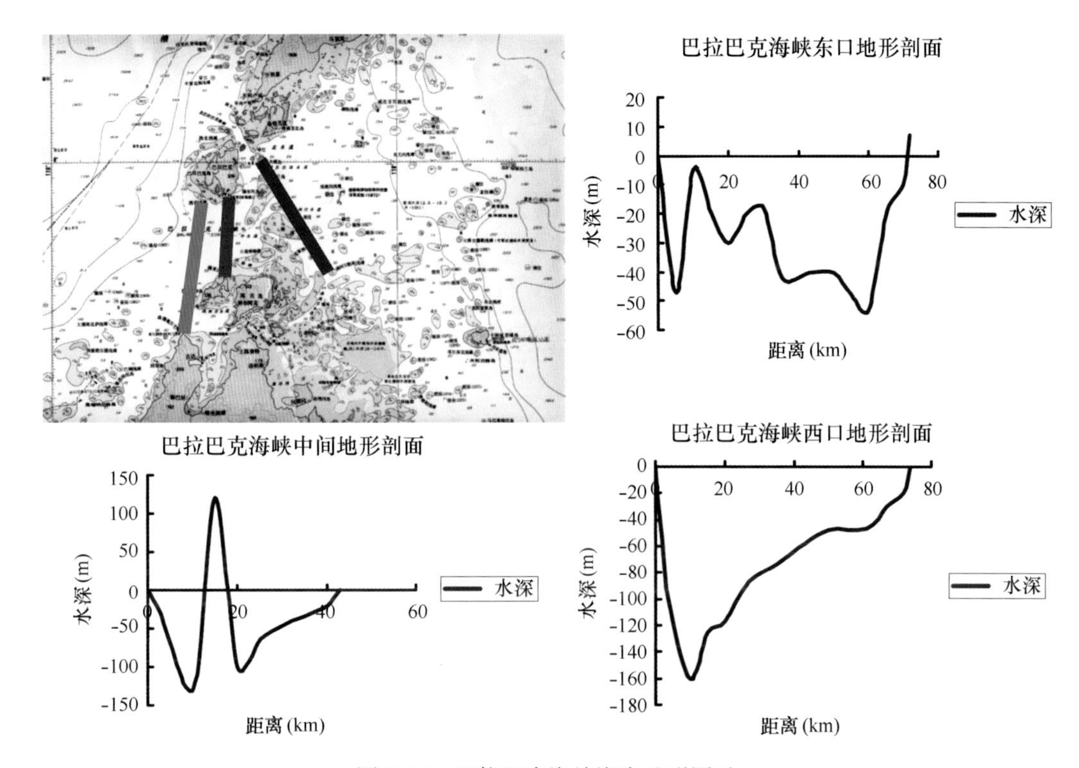

图 7.14　巴拉巴克海峡海底地形图示

海峡两岸：

巴拉巴克岛　该岛位于 8°03′24.22″N，116°58′6.01″E；巴拉望岛西南方约 17 n mile 处，该岛隔坎达腊曼湾与腊莫斯岛南岸相对，其系巴拉望岛西南端和南方约 80 n mile 处的加里曼丹岛东北端之间许多岛、礁中，区位最为重要的岛屿。

该岛呈南—北椭圆形，长 30.98 km，东—西宽 16.47 km。将北巴拉巴克海峡和巴拉巴克海峡分开，系巴拉巴克海峡北部最大、最显著的岛，多山，岛北部有高 224 m 以下的数个山丘，岛东侧中部有几个高 240～430 m 的山丘。南部有几条山脉。其中，斯提普福尔山脉位于岛南端北方约 4.5 km 处，有几个高约 240～290 m 的台形山峰，其外侧险峻。岛的最高峰巴拉巴克峰位于岛南端东北东方约 14 km 处，高 576 m。东部海岸相对西海岸平直多湾口，西海岸低矮，其大部分是长有红树的沼泽地。距岸 8 n mile 以内有许多礁脉及孤立险礁。岛上树木茂密。

隆布坎岛　该岛东南部位于 7°49′35.42″N，117°13′29.50″E；巴拉巴克岛东部 9.95 n mile处，巴拉巴克海峡北侧。

该岛发育在东—西向的礁盘上，呈似三角形，南岸长 1.47 km，南—北最宽 0.82 km，植被茂盛，周边呈高反射率的沙岸。隆布坎水道的航道水深为 11～54 m。

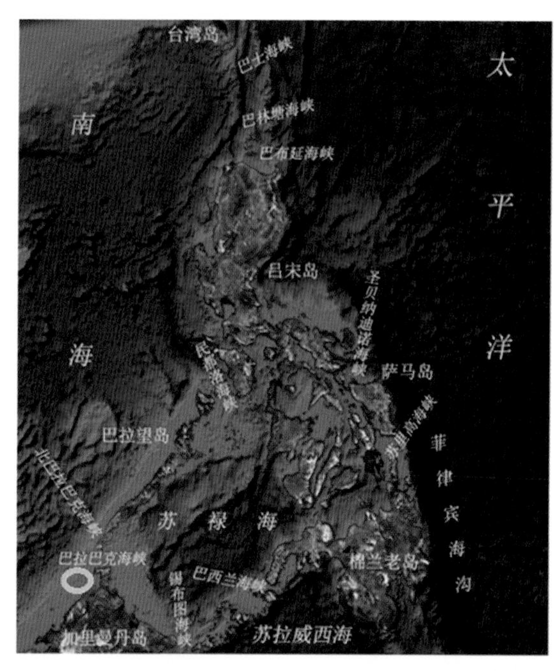

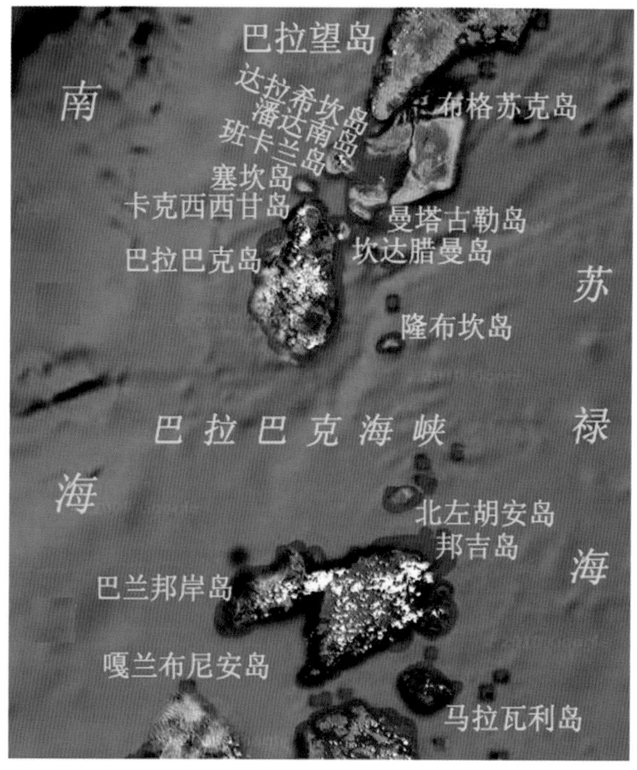

图 7.15　巴拉巴克海峡卫星遥感信息处理图像

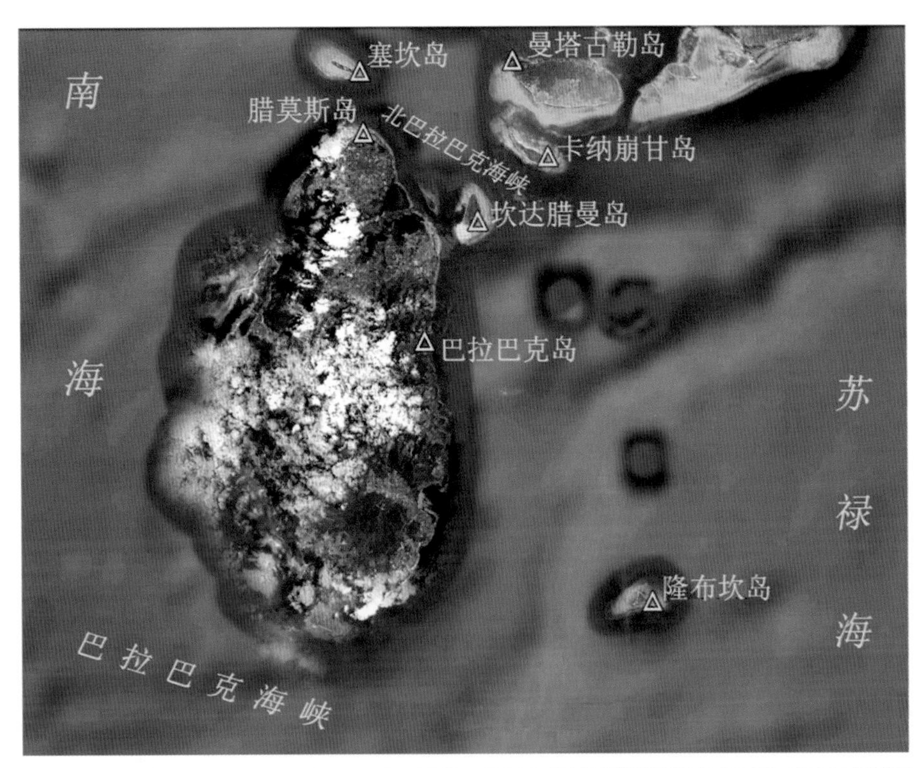

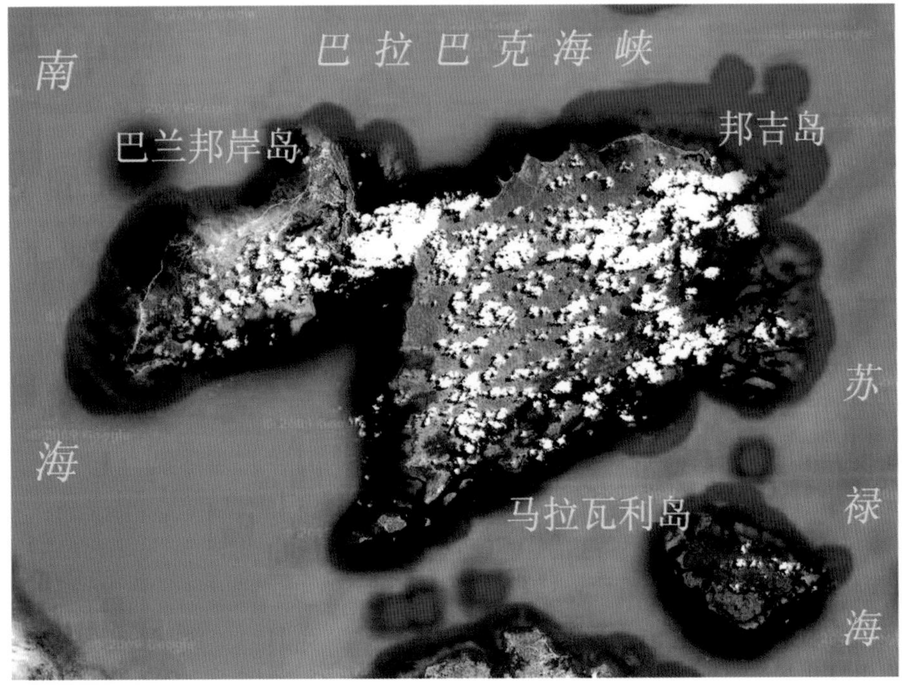

图 7.16　巴拉巴克海峡南、北两侧岛屿卫星遥感信息处理图像

干出礁与险滩，自该岛向南南西方延伸约 1 n mile，向北北东方延伸 1. 8 n mile，向东延伸 1. 3 n mile，该岛西部统称隆布坎险滩。

巴兰邦岸岛 该岛西北端位于 7°18′6. 66″N，116°54′36. 99″E；马尔维尔角南方约 27 n mile处，邦吉岛西侧相隔 2. 74 n mile，巴拉巴克海峡的南侧。

该岛系形状不规则的大岛，呈东北—西南走向，长 23. 84 km，中间南—北宽 10. 76 km。北岸相对南岸弯曲多海湾，且呈现高反射率的沙岸。南部多丘，高达 134 m。位于岛西南端附近的显著苏姆布峰高达 96 m。岛北部平坦，且有湿地和茂密的高大树木。

岛北端锡亚古角之岸礁及险礁向西方延伸 2. 5 n mile，向北方延伸至 1. 5 n mile 处，该角北北东方 4. 5 n mile 处有水深 11. 4~14. 6 m 的孤立点滩。

邦吉岛 该岛东北端位于 7°21′3. 77″N，117°16′34. 98″E；巴兰邦岸岛东方相隔西邦吉水道 2. 74 n mile 处。

该岛为不规则形，东北—西南走向，长 35. 49 km，中间宽达 17. 90 km。岛上树木密生。北岸相对弯曲多海湾、多小岛的南岸较平直，为马因海峡南侧。位于岛西北端邦吉峰是岛的最高峰，高达 572 m。从东北方或西南方看，山顶呈乳头状，从其他方向看呈圆顶。邦吉岛多丘，丘脉自邦吉峰向东方延伸约 11 km，其东端有东丘高达 328 m。稍小的丘自东丘向北方绵延约 5. 5 km，至海岸附近的北丘高达 226 m。邦吉峰东南方约 2. 2 km 处有 451 m 的显著山峰。

位于巴兰邦岸岛东北端的锡亚古角东方约 8. 5 n mile 处的萨马朗角和其东方约 5 n mile处，岛北端之间有 2 个稍弯入的小湾，两湾内均有小河流入。西湾的岸礁延伸至距岸约 370 m，湾顶有沙滨。西湾湾口的水深 7. 3 m。东湾险恶，湾口有小岛。

向西南延伸的礁滩达 4. 43 n mile，向东北延伸的礁滩近 5. 44 n mile，向东延伸的礁滩约 4. 52 n mile。

4. 望加锡海峡

位置：

位于印度尼西亚群岛中的苏拉威西岛和加里曼丹岛之间。中心坐标0°33′05″S，118°38′58″E。

归属类型：

岛间海峡；狭长型深水海峡。

海峡特征：

该海峡呈东北—西南走向，北连苏拉威西海，南接爪哇海和弗洛里斯海，长 740 km，宽 120~407 km，一般宽 250 km，大部分水深 50~2 458 m，平均深度为 967 m。海峡中多岛屿，其中最大岛屿有劳特岛和塞布库岛。卫星遥感信息清晰展现了望加锡海峡中部西侧与海峡南口分布有诸多岛、礁、滩等成为航行障碍物，使之海峡航道靠近苏拉威西岛一方，并邻近爪哇海，望加锡海峡是亚洲和欧洲间的重要洲际海上航道，也是东南亚区际间航线的捷径。它与龙目海峡相连，成为联结太平洋西部和印度洋东北部的战略通道。是世界上有重要军事和经济意义的八大海峡之一。美国、俄罗斯、日本等国的舰艇常常经由望加锡海峡和龙目海峡往来于太平洋和印度洋之间。在第二次世界大战期间，为了争夺海峡控制权，日本联合舰队与盟军曾在此进行过闻名于世的望加锡大海战。北通苏拉威西海，南接爪哇海与弗洛勒斯海。既是中国南海、菲律宾到澳大利亚的重要航线，也是美国军舰来往于西太平洋和印度洋的最重要的航道。

望加锡海峡、龙目海峡和巽他海峡不仅在进行海上交通运输方面有重要作用，而且对海军利用该海峡进行南北机动和两洋兵力互相支援亦有重大价值。因此，它们始终是各国激烈争夺与控制的海上要道。

该海峡热带雨林气候，盛行东风。年平均温度最高 30℃，最低 22℃。全年平均降雨量约 2 000 mm。港口属日潮港，平均潮差 0.7 m。盐度在冬季，夏季的 32 和 34。海峡也是所谓的华莱士线，由英国博物学家阿尔弗雷德·罗素·华莱士建议划分太平洋分成两个不同的部分在生物和动物学方面的边界的一部分。

沿着两岸的主要港口是巴厘巴板在婆罗洲，望加锡和帕卢在苏拉威西岛。三马林达的城市远离狭隘 48 千米坐落，在马哈坎的银行。

海峡两岸：

望加锡港（乌戎潘当港） 位于苏拉威西岛西南端，是印度尼西亚对中国开放的四个海港之一。扼望加锡海峡、弗洛勒斯海和爪哇海的咽喉，当首都雅加达与东部各岛航线的中途，亚澳两大陆之间的交通枢纽。距马辰港 328 n mile，至苏拉八亚港 440 n mile，至三宝垄港 596 n mile，至雅加达 775 n mile。港区沿海岸南北伸展，外有小岛和防波堤保护。全港码头线总长达 1 840 m，10 多个深水泊位。

巴厘巴板港 位于印度尼西亚加里曼丹岛东部沿海，濒临望加锡海峡的西侧，北距打拉根港 387 n mile，山打根港 563 n mile，东南距乌戎潘当港 302 n mile，西南距马辰港 322 n mile,至丹戎不碌港 764 n mile，至新加坡港 1 052 n mile。是加里曼丹岛东南部的石油输出港。巴厘巴板港区主要码头泊位有 12 个，岸线长 2 159 m，最大水深 12 m，其中油泊位占 10 个，可靠 3.5 万载重吨的油船。附近有近海油田。港口距机场约 8 km。该港属热带雨林气候，盛行北风，年平均气温为 29~32℃。每年雾日有 4 天，雷暴雨日有 32 天。全年平均降雨量约 3 000 mm 以上。本港为半日潮港，平均潮差 1.5 m。

望加锡海峡涉及两条重要航线，其一，远东—澳大利亚航线（中国、日本至澳大利亚西海岸航线需要经民都洛海峡、望加锡海峡以及龙目海峡进入印度洋）。其二，波斯湾—东南亚—日本航线，此条航线以石油运输线为主，此外有不少是大宗货物的过境运输。该航线东经马六甲海峡或龙目，望加锡海峡至日本。

5. 龙目海峡

位置：

该海峡位于印度尼西亚群岛的巴厘岛和龙目岛之间，北接巴厘海，南通印度洋。中心坐标：8°36′20″S，115°43′48″E。

归属类型：

地壳断陷型海峡；边缘海-大洋连通型；岛间海峡；深水型海峡。

海峡特征：

该海峡水道幽深、岸壁陡峭。南北长 80.5 km，南口宽 65 km，北口宽 35 km。北深南浅，大部水深逾 1 200 m，最深 1 306 m，无暗礁。沙砾底。由于海流的强烈侵蚀冲刷，龙目海峡至今仍在继续加深加宽，但流沙和淤泥经常使水道改变。

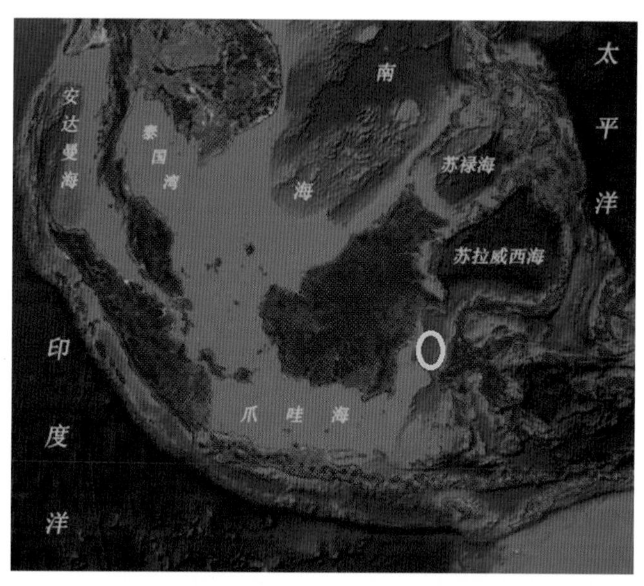

图 7.17　望加锡海峡卫星遥感信息处理图像

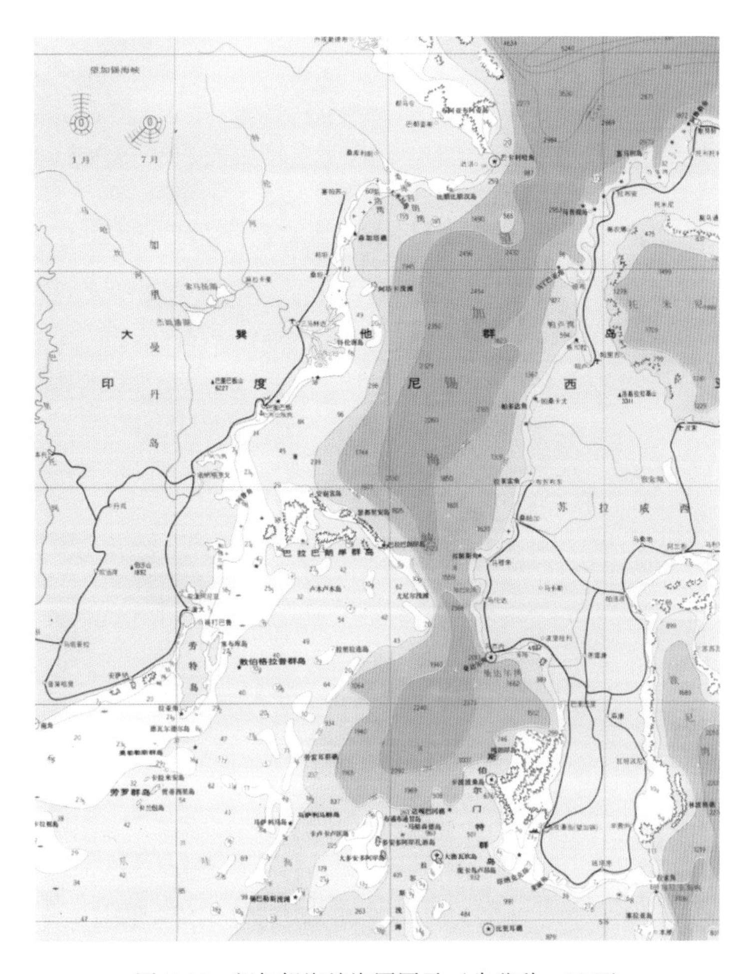

图 7.18　望加锡海峡海图图示（朱鉴秋，1966）

该海峡位于印度尼西亚群岛的巴厘岛和龙目岛之间，北接巴厘海，南通印度洋，已成为印度尼西亚群岛各海峡中最安全的水道，它可通行载重 20 万吨以上的大型船只。它不仅是印度尼西亚群岛之间的纽带，也是太平洋与印度洋海上航运的重要通道。特别是近几年来，许多船只特别是超级巨型油船更愿意经由龙目海峡。因此，龙目海峡为印尼 各海峡中最安全的天然航道，成为世界性的海运门户，其战略地位与日俱增，在军事战略上亦有重大价值。许多来往于波斯湾与东南亚、日本之间的巨型船只，从马六甲海峡不能通过时，均取道于此南下印度洋，或再经望加锡海峡北上。在海洋运输经济中的重要性，其战略地位与日俱增。这里是不同的动物之间的生物地理边界的一部分。

水文气象　龙目海峡系印度洋与太平洋之间的印度尼西亚贯穿流的主要通道之一。水温 26~29℃，盐度 33.5~34.5，透明度 30~50 m。潮汐属半日潮，涨潮流为北流，落潮流为南流。大潮时，表层流速达 11.7~13.6 kn。属热带季风气候，年平均气温约 26~29℃。年降水量 1 000~2 000 mm。

海峡两岸：

龙目海峡两岸多为山地，东岸岸线较曲折，附近多岛礁，南、北部多陡峭岩岸，中部

图 7.19　望加锡海峡东侧苏拉威西岛上望加锡港（乌戎潘当）卫星遥感信息处理图像

为低平海滩。西岸较平直，北部陡峻，南部南端陡峭岩岸外，较低平。沿岸有安佩南、伯努阿等重要港口和登巴萨空军基地。珀尼达岛与海峡北口东侧的特拉万甘岛为共扼海峡之要地。

龙目岛　该岛西隔龙目海峡与巴厘岛相望，东以阿拉斯海峡与松巴哇岛相邻，北滨巴厘海，南临印度洋。面积 5 435 km^2。人口 70 万。北有 3 座火山绵亘，主峰林贾尼山海拔 3 726 m，为努沙登加拉群岛最高峰。南部是石灰岩台地，干旱荒凉。有热带森林，产稻、烟叶、咖啡，有铅矿。首府马塔兰位于西海岸。东岸的安佩南港系海军基地，龙目镇为石油储运港和渔港。

巴厘岛　位于小巽他群岛西端，呈菱形，主轴为东西走向。面积约 5 623 km^2，人口约 247 万。地势东高西低，山脉横贯，有 10 余座火山锥，全岛最高峰是东部海拔 3 140 m 的阿贡火山，大部分地区年降水量约 1 500 mm，干季约 6 个月。人口密度仅次于爪哇，居全国第二位。居民主要是巴厘人，信奉印度教，以庙宇建筑、雕刻和风景等闻名于世，为世界旅游胜地之一。土地垦殖率 65%以上，出产稻米、玉米、木薯、椰子、咖啡等。牛、咖啡与椰干为主要出口产品。巴厘岛东侧的龙目海峡是亚澳两大陆一部分典型动物的分界线，生物学上有特殊意义。

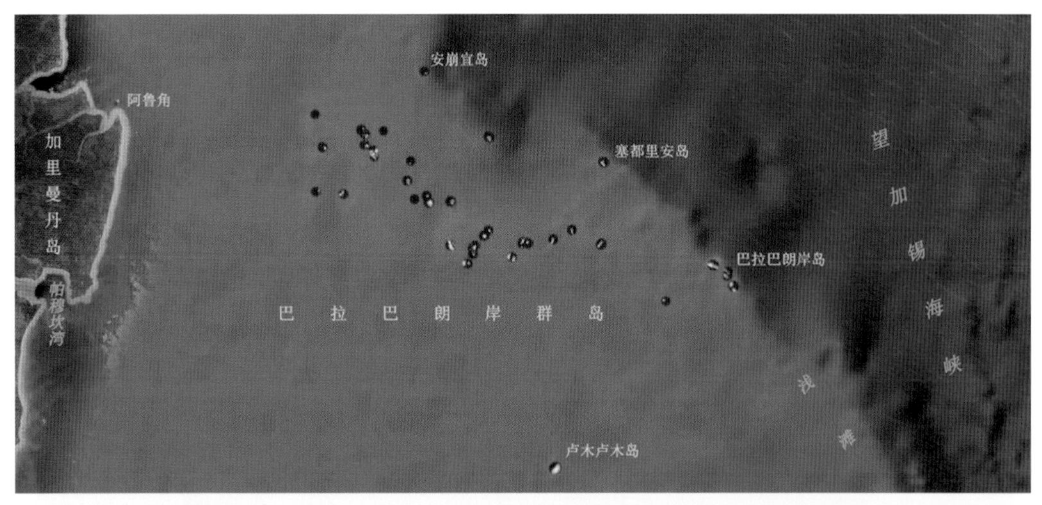

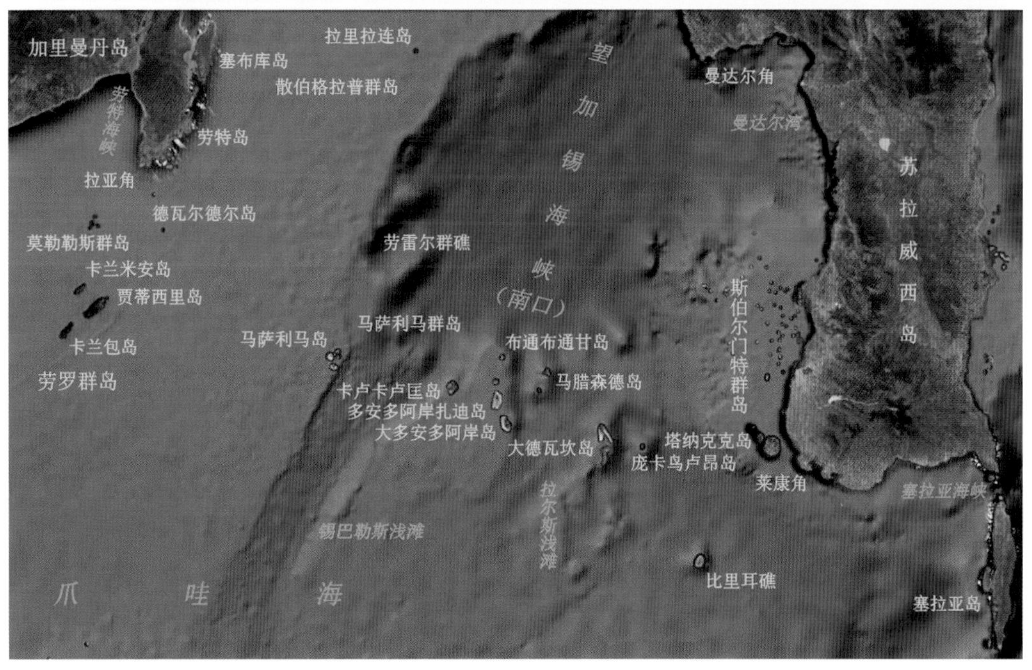

图 7.20　卫星遥感信息清晰展现了望加锡海峡中部西侧与海峡南口分布有诸多岛、礁、滩等成为航行障碍物，使之海峡航道靠近苏拉威西岛一方，该海峡南口邻近爪哇海的图像

6. 卡里马塔海峡

位置：

该海峡位于加里曼丹岛和邦加岛、勿里洞岛之间。中心坐标：2°19′27″S，108°51′41″E。

归属类型：

边缘海-边缘海连通型；岛间海峡；深水型海峡。

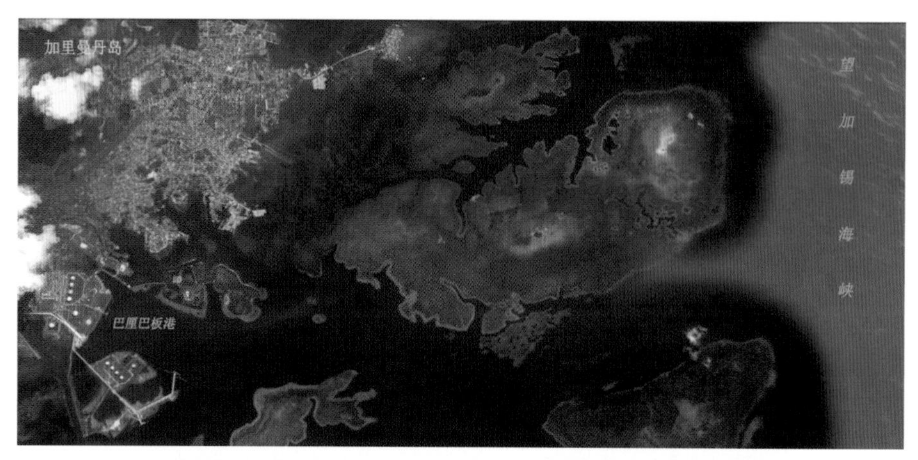

图 7.21　望加锡海峡西侧加里曼丹岛上巴厘巴板港与苏拉威西岛上栋加拉港、潘托洛安港卫星遥感信息处理图像

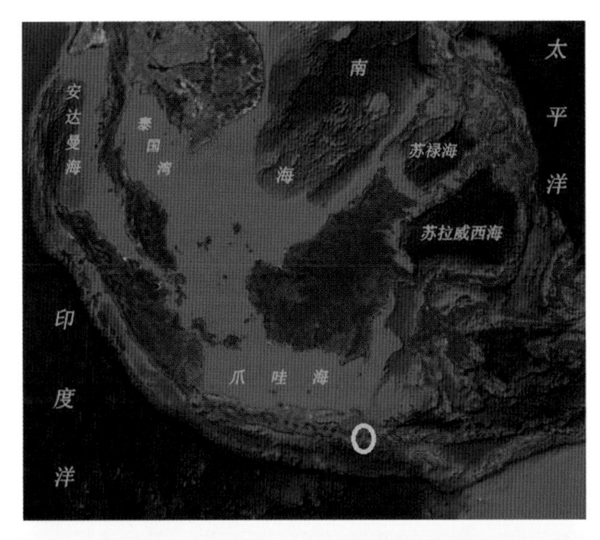

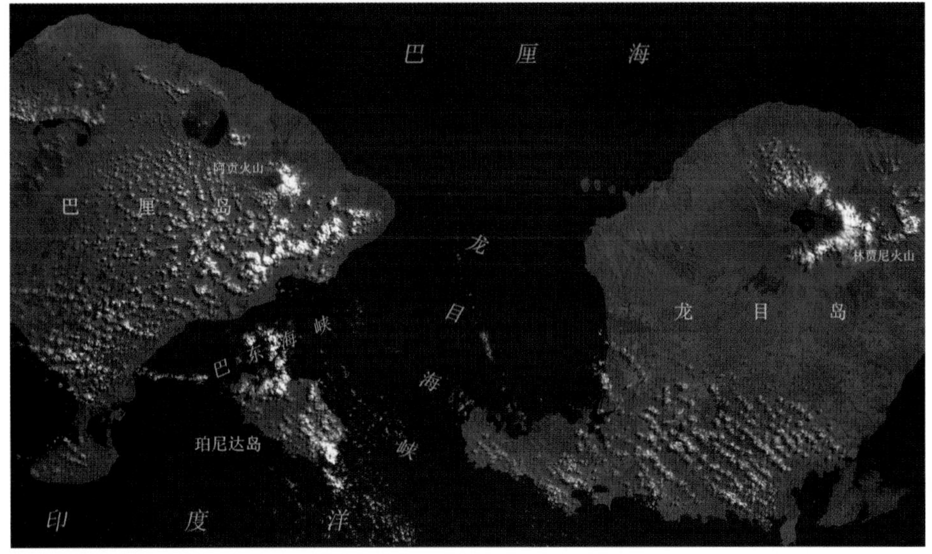

图 7.22　卫星遥感龙目海峡信息处理图像

海峡特征：

该海峡南连爪哇海，北接南海，呈西北—东南走向，长达 266.98 n mile，东北—西南宽约 150 km。海峡中有卡里马塔群岛系南海通往爪哇海和印度洋的重要通道，也是中南半岛至澳大利亚的常用通道，在军事上和经济上都有重要价值。从南海流向印度尼西亚海域的通道以卡里马塔海峡为最主要，海峡水深 18～37 m。该海峡是南海最主要的出流通道；南海海表有巨大的热通量和淡水通量输入，作为一个热盐守恒的系统，将高温低盐的海水从宽阔的卡里马塔海峡排出是维持整个海区热盐平衡最快速有效的途径。

该海峡主航道在温达里沃礁与其东南 35 n mile 处的卡塞林暗礁、特仑布芒嘎尔礁东方 20 n mile、曼潘戈浅滩连线之东。

气候　该海峡 4 月与 11 月风力较小，风向不定；5—10 月为东南季风期，11 月至翌

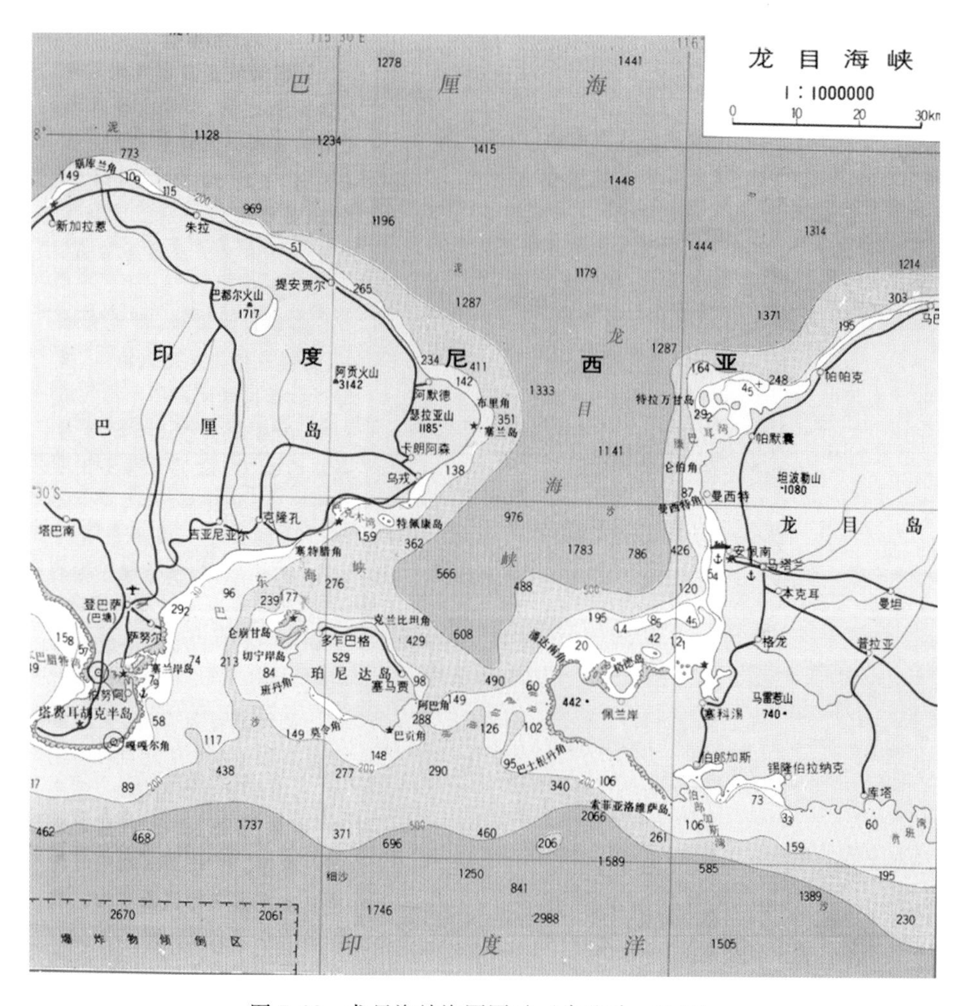

图 7.23　龙目海峡海图图示（朱鉴秋，1966）

年 3 月为西北季风期，12 月主要是西西北风，1 月转为西北风，风力增大，持续至 3 月。

海流、潮流　该海峡中海水水平运动基本全是季风流。潮流属日潮流，但其影响仅限于勿里洞岛和加里曼丹岛沿岸。

在西南季风期，海水主要从爪哇海经卡里马塔、卡斯帕海峡进入南海。主流靠南海西部近岸，从西南流向东北。起初，流幅较窄，至越南中部近岸及南海北部，流幅分散。强流区出现在马来半岛及越南南部沿岸，流速 1 kn，最大 2 kn。至南海北部，大部分海水经巴士海峡及巴林塘海峡流出南海汇入黑潮主干，小部分继续北上进入台湾海峡。

东北季风期漂流于 10 月中开始形成，至翌年 4 月衰退。这一时期的海流路径与夏季正好相反。南海北部因受东北季风的影响，黑潮的一小部分经巴士、巴林塘海峡进入南海，并折向西南成为漂流；同时，来自台湾海峡的浙闽沿岸流与广东沿岸流也汇入于漂流中，沿南海西部大陆近海流向西南。主流仍靠越南和马来半岛近岸，绝大部分海流经卡里马塔、卡斯帕海峡流入爪哇海，少部分海水进入马六甲海峡。

在该海峡海峡开阔处，海流平均流速，东南季风期为 0.5 kn，西北季风期为 1 kn。这里

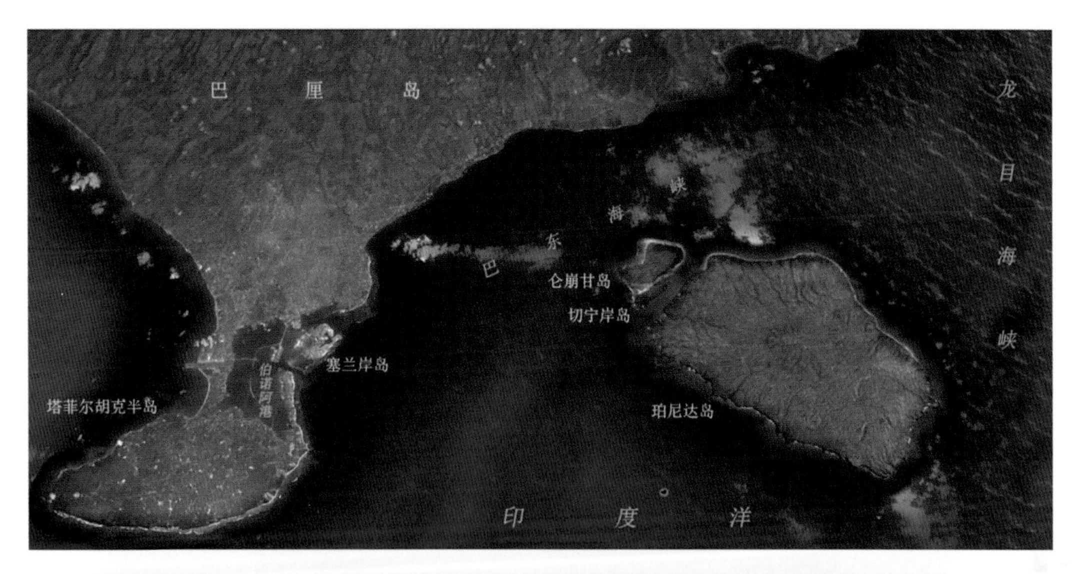

图 7.24　龙目海峡中巴东海峡、龙目海峡东岸龙目岛上的安佩南港卫星遥感信息处理图像

图 7.25　龙目海峡东岸龙目岛上的伦巴港与巴厘岛上阿穆克湾中码头等卫星遥感信息处理图像

流速变化大，据报，东南季风时曾达到 2 kn 的流速，而西北季风时没超过 1.5 kn 的流速。鉴于流向取决于盛行风风向，几乎沿着海峡的方向。在狭小水道中，海流流速超过 3 kn。

据报，该海峡仅在季风转换期尚有不强的潮流，如：位于赫来赫浅滩西方，潮流流向为西南、东北；塞鲁土岛以西，潮流流向为西、东；芒帕朗群岛至卡里马塔群岛，潮流流向为西北、东南；曼潘戈浅滩至散巴角，潮流流向为西北—西西北、东南。

卡里马塔海峡周边，如图 7.26 所示，海峡北口、海峡东侧与西侧分布有诸多浅滩和暗礁。该海峡主航道北部东侧就是卡里马塔群岛，该群岛间呈现有深水航道。

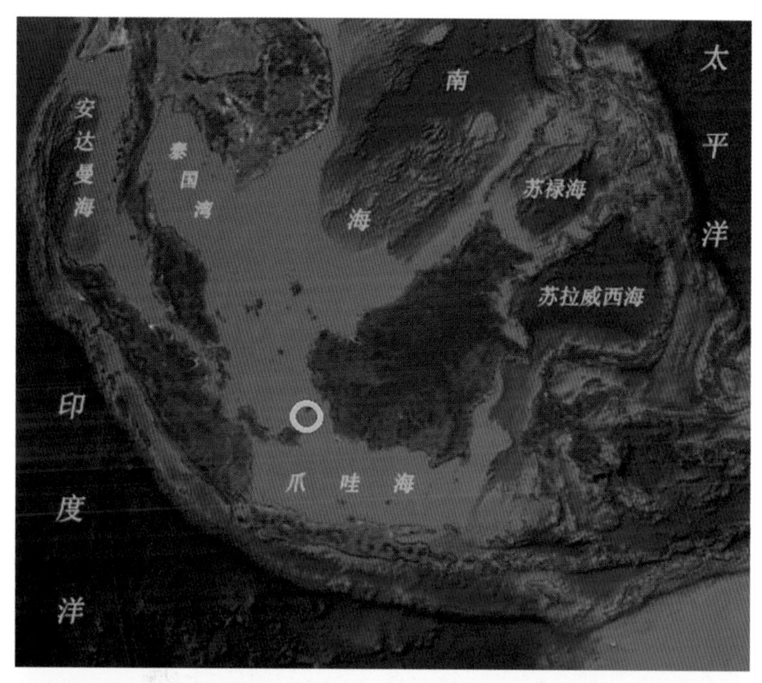

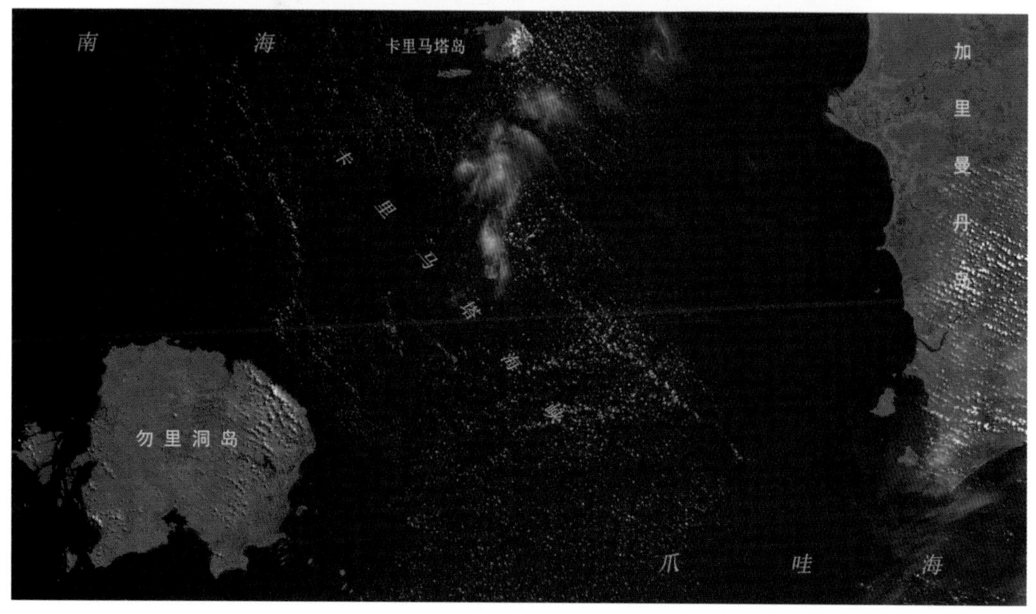

图 7.26　卡里马塔海峡卫星遥感信息处理图像

表 7.4　卡里马塔海峡附近浅滩、岩礁等空间分布

名　称	方　位	特　征
格瓦利亚浅滩	海峡北口塞鲁土岛灯塔西北方 38 n mile处	呈现南—北走向，长达 14 n mile 的群礁的最南方，水深达 1 m 的珊瑚礁
埃里克森浅滩	格瓦利亚浅滩西北 3 n mile 处	系一水深 7 m 的珊瑚滩
特怀来特浅滩	格瓦利亚浅滩东北 5 n mile 处	系一水深 2.5 m 的珊瑚滩
柴纳浅滩	埃里克森浅滩北偏西方 6 n mile 处	系水深 1 m 的珊瑚滩
南赫来赫浅滩	柴纳浅滩北偏西方约 2.2 n mile 处	系水深 9 m 的浅滩
中赫来赫浅滩	柴纳浅滩北方约 3.5 n mile 处	系水深 3.7 m 的浅滩
北赫来赫浅滩	柴纳浅滩北偏东方 5 n mile 处	系水深 7.3 m 的浅滩
阿灵浅滩与杰莱浅滩	卡里马塔海峡东侧散巴角南方 40 n mile的海域	该海域水下沙脊密布，上有湍流
卡利斯福特礁	散巴角西北方 36 n mile 处，即处在罗坦角西西北方约 14.7 n mile 处	该礁系一活珊瑚礁，处在水深不足 20 m 水域，最浅水深 3.5m，长达 2.4 n mile 的浅滩中央
温达里沃礁	塞鲁土岛灯塔南偏西方约 17 n mile处	系一干出珊瑚礁
弗洛伦斯阿德累德浅滩	温达里沃礁西偏南方 35 n mile 处	系一水深 3 m 的珊瑚礁
弗莱英菲什浅滩	温达里沃礁南偏西方约 13.5 n mile处	该浅滩由诸多水深浅于 2 m 的点滩群组成
特仑布芒嘎尔礁	囊加岛东南方约 34 n mile 处	系一最小水深 3.5 m 小岩礁，常呈现有激潮
巴端礁	特仑布芒嘎尔礁南偏东方约 21.5 n mile	干出珊瑚礁，呈现有诸多棕黄色珊瑚点滩，其上巨石在大潮高潮时没于水下
曼潘戈浅滩	巴端礁南东南方约 22 n mile 处	系一陡深的珊瑚礁，中央呈现有高 2 m 的点滩，该浅滩附近潮流为东南和西北流
拉温德礁	曼潘戈浅滩西北方 15 n mile 处	系一大的礁石，半潮时干出，礁上呈现变色海水，附近潮流为南东南流与北西北流
西迪斯卡韦里岛	曼潘戈浅滩西偏南方约 26 n mile 处	系一狭长 0.5 n mile 的干出礁脉，其上始终呈现变色海水与浪花，附近涨潮为西北流，落潮为东南流
迪斯科韦里礁	西迪斯卡韦里岛东北方 5.5 n mile 处	系一陡深的珊瑚干出礁，礁上呈现有大浪

表 7.5　卡里马塔岛以东水道空间分布

名　称	方　位	特　征
格雷格水道	位于佩讷班甘岛与珀拉皮斯岛之间、古隆群岛以东、拉亚群岛西方和八班岛东方	为往返于爪哇与坤甸之间的航道
珀拉皮斯群岛与布万岛之间水道	苏嘎岛与其南西南方约 8.6 n mile 的布万岛之间	不常有水道
内航道	马雅岛和佩讷班甘岛之间	该航道较卡里马塔海峡开阔处风浪小

海峡两岸：

卡里马塔群岛 位于卡里马塔海峡主航道北部东侧，由卡里马塔岛与塞鲁土岛以及诸多小岛和岩礁组成。其中，卡里马塔岛系群岛中最大的岛屿，该岛顶峰为贾榜山，高达 1 030 m,晴天时相距 48 n mile 可看见。岛东南岸敦古角与其东东北方 16. 5 km 处岛的东端瑟鲁奈角之间，岛岸曲折，近岸水浅，岸礁岩脉向海延伸达 2~3 n mile。瑟鲁奈角以南与南偏东5~6 n mile左右，分布有干出礁与险恶地。在瑟鲁奈角西北方 3 n mile 以内有险恶地，延伸距岸达 1. 2 n mile，上有干出滩。

据报，卡里马塔岛与塞鲁土岛之间有一深水道，该水道东侧有一水深不足 10 m 的水下沙脊，从卡里马塔岛南端敦古角向南延伸达 5 n mile，沙脊上呈现有浅绿色变色海水。

位于卡里马塔岛西北端西方约 0. 5 n mile 处的伯衮嫩岛，高 394 m，顶峰呈尖圆形，天气晴朗时，距此 32 n mile 即能看到。

塞鲁土岛位于卡里马塔群岛西南端，高 480m 的顶峰位于该岛的中央，岛岸为陡峭岩石岸。

勿里洞岛 位于卡里马塔海峡西侧，地处南海与爪哇海之间，婆罗洲西南、邦加岛以东，形似不规则四方形，其上地势低平，面积达 4 850 km^2，几座孤立的山体面积不大，最高点 510 m，大部分地区海拔低于 40 m。在平坦或略有起伏的地带有若干丘陵，而中央部分则为覆盖着茅草的无树平原。织鲁土克河系潮汐河流，有一段 11 km 长的河道可以通航。海滨多珊瑚礁、沙滩和沼泽，间杂有岩石和珊瑚礁海岸。它还包括 135 座小岛，其中，勿里洞岛东北部散布在达 30 n mile，宽近 10 n mile 海域范围内，由诸多小岛、沙滩与珊瑚礁构成的芒帕朗群岛；从艾尔马辛岛向东南方延伸的诸多岛礁称之为恰尔伏格群岛，各岛低平，树木茂密，群岛周围呈现有环礁和沙滩，诸多礁体陡深。

芒帕朗群岛与恰尔伏格群岛以东即是卡里马塔海峡；而勿里洞岛与门达瑙岛以西，即是加斯帕海峡。

港口丹戎潘丹位于勿里洞岛的西海岸。

海流、潮流 勿里洞岛近岸为日潮，潮流流向呈现为：南岸附近流向为西、东—东南；东岸附近流向为北—北西北；东北岸附近流向为西北、东南；北岸附近流向为西—西西北、东—东南。

该岛以东主要呈现为风生流，小岛与群礁之间狭窄水道中潮流加海流流速达 2~3 kn。

7. 巽他海峡

位置：

位于印度尼西亚群岛中的苏门答腊岛和爪哇岛之间。中心坐标 5°55′14″S，105°53′09″E。

归属类型：

边缘海-大洋连通型；岛间海峡；深水型海峡。

海峡特征：

该海峡沟通爪哇海与印度洋的航道，并与望加锡海峡、龙目海峡同为穿越印度尼西亚群岛，沟通两大洋的海上咽喉要道，非常适于大型舰船通航，占有十分重要的战略地位。

海峡地区处于地壳运动活跃地带，多火山活动，火山的剧烈活动不仅使喷发出的大量火山物降落到海峡和周围地区，而且改变了海底地形，呈现为狭窄水道，水深变浅，崎岖

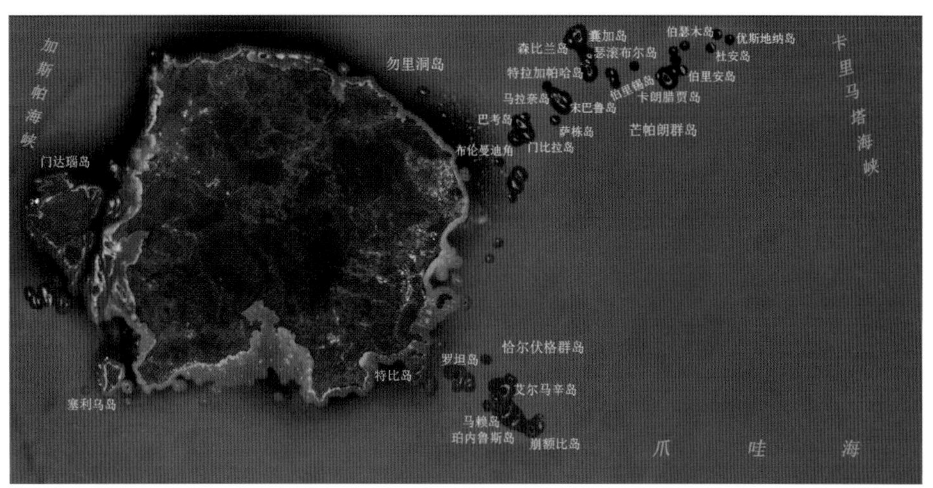

图 7.27　卡里马塔海峡东、西两侧的卡里马塔群岛与勿里洞岛及其附近群岛图像以及邻近优斯地纳岛实景

不平，据报，阻碍了 20 万吨以上巨型轮船的顺利通行。

沟通爪哇海与印度洋的水道，亦是当前美国海军所控制的全球 16 个海上咽喉要道之一。该海峡呈东北—西南走向，长达 150 km，一般宽 22~110 km，其东半部位于大陆架上，平均水深远远超过马六甲海峡，一般深度为 20~200 m，最大水深 1 080 m。非常适于大型舰船通航。来往于欧洲与香港、日本之间的舰船常常经此。

海峡内底质为 泥、沙、石与贝壳，非常适于潜艇的水下航行，但由于航道狭长，最窄处仅有 3.3 km，战时也极易遭到封锁。沿岸多浅滩与岸礁。岛屿多属于火山岛，主要分布在海峡的北侧，如塞芒卡湾口的塔布安岛、楠榜湾口的勒贡迪岛，以及海峡中部偏北的塞布库岛、塞贝西岛、拉卡塔岛与塞尔通岛等；西南口南侧的帕奈坦岛；邻近东北口处的居德芬群岛、散吉昂岛与登布朗岛等。

其中，位于海峡最狭窄处中间的散吉昂岛，将海峡分隔成两个航道，主航道靠近爪哇岛。

由于海峡水深，大于 50 m 的深水航道呈以狭长状，峡底多为泥、沙、石、贝质，因

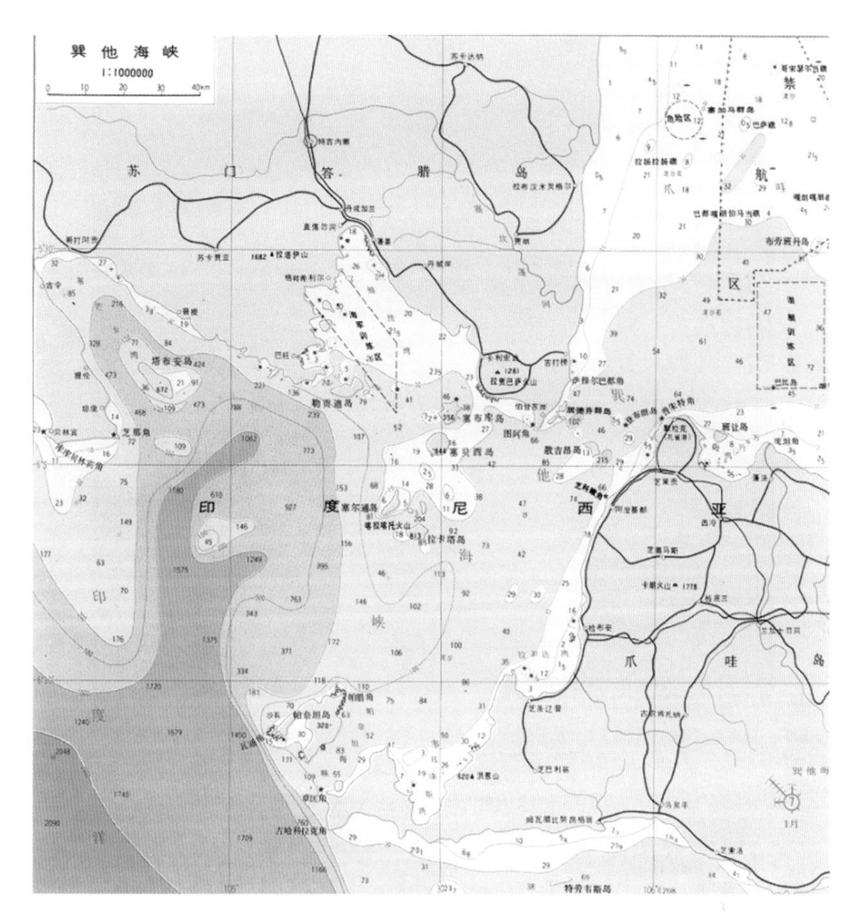

图 7.28　巽他海峡海图图示（朱鉴秋，1996）

而非常适于潜艇的水下航行，但由于航道狭长，最窄处仅有 3.3 km，最深可达 215 m。而靠近苏门答腊岛一侧的航道水深最深达 102 m 以上，但多分布有岛礁，流急，航道条件相对较差。战时也极易遭到封锁。目前，美国海军对巽他海峡的使用日益增多，它已经成为美海军往来于太平洋和印度洋之间的重要海上航道之一。也是北太平洋国家通往东非、西非或绕道好望角到欧洲航线上的航道之一。

海峡东北口　以爪哇岛的普朱特角与苏门答腊岛的萨穆尔巴都角之间连线为界，即位于散吉昂岛与登布朗岛之间，东北接爪哇海，其窄约 26 km；两岛间通道的东侧宽阔水深，而海峡北口的塞贝西岛与塞布库岛之间，以及塞布库岛与苏门答腊岛之间均为航行通道。

海峡西南口　位于爪哇岛西南端古哈科拉角与其西北方 69 n mile 的巴林宾角之间。西南口南部为深水区，西南接印度洋，宽达 130 km。北部有一水深达 50 m 的沙洲，该沙洲从本库伦半岛南端向南延伸 25 n mile，而后突然下降至水深 200 m 以上。而中部水深达 1 890 m,再纵深于海峡内，水深趋向于 100 m 以浅。出西南口可从帕奈坦岛两侧通过。

位于海峡偏北中央处的散吉昂岛水深大于 75 m，并有一水深小于 35 m 的沙洲，从该岛向西南延伸达 7 n mile。

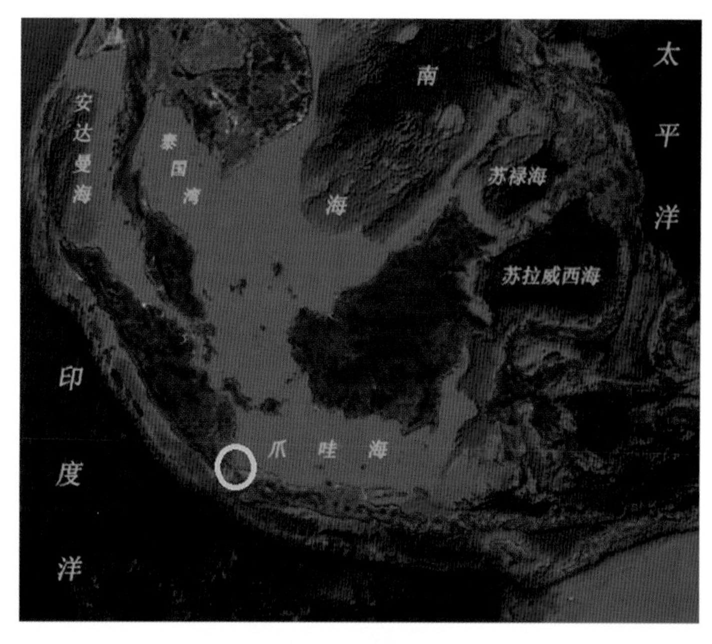

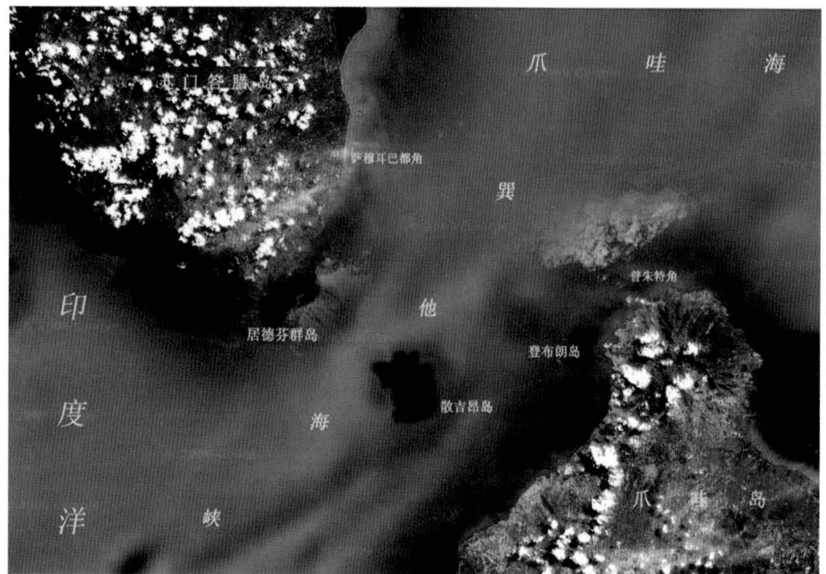

图 7.29　巽他海峡卫星遥感信息处理图像及其实景

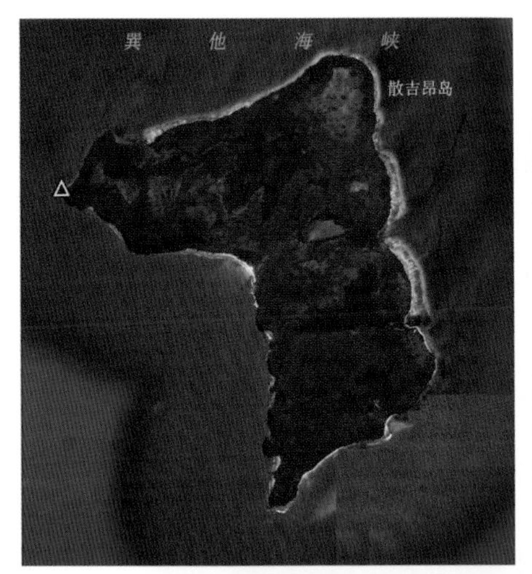

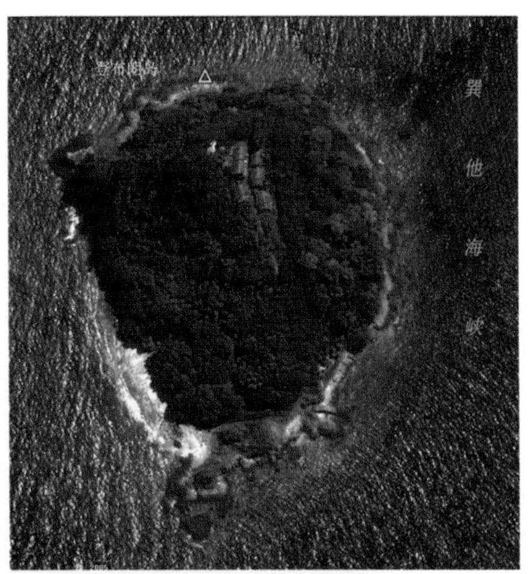

图 7.30　巽他海峡北口中散吉昂岛、登布朗岛、苏穆尔群岛卫星遥感信息处理图像

该海峡中的斯特伦礁，系一适淹礁，位于散吉昂岛西端北西北方 2 n mile 处，该礁上常有浪花，环该礁 0.33 n mile 外，水很深。该礁附近呈现有强涡旋与变色海水。据报，该礁北东北方约 0.5 n mile 处，有一 17 m 浅水深。

该海峡北部东侧的温索礁，系位于散吉昂岛北端东北方 4 n mile 处的暗礁，水深 3.6 m，礁边缘陡深，在这里呈现有变色海水与急潮流。

水文　海峡内流的方向多变，尤其在西南季风期间。海峡中混合潮，最大潮差 1.4 m；涨潮流流向东北，落潮流流向西南，流速 0.5~1.3 kn；在强西南流时，海峡北口产生激潮；风生流沿爪哇岛北岸流经海峡入印度洋。巽他海峡的海水既淡且暖，海峡水温为 25~29℃，盐度冬季为 30~31，夏季为 33~34。散吉昂岛以东潮流呈现东北与西南流。

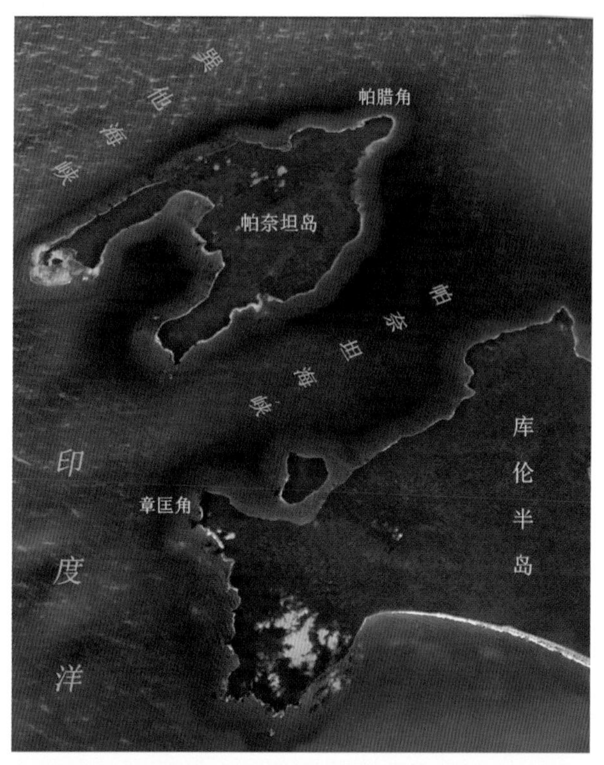

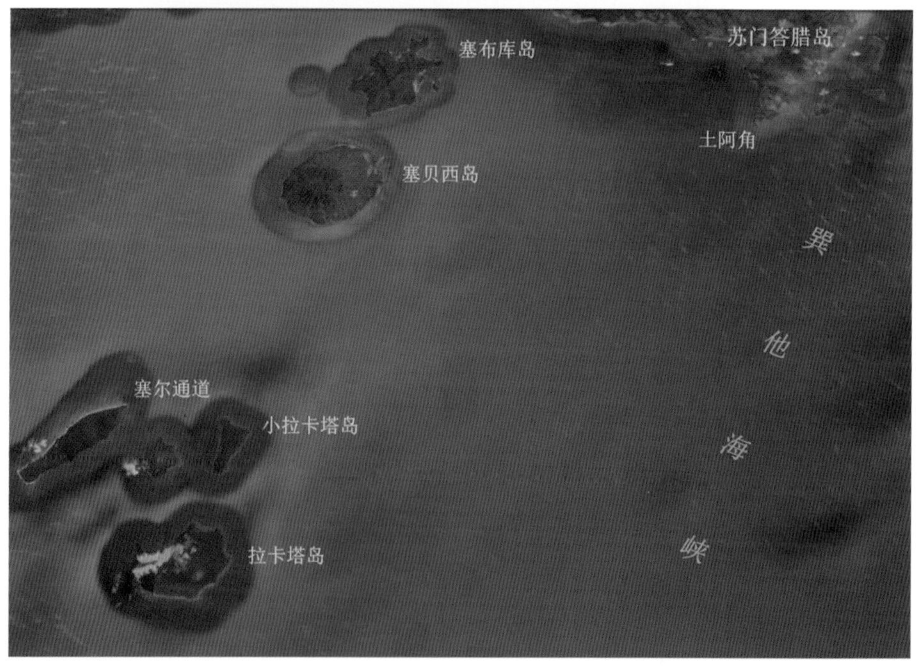

图 7.31　巽他海峡南口的帕奈坦海峡与巽他海峡西北侧的塞布库岛、塞贝西岛、小拉卡塔岛、拉卡塔岛、塞尔通岛等卫星遥感信息处理图像

气象 这里属热带雨林气候，年平均气温约25℃；8、9月为东南季风，10—12月多西南—西风，12月至翌年3月多西风；年平均降水量为1 770~1 915 mm；季风期可出现平流雾。

另有，帕奈坦海峡，该海峡位于库伦半岛与帕奈坦岛之间，东北—西南走向，长20 km，北口宽17. 44 km，南口宽7. 61 km，为一航行通道。

海峡两岸

该海峡东南部海岸系基本平直的爪哇岛海岸，靠西南段分布有拉达湾与韦耳康斯湾，中段为平原海岸，地势较高的南、北两侧山地岸段，则丛林密布；海峡北侧的苏门答腊岛东南岸海岸呈现曲折，海岸地势逐向海底倾斜，沿岸多山地、丛林密布，楠榜湾与塞芒卡湾分布其间。内陆纵深分布有几个山峰。

帕奈坦岛 系巽他海峡中最大岛屿，位于帕奈坦海峡的西北侧，其东北端帕腊角位于6°31′26″S，105°15′59″N。岛上除西南部外，多山丘，树木茂盛，位于该岛东岸的拉克萨山为全岛最高山，目标显著。

散吉昂岛 位于巽他海峡狭窄部的中央，该岛西端坐标5°57′02″S，105°49′47″E。呈直角状，南—北长4. 74 km，东—西最宽3. 54 km。岛的西南部一些山丘最高达155 m，岛上植被茂盛。环岛东、北岸呈现有狭窄的岸礁，东南岸礁脉向外延伸达0. 28 n mile，西南岸中部礁脉向外延伸约0. 1 n mile。从该岛向西南延伸的水下浅滩长达7 n mile，水深13~36 m。据报，该岛南西南方5 n mile处有一海底火山。另，该岛西北侧和南侧很强的西南流引起强激潮，而后在西南侧海湾形成涡流。

登布朗岛 位于散吉昂岛北端东东北方约5 n mile处，系一陡峭岩石岛，其北端坐标为5°54′02″S，105°55′52″E。该岛南—北长0. 29 km，东—西宽达0. 17 km，岛顶高达70 m，植被茂盛。环岛0. 3 n mile外水很深，东岸陡峭，西岸呈现缓坡。

邻近巽他海峡西北侧，即土阿角西南侧，楠榜湾口外，呈现有从北向南分布的塞布库岛、塞贝西岛、小拉卡塔岛、拉卡塔岛、塞尔通道等小岛。

附近港口 直落勿洞港、潘姜港、默拉克港、芝万丹港和拉布安港等。其中，有的为军、商两用港。

8. 马六甲海峡

1）概述

马六甲海峡系大陆与岛弧间海峡，位于马来半岛与苏门答腊岛之间，呈西北—东南走向，该海峡连接安达曼海到南海和爪哇海，系沟通太平洋与印度洋的咽喉要道。海峡长达805 km，西北部最宽370 km，东南部最窄处只有37 km。主要最窄处仅宽约2. 8 km，通过的浅水深约25 m。

①马六甲海峡的重要性。

马六甲海峡在经济或军事上均是重要的国际水道与重要的海上航线，并是世界上主要交通瓶颈，为西亚石油到东亚的重要通道，一些经济大国常称马六甲海峡是其“生命线”。每年约有5万艘船只通过马六甲海峡，据估算这数字在20年后将增加一倍。占世界海上贸易的1/5到1/4的份额。世界1/4的运油船经过马六甲海峡。

②马六甲海峡面临的问题。

海峡通道狭小 马六甲海峡南部出口，一条在新加坡南部水域的水道只有2. 8 km宽，

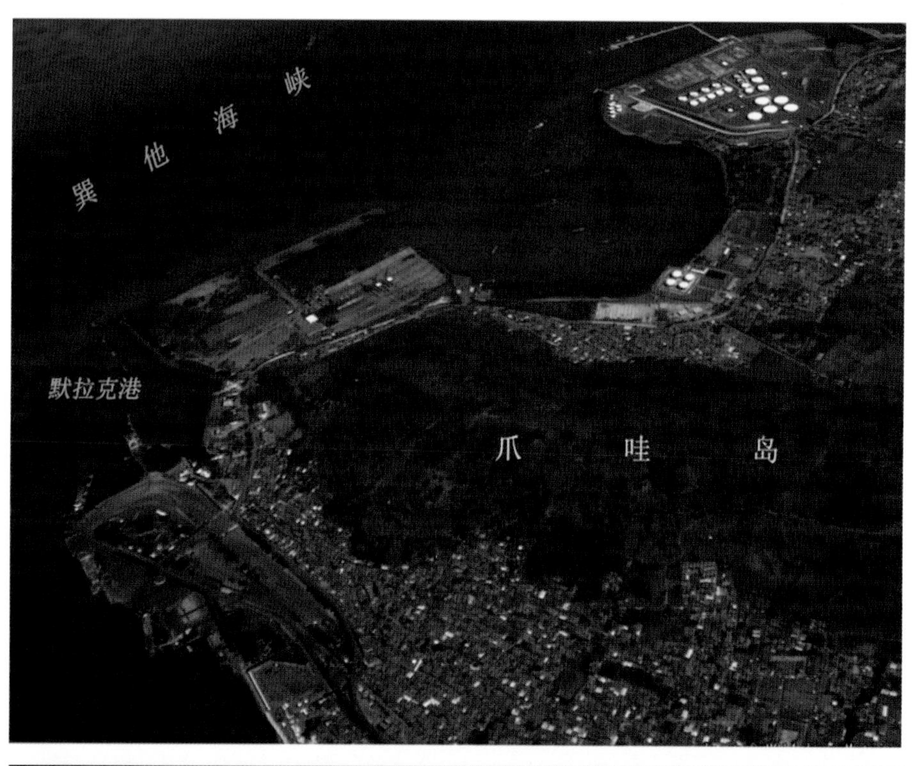

图 7.32　巽他海峡北口东侧爪哇岛沿岸上默拉克港与芝万丹港卫星遥感信息处理图像

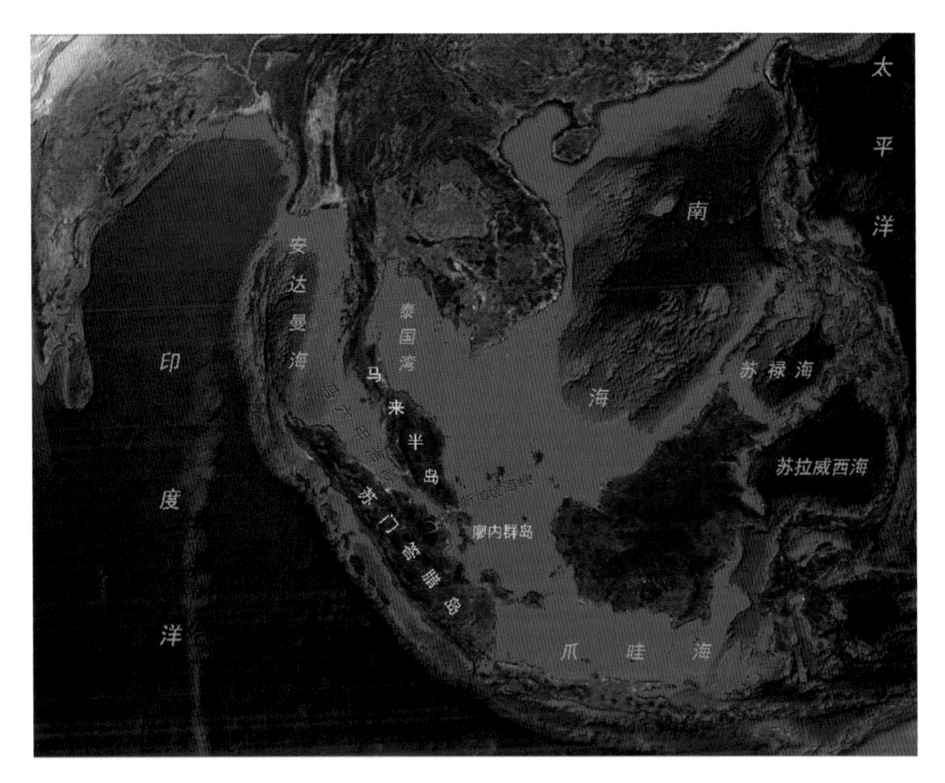

图 7.33　马六甲海峡地理区位卫星遥感信息图示

系整个马六甲海峡的瓶颈，具有重要的战略意义。

海盗猖獗与恐怖威胁　该海峡中星罗棋布的数以百计的无人居住小岛上，长满了红树林，提供了无数隐藏的各种罪犯。

印尼造成的烟雾　每年阴霾引起的森林大火肆虐着苏门答腊岛，降低能见度达 200 m，迫使贯穿于狭窄拥挤的船舶航行很慢。

③马六甲海峡及周边地质地貌。

马六甲海峡及其北部马来半岛和南部苏门答腊岛位于巽他陆架上，水深较浅。其南部苏门答腊岛是印尼最大岛屿，南北长约 1 790 km，东西最宽 435 km，面积 $4\ 314\times10^4\ km^2$。苏门答腊岛沿海地区沼泽广布，岸线曲折，南北绵延约 1 000 km，面积约 $15\times10^4\ km^2$，有些沼泽深入内陆达 240 km，浅滩及渔网分布较广，系东南亚最大的沼泽地带。

苏门答腊岛西南侧位于印澳板块和欧亚大陆板块交接带上，由于板块的俯冲形成了巽他海沟，明打威群岛以及巴里桑山脉是全球地震、火山活动最为活跃的地带。2004 年 12 月和 2005 年 3 月连续两次 9 级大地震均发生于此。

马六甲—新加坡海峡海底平坦，多为泥沙质，水流平缓，容易淤积，水下有数量不少的浅滩与沙脊，海床均是沙脊地形。马六甲海峡和新加坡海峡的航道宽窄不一，曲折多弯，马六甲主航道是沿着马来半岛一侧，仅 217 ~ 316 km，航道的最窄处在东岸波德申港附近浅滩处，宽约 2 km。航道水深 25 ~ 70 m 不等，航道内多浅点、沉船、暗礁和浅滩。

④马六甲海峡地理环境要素与类型属性。

马六甲海峡兼属于多类型性。在地质地理特征上，属大陆-岛弧间，自然形成的海峡水道；在经济地位上，属航运价值顶级的国际咽喉要道；依国际法律，属国际航行海峡；在功能作用上，属可转型性海峡。

马六甲海峡涉及地理区位的稳定性、固有地缘的非选择性、海峡战略的高端博弈、国家利益的纠葛和约束性、海峡通行的安全困境等特点。

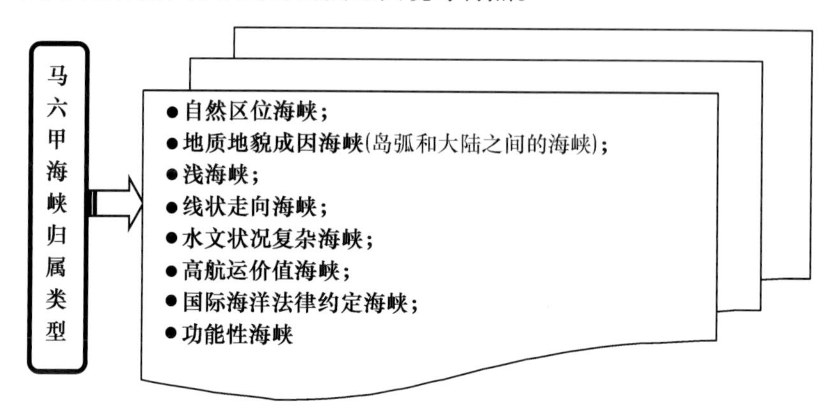

图 7.34　马六甲海峡归属类型划分

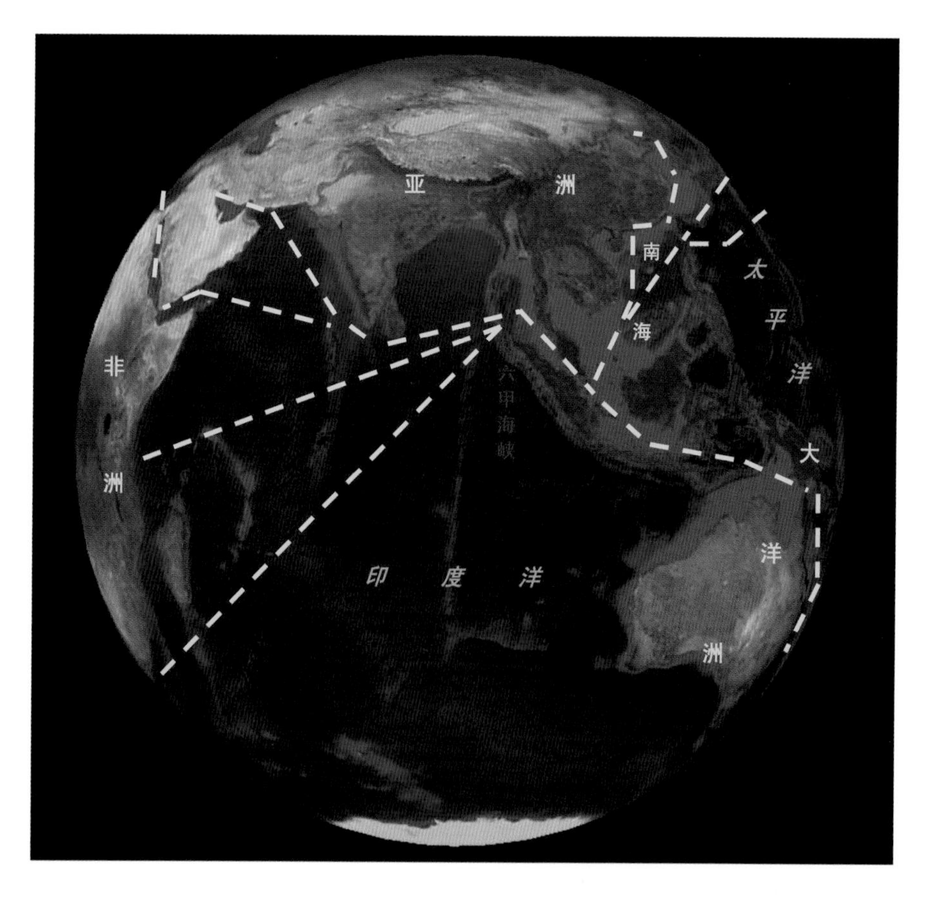

图 7.35　穿越马六甲海峡航线图示

⑤马六甲海峡概化模型。

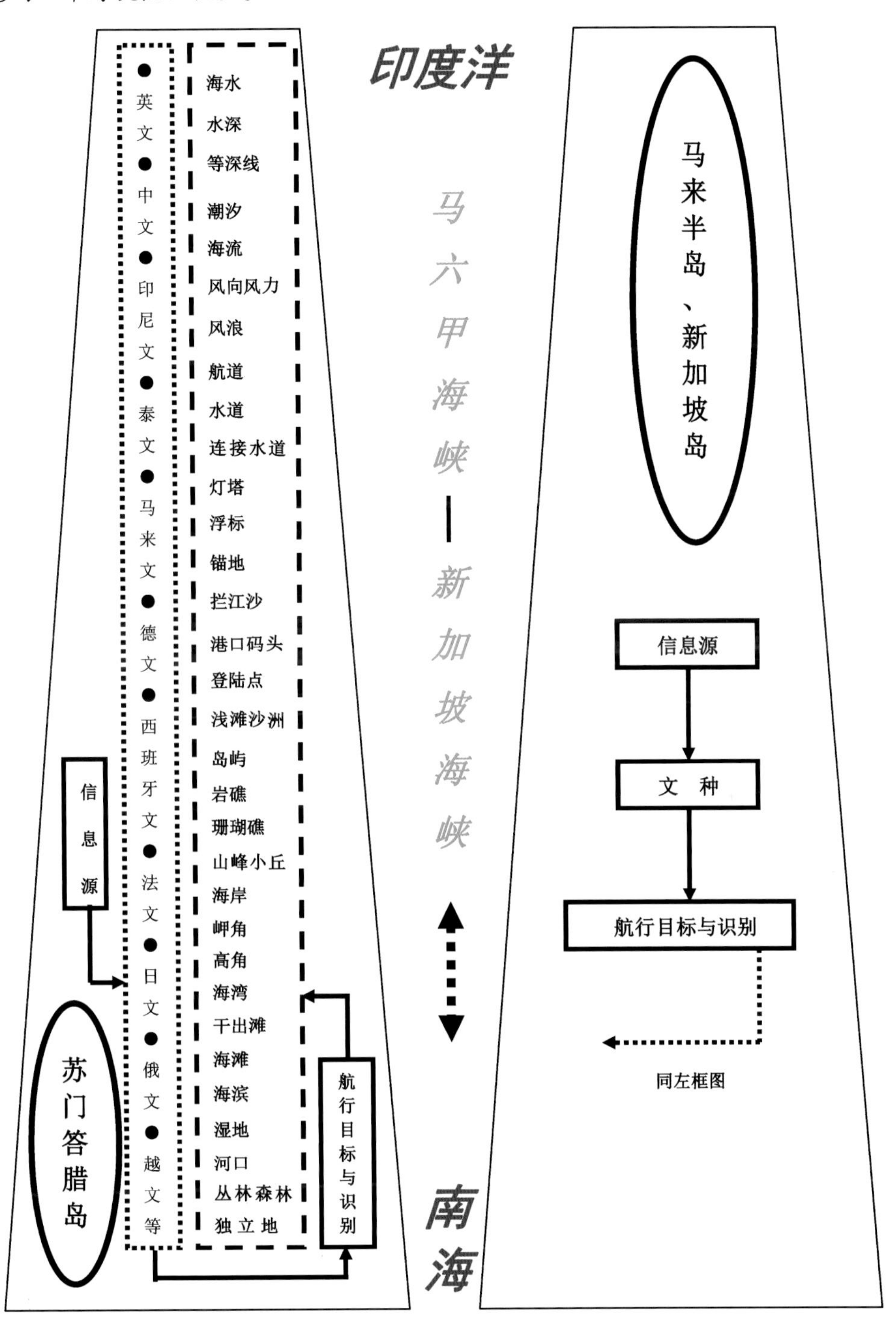

图 7.36 马六甲海峡-新加坡海峡概化模型

⑥马六甲海峡自然状况。

潮汐、潮流 马六甲海峡海底地形效应，产生强潮流以致形成大而均匀的高度在4~7 m之间海底沙波，大沙坡波长在250~450 m之间，沙波与水流成直角方向。此外，与潮流平行的方向上还有大而长的海底沙脊。

马六甲-新加坡海峡的潮流为往复流，顺水道流动，涨潮时流向为东南向，落潮时流向为西北向，流速涨落潮相同，最大流速为2.2 kn，涨潮时间和落潮时间，基本上相同，为6 h左右，具有规则半日潮流的性质。在新加坡海峡，涨潮流向西南，流速为1.1 kn左右，落潮流向东北，流速较大，为1.1 kn。新加坡海峡因受南海和印度洋海水交换的影响，涨潮时流向为西南向，落潮时流向为东北向，流速在1~2 kn之间。对此，如下参考了俞慕耕（1987）所论述的马六甲海峡水文特点。

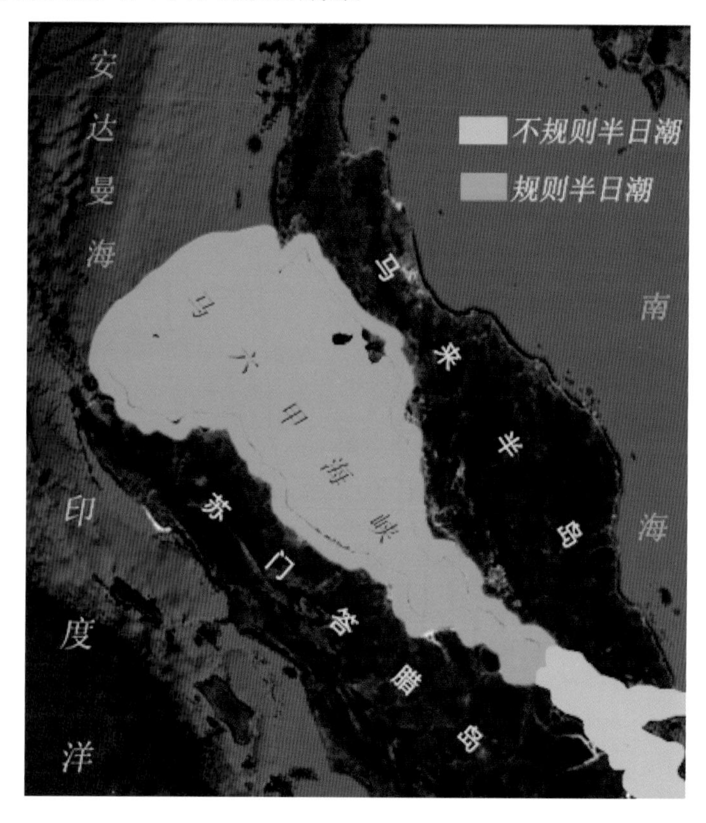

图7.37 马六甲海峡潮汐类型分布图示

南海的日潮波从海峡东口传入，由东向西传播，同潮时线由东向西推迟。海峡中的潮差，以中部巴生港和巴眼亚比附近为最大，最大潮差为大于9 m，向海峡东、西口两端减小，到海峡两端为小于3 m。平均潮差的分布亦是中部大，大于9 m，向海峡两端逐渐减小。

海流 马六甲海峡大部分地区位于受印度洋、南海等季风系统影响，大部分海流均为风生流，在季风转换数周内，海流随之变换方向；在该地区的北方和西方是印度洋的相对较快和较稳定的海流。即海流无论在流向和流速方面都是变化多端的，即使是处于往复变化的季风范围以外的南部地区也是如此。在特定情况下，海流的流向甚至可能相反。

该海峡水流主要运动方向受潮流影响，西北向流占优势，在东北季风期，南海的南向海流部分绕过马来半岛南端，流向西北穿过马六甲海峡。11 月至翌年 4 月流向较稳定，南北流频率占 33%~66%，5—8 月流向稳定性差，西北流频率约占 33%，流速为 2 kn 左右。但据报，曾有各种流向的海流，全年流速 1 kn 左右。在海峡东口，靠近新加坡附近海域，由于岛屿较多，水道纵横交错，海流较复杂。海峡西口通常有 1~2 kn 西北向海流。东北季风期，东口附近流向向南，西口附近的北部，流向西南。西南季风期，东口附近流向偏北，西口附近的北部，流向偏东或东南。海峡内，一年四季为西北向流，流速冬季较大为 0.5~1 kn，夏季较小，0.5 kn 左右。

韦岛与普吉岛附近海域，水道宽阔，岛屿少，海流主要为西北向，速度 1~2 kn，在西南季风期流向偏东南，海峡内部与海峡东、西口受季风影响不同，此区域全年为西北向海流，流速在 0.5~1 kn 之间。

西马来西亚和苏门答腊岛的东方，在东北季风期，有一股南向海流，而在西南季风期，有一股北向海流。伴随东北季风的海流，在二月要比该季的任何其他月都强而稳定。

马六甲海峡较浅，大部分地区的水深小于 73 m，水流的主要运动方向受潮流的影响。一年之中的海峡里西北流略占优势。在东北季风期，南海的南向海流部分绕过马来亚半岛的南端，穿过马六甲海峡流向西北。在西南季风期，流经卡里马塔海峡进人南海海流部分分支向西北流入马六甲海峡。在 4 月和 10 月风向交替期间，也存在这种西北海流，但在这段时间里，西北流比较弱而且不稳定。

在冬季一些月份里，海峡内 03°00′N 以北地区有一逆时针环流。在交替期的 4 月，环流减弱。而当西南季风形成时，即在 6—10 月期间，同一个地区内可能产生一个顺时针环流，尤其在八月期间势力最大。所涉及的海区里，有三股主要的海流。从北到南，有西向的东北季风风生流，东向的赤道逆向流和西向的赤道海流。

海浪　在马六甲海峡海面几乎常常是小浪，或者轻浪，有时形成短时间的中浪和大浪。在海峡的北口处和南苏门答腊岛外方，从 5—9 月之间，有 5%的时间有大浪。

马六甲海峡里的涌浪没有明显的盛行方向。全年之中，在正常情况下，都为小涌浪，只有极少的时间是中涌浪。

据多年船舶气象报告海浪资料统计，海峡的平均波高为 2 级（0.5~0.7 m），平均涌高为 3 级（0.8~1.0 m），最大波高为 10 m，出现在 10 月份，次大波高为 8 m，出现在 7 月份。海峡中的海浪方向与风向基本一致，每年 11 月至翌年 4 月，浪向以北和东北向为主，风浪频率为 37%~86%，涌浪频率为 47%~88%。风浪浪高为 0.5~0.9 m，涌浪高为 0.8~1.4 m。风浪周期为 2.1~3.8 s。涌浪周期为 6.7~7.5 s，最大浪高为 6.5 m，浪向为东北。大于或等于 5 级以上大浪频率为 2%~8%，5 级以上大涌频率为 7%~24%。6—9 月份，浪向以东南、南和西南向为主，其中以南向浪最多，风浪频率占 42%~49%。在海峡内常有风暴，短时内产生狂风暴雨。

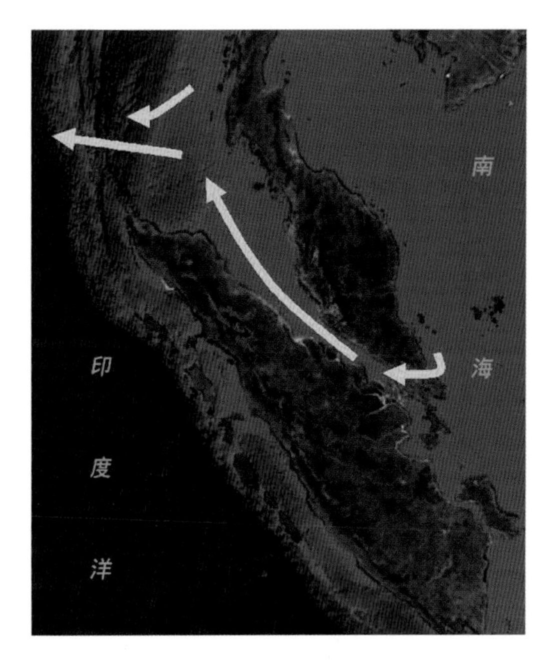

图 7.38　马六甲海峡海流流势（2 月）

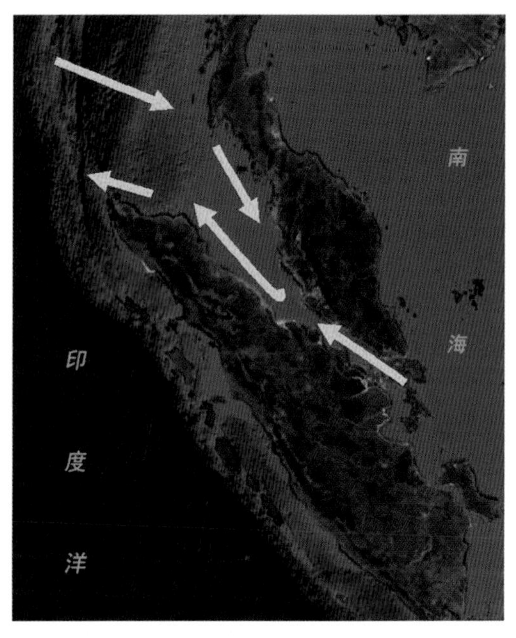

图 7.39　马六甲海峡海流流势（8 月）

若将海峡内划分为海峡东部、中部和西部三部分，由计算得知，年平均波高，中部最小，西部次之，东部最大。波向冬季以西北至东北向为主，东部 12 月至翌年 3 月份涌浪较大。夏季海峡东部盛行偏南浪，其他海区为东南浪。

海面温度　海峡海面平均温度从 5 月到最低温度的 2 月为 29～27℃之间。一般来说，海面温度比其上空的气温稍为高些。

马六甲海峡的水温终年较高，月平均水温为 27.90～30.50℃ 之间，海峡季节变化不大，年较差为 2.6℃。

水温的垂直变化表现在，因海峡东部，水较浅，冬季垂直混合作用较强，夏季波浪较大，尤其是涌浪，致使冬夏两季的水温垂直分布趋于较均匀的状态。唯有海峡西部局部海区，水比较深，对流混合作用，限于上层海水，因而冬季水温出现上下分层现象，有跃层出现，但强度很弱，为 0.05～0.06℃/m。水深 30 m 或 40 m 深度以下，水温又趋均匀。

水温和气温的变化，全年是相同步的。但海峡的水温略高于气温，这与特定的海峡的自然地理环境有关。在海峡的西北面有马来半岛，西南面有苏门答腊岛，岛屿的辐射冷却快，海洋来得慢，冬季南下的北方冷空气受马来半岛阻挡，海峡犹如盆地一样，水温就比气温高。到夏季，气温升高了，水温和气温就差别不大。

盐度　马六甲海峡的盐度，由于受大量降水的影响，盐度不大。月平均盐度为 28.48～32.19 之间，季节变化较大，年较差为 12.70。

盐度的垂直变化与水温相似，海峡大部分区域冬、夏季盐度垂直分布比较均匀，只有部分海区在冬季 2 月份 30 m 以上盐度有分层现象，但跃层很弱，40 m 以下盐度仍为垂直均匀。

海峡内盐度的季节变化与降水量的季节变化，基本上相一致，在数值上二者成反比。

密度与透明度 海峡的密度，月平均为 17.24~19.74 之间，季节变化不大，年较差仅为 2.50。密度的垂直变化与盐度的垂直变化相一致，部分海区出现密度的分层现象外，但跃层的强度很微弱，仅 0.08，其他区域无论冬夏季均为上下垂直均匀。

海峡的透明度良好，一般小于 20 m。

气候和天气 所涉及的地区位于赤道低气压范围内，是一种典型的热带气候。气候最突出的特征之一是气候单调，而日变化比季节变化明显。在季风转换期，雨多而阳光少，缺乏季节差别和变化。几乎天天有雷雨和风暴。一般说来，较好的天气是在 1 月至 3 月期间，此时雨量和云量都比一年中的其余月份为少，风暴也不经常发生。

2）马六甲海峡中马来半岛区段港湾空间融合信息特征

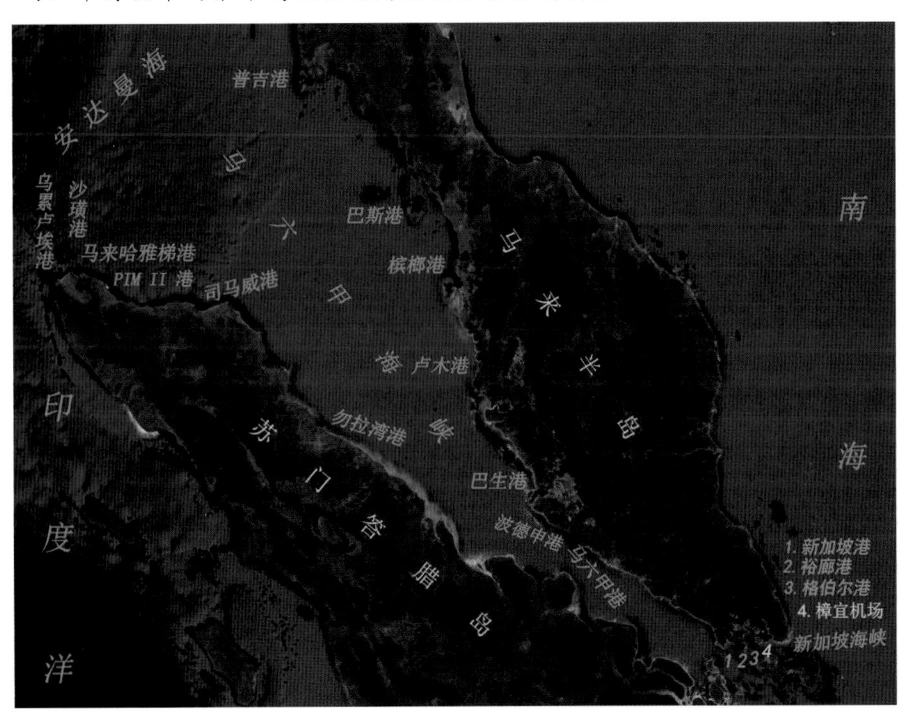

图 7.40　马六甲海峡港湾空间分布图示

①普吉港及附近。

普吉港介于潘瓦角与帕帕角之间，潘瓦角北北东方约 2 n mile 的达宝内岛和该港口外方及附近有一些岛屿。潘瓦角东南东方约 12.5 n mile 处，为高 66.4 m 的考卡岛，其上有茂密的树木。全岛除其东侧外均很陡，东面水深 14 m。该岛北方约 3.2 n mile 处为干出 1.8 m且陡峭的木桑礁，该礁西北方 1 n mile 处，有一水深小于 1.8 m 的疑位礁。

岛的北北东方约 2.2 n mile 的帕帕角之间。

潘瓦角东南方约 4.5 n mile 处为披披岛，岛高 89.3 m，岛上有茂密的树木。从岛的南端向东南方延伸约 0.6 n mile 的沙嘴水深 4.2 m。岛的东北侧有一沙湾。岛的北端为低沙地，其北面附近还有一适淹礁。潘瓦角东方 7 n mile 处为高 67.3 m 的乡迈岛，四周几乎是垂直陡岸。潘瓦角东侧陡峭，有一沙嘴向西南延伸约 0.2 n mile，其上有一干出礁和一些暗礁。考卡岛西方，通过披披岛和多迈岛之间的有一条水道通往普吉港。

达宝艾岛 该岛东北端位于 7°49′47″N，98°25′09″E；其处于潘瓦角的北方约 1.5 n mile处一个水深 1.2~5 m 的浅滩中部。岛高 110.6 m，形似不规则东宽西窄长条形，东—西长1 046 m，中间南—北最宽达 643 m。周边呈现高反射率的沙质滩，岛的边缘有一礁，从南端向东南方延伸 0.15 n mile，在其外边缘上，有一干出礁。有一其上水深 5.4 m 的岩质点滩。

该岛与普吉岛被一条狭窄的水道分开。有一突堤码头，从达宝内岛西南方约 1.5 n mile的格累角向东方伸展到水道中，其端部水深约为 8.2 m。

达宝内岛 该岛北端位于 7°50′12″N，98°25′26″E；其处于达宝艾岛东北约 0.2 n mile 处一个水深小于 5 m 的浅滩上。呈南—北走向，形似长萝卜状，长 656 m，中间宽达 263 m，岛上呈现低反射率的茂盛植被信息。达宝艾岛和达宝内岛之间的中央最小水深约 6.1 m。

帕帕角为另一岛的东南端，狭窄的塔津河把该岛与普吉岛的东面分开。

潮流 在普吉岛东侧与尧艾岛之间，潮流为南北流，流速为 2~3 kn。

②巴斯港。

该港介于凌家卫岛南侧和达杨奔丁岛西北侧之间，为中等吃水的船舶良好的避风锚地，锚地为软泥底，锚抓力良好。港的北侧萨哇角至其东北方约 5.5 n mile 处，是连续的岩石角并交错着一些沙湾或泥湾的海岸，腹地是群山，最高的山达 288 m。港湾的湾顶有一沙滩，其边缘为向外干出 0.25 n mile 的泥滩。

该港西南入口，系从西南进入巴斯港有两个入口，西入口介于北侧的萨哇角和南侧的根多格及尔岛及根多伯萨尔岛之间，而南入口是位于达杨奔丁岛西南侧和其西方约 1 n mile的锡额伯萨尔岛之间的达杨奔丁水道。这两个入口在锡额伯萨尔岛东北方汇合。

托克卡耶阿伦水道和新邦地嘎水道，分别介于根多伯泸尔岛和其南方约 0.35 n mile 的贝拉斯巴萨岛之间及该岛和锡额伯萨尔岛之间，但这两条水道比上述的主要水道既狭窄又曲折。

根多格及尔岛位于萨哇角西南方约 1.3 n mile 处，高 61 m，根多伯萨尔岛位于根多格及尔岛东方 0.15 n mile 处，高 126.4 m；两岛上均为树木茂盛，并且大部分海岸线为陡峭岩石岸。贝拉斯巴萨岛高 251.4 m，岛顶轮廓分明。该岛大部分被浓密的丛林覆盖；西侧陡峭多岩，北侧和东侧有一小而平坦的沙滩，其外侧有珊瑚礁。

锡额伯萨尔岛 该岛西端位于 6°12′28″N，99°43′16″E；东隔达杨奔丁水道与达杨奔丁岛相望。形似不规则状，岛岸曲折，主体呈南—北走向，长 5.98 km，东—西最宽约 2.77 km。岛上多山且被茂密的丛林覆盖，其南端附近高达 307.8 m。岛的南端构成一个半岛，高 166.1 m，半岛与主岛由一低洼狭窄的地狭相连接。岛岸大都陡峭多岩，但在北侧和东侧有一些湾，湾顶有红树丛林。祖巴岛高 31.3 m，位于上述半岛南端的根丁角东南方 0.45 n mile处。

达杨奔丁岛 该岛北端位于 6°17′44″N，99°50′04″E；巴斯港以南处。该岛呈不规则长三角形，东北—西南走向，长 14.31 km，北窄南宽。岛岸曲折，有许多崎岖不平的石灰岩高峰，最高部分在西南端附近，该处的平顶山峰高达 498.3 m。该岛与其东方的都巴岛之间，为都巴水道。都巴岛高 300.2 m。岛上部分被茂密的丛林所覆盖。两岛的南侧和

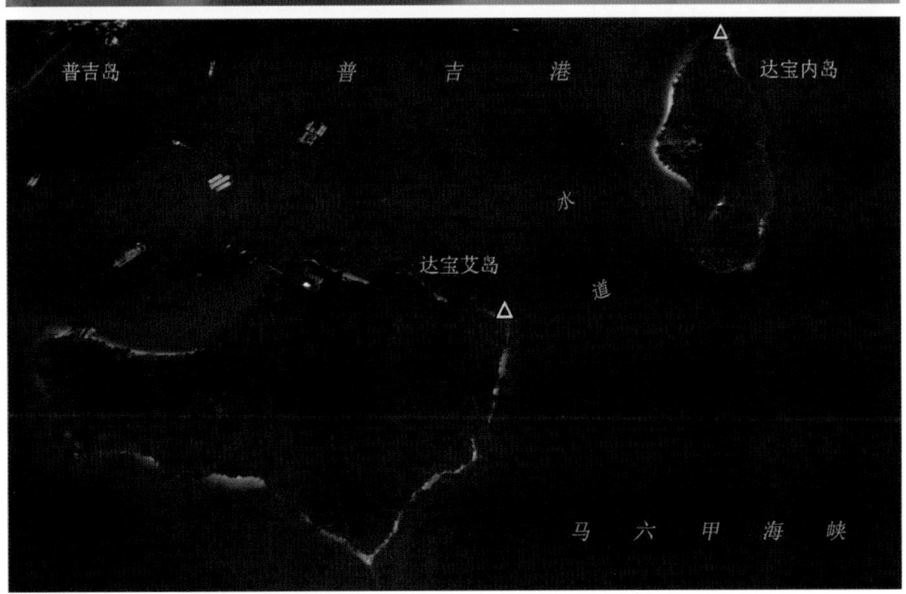

图 7.41　马来半岛西南区段普吉港、达宝艾岛、达宝内岛卫星遥感信息处理图像

东南侧的边缘，有其上水深小于5 m的浅滩，在浅滩上有一些具有同样陡峭和丛林茂密的小岛；巴拉尔岛是南侧最外面的岛，在东南侧有一些崎岖不平的小岛。

该港西入口，有乌拉尔岛，该岛由位于萨哇角东方约0.75 n mile处的沿岸浅滩外缘的礁脉上两个高分别为30.5 m和33.5 m的小岛组成；该岛南端的东方约0.2 n mile处，有一其上水深0.6m礁体。色朗岛位于乌拉尔岛南方约0.28 n mile处，高33.5 m；该岛东南方约0.22 n mile处，有一干出1.2 m的礁脉。色朗岛南方约0.7 n mile处、西入口的南侧，有一其上水深2.2 m的岩礁。

拉朗岛，位于萨哇角和其东北方约2.6 n mile处的格拉角之间的从北岸延伸的浅滩的外缘，高51.8 m。

有两个其上水深小于5 m的浅滩，从达杨奔丁岛西北侧向外延伸约1.2 n mile。杰尔滚伯萨尔岛，又名肯特拉岛高70.1 m，杰尔滚格及尔岛，又名杰欧康姆岛高42.7 m，分别位于拉朗岛东端东南方约0.85 n mile处和东方约1.3 n mile处的浅滩的西南方边缘的外方。在杰尔滚格及尔岛西南方附近，有一其上水深为2.7 m的浅滩，在该岛的东北方附近有一些高15.8 m岩礁，还有一些其上水深5.4 m的点滩位于杰尔滚格及尔岛的东北方1.5 n mile范围内。

达杨奔丁水道　又名铁松海峡。水道南端的中部被一广阔的泥滩，泥滩上最小水深为3.6 m。位于该泥滩的西侧外方约0.2 n mile处，即位于根丁角东北方1.2 n mile处的锡额伯萨尔岛东南端的巴嘎哈尔角的东北方约0.9 n mile处，有一其上水深4.5 m的孤立点滩。

卡尼斯特礁，是一高22.8 m的四方形礁，在入口东侧岛礁群中最外方，位于达杨奔丁岛外侧即祖巴岛东南东方约2.7 n mile处。在海峡东侧，卡尼斯特礁的北方分别为2.3 n mile和2.8 n mile处，为高179.8 m的古古斯岛和高140.2 m的巴都美拉岛。

古阿水道　该水道是巴斯港的东入口，位于西面的都巴岛东侧及达杨奔丁岛的东北端和东面从巴斯港东侧向南南东方延伸的岛链之间，有一其上最小水深2.1 m的浅滩，向外延伸，几乎横过入口，在其西侧留下一条狭窄的水道，在其北端最小水深为4 m。

古阿水道南入口处，有高20.1 m的色朗伯萨尔岛和高21.3 m的色朗格及尔岛，两岛分别位于都巴岛南端的拉米角的东南东方0.45 n mile处和东北东方0.55 n mile处。有一干出2.1 m的岩礁，位于色朗格及尔岛东北方约0.35 n mile、距岸0.25 n mile处。

在水道南端有一些小岛，位于都巴岛东端的派洛鲁角东南东方约0.5 n mile处，其中最外边的岛高59.4 m。在该岛北方附近，坐落在同一个浅滩上，为高67.1 m的尼欧尔色达里岛，该岛东北方约0.25 n mile处为高50 m的恩冈岛。

位于派洛鲁角的东北方约0.5 n mile处，有一高36.6 m的小岛。位于都巴岛北端的班丹角东南东方约0.65 n mile处，为高25.6 m的林当加兰岛。

潮流　巴斯港的潮流在槟榔港高潮前5 h至高潮时，流向东和通过古阿水道流向南；在槟榔港高潮后1 h至高潮前6 h，流向西和北；大潮时，流速不超过1 kn，小潮时，流速很弱且无规律。

③凌家卫岛。

该岛北端位于6°28′37″N，99°49′35″E；特鲁陶岛与达杨奔丁岛之间，北隔凌家卫海峡与特鲁陶岛相望，南侧为古阿水道。该岛呈现不规则状，东—西走向，长32.03 km，中间南—北宽约 18.64 km，岛岸曲折多湾，岛上多山，岛的中央岛顶附近拉亚山高 880.2 m，山峰常常被云遮蔽。马津章山从岛的西岸突起，山岭是显著的陡峭的悬崖绝壁，其最高点是山岭中部的山顶，高 733 m，在岛西北端的津津角的东南方约 2.7 n mile 处。该岛中北部植被茂盛，其西南侧湾顶以上，为相对低平地势，附近有一机场。位于津津角东方约 8 n mile、距岸 1.5 n mile处希焦岛高 107.8 m。凌加卫岛的北端格马仑角高 115.5 m。岛上树木茂盛。

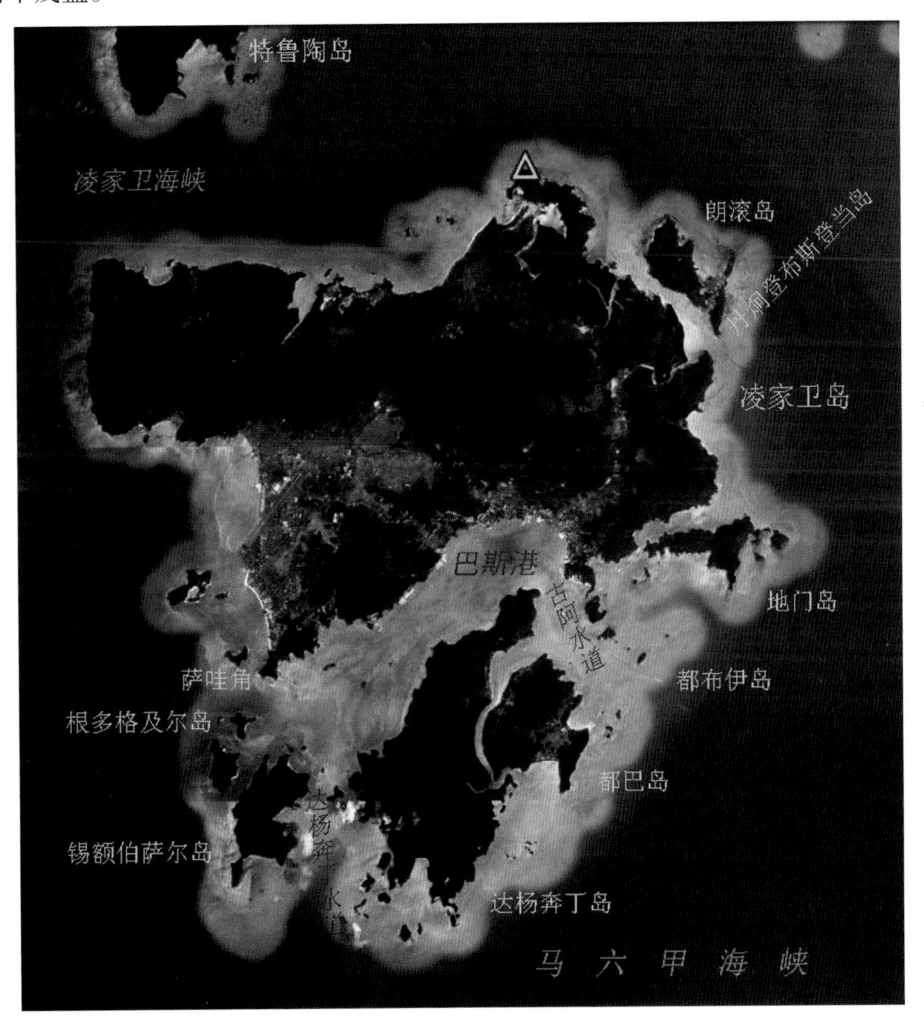

图 7.42　马六甲海峡马来半岛西南区段凌家卫岛及附近卫星遥感信息处理图像

凌家卫岛北岸，系从津津角向东约 1.7 n mile 至达泰湾之间的海岸为多岩石陡岸，有一背靠沙滩的海湾。达泰湾背靠沙滩，湾的西侧有一些珊瑚点滩，在湾的东侧有一名为阿纳克达泰岛小岛，该岛附近有一些露出的礁。在阿纳克达泰岛和凌家卫岛之间有一珊瑚头沙坝，在水道中央的沙坝上，海底平坦并且干出 0.9 m。从达泰湾至其东方约 3.5 n mile 处的托马湾之间，海岸是多岩石陡岸，并有几个沙滩。

在凌家卫岛北侧、梏马仑角西南方约 1.5 n mile、水深 11 m 处泥底。整个凌家卫海峡

图 7.43　马六甲海峡马来半岛西南区段巴斯港卫星遥感信息处理图像

是泥底。凌家卫岛西岸，系从津津角和其南方约 4.5 n mile 处的崩哥本尤角之间海岸是多岩陡岸，有几个沙滩，腹地为丛林覆盖的险峻山岭。

在崩哥本尤角和其东南约 5.5 n mile 的古布角之间有一湾，湾的北岸多岩石岸，湾中水深小于 5 m 处向外延伸距岸最远约 2.1 n mile。在崩哥本尤角东方约 1 n mile 处为布劳岛，该岛高 45.7 m，岛上树木茂盛，有一礁脉将该岛与其北方的布劳角相连。有一从该岛向南延伸约 0.15 n mile 的沙嘴，其上有一些岩礁，其中外端干出 1.8 m。

勒巴岛　该岛位于古布角西方约 1 n mile 处的干出沿岸浅滩的边缘上，系一平顶树木茂盛的岛屿，岛西南端高 166.1 m，在该岛和古布角之间的中央，为高 71.6 m 的勒巴格及尔岛，在该岛与勒巴岛之间有一明礁。在古布角和其南方约 1.7 n mile 间的海岸前沿是沙滩，但从后一地点向南约 0.75 n mile 的萨哇角之间的海岸为多岩陡岸。萨哇角西北 0.7 n mile 处为高 100.6 m 的德波尔岛，再向西北约 0.35 n mile 处为巴巴岛，是一明礁。

凌家卫岛东岸，有高达 292.6 m 的朗滚岛，该岛与其东南附近高 199.6 m 的丹炯登布斯登当岛同位于一个沙洲上，该沙洲从格马仑角向东南延伸，而且沿着凌家卫岛的东北侧延伸到高 150.8 m 的则隆岛，该岛位于丹炯登布斯登当岛南方约 5.5 n mile 地门岛处。

地门岛与凌家卫岛之间有一条狭窄的水道。地门岛顶高 379.4 m；该岛大部分海岸是岩石岸，但有一些小的沙滩，岛上丛林覆盖。

在地门岛南端的地门角和恩冈岛之间，有一其上水深小于 5 m 的广阔浅滩，从凌家卫岛的东南侧向外延伸约 3 n mile。位于地门角西南方约 2 n mile 处的上述沙滩上有高 56.4 m 的布永岛。从巴斯港东侧向南南东方延伸的岛链中最外面的一个岛屿是高 80.7 m 的都布伊岛。凌家卫岛群的东南方海上水深 9.1~11 m。

凌家卫海峡　介于凌家卫岛与特鲁陶岛之间，宽约 4 n mile。海峡中的水深，西侧浅，中间深，航路中水深 20 m 以上，越向东北东方水深越浅。海峡中潮流不规律，且受风影响很大，在东北季风期有过 2 kn 以上流速的西南西流。在海面平静的情况下，涨潮流流向东，约 4 h，从槟城高潮前约 05：50 时至槟城高潮前约 01：50 时；然而，当东北风持续几天时，此时无东向流，而只有很弱的西向流。

④槟榔港及附近。

槟榔港介于槟榔屿和马来半岛大陆之间，有南北两个进口水道，北水道水较深。

北水道 该水道介于木达河口和木嘎崎之间，宽约 11 n mile。有一泥滩或拦门沙横延在水道入口处，在约 6.5 n mile 的宽度上，水深为 5.5~11 m。位于地古斯岛的东南东方约 3.2 n mile 处有一水深 8.2 m 的点滩。位于地古斯岛的东南东方约 2.9 n mile 处另有一水深 9.7 m 的点滩。位于地古斯岛北北东方约 2 n mile 处有一尖形礁，其上水深 6.1 m。

南水道及附近 在里毛岛的南南西方约 2 n mile 处，有一横过南水道入口的软泥质拦门沙。大格拉浅滩构成南水道的东侧，从边登当角起，向北延伸 18 n mile 到伯来河口相并处，海岸前面的大格拉浅滩，其宽度不一。浅滩的边缘以 5 m 等深线为界，其位置在边登当角西方 1.5 n mile 处，而在南水道入口处距马来半岛大陆 9 n mile，由此至伯来河进口处逐渐变窄。从伯来河向南，大格拉浅滩内侧，有一条水深为 5~14.9 m 的水道，该水道被格里安河外方的浅滩所阻塞。

外格拉浅滩，位于大格拉浅滩的西南方，其北缘位于边登当角西北西方 9 n mile 处，以5 m 等深线为界。介于外格拉浅滩与大格拉浅滩之间有一条深为 7.3~9.8 m 的水道，该水道南面被从边登当角东南方 16 n mile 处的色林星湾向西方延伸的泥滩所阻塞。

槟榔港西侧槟榔屿东北岸，介于地古斯岛东南 1 n mile 处杜公角和其东南方约 3.5 n mile 处的康瓦利斯炮台之间，其边缘为一干出 0.3~0.6 m 浅滩，向岸外延伸 0.8 n mile。

中滩 从巴生突堤码头南端外方附近延伸到其南南西方约 5 n mile 处的杰勒加岛北端。距岛北端约 1 n mile 处，水深为 0.3~5.5 m，由此到其南端干出 0.3~0.9 m。该浅滩与槟榔屿东侧之间为西水道，水深为 4~12.5 m。

希伦浅滩部分干出，位于中滩的东方，从那个浅滩延伸到 5m 等深线内，构成南水道的一小段西缘。在中滩和大格拉浅滩之间，有许多其上水深小于 5 m 的浅滩。

槟榔港东侧 从木达河口向南延伸约 12 n mile 到伯来河入口，沿岸为沙滩，海岸的边缘为泥滩水深小于 5 m，泥滩的北端向岸外延伸远达 2.2 n mile。

潮流 大潮时，港口锚地里的潮流流速为 2~3 kn，但锚地附近，流速较弱，在高潮或低潮后约 1~1.5 h，潮流继续流向北或南。在东北季风期，潮流是有规律的，沿岸高潮前约 4 h 至高潮后约 2 h，为南向流；而在其余的时间里，为北向流。据报，在北水道入口外方，曾遇到过 0.5 kn 的向南流。在 11 月，潮流绕着木嘎崎而流，而且压倒了外向流，有时持续 2~3 d。

在槟榔屿与伯来河口东南约 175 n mile 的克伦角之间海域，大潮时，潮流规律，流向东南和西北，流速 2.5~3 kn；小潮期间，潮流微弱。

⑤槟榔屿及其周边自然条件。

该岛北端位于 5°29′00″N，100°15′33″E；西部隔马六甲海峡与苏门答腊岛相对，面积达 293 km^2。

该岛形似漂浮水面的乌龟，南—北长 23.11 km，东—西宽约 11.13~18.76 km。南、北岛岸曲折多湾，它与大陆之间为一宽 1.5~7 n mile 的海峡水道。槟榔屿北部多山，有一条山脉横贯岛的中央，山的高度向岛的西南端逐渐减小。全岛 2/3 的地面是平地，坡度不大，且树木茂盛和其山岭一样。位于岛北端的胡马角南方约 6.11 km 处的西山，为岛的最高点，至树顶高达 829.9 m。位于西山南方约 4.63 km 处的埃尔维拉山，至树顶高约

783.3 m。西山东方约 1.85 km 处是政府山。岛的西侧低洼多树木。

里毛岛。 位于槟榔屿东南端的德罗登波亚角南方约 0.5 n mile 处，至树顶高 94.5 m。而位于德罗登波亚角的内方附近为德罗登波亚伯萨尔山，高 224 m。里毛岛与格尔达桑古尔角之间，有一其上水深小于 5 m 的广阔泥滩，向岸外延伸最远处约 3.4 n mile；在这片泥滩的西缘和根地岛之间，有一条水深为 6.1~20 m 的水道。

⑥巴生港。

该港位于 2°59′57″N，101°23′17″E；马来西亚吉隆坡西南约 40 km，马六甲海峡之东北岸，东距新加坡港 211 n mile，北距槟城港 191 n mile，西距印尼的勿拉湾港 237 n mile。港区在巴生河口以北，沿海岸南北伸展。巴生港地理位置优越，正对着马六甲海峡，是远东至欧洲贸易东西航线的理想挂靠港口，在国内外航运市场中优势明显。近年巴生港在增值服务方面投入巨资，提升了港口综合服务水平，系马来西亚最大港口。

该港河口有群岛屏蔽，分南、北两港，两港相距 4.8 km。南港位于格朗水道东侧，格朗河口处。南港以前名为瑞天咸港，随着北港的扩建，现已失去重要地位，但仍然是沿岸对外贸易重要的港口。

在吉拉角和阿嘎斯角，即格朗河的西入口角之间，有一水深 5 m 以内浅滩，该浅滩从北岸向外延伸达 0.28 n mile；在浅滩的外边缘和南岸之间，水深超过 5 m 的水域一直到南岸外边 0.05 n mile 处，在水道的南部超过 10 m 水深的区域，其宽度至少有 0.12 n mile。

该港包括格朗海峡，以及诸多港区所有水域和 3°07′24″—2°50′21″N 之间的所有航道；从 101°28′30″E 向西，则包括所有长堤、突堤、登陆处、码头、驳岸、船坞和其他类似的地点，以及海岸或浅滩上所有标有 45.72 米高水位线的地方。

巴生港腹地广阔，曾报，主要出口货物为木材、胶合板、棕榈油、橡胶及农林产品等，进口货物主要有钢铁、大米、纸张、糖、小麦、机械、石油、化肥及化工产品等。巴生港有铁路相连，主要工业则有面粉、制糖、橡胶、炼锡及电子等，并拥有大型橡胶厂。

该港属热带雨林气候，年平均气温 29℃，多暴雨。全年平均雨量约 3 000 mm，以 10—12 月雨量最多。属半日潮港，平均潮差 2.9 m。大潮时，潮流流速达 2.5~3 kn，东向与南向潮流比西向和北向潮流强。沿岸一带，高潮与低潮前约 2 h 潮流达到最大流速。

邦哥尔岛 该岛北端位于 4°15′59″N，100°32′48″E；东隔天定水道与马来半岛大陆相望。该岛呈现不规则状，南部狭窄，为西北—东南走向，长 9.41 km，中间最宽约 4 km。岛岸曲折，西岸多湾，岛上多山与密林。该岛北端南南东方约 3.7 km，即为高达 399.6 m 的邦哥尔山。沿该岛西岸分布有：比兰加湾、奈帕湾、基塔潘湾、西卡德湾等诸多海湾。其中，位于该岛西北端，介于巴都普太角与奈帕角之间为比兰加湾，底质良好；介于盖阿姆岛与其南部的明坦哥尔岛之间的为奈帕湾。

明坦哥尔岛位于邦哥尔岛西侧，呈一东—西走向长条形，长 1 128 m，南—北宽约 330 m。该岛至树顶高 121.6 m，它与东侧的邦哥尔岛之间隔一狭窄的水道。岛上树木茂盛。该岛南侧礁脉向南延伸达 1.1 n mile。

邦哥尔岛南海岸和西亚浦角，以及东方 1.2 n mile 的东南角之间岛岸陡峭。该岛以南 0.8 n mile 水域水深达 10 m 以上。而岛的东南角西南方 0.4 n mile 处，呈现有一礁脉信息。

潮流 该岛西侧外方，沿岸潮流呈现南—北流。邦哥尔岛西南方潮流呈现东南流与西

图 7.44　马六甲海峡马来半岛西南区段槟榔屿和槟榔港卫星遥感信息处理图像

北流。在邦哥尔岛与邦哥尔拉乌岛之间狭窄通道时，大潮时流速达 2~3.5 kn。

图 7.45 邻近马来半岛的槟榔屿上槟榔港与巴生港卫星遥感信息处理图像

邦哥尔拉乌岛 该岛位于图特角以南 0.5 n mile 处，岛高 157.8 m，树木茂盛。其北侧与东侧呈现有暗礁与干出岩礁。而起西侧和南侧岛岸陡峭。从该岛东南端向东延伸 0.5

图 7.46　马六甲海峡马来半岛西南区段邦哥尔岛与卢木港卫星遥感信息处理图像

n mile为浅水区中，分布从岛的东南端向外延伸，水深至 11 m 的沙滩。

从该岛西南端外附近的都阿岛，为由两个树木茂盛的微型岛屿组成，至树顶高达 40.5 m，两岛间为一深水道。从邦哥尔拉乌岛南端东南方约 0.5 n mile 处，向东南延伸达 2 n mile，为一水深 11.3~18.3 m 的广阔浅滩。

天定水道 该水道介于邦哥尔岛与马来半岛大陆之间。其西侧是邦哥尔岛的东海岸，北起位于斯科尔平角的东南方约 1.1 km 处悬崖的乌拉尔岩南至该岛东南角之岸段，有多个海湾。而该水道东岸，则是莫茨角以南 1.7 km 的巴都普太角及其南南东方约 10 km 的嘎达角之间的马来半岛大陆海岸。

该水道南—北长 4.02 n mile，北口宽达 1.59 n mile，南口宽约 1.34 n mile。

潮流 该水道中向南潮流流速适当，大潮时流速约为 2~3 kn。在天定河往复潮流流速，小潮时为 2 kn，大潮时为 3.5 kn。

⑦格朗水道及附近。

格朗水道西面为格朗岛和泽马津岛，东面为鲁木岛和马来半岛大陆。该水道被分为北格朗水道和南格朗水遭。在通向北格朗水道的北入口处，水道水深至少为 10.4 m。

潮流 潮流流速到处均很湍急，一般不超过 3 kn，高潮和低潮前 2 h，流速为最大。在南北水道中，流向通常与海岸平行。

宾都格东岛外侧，北向潮流始于巴生港高潮后 2 h 30 min，大潮时，南向潮流始于巴生港高潮前 3 h，小潮时，则为 3 h 30 min。大潮时的平潮时间为 45 min，小潮平潮时间为 1 h。在萨朗朗角的南面，大潮时，北向潮流始于巴生港高潮后约 4 h，小潮时，则为 3 h 30 min，而南向潮流，不论在大潮和小潮时，均始于巴生港高潮前 2 h 30 min。平潮时间，大潮为 25 min，小潮为 10 min。

在北格朗水道，北向潮流，大潮时始于巴生港高潮后 2 h 15 min，小潮时则为 2 h 45 min；而南向潮流，大潮时始于巴生港高潮前 4 h 15 min，小潮时则为 4 h。平潮时间为 1 h。

在昂萨岛附近，北向潮流在大潮时，始于巴生港高潮后 1 h 45 min，小潮时，则为 1 h 15 min。而南向潮流，大潮时始于巴生港高潮前 5 h 15 min，小潮时则为 4 h 45 min。大潮的平潮时间为 1h，小潮的平潮时间为 1 h 30 min。

格朗岛 该岛物质为黑色泥土，岛上丛林灌木茂盛。高潮时，大部分变成沼泽地。小溪和河道纵横交错，弯弯曲曲地流经这些灌木丛林。该岛的西面有广阔的泥滩，新的岛屿不断形成，现有的岛屿则向四外扩展。

格朗岛构成北格朗水道的西岸，水道最小宽度为 1 n mile。

泽马津岛 该岛位于格朗岛的南面，它与格朗岛仅一狭窄水道相隔。它们的西面有格丹岛。在其南面还有德额岛、色拉格令岛和宾都格东岛。

鲁木岛位于格朗水道的东侧，该岛的西北端和格朗岛东南端上的萨朗朗角之间的水道，宽度在 10 m 等深线内为 0.4 n mile。

格朗水道北口 格朗水道北口的西面为昂萨浅滩，其上水深小于 10 m，该滩由格朗岛向西北延伸 22 n mile。格朗水道北口的东面为广阔的泥滩，滩上有一些干出礁岩，此泥滩在雪兰莪河口南面的海岸前沿上。呈现有海水变色现象处，则表征出这些浅滩的边缘。

昂萨浅滩在半落潮时，即有部分干出。在浅滩的东边缘上，格朗岛西北端的西北方约

9 n mile处为昂萨岛。紧靠该岛的南面为色拉丹岛，这两岛高分别为38.1 m和32 m，并有树木。

在昂萨岛的东面，有一个由四个小岛组成的岛群，位于5 m等深线范围内，它们是伯萨尔岛、阿那昂萨岛、杰莫尔岛、德古哥尔岛。其中，位于本尤礁东方约4 n mile处的伯萨尔岛是最显著和最大的一个岛，岛高30 m；在伯萨尔岛北方附近的阿那昂萨岛，高4 m；位于伯萨尔岛南南东方约0.5 n mile处的杰莫尔岛，岛高15 m；位于伯萨尔岛的南南西方约1.25 n mile处的德古哥尔岛，岛高20 m。上述小岛由于呈红色，并且灌木丛生，散布在这些小岛之间分布有一些岩礁和浅滩，周边被泥滩所围。

北格朗水道　有一干出0.3~1.5 m的泥沙嘴，从格朗岛北端向西北方延伸1.1 n mile，在这个水深上，再向同一方向延伸5.75 n mile，水深变浅为6.1 m。

南格朗水道　在南格朗水道的南入口处东侧，有一块低洼的泥滩，其上水深小于5 m，且部分干出，该泥滩从色拉鲁木角的南面海岸向外延伸约0.8 n mile。色拉鲁木河口将鲁木岛与马来半岛大陆分开。从布瓦斯布瓦斯角，即鲁木岛的西南端有一泥滩向西南延伸，约0.85 n mile，滩上的水深小于5 m。在布瓦斯布瓦斯角以西1.25 n mile范围内，泥滩外面有一些孤立浅滩，其上水深3.4~5 m。位于布瓦斯布瓦斯角西南方1.75~2.5 n mile之间水域中，有三个孤立浅滩，其上水深4.2~5 m。

⑧波德申港。

波德申港位于嘎木宁角以东。在波德申港和都安角之间沙滩连绵，嘎木宁角和铁路码头之间的海岸边有一泥沙滩，滩上有些石头；在嘎木宁角附近还有明礁。

在嘎术宁角东南方0.35 n mile处的阿朗岛周围有一些干出礁。有一浅滩，其上水深小于5 m，从阿朗岛向东南东方延伸并与沿岸浅滩相连接。

位于阿朗岛上西南西方0.4 n mile处，有一水深小于1.8 m的珊瑚点滩，滩上有一适淹礁，

波德申港外潮流特征，呈现为从该港高潮前3 h 30 min到高潮后2 h 45 min，潮流流向为东南；从该港高潮后3 h 15 min到高潮前4 h 45 min，潮流流向为西北。在阿朗岛与马来半岛大陆之间的水道上，以高潮前3 h 15 min至高潮后3 h 15 min时段，潮流流向东；而在其余时间里，潮流流向西。在沙脊向海的一侧，潮流横越水道。在沿岸，高潮前3 h 45 min到高潮后2 h 30 min时段，流向东南；而在其余时间里，则为西北流。

在嘎木宁角西侧的海岸附近，其潮流与外锚地的潮流方向相反，造成嘎木宁角南面的水道中潮流混乱，还有旋涡。

⑨马六甲港及附近。

马六甲市镇坐落在格令角东方约5.5 n mile处、马六甲河口两岸。马六甲港系马来西亚主要港口之一，经过马六甲海峡的船只，大都在本港7 n mile处驶过，战略地位重要。

据报，马六甲港包括沿岸：赛判河、赛尔卡姆河、温拜河、巴里巴都运河、杜荣河等河口区，以及所属港口、海岸与岸滩等。

该港潮差约1.83 m，盛行西南和东北季风。在西南季风期很少起风暴，锚地基本上是风平浪静的。所有的船只停泊在水深5.48~14.63 m之间锚地，距岸1.61~3.22 km。

如表7.6所示，该港区内散布有诸多岛、滩。

潮流　从巴生港高潮前约1 h 30 min到高潮后4 h 30 min（即八都巴哈河口高潮前5 h

图 7.47　马六甲海峡马来半岛西南区段格朗水道、岛屿和巴生港卫星遥感信息处理图像

45 min 到高潮后 15 min）为东南流；而在其余的 12 h 内为西北流。流速在大潮时为 2 kn，小潮时为 1 kn。

在马六甲河中落潮流速在大雨后有时达到 3~4 kn。

图 7.48　邻近马来半岛的马六甲海峡中马六甲港与波德申港卫星遥感信息处理图像

表 7.6　马六甲港区诸多岛、滩示例

名　称	方　位	特　征
乌贝岛	圣保尔山西方 2.75 n mile 处	是一个显著的和树木茂盛的小岛屿，高（含树高）为 33 m，距岸 1 n mile。有一礁脉，其上水深小于 5 m，从乌贝岛的东侧和西侧延伸约 1 n mile，礁脉走向与海岸平行
浅礁	乌贝岛西南方 0.4 n mile 处	水深 6.4 m
利特尔滩	乌贝岛南南东方 0.55 n mile 处	水深 3.4 m；再往南南东方约 0.25 n mile 处为一点滩，水深 5.2 m
一点滩	乌贝岛东南方 1.5 n mile 处	水深 8.2 m
一浅滩	乌贝岛与马来半岛大陆之间	该浅滩走向与海岸平行
欧文斯岩礁	乌贝岛的两北方约 0.35 n mile 处，在浅滩西北端附近	干出 1.5 m
点滩	欧文斯岩礁东南东方约 0.6 n mile 处	两个点滩，干出 0.3~0.6 m
福勒桐沙滩	班姜岛南南东方	水深 10.4 m。班姜岛是一个岩石滩，在高潮时几乎被淹没，岸壁陡峭
小沙洲	班姜岛东端北北西方	水深 4.6 m
爪哇岛	圣保尔山的南方 0.8 n mile 处	由两个几乎相连的小屿组成，岛上多树，该岛西面的小屿包括树高在内高度为 18.3 m，东面的小屿连树高在内高度为 6.1 m
岩礁	爪哇岛的西面小屿南南西方约 0.35 n mile 处	高潮时被淹没

⑩马六甲海峡主航道及附近。

马六甲海峡主航道，在这里系指马六甲海峡东南段，即阿卢阿群岛至皮艾角区段中，分布有群岛与一些浅滩。

阿卢阿群岛　该确定位于苏门答腊岛海岸与北沙滩之间的中央水道附近，并坐落在水深 10~20 m 不等的浅滩上，浅滩的北端从该群岛向北北西方延伸约 7 n mile，浅滩的南端与苏门答腊岛海岸延伸出来的一个广阔的泥滩相连接，该浅滩的北、东、西三面都很陡。

阿当岩是阿卢阿群岛中最北的一个高 5 m 的岛屿，从该岛北方延伸部分为暗礁。阿当岩南南西力约 1.5 n mile 处，系比姆斯适淹礁。

杰木尔岛位于阿当措南南西方约 3 n mile 处，岛高 22 m，岛顶平坦而且树木茂盛。卡里隆哥岛是处在暗礁上的小岛，它位于杰木尔岛的东北方约 0.175 n mie 处，还有些干出礁石位于这个小岛的东北方 0.45 n mile 处。位于杰木尔岛东南方约 0.3 n mile 处，有一个直径约 50 m 圆形岛屿，在它的周围有宽度为 50 m 的礁脉。

位于杰木尔岛西南西方约 0.6 n mile 处，有 5 个小屿组成的一个小岛群，坐落在水深小于 10 m 的一个浅滩上。都贡马斯岛是这个群岛中最北面高 31 m 的一个。位于都贡马斯岛北方 0.4 n mile 的范围内，有几个干出礁。帕西尔潘顿岛高 19.8 m，它和萨隆阿朗岛两者坐落在都贡马斯岛南面的一块干出礁石上。萨隆阿朗岛高 28 m。位于萨隆阿朗岛东南方 0.075 n mile 处，拉布安比里岛高 20 m。西波特仲礁位于拉布安比里岛南南东方约

0. 275 n mile 处。上述两岛之间有一个干出礁。

杰木尔岛东方约 3. 25 n mile 处有一个由 6 个岩礁组成的群礁，名为伯尔拉亚尔岩的礁石高出水面 1 m，其周围为暗礁；曼迪礁高 2 m，很陡直，位于伯尔拉亚尔岩东方约 3 n mile处，在这两个岩之间，有一个很陡的半潮岩，它干出 2 m。

辛邦岛位于杰木尔岛东南方约 6 n mile 处，陡峭险峻，其高含树高为 38 m，它是阿卢阿群岛中最高的岛，该岛的周围有几个小岩屿。位于辛邦岛南南西方约 1. 5 n mile 处，是高9 m的都贡岛。而位于都贡岛东南方约 2 n mile 处，有一水深 5. 5 m 的点滩。

潮流 在阿卢阿群岛外方，东南流始于沿岸高潮前 4~5 h，持续 1~2 h。在大潮时，东南流流速约 2 kn，西北流流速约 3 kn。在小潮时，东南向潮流正和很强的西北向海流相反，合流力量很弱，因此，可能出现东南流，抑或西北流。

表 7.7 马六甲海峡主航道附近浅滩空间分布示例

名 称	方 位	特 征
北沙滩	昂萨浅滩与阿卢阿群岛之间	北沙滩包括各个沙洲与沙嘴。沙洲总的走向为为西北—东南向，沙滩水深在 10~34 m。 北沙滩最浅部分是金辛岩，干出 0. 3 m，其上有浪花，位昂萨灯塔西南方 13. 5 n mile处。布累尼姆浅滩和金翅鸟浅滩，分别位于格丹岛西南端的西北西方 16. 5 n mile处和 8. 5 n mile 处；两浅滩上最小水深均为 1. 8 m。它位于布累尼姆浅滩的西北方 6 n mile 处有一浅滩，其上水深最小 7. 3 m。 位于一拓浅滩西北方 18. 25 n mile 处有一孤立浅滩，水深 9. 1 m。 在昂萨浅滩和北沙滩东边缘之间有一条水深为 10~27 m 水道。位于一拓浅滩灯塔的西北西方 6 n mile 和 13 n mile 之间的水道里，有几个点滩，水深 19. 5 ~22. 5 m。这个区域的海底为沙波地貌
一拓浅滩	马六甲主航道东北侧	一拓浅滩是一个水深为 3 m 的-孤立点滩。一拓浅滩东北侧和西南是陡深的，但它向西北延伸 4. 5 n mile，水深小于 10 m；水深小于 20 m 的浅滩向西北方延伸 13 n mile而且还向东南方延伸 2. 25 n mile。 在一拓浅滩灯塔的西方 7. 5 n mile 处水深为 11. 6 m，该浅点坐落在水深小于 20 m 的礁脉上。这一礁脉从这个浅水点向西北方延伸 2. 5 n mile，向东南方延伸 5. 5 n mile。 另有一长 6 n mile 的礁脉，其上水深 16~20 m，其中心位于上述礁脉的西北端的西方 2 n mile 处。亚马逊凡浅滩水深 7. 9 m，位于一拓浅滩灯塔的南方约 2 n mile 处南沙滩不间断地向苏门答腊的海岸延伸；沙滩之间的水道水深超过 30 m
南沙滩	该沙滩是从一拓浅滩灯塔西南方8 n mile 处的一个 6. 4 m 水深的点滩起，沿航道的西南侧向东南方延伸约 50 n mile	南沙滩的构成与北沙滩相似。据报，位于一拓浅滩灯塔的南方 8 n mile 处，航道边缘上最危险的浅滩是水深 8. 2 m 的点滩；还有水深 3. 7 m、1. 2 m 和 4. 7 m 等一些点滩，它们分别位于一拓浅滩灯塔的东南方 10. 5 n mile 处，东南方 15 n mile 处和东南方 21. 5 n mile 处，另还有最危险的皮勒 m 德浅滩位于灯塔的东南方约 40 n mile处。皮勒 m 德浅滩水深最小为 3. 4 m，硬沙底。巴姆贝克浅滩位于皮勒 m 德浅滩东北方 11. 5 n mile 处。 位于皮勒米德浅滩的西北方约 8 n mile 处，有一些沙波地貌浅滩伸入皮勒米德浅滩西北方的航道中，主要有水深 12. 5 m 和 16. 2 m 的点滩。在皮勒米德浅滩的北北东方 5 n mile 处，有一水深为 19. 8 m 的点滩

续表

名　称	方　位	特　征
罗利浅滩至克拉克浅滩	都安角南方约 17.5 n mile 处	罗利浅滩上有一块较浅的沙洲，水深 3.1 m。距苏门答腊海岸约 10 n mile。该浅滩的东北侧和西南侧边缘是陡直的。浅滩向西北方延伸约 1.75 n mile，向东南方延伸约 1 n mile，水深小于 20 m。 罗布罗伊浅滩在礁脉上，水深小于 20 m。该浅滩向西北和东南方延伸；它位于航道的西南侧，马六甲市镇的西南方约 20 n mile 处。在该浅滩的中部有一水深为 2.1 m 的浅点；在其东方约 1.5 n mile 处有一个水深为 2.4 m 的点滩。罗布罗伊浅滩的东北侧和西南侧坡度很陡。 屿奥厄尔浅滩水深小于 20 m，该浅滩的西北端位于座落在罗布罗伊浅滩上 2.4 m 点滩的东南方约 5 n mile 处；在该浅滩的东南方 3 n mile 处有一水深为 9.1 m 的点滩。 克拉克浅滩由两个相距 2 n mile 的礁脉组成，其礁脉狭长，分别向西北方和东南方延伸；西北方的礁脉水深为 15.5~20 m，位于乌奥厄尔浅滩东南方约 3.8 n mile 处，而东南方的礁脉水深为 18.5 m。 在上述浅滩与苏门答腊岛延伸出来的沙洲之间，有一深水航道，航道最小宽度为 3 n mile

3）马六甲海峡中苏门答腊岛西北岸段海峡与港湾空间融合信息特征

①海峡水道。

格勒塞海峡　介于布腊斯岛与克勒塞岛之间，据报，东口 10 m 等深线间宽约 0.3 n mile，水道上最小水深为 12.8 m。海峡中潮流最大流速达 5 kn。

兰普章海峡　介于布腊斯岛的东南端和珀乌纳苏岛之间，水道宽 1.5 n mile，最小水深 20.1 m。潮流不规则。

阿累拉亚水道　介于珀苏纳苏岛和博恩塔岛、巴特埃岛之间，水道宽约 1.5 n mile。水道西口和水道中间有两个适淹礁，西口的适淹礁在巴乌角的西南西方约 2 n mile 处，水道中间的适淹礁的北侧礁石上水深 3 m，岩礁上呈现有浪花。

阿累胡水道　位于博恩塔岛、巴特埃岛和苏门答腊岛西北岸之间，最小宽度为 0.2 n mile，水道水很深。在水道的西北侧，乌散拉哥岛的东南东方约 1.3 n mile 处，有一水深为 11 m 的点滩。在水道东南侧，拉亚角东北约 1.8 n mile、海岸外方约 0.2 n mile 处，有一水深为 10 m 的点滩。

潮流　在阿累拉亚水道和阿累胡水道中，大潮时，潮流东向流流速可达 4~5 kn，西向流流速可达 5~6 kn，沿巴特埃岛北岸潮流最急。在西向流期间，有一股涡流，从恩伯埃角向南流去，而在巴特埃岛和乌散拉哥岛之间，有一股强的向里的潮流。

在阿累拉亚水道和阿累胡水道中，由潮汐引起的波浪。在风、流逆向时，潮汐浪非常猛烈，但在东北季风期，相对较缓和。

洛姆派特屿的外方有一涡流，它与流向博恩塔岛和巴特埃岛之间的潮流相汇合，造成潮流混乱，有时具有旋涡的特征。

孟加拉海峡　介于布腊斯岛和韦岛之间，近西北—东南走向，最狭窄处宽达 10.78 n mile，系一深水海峡，它是从西来船舶进入马六甲海峡的最好通道。根据季节的不同，海峡盛行西南风和东北风，风向比较稳定。

水道中通常有一西北向海流，流速为 1~2 kn。靠近西南岸的流为潮流。据报，在布腊斯岛的西北方约 23 n mile 的孟加拉海峡的西北入口处，有很强的急流。

马六甲水道　介于韦岛与苏门答腊岛北岸之间，近东北—西南走向，最窄处宽约 9 n mile，是从北方驶近乌累卢埃港的最好通道。

②港湾。

沙璜湾　介于位于马散角南南东方 0. 65 n mile 处的洛梅角低角及其南南西方约 0. 5 n mile 处的喀拉岛之间。湾顶处在全年可避风浪。沙璜湾东岸的边缘上有一浅滩，向海岸外延伸多达 0. 13 n mile，其上最小水深 5 m。从洛梅角向南方延伸，该角与其西北方海岸的边缘上有一浅滩，向岛岸外延伸约 0. 08 n mile，其最小水深 1. 8 m。

沙璜湾内锚地，位于洛梅角东方约 0. 33 n mile 处，水深约 36. 6 m，泥底，抓力良好。

沙璜港　位于韦岛上，系一全年隐蔽性良好的港口。

乌累卢埃港　该港位于苏门答腊岛西北端马六甲海峡内，潘久角的东南方约 2. 5 n mile 处一条狭窄的沙嘴上，该沙嘴分隔章哥湖与海。

潮流为东向和西向流，流速约为 0. 5 kn。西向的海流对于汇合流的流向和流速有很大的影响。

马来哈雅梯港　该港位于苏门答腊岛彼得罗角东南克鲁恩腊贾湾内。

③勿拉湾港。

该港系苏门答腊岛上最重要的港口。该港位于 03°46—48′00″N，98°40—43′10″E 之间的德利河河口处，是棉兰港。棉兰位于勿拉湾以南约 11 n mile 处，气候宜人。

据报，该港主要出口商品有橡胶、烟草、茶叶、咖啡、椰干、棕榈油、纤维材料以及棕儿茶。主要进口商品为大米、面粉、机械、肥料、铁器、水泥和石油等。

勿拉湾岛　位于伯丁扎马尔角以南约 7 n mile 处，在德利河的入口，将该河分为南、北两个入口，其北部水道通往勿拉湾河。该处附近海岸都很低洼、泥泞，长满了红树林。在天气晴朗时，可识别位于勿拉湾东南方和南方的古卢山及其附近的山和万希兹出脉。

勿拉湾水道，通向勿拉湾市，河的宽度约 80 m，据报，最小水深 9. 8 m；该河定期进行疏浚挖泥，但水深由于淤积而经常改变。在各种潮水情况下，最大吃水为预报水深减少 10%。

潮流　通往勿拉湾的疏浚水道的入口外缘及其附近，涨潮流流向东南，落潮流流向北北东，最大流速均为 2 kn。在小潮时，有时根本无潮流。

④望加丽水道。

该水道位于望加丽岛西南与苏门答腊岛之间，进入该水道经雅提角西侧。进口水道西侧，从鲁帕岛的东北端至默西姆角，均分布有高潮时淹没的低矮的树木和灌木丛，内侧是高大树木。

有两个浅滩从雅提角分别向北和西北方延伸远达约 20 n mile，其水深为 4. 6~20 m。该角西北西方约 3 n mile，有一片水深为 7. 3 m 的浅滩；另有一片水深为 10. 1 m 的浅滩位于该水道的西南侧，雅提角的西南方约 4. 8 n mile 处。

巴莱角　位于丹炯巴告东南约 16. 5 n mile 处。望加丽水道经过该角在其南方的一段水道，叫布劳沃水道，沿该水道可至直名丁宜岛南方的班让水道。

宋艾巴宁　位于巴浆角的南方约 3 n mile 处。

图 7.49　邻近马六甲海峡苏门答腊岛西北端沙璜港、乌累卢埃港、马来哈雅梯港卫星遥感信息处理图像

图 7.50　马六甲海峡中苏门答腊岛格古河口—金刚石角岸段与
司马威港卫星遥感信息处理图像

潮流　据报，在宋艾巴宁区中，高潮前约 1.5 h，南流流速最大约为 2.5 kn，而北流流速则在该处低潮前约 1.5 h 达到最大约为 2 kn。

望加丽岛　全岛覆盖有植被。该岛北岸的前沿有几条与海岸平行的海底沙脊，它们间的水深一般较大。在班坦亚逸以北约 6.5 n mile 处的海底沙脊上，有一片最小水深为 4.5 m 的浅滩。

望加丽岛东部岛岸的前沿是一片地势很陡的泥沙质浅滩，向海中延伸约 0.3 n mile。

根崩河在瑟特基角以南约 1.5 n mile 处入海，该角位于帕里特角南南东方 3.8 n mile 处。在瑟特基角东南方 2.5 n mile、距岸约 2 n mile 处有一片最小水深为 8.8 m 的浅滩。

图 7.51　位于苏门答腊岛德利河河口处勿拉湾港卫星遥感信息处理图像

根崩河河口南方约 7 n mile 处有一片水深为 5~10 m 的浅滩，向海中延伸约 2 n mile。

塞科迪角是望加丽岛的东南端，从该角有一向南延伸约 0.5 n mile、水深 0.5 m 的沙嘴。该角以南约 1 n mile 处的水域中，有一水深 5.7 m 的点滩。

在马六甲海峡中，望加丽岛与朗格浅滩之间的水域中，有许多狭窄的海底沙脊，水深一般在 10 m 以内，最深不超过 20 m。

潮流　沿望加丽岛和兰散岛的北侧潮流流向，与上述岛屿东北方的海底沙脊走向一致，在东—东南东流时，大潮时潮流流速为 2 kn；在西—西北流时，流速则达 3 kn。小潮时，上述两流向的潮流在望加丽岛附近水域很微弱，而在兰散岛附近水域，其流速可达 1~1.5 kn。上述两岛间的湾中，潮流流向为往复流。

在望加丽水道，东南流始于该处海岸低潮后 2 h，其流速可超过 2 kn。西北流始于高潮后 2 h，流速常达 3 kn。北进口水道附近，底质为泥、沙和硬质黏土。

如表 7.8 所示，在望加丽岛及东南岛屿间分布有诸多水道，其潮流特征不尽相同。

表 7.8 在望加丽岛及东南岛屿间水道空间分布及特征

名称	方位	特征
巴东水道	望加丽岛与巴东岛之间	水道最小宽为 0.6 n mile，水深 5.7~13 m。在水道的东南入口，由于两侧有浅滩延伸，5 m 等深线间宽约 0.35 n mile。 有一沙嘴从帕当角向西延伸约 2.5 n mile，其外端水深为 2 m，从帕当角向西约 1.7 n mile 的部分沙嘴干出。 德达普屿位于东入口角以西约 9 n mile 处的沙洲上，系长有树木的小岛屿。 潮流　在巴东水道中，东向流始于低潮后约 2 h，最大流速为 2 kn；西向流始于高潮后 2 h，最大流速为 3 kn。接近小潮时，流速缓慢，但西向流较东向流大
阿散水道	巴东岛东侧、默包岛西侧和直名丁宜岛的北侧之间	最窄处宽约 0.7 n mile，最小水深在水道北口约 11.8 m。水道两岸均为陡坡，但水道南端的北入口角外方例外，该处为阿散水道、布劳沃水道和班让水道的汇合处，有一沙嘴向南方延伸约 1 n mile，沙嘴外端水深为 8 m
布劳沃水道与班让水道	邻近阿散水道	布劳沃水道宽约 2.3~4 n mile，最小水深为 11 m。在其中部与门卡潘并列处有一水深为 8 m 的海底沙脊；班让水道宽度为 1.5~3.3 n mile，但其东端的水道中遍布浅滩和岛屿，宽度很小。 潮流　在布劳沃水道和班让水道中，潮流在沿岸高潮或低潮后 2~2.5 h 转向。东南流和东向流沿着苏门答腊岛海岸涌入班让水道东入口东南方约 14 n mile 的卡姆帕尔河，最大流速 3.5 kn。西向流和西北流在班让水道东端处，流速为最大，约为 4 kn
令基水道	默包岛东南与直名丁宜岛西北端之间	最小宽度约为 0.03 n mile，水深 4.9~11.9 m
贡贡水道	默包岛和兰散岛的西端之间	因水道北方 20 n mile 的范围内有许多狭长的海底沙脊，其上水深小于 5 m。从兰散岛的西北海岸，有一干出浅滩向外延伸达 1 n mile
阿耶尔希丹水道	在马延角处与贡贡水道相连，它介于兰散岛南岸和直名丁宜岛北岸之间	在紧靠直名丁宜岛东南端，有一狭窄的水道，最小水深 3.5 m，通向班让水道东端
潮流	贡贡水道和阿耶尔希丹水道中	东南流始于低潮后约 2 h，西北流始于高潮后约 2 h，在大潮时流速分别为 2.5 kn 和 4 kn，小潮时流速均很小，但西北流比东南流强

默包岛北端的波马角与其东端的贡贡角之间的东北海岸边缘上，有一泥滩，其上水深小于 5 m。该滩在波马角与其东南方约 3.5 n mile 的克拉马特角之间，向北延伸约 9 n mile，自岸边起干出 1 n mile。在泥滩与兰散岛西北侧延伸出来的浅滩之间，为通向贡贡水道的西水道，从该水道通往阿耶尔希丹水道。在西水道的北部，有一些南北走向的狭长浅滩，其上水深 1.2~5 m。

9. 新加坡海峡

新加坡海峡地处 1°10′—1°20′N，103°40′—104°10′E 范围内。为一印度洋水系与太平洋水系之间连接的峡湾，马来半岛南部的新加坡与廖内群岛之间，东连南海，西通马六甲海峡接印度洋安达曼海，即位于新加坡南面与印尼巴淡岛北侧。内有柔佛海峡、吉宝港口和许多大小岛。该海峡为通向新加坡港口的深水航道，是世界上最繁忙的深水航道之 。

新加坡海峡东西长约 60 n mile，南北宽度不等，东入口宽约 11.5 n mile，西口窄 10 n mile，中间最窄处仅 2.5 n mile，水深 22～157 m。海峡内共有大小岛屿 63 多个和浅滩，通航水道一般 7.3 n mile，最窄处仅约 1.1 n mile 多。

新加坡著名的吉宝港口，南临新加坡海峡的北侧，是亚太地区最大的转口港。吉宝港口扼太平洋及印度洋之间的航运要道，战略地位十分重要。

新加坡港共有 250 多条航线连接世界各主要港口，约有 80 个国家与地区的 130 多家船公司的各种船舶日夜进出该港。

新加坡岛以外较大的岛屿有裕廊岛、德光岛、乌敏岛及圣淘沙，地理最高点为武吉知马，高 166 m，新加坡很多地区都是填海产生。

海峡中，岛群分为：北部群岛，由 12 个岛屿组成，包括德光、小德光、乌敏、吉胆、实笼岗、三洋岗、沙惹哈、乌努姆、实里达等岛屿及岩礁，面积共 29.8 km^2；南部群岛，在新加坡岛的以南的中部地区，由谈巴古岛，勿拉尼岛，塞林加特岛，泰库科尔岛，圣约翰岛/棋樟山，圣淘沙和姐妹群岛等主要岛屿组成。土地总面积约 5.58 km^2。

新加坡海峡为热带雨林气候，处在赤道无风带，长年受赤道低压带控制，为赤道多雨气候，长夏无冬，全年大部分时间风力微弱，平均 1～3 级，10 月至翌年 3 月为东北季风期，4—5 月风向不定，6—9 月为西南季风期；海峡中常出现苏门答腊狂风，风力 5～6 级，海峡内没有明显的雾季，气温年温差和日温差小，年平均气温 26～28℃，最冷月为 1 月，受来自中国的东北季风影响，加上低压带的南移，较干燥的东北风会令新加坡的平均低温徘徊在 23℃～24℃左右。4—5 月期间，在低压带的北移和东亚大陆高压带的减弱的影响下，气温轻微回升，雨量增多，湿度较高，降雨充足，受热带低压的影响时有雷阵雨，每年的 1—4 月会出现1～4 h的暴雨，除此之外，大部分以晴天多云为主，大气透明度良好，全年受风浪影响不大。年均降雨量在 2 400 mm 左右，每年 11 月至翌年 1 月为雨季，受潮湿季风影响，雨水较多。

潮流 新加坡海峡受南海和印度洋海水交换的影响，产生较强的潮流，涨潮流流向东北，落潮流流向西南，流速 1～2 kn。新加坡附近海域，白天两次高潮潮高几乎相等，两次低潮潮高面相差甚大。潮流也显示出相应的特征，因为白天一般只有一次强的东向潮流，在低低潮以前，流速达到最大，而西向潮流经常有两次最大流速，一次发生在高潮前。

据报，在海峡东端，从菲利普海峡到霍斯伯格灯塔，东北东向流平均持续时间约为 9 h。在格伯尔港的西入口，萨尔滕浅滩的东方，潮流的方向为东向，平均持续时间约为 13 h。在这两个区域中，东向流几乎同时约在新加坡高潮时开始（这个高潮时是指那两个区域的低低潮前一个高潮）。东向流的流速也同时在那个地方同时达到最大速度，尔后紧接着在海峡南侧岛屿之间有一股流速很大的北向流，还有一股从杜里安海峡流向马六甲海峡的强流。

从菲利普海峡到霍斯伯格灯塔的西向流可分成两个阶段，在这两个阶段的最大流速之间一般经常隔着一段时间的西向弱流，但可能出现很短时间的东向弱流。在第一段时期内，西向流向西南方向流向海峡的南侧，然后变为南向流，流过岛屿间的水道。在第二段时期内，它朝马六甲海峡向西流，流过海峡全程。在格伯尔港西入口，萨尔滕浅滩的东方，西向流在海峡东部发生西向流后约 4 h 才开始，而且该处的西向流与菲利普海峡和霍

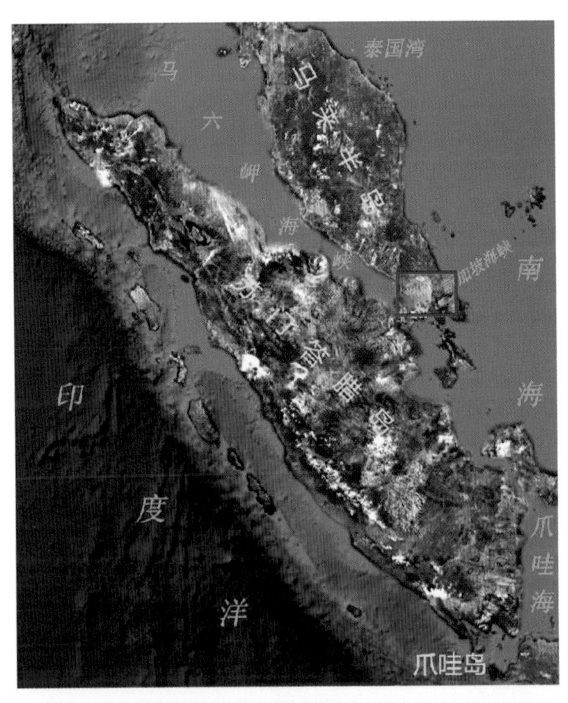

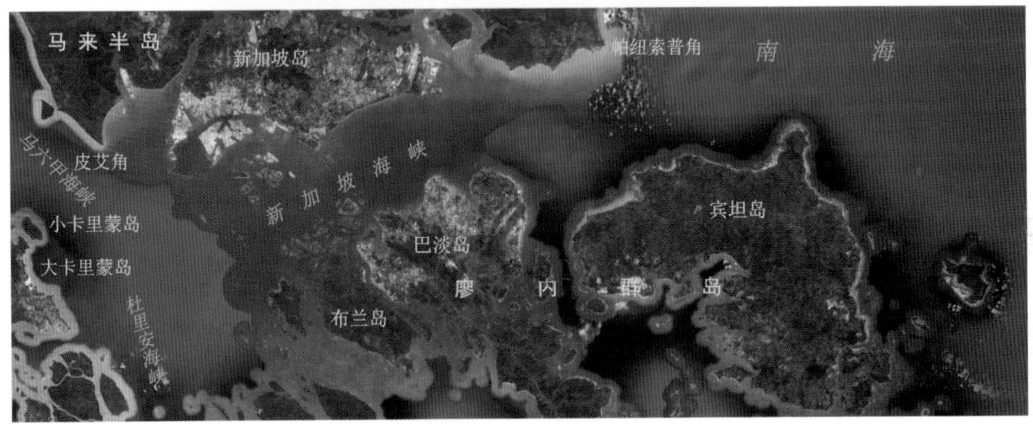

图 7.52　新加坡海峡区位及其周边卫星遥感信息处理图示

斯伯格灯塔之间的第二时期的西向流，两者几乎同时达到最大流速。

海峡东部潮流很强时，尤其是在东向流期间（东向流流速一般大于西向流），霍斯伯格灯塔附近的浅滩就产生激流、旋涡和小块变色海水。

海流流向西南，流速 1 kn 左右。由于受诸多岛屿及沿岸浅滩的影响，有不少地方产生强烈的旋转不定向流和表层流。受这种海水交换的影响，海底形成了较为规整的沙波。甚至形成了浅滩。

海港码头分布在新加坡岛南岸西段及北岸中段；国际机场在岛东端樟宜。新加坡有五个空军基地，樟宜空军基地（西），樟宜空军基地（东），巴耶利峇空军基地，三巴旺空军基地，登加空军基地。三个海军基地，布拉尼海军基地，大士海军基地，樟宜海军基地。

图 7.53　新加坡海峡新加坡岛东端樟宜机场等卫星遥感信息处理图像

1）菲利普海峡

该海峡位于新加坡海峡南方，西侧为大达贡岛和小达贡岛，东侧是巴塔姆岛和布兰岛以及为数众多的岛礁。在小达贡岛东北方约 0.2 n mile 处的干出礁和拉班岛之间的水道宽约 3 n mile。该海峡系进出新加坡的最短航道，在马六甲海峡和新加坡海峡之间。在该海峡可航行水道中有一个已知最小深度为 13.7 m 的点滩，该点滩位于小达贡岛东南东方 1.5 n mile 处。在水道中及其入口处，还有另外一些点滩，其上水深小于 18.3 m。

2）新加坡港

新加坡港位于新加坡新加坡岛南部沿海，西临马六甲海峡的东南侧，南临新加坡海峡的北侧，是亚太地区最大的转口港，也是世界最大的集装箱港口之一。该港扼太平洋及印度洋之间的航运要道，战略地位十分重要。新加坡港是全国政治、经济、文化及交通的中心。

该海峡港、系自由港、基本港经纬度：1°16′N，103°50′E。本港自然条件优越，水域宽敞，很少风暴影响，港区面积之大，水深适宜，吃水在 13 m 左右的船舶可顺利进港靠泊，港口设备先进完善，并采用计算机化的信息系统。

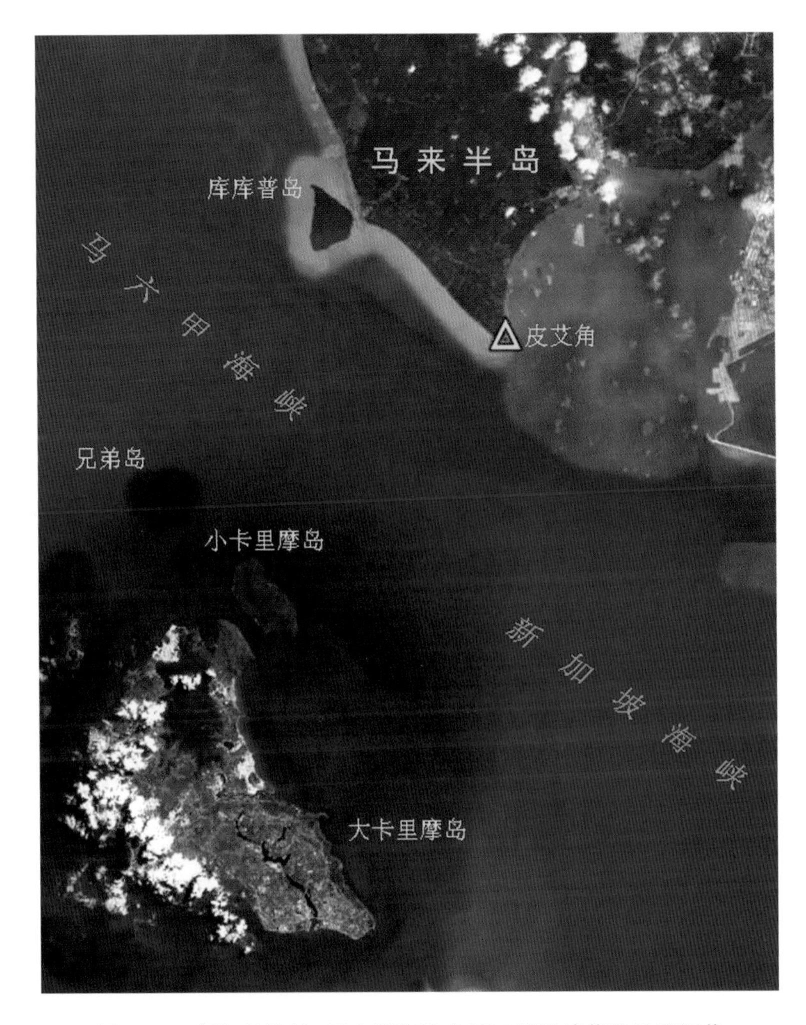

图 7.54　新加坡海峡-马六甲海峡之间卫星遥感信息处理图像

3）裕廊海峡

裕廊海峡又名森比兰海峡，从西方穿过新加坡岛的西南岸和比实岛等诸岛之间，通到格伯尔港的西入口。海峡的最小宽度为 0.3 n mile。其西北入口的北侧，为大片填筑地。裕廊海峡的北侧是莫比尔、加特克斯和德士古石油码头，裕廊船厂，裕廊港。裕廊海峡的南侧是新加坡石油公司的石油突堤码头。裕廊海峡的北岸背靠高约 30~60 m 的丘陵。

裕廊海峡西部的长浅滩从裕廊海峡西北入口角向西延伸 1.5 n mile，其上水深 3.3~5 m。

比实岛　系位于裕廊海峡南侧最西端，高 19.8 m，比实礁靠近比实岛的南侧，是一个孤立的干出礁，从该岛延伸 0.4 n mile。一岸礁从比实岛的东北端穷布姆角向东北东方延伸 0.2 n mile。位于比实岛东北方 0.5 n mile 处的小岛上水深 0.3 m。

比实海峡介于比实岛和亚逸楂弯岛之间。海峡中的航道宽度为 0.15~0.2 n mile，最小水深为 12.1 m。

特赖特恩浅滩　该浅滩从比实礁向西南西方延伸 1.3 n mile，其上最小水深为 6.4 m。

图 7.55　新加坡海峡裕廊岛、比实岛与裕廊海峡卫星遥感信息处理图像

裕廊岛　位于 1°16′N，103°41′E；系新加坡主岛西南由沿海的亚逸楂弯岛，北塞岛，梅里茂岛，亚逸美宝岛，沙克拉岛，巴高岛和西拉耶岛七个人工合并岛屿。现面积约 32 km^2。岛上建有炼油厂，原油储存，压缩天然气储存站。

亚逸楂弯岛　该岛系裕廊海峡南侧诸岛中央最大的岛，高 27.1 m。岸礁干出 0.9~1.2 m，在岛的西南侧延伸 0.2 n mile。邦贡角为高 27 m 小岛，坐落在西南侧干出岸礁上。

摩里毛岛　位于比实海峡北入口的东侧，在比实岛的东方 0.75 n mile 处，高 26.2 m。

亚逸楂弯海峡　介于亚逸楂弯岛和摩里毛岛之间。水道的北端有许多礁石。

士拉耶岛　位于摩里毛岛东南方约 0.4 n mile，高 37 m。

摩斯嘎尔海峡　该海峡介于士拉耶岛与摩里毛岛两岛之间，内有许多小岛和暗礁。

亚逸摩巴海峡　穿过岛群的中央。士拉耶岛在它的东北侧，亚逸摩巴岛在它的西南侧，水道宽约 0.1 n mile，整个水道最小水深为 6 m。

摩色木劳岛　位于摩里毛岛的东北端外方 0.3 n mile 处，其边缘为干出岸礁。

赛伦暗礁　位于色布鲁斯鲁阿尔岛的东南方 1 n mile 处，在裕廊海峡东入口的南侧，星革海峡东端的航道上，但其南面有直通的水道。该礁包括四块干出 0.3~1.5 m 的礁石，礁与礁之间水很深。其上水深为 11.3 m 和 13.7 m 的点滩，分别位于西礁的南南西方约 0.3 n mile 处和 0.4 n mile 处。

裕廊港　该港位于格令角南码头和裕廊河河口之间的海湾的东北岸，前沿水深 10.7~11.6 m。

4）星革海峡

该海峡是一条深水道，海峡两侧是岛屿和礁石。在赛伦暗礁南面是海峡的最狭窄处，即海峡的东端，其两侧 20 m 等深线之间宽度为 0. 55 n mile。航道水深一般为 12. 8~30 m。

萨尔腾浅滩 位于裕廊海峡两北入口角的南方约 3. 4 n mile 处，在星革海峡西入口的北侧，其上有一些干出 1. 8 m 的礁石和一个水深为 4. 5 m 的沙嘴。

埃扎克斯浅滩 在航道北侧，位于萨尔腾浅滩东南方 1 n mile 处，由珊瑚礁构成，并有一些尖岩，其上最小水深 4. 8 m。向西北方，浅滩水深逐渐增大，但水道边缘是陡坡。

星革海峡北岸是由位于该海峡和裕廊海峡之间的南方的群岛所构成。沙拉岛是较西的一个岛。该岛西端高 25. 2 m。巴高岛位于沙拉岛的东侧附近，坐落在一干出 0. 3~0. 9 m 的礁石的东部，是一个低的、有栲树林的岛。

迈礁 位于沙拉岛西端的西南西方 1 n mile 处，为一个孤立小礁，干出 0. 9 m。

德峨兰礁 位于迈礁东北方 0. 5 n mile 处，是一个孤立浅滩，其上水深 0. 9 m。在迈礁的东面和西面 0. 6 n mile 的范围内和南面 0. 7 n mile 的范围内有一些水深小于 10 m 的浅滩。

色勒布礁 距沙拉岛南岸约 0. 6 n mile，是一个孤立小礁，干出 0. 6~1. 5 m。

萨鲁岛 位于星革海峡南侧一个很陡的礁石的西端，高约 16. 4 m。

亚逸摩巴岛 位于巴高岛的东北方约 0. 4 n mile 处，高 18. 2 m，岛的南端有一个显著的红色土质陡崖，高 14m。两陡峭的干出礁分别位于红色的土质陡崖的东方约 0. 3 n mile 处和 0. 45 n mile 处。

布星岛 位于彭庞劳特礁东方 1 n mile 处，毛广岛以西，新加坡西南部的一座小岛。高 9 m，边缘有珊瑚滩。一干出 0. 6 m 的干出礁位于布星岛西方 0. 35 n mile 处。另一小礁位于布星岛西北方 0. 35 n mile 处。

5）邦丹海峡

介于东南面的赛伦礁和西面的亚逸摩巴岛之间，宽 0. 6 n mile，水很深。

潮流 在星革海峡中，潮流为东流时，沿布孔岛东北侧形成一个涡流。沿该海岸的近岸流在大部分时间里是西北流。只有在星革海峡中的主流变为东流以后约 1 h 起直至东流达到最大时止的一段时间内，近岸流为东南流。

包海峡 该海峡介于北侧的布孔岛及其西方的小岛和南侧的实马高岛及其周围的小岛、礁之间，宽 0. 35 n mile，水深 15. 5~31 m。入口在布孔礁和炯岛之间，由此通往萨鲁岛北方的星革海峡。

6）格伯尔港

格伯尔港也叫岌巴港，它的北面是新加坡岛，南面是布拉干马提岛和勿拉尼岛，其最小宽度为 0. 15 n mile。

在西入口的巫黎耶角和里毛角外方 10 m 等深线之间宽约 0. 1 n mile，航道上的最小水深 10. 6 m。

东入口位于巴呀角和德勒革沙嘴之间，宽约 0. 5 n mile，有两条水道。港的两侧边缘上均有干出礁石。但这些礁石附近，水深一般为 5. 5~7. 3 m。

格伯尔港西口巫黎耶角是该港的北入口角，是由高 18. 3 m 的陡崖所构成的。该角西北方的陡岸背靠丛林茂密的山脉，前临巴实班让白色海滩。该海滩边缘有向外伸出 0. 05

图 7.56　新加坡海峡圣淘沙岛及附近海峡、岌巴港、勿拉尼岛等卫星遥感信息处理图像

n mile 的礁石。

则尔民水道为新加坡岛和鬼岛之间的水道，宽 0.05~0.08 n mile，水深 6.1~13.1 m。

7）僧吉尔海峡

该海峡介于圣陶沙岛北岸和勿拉尼岛之间，航道的最小水深 3 m。该海峡的西入口处，位于标志里新角外方礁脉的末端的里新立标的西方约 0.05 n mile 处有一孤立浅滩，其上水深 5.8 m。

一泥滩附在色勒古岛和僧吉尔海峡的最窄部之间的圣淘沙岛北岸。这段很深的锯齿形的海岸排列着栲树、灌木丛。

8）丹炯哈金海峡（姊妹水道）

该海峡在苏巴尔达拉岛和苏巴尔劳岛的东方，其两岛和沙基让明的拉岛之间，系宽约 0.5 n mile 的深水道。

廖内群岛邻近新加坡海峡东、西邻接的重要海峡有：廖内海峡与杜里安海峡。

廖内海峡　该海峡介于宾坦岛与巴塔姆岛、伦庞岛、加朗岛、新加朗岛之间，长达 35 n mile，最狭窄处宽约 5 n mile。据报，其间有一宽达 1 n mile 以上的深水道。该海峡中通常一天仅有一次强的南流与北流。

杜里安海峡　该海峡位于廖内群岛之西，系由新加坡海峡去邦加海峡的主要航道。海峡南入口分布有很多岛礁。海峡中潮流为混合潮流，以半日潮为主，潮流流向为南—北。

第八章　环南海及其邻近海上狭窄通道空间融合信息特征

第一节　概　述

本章所涉及区域范围、地质地貌、气候、海洋水文等诸多地理环境特征，在第七章已予以详述，在此不再赘述。仅就环南海及其邻近海上狭窄通道空间融合信息特征逐一阐述。

第二节　菲律宾群岛间狭窄海上通道

1. 圣贝纳迪诺海峡

位置：

该海峡位于吕宋岛东南岸与萨马岛西北岸和附近岛屿之间。中心坐标 12°31′35″N，124°11′20″E。

归属类型：

大洋-内海连通型；岛间海峡。

海峡特征：

该海峡连接太平洋与菲律宾群岛水域，也是蒂高水道与萨马海的连接处。其附近分布有数个群岛，如位于圣贝纳迪诺海峡外方进口处，由两个小岛与两个大岩石以及数个暗礁组成的圣贝纳迪诺群岛，该群岛两侧有宽而深的水道；而圣贝纳迪诺海峡南端由六个岛屿所组成的纳兰霍群岛，岛间均有深水畅通的水道。该群岛与其以东的达卢皮里岛、萨马岛彼此间自东向西依次分布有宽而深的纳兰霍水道、嘎布尔水道与达卢皮里水道。

从宾格角向南 28 n mile 到帕当角之间的吕宋岛东南岸段较曲折；再自帕当角向南南西方约 4 n mile 的科拉西角之间海岸很不规则。并且，自帕当角东南东方 1 n mile 处向南南西方 4 n mile 处之间，有一列与海岸平行的岛屿；从科拉西角向西 2 n mile 至兰高角之间起伏不平的海岸外方较陡深。

圣贝纳迪诺群岛附近的潮汐大部为半日潮，平均潮差约 0.8 m，日潮差达 1.1 m。而当月球处在赤道附近时，圣贝纳迪诺海峡出现半日潮；但当月球接近北赤纬或南赤纬最大时，由半日潮转变为日潮；海峡内有强潮流、急流与涡；在圣贝纳迪诺群岛与吕宋岛东南

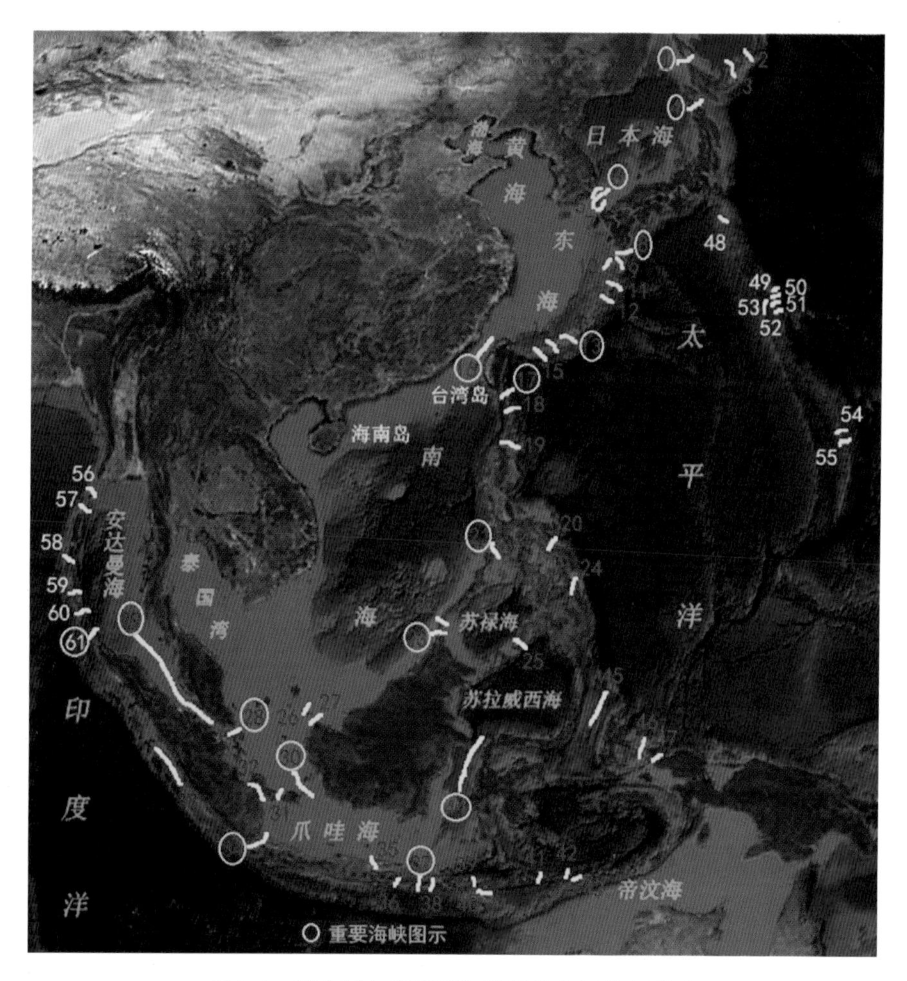

图 8.1　环中国与其邻近海峡通道空间分布图示

20. 圣贝纳迪诺海峡　22. 北巴拉巴克海峡　24. 苏里高海峡　25. 巴西兰海峡　31. 加斯帕尔海峡　32. 邦加海峡　35. 泗水海峡、马都拉海峡　36. 巴厘海峡　38. 阿拉斯海峡　39. 萨佩海峡　40. 松巴海峡　41. 阿洛海峡　42. 翁拜海峡　43. 威塔海峡　45. 马鲁古海峡　46. 贾伊洛洛海峡　47. 丹皮尔海峡

之间潮流流速达 5 kn；圣贝纳迪诺海峡内涨潮流向西南，落潮流向东北，大潮时涨潮流速达 5.5 kn，小潮时流速为 2.7 kn，大潮时落潮流速达 5.5~8 kn，小潮时流速为 2~3 kn。

2. 韦尔德岛水道

位置：

该水道位于吕宋岛西南侧与民都洛岛北岸之间。中心坐标：13°34′12″N，120°53′34″E。

归属类型：

岛间水道；内海-边缘海连通型。

水道特征：

该水道西接南海，东连吕宋岛南侧的深水水道。水道表现为从南海经水道西口所来的潮流与从太平洋经各水道东口所来的潮流，两支潮流在岛间水道内混合。

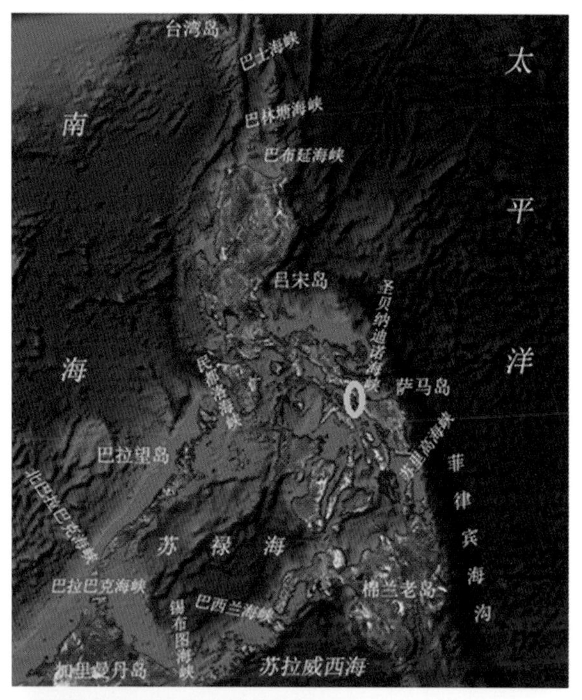

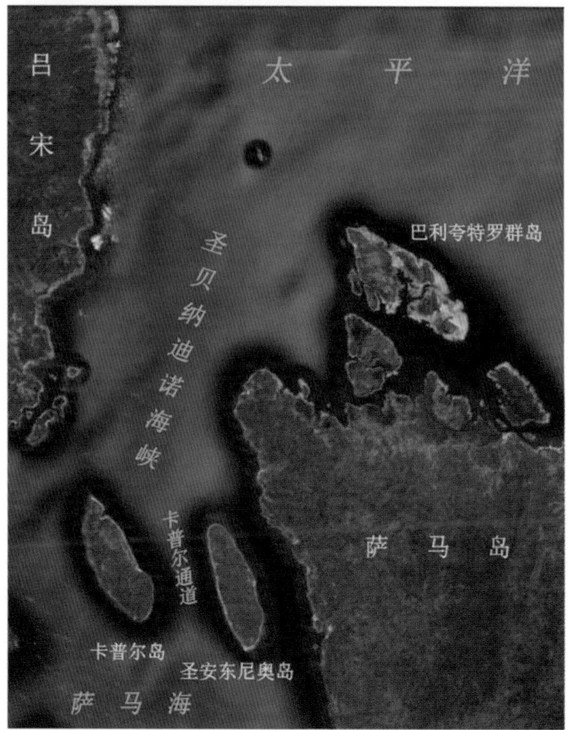

图 8.2　圣贝纳迪诺海峡通道卫星遥感信息处理图像

图 8.3　邻近圣贝纳迪诺海峡附近的马特诺格岛与圣安东尼奥港卫星遥感信息处理图像

位于韦尔德岛水道北侧向陆弯入达 7.5 n mile 的八打雁湾，界于嘎萨多尔角与其东南东方的近 9 n mile 处的马多戈角之间，该湾西侧海岸险峻，东岸多为小石与沙质岸，湾内水深无险礁，近岸水陡深。这里有八打雁港，系马尼拉港的副港。

位于韦尔德岛水道东口的马林杜克岛为一圆形，多海湾，岛岸陡深，直径达 45 km，岛峰高 1 185 m 的大岛，隔蒙波水道与崩多格半岛相对。而蒙波水道内涨潮流向东南，落潮流向西北；但蒙波水道以西及其与崩多格角之间流向不规则，流速强。

蒂高水道系宽而深的布里亚斯水道。

3. 波利略海峡

位置：

该海峡位于波利略岛西岸与吕宋岛之间。中心坐标 14°47′42″N，121°46′09″E。

归属类型：

岛间海峡；狭长型海峡。

海峡特征：

该海峡深而宽，最小可航宽度达 7 n mile。

海峡的西侧，即吕宋岛东岸以东，从德塞阿达角向南南东方近 14 n mile 处的布鲁埃巴角之间海岸地势高耸，并有与之相平行的山脉；再从布鲁埃巴角至迪纳希甘角之间海岸稍向陆弯入。整个海峡西侧海岸较平直，近岸水较深，20 m 等深线紧靠海岸，多无岩礁。

海峡东侧就是波利略岛西岸，岛岸并不规则，沿岸多岩礁与浅滩，该岛主峰马洛洛山高达 345 m。

海峡内潮汐为日潮，平均潮差约 1. 2 m，潮流弱而不规则。

4. 波利略群岛及其岛间水道

该群岛由波利略岛、巴拉散岛、伊戈尔岛、嘎巴劳岛、阿尼龙岛、阿纳万岛、乌瓦拉群岛、伊吉戈岛、东伊吉戈岛、巴德纳农岸岛、大嘎达金岛、小嘎达金岛、霍马利诺岛、曼拉纳德群岛、兰道岛以及其他一些小的岩礁等组成的群岛。正如前述，波利略岛西岸不规则，沿岸多岩礁与浅滩，北岸沿布并向外延伸有岩礁与浅滩，该岛东岸也很不规则，沿岸分布有狭窄的礁石与浅滩。

该群岛岛间有很多狭窄的水道，潮流强，涨潮流向西南，落潮流向东北，如巴拉散岛与巴德纳农岸岛之间的狭窄水道，大潮最大流速达 4 kn。

5. 塔布拉斯海峡

位置：

该海峡位于民都洛岛东岸及其以东塔布拉斯岛等诸岛之间。中心坐标：13°13′38″N，121°38′38″E。

归属类型：

内海海峡；岛间海峡。

海峡特征：

该海峡系菲律宾群岛中部重要水道，其水深遽深。这里潮流不强，其流向与海岸平行，涨潮流向从民都洛海峡沿东岸向北，落潮流向南，但流速不等。

海峡西岸为民都洛岛东岸，该岸段系指卡拉潘角至布伦甘角之间曲折而低平的海岸，沿岸有数条河流入海，其中卢芒巴延河为最大，由该河口向东南至杜马利角岸段更为曲

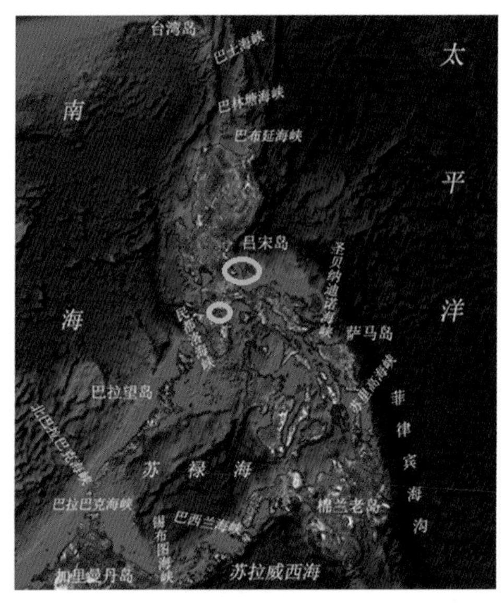

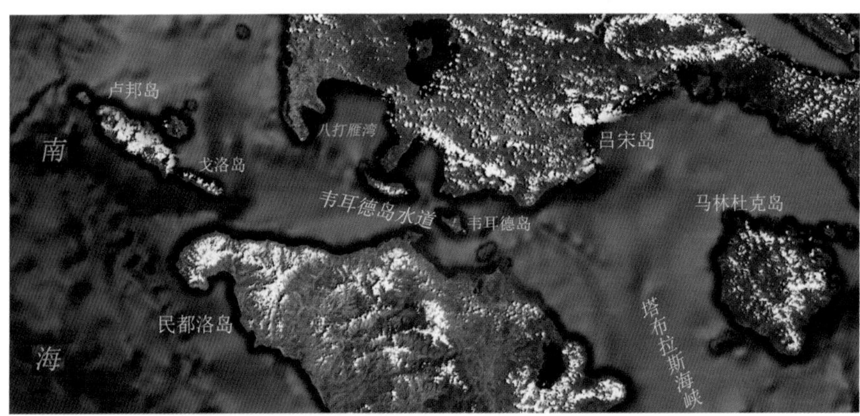

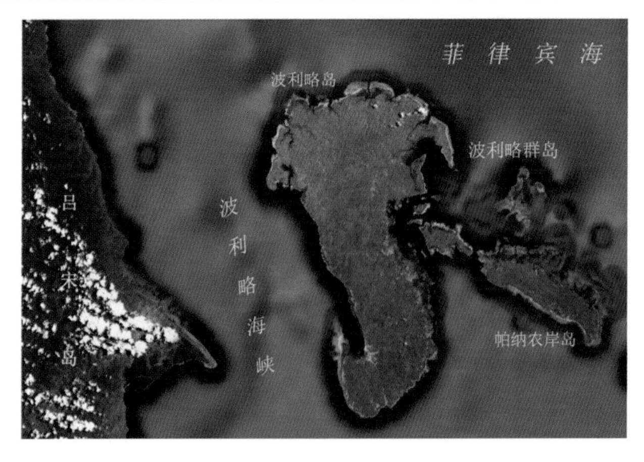

图 8.4　韦耳德岛水道、波利略海峡等卫星遥感信息处理图像

折，且地势起伏，形成有数个海湾；从杜马利角向南至巴兰加角岸段为低平的沙质岸；但由巴兰加角向西南至布伦甘角岸段极不规则，并有数个半岛伸入海中，向陆纵深为高山密林。

海峡东岸为塔布拉斯岛，该岛位于民都洛岛东南方 26.5 n mile，其与民都洛岛之间相隔塔布拉斯海峡，呈长条形，南北长达 64.5 km，东西宽 11 km，山脉纵贯全岛，主峰高 690 m。西部岛岸曲折，分布有珊瑚与沙质岸，并有几处石灰石悬崖；东部岛岸平直而遽深。

另有，布亚劳水道、丹巴伦水道、马辛水道等 6 条。其中，布亚劳水道该水道为一狭长水道，其介于布亚耀岛及其西南侧布亚劳半岛之间，可航宽度近 300 m，中央有点滩。

6. 朗布隆水道

位置：

该水道位于朗布隆岛及其以西约 7 n mile 的塔布拉斯岛之间。

归属类型：

内海水道；岛间水道。

水道特征：

该水道呈长条形，长 17 km，北窄南宽，最宽处达 9 km。

水道中水文条件较为复杂，如从民都洛海峡流入锡布延海的涨潮流，在塔布拉斯岛南端分为两股，其一经塔布拉斯海峡流向北北东方，并在该岛北端转向东北，其二从塔布拉斯岛与班乃岛之间通过。落潮流向与涨潮流向相反。

海峡两岸：

海峡东侧为朗布隆岛，该岛位于塔布拉斯岛以东 7 n mile，其与塔布拉斯岛之间，岛峰高 416 m。西部岛岸有岩礁分布，其他岛岸近处有岛礁。而西侧的塔布拉斯岛前已有阐述。

锡布延岛　该岛位于朗布隆岛以东 7 n mile，系多山的岛屿，主峰高 2 057 m，岛岸地势较低，多为被红树林所覆盖的沙石岸。北部岛岸多岩礁与石滩，并延布于海中达 2 n mile，而南部岛岸大部分遽深。

该岛与其以东的马斯巴特岛之间 32 n mile 的宽阔海域内，许多礁石和浅滩将其分割成西、中、东三条深水水道，并且这里的潮流很不规则。

同时在锡布延岛东北岸及其东北方狭长浅滩之间，也有狭窄而深的水道。

马斯巴特岛　该岛位于锡布延岛以东 33 n mile，东北与蒂高岛相邻，东部隔萨马海与萨马岛相对，南濒米沙鄢海，其系多山、多河的岛屿，位于岛西北部的主峰高 695.5 m，马斯巴特港即位于该岛北端，该岛系菲律宾群岛中第十一大岛，其附近多岛屿、岩礁、浅滩与水道。

该岛东北部岛岸平直，并间有向海延伸 90~410 m 的岸礁，且外缘遽深，20 m 等深线距岸可达 1.2 n mile；西部岛岸曲折多岩礁与浅滩，向陆纵深多山丘；南部岛岸为宽 54 n mile，纵深 22 n mile 开敞的阿西德湾，湾的沿岸类型各处不尽相同，水深差异也较大。

7. 蒂高水道

位置：

该水道处于蒂高岛与吕宋岛之间。

归属类型：

内海水道；岛间水道。

水道特征：

水道南侧为蒂高岛，该岛位于马斯巴特岛以北，两者之间相隔马斯巴特水道。它系由吕宋岛西南岸向东南延伸的礁脉而成。其呈一狭长型，南北长 44 km，西北部宽 12. 5 km，位其西北部的岛峰高 405 m，附近多岛屿、岩礁、浅滩与水道。

岛岸曲折多湾，其中西部岛岸遽深，20 m 等深线靠近岸边；东部岛岸为分布有椰树与红树林的低平海岸，并环有岸礁与浅滩，外缘遽深，20 m 等深线距岸近 0. 5 n mile。

水道北侧的吕宋岛前已介绍，不再赘述。

米沙鄢群岛的西群岛屿岛间分布有怡朗海峡、吉马拉斯海峡、达尼翁海峡与保和海峡等。

8. 吉马拉斯海峡

位置：

该海峡位于班乃岛东岸、吉马拉斯岛东岸与内格罗斯岛西岸之间。

归属类型：

内海海峡；岛间海峡。

海峡特征：

该海峡南、北分别与班乃湾与米沙鄢海相通，西部与怡朗海峡相连，其最狭窄处 6 n mile 位于南部。海峡内分布有很多岛屿、岩礁与浅滩。该海峡西侧，即吉马拉斯岛东岸，从纳瓦拉斯角向南约 11 n mile 至伊嘎瓦延角之间岸段为沙质岸，5 m 等深线距岸 2. 7 n mile，再由伊嘎瓦延角向南南西方 15 n mile 经阿莱格里亚角到南角之间岸段曲折多岸礁与浅滩。

这里潮流流向与海峡平行，涨潮流向北，落潮流向南，最大流速为 2 kn，但处在西南季风期涨潮流流速则达 6 kn；憩流发生在高低潮时。

海峡两岸：

该海峡西侧为班乃岛与吉马拉斯岛东岸。其中，班乃岛位于西群岛屿西北部，呈一不规则三角形，为菲律宾群岛中第六大岛。岛上多山，山脉分布在东、西部，并有丰富的水资源。

班乃岛西部岛岸系指纳索格角向南南东方至卡达克迪角，向西面向苏禄海，20 m 等深线靠近岛岸，最远的不过 1 n mile。怡朗港则位于该岛南岸怡朗海峡内。

班乃岛分别与巴德巴丹岛、马拉利松岛之间有一很深的水道。

介于班乃岛东北端与马斯巴特岛西南端之间的欣多多洛海峡，连接了锡布延海与米沙鄢海。但该海峡被欣多多洛岛与萨巴多斯群岛分隔成东北、中央和西南 3 条宽深的水道。

从班乃岛与塔布拉斯岛之间的涨潮流，沿班乃岛北岸向东穿过欣多多洛海峡进入米沙鄢海，落潮流流向则相反，流速可达3.5 kn；奥卢塔亚岛与萨巴多斯群岛附近，前者有涡流与不规则潮流，后者有涡流和强潮流；布拉嘎韦角附近涨潮流向西，落潮流向东。

内格罗斯岛周边的潮流，其西岸南部涨潮流向南，落潮流向北，流速弱；而在吉利嘎翁角和锡亚东角之间，涨潮流向东南，落潮流向西北，流速也很强；马洛嘎博格岛以北的涨潮流向西，落潮流向东，流速达1 kn；由南向北进入达尼翁海峡的潮流，在海峡南部有强潮流，大潮时流速达6 kn，穿越该海峡最后流入米沙鄢海。

另有，中央水深邃深的达尼翁海峡，该海峡介于班塔延岛、内格罗斯岛和宿务岛之间，南北长达100 n mile，宽20 n mile，其中南口宽约3 n mile，而北口多浅滩。

9. 苏里高海峡

位置：

该海峡位于棉兰老岛东北岸外诸岛与北部的萨马岛、莱特岛之间。中心坐标：9°50′25″N，125°20′45″E。

归属类型：

内海海峡；岛间海峡。

海峡特征：

该海峡水深而开阔。其南口介于棉兰老岛北端的比拉阿角与其西北近10 n mile巴拿旺岛南端的迪尼特角之间，其由南口向北延伸达40 n mile，再继续转向以东25 n mile进入太平洋。

另有，深水的希纳图安水道的西北口，位于苏里高海峡南口东侧，经迪纳加特岛以南诸岛和棉兰老岛东北岸之间，而东南口则处在大布嘎斯岛和棉兰老岛之间，其向东南通向太平洋。该水道的涨潮流向西，落潮流向东；在卡博礁与希纳图安岛之间有潮急流和涡流。

海峡两岸：

海峡东侧为迪纳加特岛，系棉兰老岛东北岸外最大岛屿，南北长69 km，中部宽近20 km，岛上多300~990 m的地势起伏不平，主峰雷东杜山高达934 m，岛西侧多海湾，而其以南距岸9 n mile内，则有岛岸邃深的岛屿。总之，围绕该苏里高海峡附近分布有近40余个众多岛屿和岩礁，如腊萨岛与锡亚高岛等。

保和岛　该岛位于宿务岛东南，为一椭圆形，长轴呈东北—西南走向，长达89 km，南北宽达63 km，面积近4 000 km^2，上有高山密林，主峰高达802 m，岛北部分布有峡谷。该岛北、东岸中，北濒嘎莫德斯海，以东为保和海，西连保和海峡，与宿务岛隔海相望，东北与莱特岛之间相隔嘎尼高海峡。

该岛南岸涨潮流向西，落潮流向东；塞尔韦拉浅滩附近多有急流。

锡基塞尔岛　该岛位于内格罗斯岛南端东北部21 n mile处，系保和海中最大岛屿，岛上多起伏山地，岛中部的主峰高628 m，岛岸狭窄多岩礁，礁缘外邃深，其西端岩礁向外延伸1 n mile。沿岸分布有数个港湾。

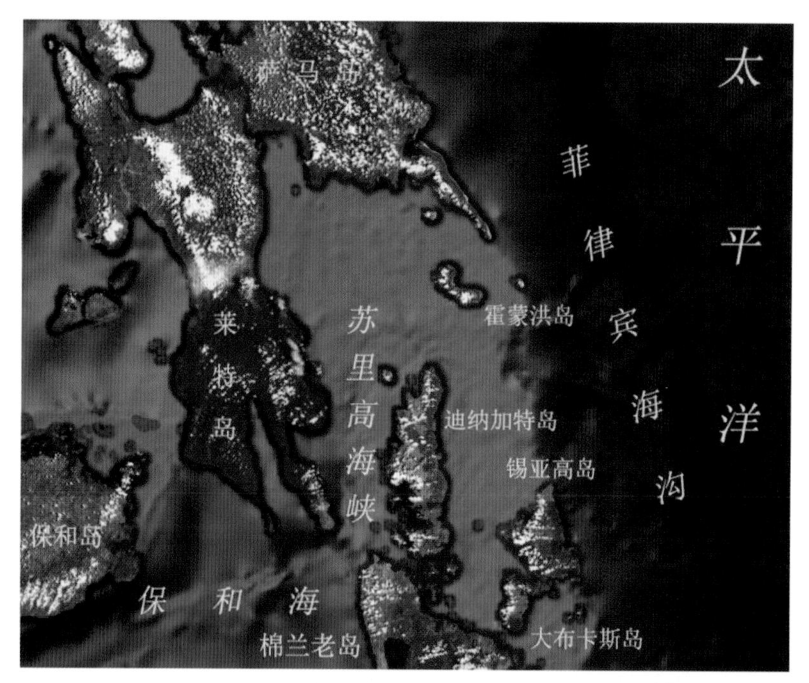

图 8.5　苏里高海峡与苏里高港卫星遥感信息处理图像

10. 哈纳巴达斯水道

位置：

该水道位于萨马岛西南端与莱特岛东北部之间。

归属类型：

内海水道；岛间水道。

水道特征：

该水道与圣胡瓦尼戈海峡为沟通萨马海和圣佩德罗湾相接连的狭长水道。该水道从西部接近圣胡瓦尼戈海峡，其呈东西走向，长达 8 n mile，部分水道段弯两岸多浅滩与小岛，使之弯曲而狭窄，且水道两岸也不规则。

该水道涨潮流向西，落潮流向东，流速达 1~2 kn。

水道两侧：

萨马岛位于哈纳巴达斯水道东北侧，该岛呈长条形，南北长 252 km，东西最大宽度 94 km,萨马岛东岸即从奥坎角向南南东至孙宜角之间曲折多弯的岩石岸段，并间有沙质岸，岸外岛礁少，其外缘为东濒菲律宾海沟，为菲律宾群岛第三大岛。岛上高山密林，河流亦多。

萨马岛北岸即从巴利古瓦德罗角向东至奥坎角之间岸段，北濒太平洋，西北与吕宋岛之间相隔圣贝纳迪诺海峡。该岸段东、西两端附近分布有向北延伸达 16 n mile 的许多岛屿和浅滩，岛间水道纵横密布。

萨马岛南岸即从孙宜角向西北西方 37.4 n mile 至嘎比尼斯角之间为曲折的岸段，亦是莱特湾东北岸，其西南方与莱特岛之间系莱特湾。该湾开阔而水深，湾口以南有苏里高海峡与保和海和太平洋相通。

萨马岛西岸即从巴利古瓦德罗角向南南东至迪乌特角之间岸段，其西北部与吕宋岛之间相隔圣贝纳迪诺海峡，西濒萨马海，南与莱特岛之间相隔哈纳巴斯达水道和圣胡尼瓦戈海峡。

从巴利古瓦德罗角向南南东 33.3 n mile 至贾巴坦角之间陡峭岸段，外缘水深遽深，20 m 等深线距岸最远 1.2 n mile，近岸山岭有的直逼海岸。

从贾巴坦角向东南 17 n mile 至达朗南角之间为海岸大部低矮、向东北弯入的海湾，中部山脉直逼海岸，多条河流注入湾内，河口分布有大片沙滩与泥滩，其南部近岸散布有诸多岛礁，如利布甘群岛与特达腊瑙群岛等。

在萨马岛西南端与莱特岛东北端之间的沿岸低平的圣佩德罗湾，向北北西方凹入 12 n mile，北接圣胡瓦尼戈海峡，南濒莱特湾，系海上重要通道。

水道西南侧为莱特岛，该岛系一火山岛，位于保和岛和萨马岛之间，面积达 2 785 km^2，为菲律宾群岛中第八大岛。

莱特岛北岸即从丹岗角向东南东至巴卢阿特角之间的岸段，其西部为狭长且浅的莱特湾，东部为开阔的嘎里嘎拉湾，该岸段东与哈纳巴达斯水道同圣胡瓦尼戈海峡相连，西濒米沙鄢海，北临萨马海。

莱特岛西岸即从丹岗角向南南东 87 n mile 至格林角之间的岸段，其西与宿务岛、保和岛之间相隔米沙鄢海与嘎莫德斯海。该岸段水深遽深，且少岛礁与浅滩，仅在其南部有嘎莫德斯群岛与古瓦德罗群岛，20 m 等深线靠近海岸，最远不过 2 n mile。

莱特岛南岸，南濒保和海，东连苏里高海峡，与棉兰老岛、迪纳加特岛隔海相望。该岸段较规则，水深遽深，这里有利马萨瓦岛和巴拿旺岛等。

11. 圣胡瓦尼戈海峡

位置：

该海峡位于从哈纳巴达斯水道东端向南近 11 n mile 至塔克洛班港之间。

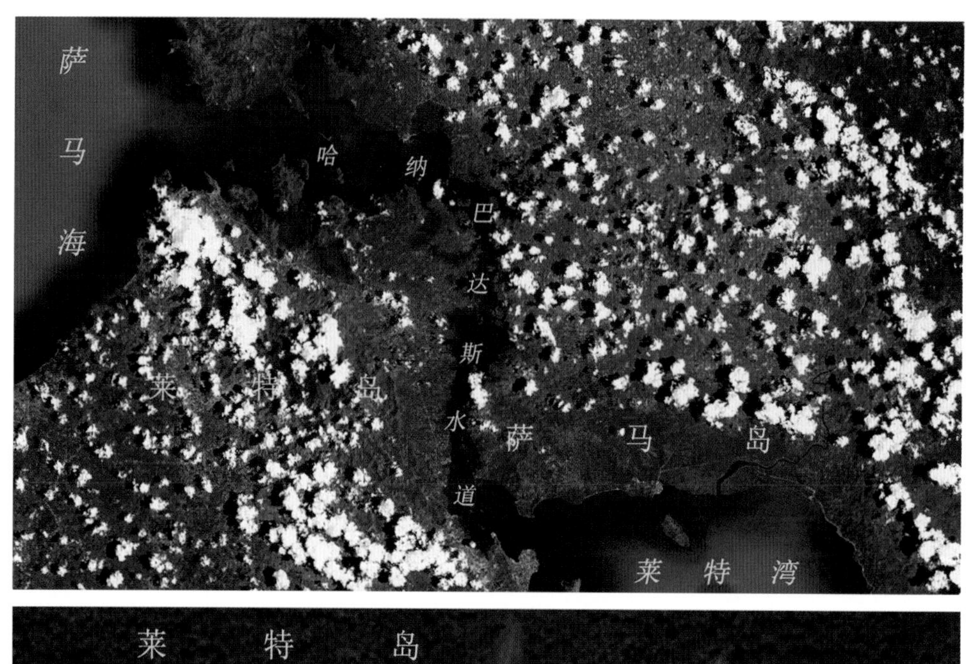

图 8.6　哈纳巴达斯水道、巴纳翁海峡卫星遥感信息处理图像

归属类型：

内海海峡；岛间海峡。

海峡特征：

该海峡为两岸低矮的海峡，宽 0.3~1.2 n mile，水深 9~27 m，散布诸多岛礁与浅滩。这里的塔克洛班港为莱特岛主要港口。

该海峡内有明显潮汐不等，涨潮流向北，落潮流向南，各处潮流流速 1.5~5 kn 不尽相同，并有强急流与涡流出现。

12. 巴纳翁海峡

位置：

该海峡位于巴拿旺岛北端与莱特岛东南部之间。

归属类型：

内海海峡；岛间海峡。

海峡特征：

该海峡长 0.7 n mile，最狭窄处为 80 m，系索戈德湾通苏里高海峡与莱特岛东岸的捷径。该海峡涨潮流向西，落潮流向东，流速最大达 4 kn，其两端有急流与涡流。

13. 利纳帕坎海峡

位置：

该海峡位于迪嘎拜多岛与迪嘎布卢兰岛、比纳拉巴岛之间。

归属类型：

内海海峡；岛间海峡。

海峡特征：

该海峡宽达 3 n mile，水深 55 m 以上，涨潮流向东南东，落潮流向西北西，流速达 3 kn，到处有涡流。靠近该海峡的利纳帕坎岛，系龟良岛南端与巴拉望岛东北岸之间群岛中最大者，其海岸曲折、岸外遽深，多山，主峰高达 331 m。该岛东北侧邻近岛屿周边遽深，岛间水道水较深，附近岛屿有迪嘎布卢兰岛、班嘎尔道安岛和佩德罗岛等 20 余个岛屿。

14. 北巴拉巴克海峡

位置：

该海峡南部仅靠巴拉巴克岛，其东北侧由位于巴拉望岛西南—南方的班卡兰、曼塔古勒与

卡纳崩甘 3 岛组成；而西南侧则由塞坎岛、腊莫斯岛与坎达腊曼岛等。中心坐标：8°09′01″N，117°04′46″E。

归属类型：

内海-边缘海连通型；岛间海峡。

海峡特征：

该海峡呈西北—东南走向，穿越多个海岛之间，长 11 n mile，最窄可航宽度达 2 n mile，其水深约 45~90 m。其中位于塞坎岛的岸礁与腊莫斯岛北岸岸礁之间系宽 1.8 n mile，水深遽深的巴特水道。

海峡两岸：

布格苏克岛　该岛西北端位于 8°19′21.11″N，117°16′45.95″E；潘达安岛东方最近距离相隔 0.43 n mile。

该岛发育在呈东北—西南走向，长 29.43 km，东—西宽 11.96 km 的斜长方形的大型礁盘上，岛形似短粗的萝卜，呈南—北走向，长 16.86 km，东—西宽 8.52 km。岛上树顶

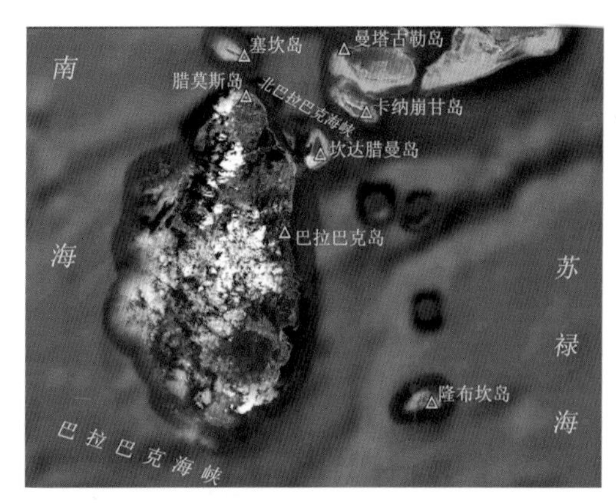

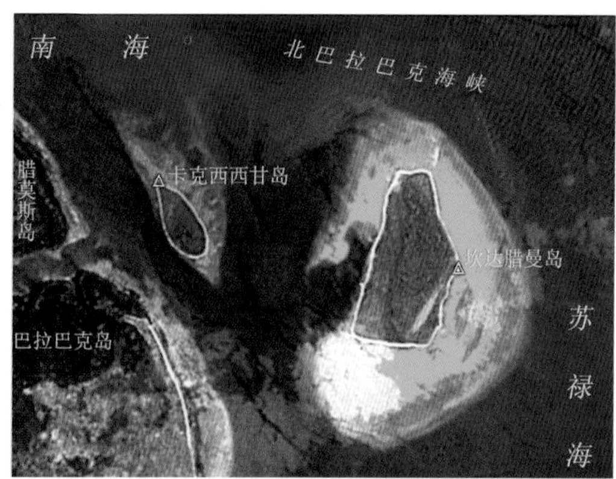

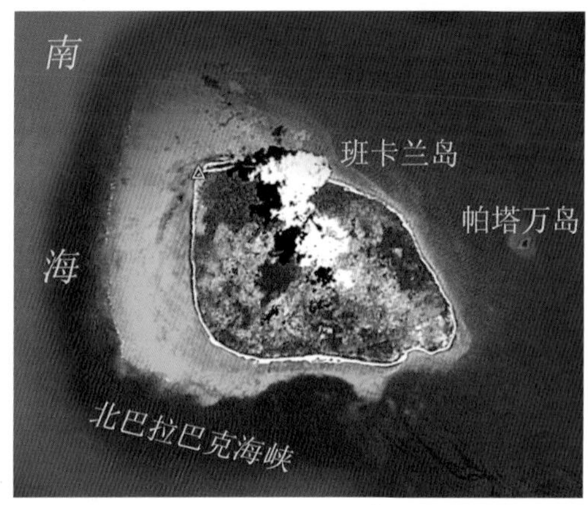

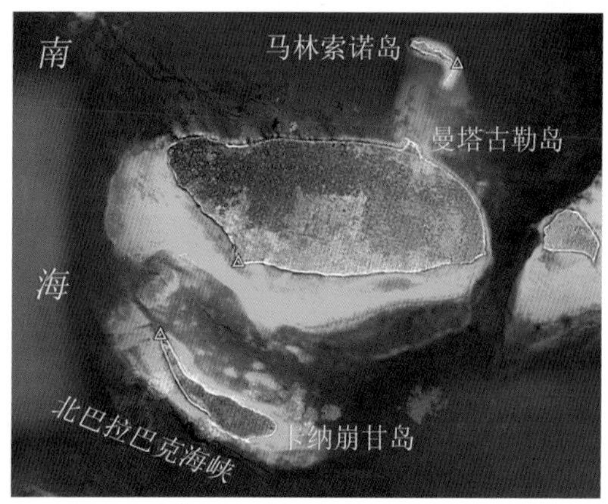

图 8.7　北巴拉巴克海峡附近岛礁卫星遥感信息处理图像

高约 61 m，树木低矮且茂密，岛南部有椰林，岛的中南部已有良好的开垦。环岛有高反射率的狭窄沙滩，该岛与潘达安岛之间的水道，在两侧外伸的礁石之间宽约 370 m。该水道从珊瑚湾南部的宽阔险恶地内通向北方。高潮时，布格苏克河把岛的西北部分开。北口水深 0.9 m，西口被红树阻塞。岛东侧及东南侧距岸 2 n mile 以内，有干出礁和险恶地。

阿波、加榜、布延 3 小岛位于自布格苏克岛西南侧向西南方延伸 5 n mile 礁滩上。各岛周围陡崖，阿波岛西南方附近有小岛。该礁滩西南与曼塔古勒岛之间相隔宽 1.31 km 水道。

班卡兰岛　该岛西北端位于 8°14′48.01″N，117°04′51.75″E；潘达安岛西南方约 3.8 n mile 处。

该岛发育在一大礁盘上东北部，形似不规则椭圆形，呈西北—东南走向，长 6.03 km，中部东北—西南宽 4.18 km。从中部向西北方向有呈低反射率的水域。环岛有高反射率的沙滩，干出礁自该岛西侧向西方延伸约 1.3 n mile，自该岛西北端向北方延伸约 1.3 n mile。水深 3.6~9.1 m 的孤立点滩自该礁北缘向西北方延伸约 1 n mile，向北方延伸约 0.5 n mile。干出礁东北缘和潘达安岛西端的岸礁之间有许多水深 1.2~9.1 m 的险礁。这些险礁和巴东贡岛西南侧的岸礁之间的水道宽约 550 m。

该岛南侧和曼塔古勒岛西端之间有许多水深 0.3~0.6 m 的礁和险礁。干出岸礁在岛西侧及南侧向外延伸约 1.3 n mile。水深小于 9.1m 的礁脉及浅滩自岛向南方延伸约 3 n mile，在卡纳崩甘岛周围。

另有，帕塔万岛位于班卡兰岛东端北北东方约 1.2 n mile 处。该岛西北侧有礁石外伸约 370 m。两岛间的水道宽约 1 n mile，水道最浅水深 12.8 m。在该水道南口，班卡兰岛东端东方 0.3~1 n mile 处，有水深 5~6.4 m 的点滩。帕塔万岛北方约 1.3 n mile 处有水深 3.2 m 的点滩。

班卡兰岛东南侧和曼塔古勒岛西北端之间有许多水深 0.3~8.6 m 的珊瑚头。

曼塔古勒岛 该岛西南端位于 8°09′6.19″N，117°08′54.07″E；班卡兰岛东端南方约 2.5 n mile 处。发育在礁盘北部，形似青蛙，呈东—西走向，长 8.55 km，南—北宽 3.30 km。环绕其周边呈高反射率的沙岸。岛上树顶高 61 m，主要在北部树木茂盛。

在该岛与潘达安岛、班卡兰岛等 3 个岛之间的任何地方，水深 12.8~27 m，泥沙底质处均可锚泊，而去锚地的诸水道复杂，水道内有强烈的潮流及乱流。

卡纳崩甘岛 该岛西北端位于 8°08′7.59″N，117°07′49.08″E；曼塔古勒岛西南端的西南偏南方约 1.5 n mile 处。发育在长条形礁盘上，形似细长的棒槌，呈西北—东南走向，长 4.04 km，东部最宽处 0.75 km。岛低矮，树木茂密。干出礁自岛向西北方延伸约 1 n mile，向东方延伸约 0.8 n mile。岛东方 3 n mile 以内有水深小于 9.1 m 的孤立点滩。岛东南端的南南东方约 2 n mile 处，据报有水深 9.1 m 的点滩。

北巴拉巴克海峡最窄部则位于该岛南侧的岸礁和西南方约 2 n mile 的坎达腊曼岛北侧的岸礁之间。

坎达腊曼岛 该岛东端位于 8°04′49.72″N，117°06′42.57″E；腊莫斯岛东南端东方约 2.3 n mile 处。发育在半圆形礁盘上，呈不规则的长方形，近南—北走向，长 2.32 km，东—西最宽处 1.18 km。海拔高度低矮，岛上树木茂密。环岛呈高反射率沙岸，干出礁向外延伸约 0.8 n mile 处。北巴拉巴克海峡水道从该岛东北方通过。

卡克西西甘岛 该岛位于坎达腊曼岛和腊莫斯岛东南端之间，呈西北—东南走向，椭圆形，长 1.19 km，之间宽 0.45 km。岛上树木茂盛，种植有椰树。环岛呈现高反射率的沙岸。

该岛与东南部的坎达腊曼岛之间相隔 1.22 n mile，礁自岛向北北西方扩延约 0.7 n mile，岛北方 1.3 n mile 以内是险恶地，其上有数个礁石。岛南端东方约 500 m，有最浅水深 5 m 浅滩，东北侧的东北方约 0.7 n mile 处有最浅水深 5.9 m 的礁。这些险礁和坎达腊曼岛西侧的岸礁之间有宽约 740 m 深水道。

腊莫斯岛 该岛西北端位于 8°07′52.84″N，117°01′25.94″E；巴拉巴克岛北方，与其之间相隔坎达腊曼湾。

该岛形似狗头，东—西长 7.95 km，南—北宽 6.16 km。高达 107 m，岛北端的迪萨斯特尔角位于塞坎岛东南端方约 2.5 n mile 处。岛顶的马芬山位于岛的南侧，岛中央附近的 2 个小险丘都显著。岛的大部分地区低矮，岛的西岸曲折，北岸呈高反射率的沙岸，树木茂盛，东南部有大片湿地，岛南岸有红树林带。

干出礁自岛西侧向西方延伸 1 n mile，自北侧向北扩延约 0.8 n mile。迪萨斯特尔角东北方约 1 n mile，距岸约 0.7 n mile 处有水深 9.1 m 的点滩。

西北浅滩，最浅水深 3.6 m，是孤立礁及险礁群，自迪萨斯特尔西方约 3 n mile 处向西南方延伸约 6.5 n mile。腊莫斯岛西侧的岸礁和该浅滩东南侧之间，有宽约 1 n mile 的深水道。腊莫斯岛西端西北偏西方约 24 n mile 处有水深 23 m 的浅滩。

巴特水道 位于腊莫斯岛北岸岸礁与塞坎岛岸礁之间，系宽约 1.8 n mile 深水水道，该水道连着北巴拉巴克海峡与西方水域。

塞坎岛 该岛西北端位于 8°10′47.85″N，117°00′37.90″E；北巴拉巴克海峡西北口的南侧，班卡兰岛西南方约 4.3 n mile 处海峡西南侧，距东南方向的腊莫斯岛约 2.38 n mile。该岛发育呈似椭圆形，西北—东南走向的长 4.75 km，最宽 1.93 km 礁滩的东南部，岛亦呈似长条形，西北—东南走向，长 2.29 km，宽 0.27 km。岛上树顶高 30 m，有相当宽干出的岸礁及水深 7.3~16.4 m 的浅水区，自岛向西北延伸约 2 n mile。树木茂密。

15. 巴西兰海峡

位置：

该海峡位于三宝颜半岛与巴西兰岛之间。中心坐标：6°48′37″N，122°03′23″E。

归属类型：

内海-内海连通型；岛间海峡。

海峡特征：

该海峡沟通了苏禄海与苏拉威西海。海峡中的圣克鲁斯岛与险滩将其分为南、北两水道。

海峡中的潮流一般情况下，涨潮流向西，落潮流向东，小潮时流速 2~6 kn，大潮时 5~6 kn。

海峡附近岛礁与浅滩达 20 多个，如锡巴戈岛、巴拉巴克岛、杜尔纳卢丹岛与圣克鲁斯浅滩等。

海峡两岸：

海峡南侧为巴西兰岛，该岛位于苏禄群岛东北端，与三宝颜半岛之间相隔巴西兰海峡，系一火山岛，并为苏禄群岛中第一大岛，岛主峰巴西兰峰高达 1 011 m。岛岸为低平的珊瑚沙组成，并生长有红树林，而部分岛岸则不规则。该岛附近分布有达 30 余个岛礁与浅滩，诸如潘加萨汉岛、戈雷诺岛与高卢安岛等，岛间有比欣迪努萨水道、高卢安水道和博黑累本水道等。在其西北岸有巴西兰港。

巴西兰岛西岸潮流强而不规则，涨潮流向北，落潮流向南，流速 3 kn；浅滩与岬角往往有旋涡与潮汐浪。

16. 萨兰加尼海峡

位置：

该海峡位于萨兰加尼群岛与棉兰老岛南端之间。中心坐标：5°29′09″N，125°24′05″E。

归属类型：

大洋-内海连通型；岛间海峡。

海峡特征：

该海峡为一深水海峡。萨兰加尼群岛中奥拉尼万岛位于萨兰加尼岛北端北北东方 1.3

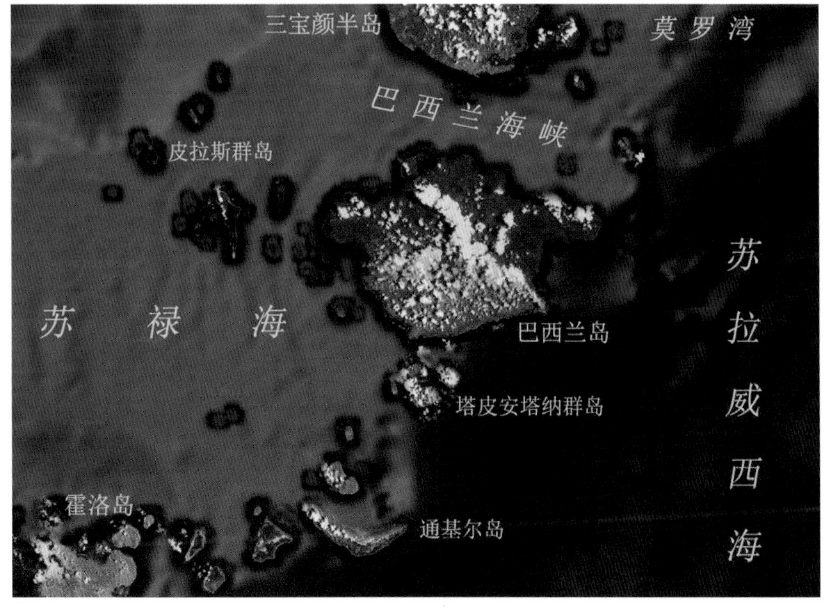

图 8.8　连通苏禄海—苏拉威西海之间的巴西兰海峡卫星遥感信息处理像图

n mile 处，系一低平沙洲岛。岛周围环绕有珊瑚礁，且其东侧岸礁向海延伸 0.3 n mile。其与萨兰加尼岛岸礁之间有一宽达 0.5 n mile 的深水水道，水道内潮流很强，涨潮流向北北西，落潮流向南南东。

海峡两岸：

海峡南侧为萨兰加尼群岛，该群岛散布在布吉德角东南方 5.5 n mile 至提纳卡角以南 9.8 n mile 之间，主要由二大火山岛、一个小沙洲岛与数个岛礁所组成。其中萨兰加尼岛位于群岛最东部，呈南北长条形走向，长 6.5 km，宽约 2.5 km，岛峰高达 186 m。岛岸曲折，尤其是西岸多海湾，西南岸分布有宽达 0.5 n mile 的岸礁。这里有帕图科港、图马瑙港与博累港。而巴鲁特岛则位于群岛西部，系群岛中最大的岛屿，为一椭圆形火山岛，直径 8.5 km。主峰位于岛的中部，高达 882.3 m，另有高达 678 m 的活火山。环岛周围的岸礁各处不尽相同，其中北岸与东岸部分岸礁向海延伸达 0.3 n mile，而南岸与西岸岸礁较狭窄，且礁缘外陡深。

马纳米尔岛 位于巴鲁特岛西南部，为一高达 38 m 的岩石小岛。

另有，萨兰加尼岛与巴鲁特岛之间为一深水水道，但宽度不过 0.8 n mile。水道内潮流也很强，涨潮流向北，落潮流向南，水道边缘有强涡流，水道口门有大浪出现。

17. 苏禄群岛中诸多水道

该群岛位于棉兰老岛与加里曼丹岛之间，系为两层互相平行的陆脊上的大小 300 余个岛屿。东北从巴西兰海峡起，西南至阿利斯海峡，长达 220 n mile，宽约 50 n mile，并将苏禄海与苏拉威西海隔开。其由巴西兰岛、霍洛岛与塔威塔威岛及其周围的一些小岛所组成，该群岛中纵横排列有很多水道，岛湾中建有一些港口。

该群岛岛屿大部分经由火山活动所形成，并且四周发育有许多珊瑚礁。其中外层，即东北面由三宝颜半岛向西南延伸至加里曼丹岛的达佛尔湾以北，没有火山，主要是珊瑚礁性质的蜂牙塔朗列岛。而内层，即东北面从三宝颜半岛经描西郎、霍洛、塔威塔威岛延至达佛尔湾以南，这里有活火山，并与拉涯带的火山带相连。全年湿热，2—4 月干旱，植被以滨海森林和热带雨林为主。

这里的潮汐为日周潮，日周潮差为 0.7~1.9 m，平均潮差 0.6~1.7 m；群岛内有强潮流；而该群岛及其两侧的海域海流很弱。

18. 潘古塔兰群岛与皮拉斯群岛间水道

该两群岛位于苏禄群岛北部的浅水带东北处，该浅水带系指由德英阿岛东北东方 5 n mile 起，向西南西延伸 143 n mile 至锡嘎灵岛的浅滩，其与巴西兰岛、霍洛岛、塔威塔威岛与加里曼丹东北岸等，围成水深达 600 m 的内海浅水区。

潘古塔兰群岛附近分布有达 40 余个岛礁与浅滩，岛间与岛滩间水道纵横。这里潮汐为半日潮，岛间与浅滩附近潮流流向不定，其他各处也不尽相同。

皮拉斯群岛位于苏禄群岛东北部，它由近 40 余个岛、洲、礁、滩组成，并散布在德英阿岛向南、西南西方各延伸 28 n mile 的三角形浅水区内。其岛间与岛滩间水道纵横，潮流流向不定，其他各处也不尽相同，一般无障碍水域的涨潮流向西北，落潮流向西南。

19. 塔皮安塔纳群岛间水道

该群岛位于巴西兰群岛西南部，主要由布布安岛、萨卢平格岛、达比安达纳岛与利纳万岛等组成，且分布在浅于 20 m，并向西南延伸近 13 n mile 的浅滩上。群岛周边水深不

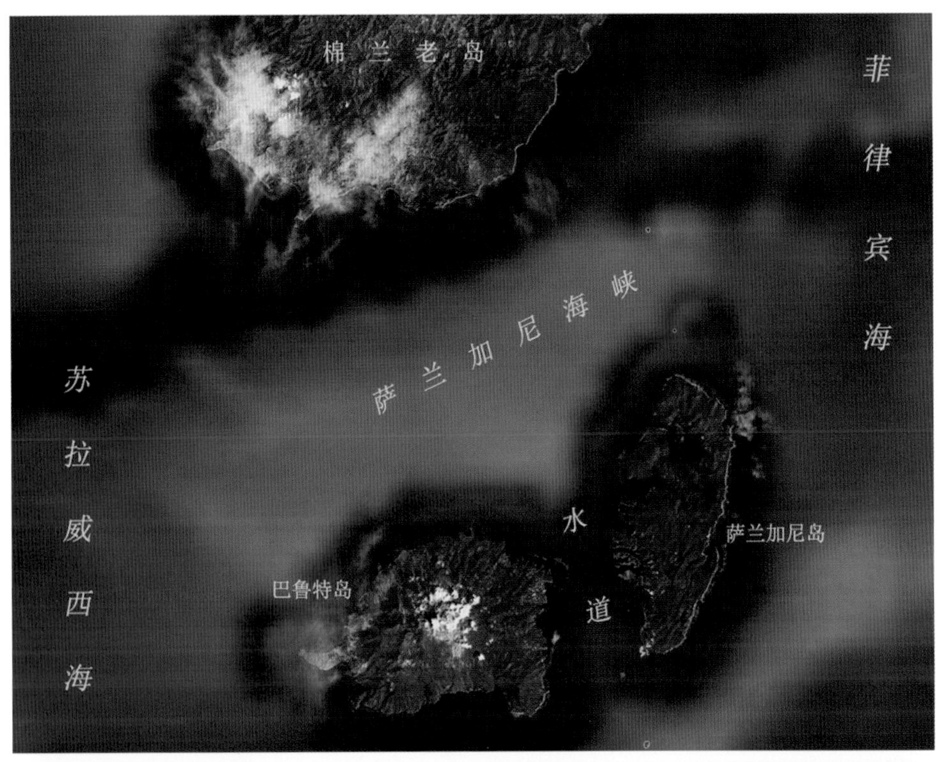

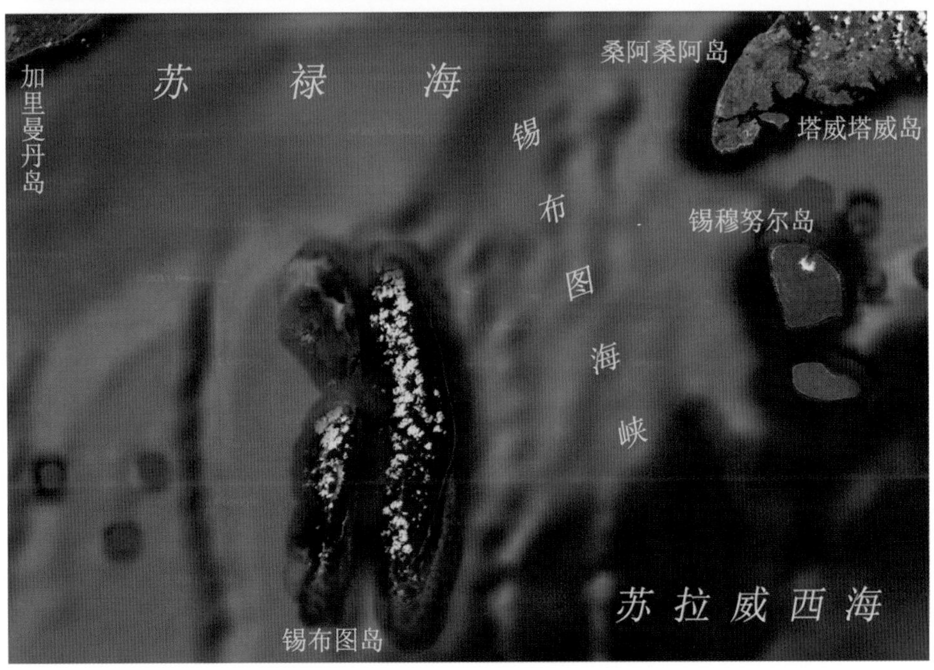

图 8.9　苏禄海—苏拉威西海之间的锡布图海峡、苏拉威西海—菲律宾海之间萨兰加尼海峡卫星遥感信息处理图像

图 8.10 达沃湾卫星遥感信息处理图像

尽相同，多数岛屿为低湿地，东岸外缘有岸礁。其附近分布有近 10 个岛屿和礁滩。

这里的达比安达纳水道与比欣迪努萨水道内，潮流强，涨潮流向西，落潮流向东；突出的岛岸岬角常出现旋涡。

20. 萨马累斯群岛间水道

该群岛位于巴西兰岛与霍洛岛之间，它由大小 18 个岛屿组成，个别大岛被狭小水道所分隔，这里岛间水道潮流强，通常涨潮流向西或西北，落潮流相反。

群岛中高峰达 338.3 m，其中栋吉尔岛系群岛中最大岛屿，并多半为低平岛屿，多有红树林湿地。除达达兰岛、马农古特岛、邦阿劳岛与博洛德群岛外，余之均在水深浅于 30 m 的浅滩上。

21. 霍洛群岛间水道

该群岛位于塔普尔群岛东北，苏禄群岛中部，其由霍洛岛与周围近 30 个岛礁与浅滩所组成，岛间或岛滩间也分布有诸多水道，如卡普阿尔水道，并有霍洛港位于霍洛岛西北岸。

霍洛岛系苏禄群岛中第二大岛，高达 811.9 m 的杜马当阿斯山为岛上主峰，该岛多岸礁，礁外缘遽深，附近各岛亦同。

22. 塔普尔群岛间水道

该群岛位于霍洛群岛、塔威塔威群岛之间，并与塔威塔威群岛同处在水深浅于 30 m

的浅滩上，与霍洛群岛之间相隔一水深浅于65 m的水道。其由大小近40个岛礁与浅滩所组成，这里岛间水道潮流强，通常涨潮流向西北，落潮流向西南，最大流速7 kn。

有4个较大岛屿，其中塔普尔岛主峰高达482.8 m。

23. 塔威塔威群岛间水道

该群岛位于苏禄群岛西南部，由30余个岛、洲、礁、滩所组成，系苏禄群岛中第二大岛群，呈东北—西南走向，长达63 n mile，其中塔威塔威岛在该群岛中最大。群岛的东部与南部多岛、礁和浅滩，且南部岛屿多被珊瑚礁所环绕，礁南部外缘水深遽深。岛岸间、岛间与岛滩间分布有15条诸多水道，如巴斯巴斯水道、欣巴水道与巴杭水道等。

另有，崩奥港就是塔威塔威群岛中重要港口。

塔威塔威岛北岸为日潮，南岸为半日潮，潮差0.8~1.8 m；岛间水道潮流较强，通常涨潮流向西北，落潮流向东南，但由于各水道走向不尽相同，流向亦相应有所差异。

塔威塔威岛 该岛系多山的岛屿，主峰高达548.6 m，岛岸很不规则，岛岸外岛礁密布，其中东岸及其邻近散布有诸多小岛、各种岩礁与浅滩达30余个，到处分布有红树滩。

另有，邻近塔威塔威群岛东北部宽大，水深达20 m以上的达巴安水道与苏格拜水道之间，也散布有约20个以上的岛礁与浅滩，如帕兰甘岛、马格伦加岛与达巴安浅滩等。

24. 锡布图群岛间水道

该群岛位于苏禄群岛西南端，相距其东北方的塔威塔威群岛17.5~47.5 n mile，系由该群岛中第一大岛的锡布图岛与杜敏道岛，以及众多岛礁等40余个和6条之多的水道所组成。在这里锡布图海峡（中心坐标：4°49′38″N，119°39′27″E）、杜敏道水道、经线水道与阿利斯海峡等均呈南北走向，由此群岛被分隔成3块。水道内潮流大致相同，涨潮流向北，落潮流向南，流速2~4 kn。

第三节 印尼群岛间狭窄海上通道

1. 加斯帕海峡

位置：

该海峡位于勿里洞岛和邦加岛之间，连接南海与爪哇海，水深不到200 m。中心坐标：2°53′07″S，107°12′49″E。

归属类型：

边缘海-边缘海连通型；岛间海峡；深水型海峡。

海峡特征：

该海峡水域开阔，水较深，海水透明度较低，并被几个小岛分隔成3条主要航道，即勒普利阿海峡、利门多海峡、包尔海峡。临勿里洞岛西侧沿岸另有门达瑙海峡。

气候 该海峡4月与11月盛行风向为多变的轻风，5—10月为东南季风期，12月至翌年3月为西北季风期。12月盛行西西北风，1月转向西北风，风力逐渐增大，一直持续至 3 月。

海流、潮流 该海峡海流呈现西北季风期流向东南，东南季风期流向西北，但在狭窄的通道流速可超过 3 kn。据报，朗瓜斯岛附近呈现顺时针回转流，包尔海峡与朗瓜斯岛附近潮流相同，最大流速 2 次/日。当潮流流向为北东北或南西南时，则东东南或西西北流向的流速仅是上述流向的流速一半。

上述该海峡 3 条主要通道，由西向东依次排列为：勒普利阿海峡、利门多海峡、包尔海峡。其中：

勒普利阿海峡 处于累帕岛及邦加岛东岸以东，利阿岛以西和其南方诸多小岛、浅滩为界范围。累帕岛与利阿岛之间系海峡最狭窄处。

在该海峡北部伯里卡特角南东南方 6.3 n mile 处，为水深约 3 m 的腊贾浅滩；而在腊贾浅滩西方，伯里卡特角以南约 5.5 n mile 处，系沿岸纳特朔恩浅滩的沙嘴；在腊贾浅滩东南方 4 n mile 处，有一水深达 10 m 的孤立浅滩。

在该海峡南部，累帕岛较大部分为海峡狭窄部分的西侧，累帕岛东北端的拉布角，周围呈现有沿岸礁盘，其上有多个露出水面的岩礁。而在累帕岛东南端默伦角南方 6.5 n mile 处，即航道西侧为德里埃瓦登浅滩，其上最小水深 4 m。据报，8~10 m 的不规则水深从浅滩向东北方延伸 2 n mile，向西西南方延伸 9 n mile，浅滩以北水深 12~16 m，底质为沙，但更深处底质为黏土及泥。从默伦角西南方约 2 n mile 处的乔治沙洲，向西南方延伸约 9 n mile，最小水深 10 m，但在其东北部最小水深 3 m。

利门多海峡 该海峡介于古埃尔岛、嘎朗包岛、巴京达礁、格勒马尔岛、奥尔岛之间。岛间有狭窄的水道。

表 8.1 利门多海峡中诸多通道上礁体空间分布

名 称	方 位	特 征
荷发尔里哥礁	格勒马尔岛西偏南约 2 n mile 处航道中	水深 1.2 m
潘丹礁	该海峡东侧，格勒马尔岛北西北方 4.8 n mile 处	为一水深 4 m 边缘陡峭的无变色海水的珊瑚礁滩
阿格巴尔礁	在格勒马尔岛北偏东方 18.5 n mile 处	系一边缘陡峭，水深 1.2 m 的小珊瑚礁
勃劳乌礁	在嘎朗包岛东北方 0.75 n mile 处	其间有一狭窄的通道，最小水深 24 m
散德令汉浅滩	在利阿岛北端北东北方约 2 n mile 处	由两个点礁构成的，其上水深分别为 0.9 m 与 1.8 m
高拉尔礁	在利阿岛东南端巴都丹奔角东北方约 1.6 n mile 处	系一干出礁
多民哥尔礁	在古埃尔岛北偏西方 3.2 n mile 处	部分干出，呈现有变色海水。从该礁向南偏西方延伸约 1.5 n mile，水深 11~15 m，为一条沙脊及黏土海脊
巴京达礁	位于勒普利阿海峡南口东侧，累帕岛东南角默伦角东南方 12 n mile 处	该礁分布在南—北长 6.5 n mile 范围内，呈现有一些干出礁与适淹礁
东礁	在嘎朗包岛以南约 4.8 n mile 处	水深 2.5 m
阿朗礁	在嘎朗包岛东南方约 0.6 n mile 处	水深 8 m
中水道	介于多民哥尔礁和从利阿岛向南延伸的危险物与古埃尔岛和瑟勒马尔岛之间	航道水深 20 m 以上，系连接勒普利阿海峡与利门多海峡之间通道

包尔海峡 该海峡介于格尔锡岛、格勒马尔岛与门达瑙岛、利马群岛之间，为加斯帕海峡三条通道中最宽的通道。其中，该海峡中格尔锡岛与利马群岛之间呈现有 4 n mile 的可航水域。

另有，门达瑙海峡，该海峡位于门达瑙岛、纳杜岛与利马群岛以东的近岸水道。该水道系从包尔海峡南部驶向其北东北方 23 n mile 处的丹戎丹班的通道，其浅水域底质为硬沙，深水域底质为软黏土。

海峡两岸：

加斯帕尔海峡东侧为勿里洞岛西侧。即勿里洞岛西岸，该岸段地势较低，树木茂盛，近岸呈现有东东南—西西北走向的山脉，山脉上凸显有导航目标的诸多山头，如高达 155 m 的巴金达山，格德山高达 381 m，晴朗天气时，远距 40 n mile 就可望见。勿里洞岛西岸呈现有诸多岬角，岬角间岸段分布有沙洲、礁石与向外延伸的达数海里的低矮岛礁。亦有浅水海湾，如位于博龙角南侧的布朗湾。

加斯帕尔海峡西侧为邦加岛东岸，其东端的伯里卡特角呈现有显著的高达 120 m 的山丘与茂盛的树木。而累帕岛位于伯里卡特角及其西南方 27 n mile 处的鲁角之间海湾的南侧，该岛与邦加岛东南端之间即是累帕海峡。累帕岛北岸分布有诸多山丘形岛屿，同时，累帕岛以北海湾沿岸地势低洼，多为沙滩，并有红树林。

2. 邦加海峡

位置：

该海峡介于苏门答腊岛与邦加岛之间。中心坐标：2°32′33″S，105°44′35″N。

归属类型：

边缘海-边缘海连通型；岛间海峡；深水型海峡。

海峡特征：

该海峡北口、南口与中部自然环境特征不尽相同。其西侧为地势低洼，生长着茂盛的树木的苏门答腊岛海岸，其沿岸分布有向海延伸达 1~7.5 n mile 的泥滩，岬角之间的浅水海湾水深不足 5 m。该海岸对岸即是多丘陵与山脉的邦加岛，形成邦加海峡的东岸，靠近该东岸海峡底质较硬，甚至是岩石底。海峡两岸有诸多河流注入海峡，河口多有沼泽地。

该海峡中部，邻近邦加岛海岸分布有囊卡群岛，并多有珊瑚礁组成的一些小的岛礁。而海峡南口分布有许多沙洲。

气候 该海峡 1—3 月西北季风相对稳定，4—10 月为稳定的东南风。在西北季风期大风最显著，尤其夜间更强烈。据报，当强风逆潮流时，会出现大浪。

海流、潮流 从 11 月至翌年 4 月，经海峡的东南流，流速达 1 kn。东南季风期，海峡靠苏门答腊岛一侧为东南流，但在季风盛行的 7 月，沿邦加岛海岸向上，远至阿默里亚浅滩和讷默锡斯浅滩盛行西北流，流速 0.25 kn。其他月份，邦加岛近岸的流微弱多变。从两端流入邦加海峡的潮流，在囊卡群岛附近相遇。通常一天只有一个强潮流流入，两个弱流流出，以平潮期为分界。东南季风期，在囊卡群岛平行处常有急流；西北季风盛行期，在海峡的南口，时有连续几天的南流，最大流速达 2.25 kn，在其他时候，微弱的北流最长只持续 4 h，最大流速为 0.5 kn，一天中的其余时间为南流，而在西北季风期呈现

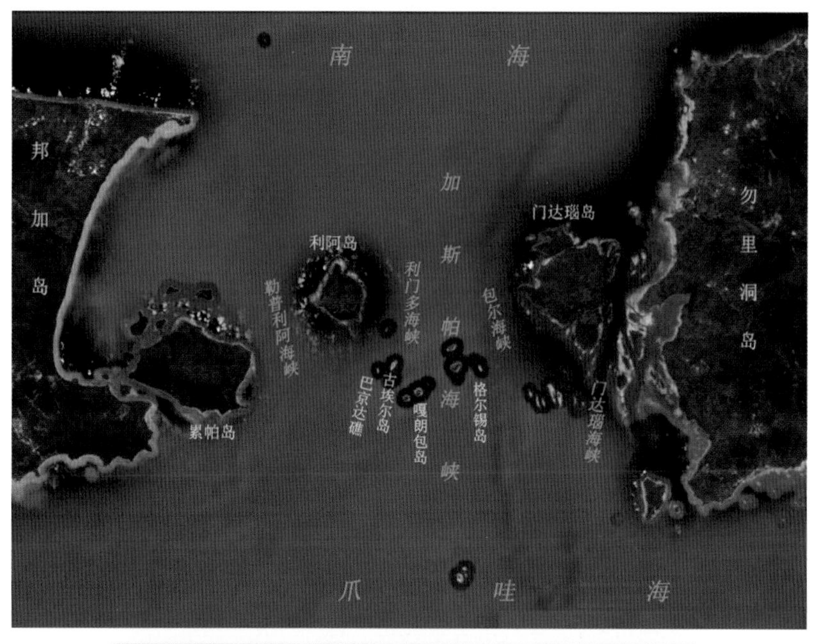

图 8.11　介于南海与爪哇海之间的加斯帕海峡及其西侧邻近邦加岛的海上通道与岛屿

有 1~1.5 kn。

邦加海峡北口 位于邦加岛北端的乌拉尔角与苏门答腊岛东南端的巴塔卡兰角之间，而位于海峡北口中部的，由两个岩石点滩组成的乌拉尔礁，则在巴塔卡兰角东东北方约 7 n mile 处，其北面的点滩水深达 2.4 m，南面点滩水深不足 2 m；处在乌拉尔礁东东南方约 5 n mile 处，有一水深 10 m 的点滩。在布仑布仑礁与沿邦加岛海岸延伸的沿岸浅滩之间的水道水深 11~24 m。

邦加海峡南口 该处位于卡伊特角与其东东北方 26.5 n mile 处的达普群岛之间。位于卡伊特角东方 8 n mile 的卢西帕拉岛及其北部沙洲，将该处分隔成两条水道，即卢西帕拉水道

与斯坦通水道，两条水道在入口内的科延角和其北偏西方 8 n mile 处的庞贡角之间汇合。

卢西帕拉水道中航道，最小水深 7 m，航道西侧以水深不足 5 m 泥滩为界，该泥滩从苏门答腊岛海岸向外延伸 1~2 n mile。斯坦通水道系从南方进入邦加海峡东面的主水道，而在入口处分布有两个点滩。

海峡两岸：

邦加海峡北口岸段 西侧的巴塔卡兰角是苏门答腊岛沿岸圆形的河口地貌，呈现树木茂盛，海岸地形起伏。泥滩从这里延伸、变浅，呈现为该角与乌拉尔礁之间的通道；伯顿巴角至乌拉尔角岸段前缘有一陡深礁脉，从乌拉尔角向外延伸 0.75 n mile；在乌拉尔角西南方 2.5 n mile 处的适淹礁及其与沿岸礁脉之间呈现有诸多干出礁；克利安角至其东东南方 11.3 n mile 的普奈角岸段多由软泥组成，其间分布有树木、沙角、浅滩；再从普奈角向东东南方 3.3 n mile 至巴都角岸段，依然分布有海湾、岩石岸、显著山峰等地貌体；另在苏门答腊岛贾崩角及其西南东南方 66 n mile 处的巴塔卡兰角之间呈现诸多河口的低平的泥质岸段。

邦加海峡中部岸段 系指苏门答腊岛上的塞洛坎角、科延角与邦加岛上的巴都角、庞贡角之间的邦加海峡段。其中，塞洛坎角与科延角岸段低平，除一些岬角凸显有树木，整个覆盖有红树林。从塞洛坎角向东北延伸的泥滩边缘陡深。位于苏门答腊岛海岸的塔帕角与塞洛坎角南东南方 20 n mile 岬角上呈现显著的树木，而该两岬角间海湾之边缘分布有陡深的泥滩。

居于邦加海峡中部的囊卡群岛位于邦加岛沿岸浅滩上的 3 个小岛,，从巴都角向西南方延伸达 4 n mile，其中，群岛中东南方，且最大的大囊卡岛，高达 89 m，并从该岛向东南方延伸 2 n mile 处，有一干出沙滩；该岛北侧与东侧向外延伸约 0.4 n mile 处，为一干出礁盘。

位于大囊卡岛北端西西北方 1.3 n mile 处，29 m 高的伯嘎栋岛，系由干出沙脊相连的两个小岛，环该岛有向北和东南方延伸达 0.3 n mile 的干出礁，附近分布有小的岩礁与浅滩。

邦加海峡南口岸段 科延角及其南东南方 19 n mile 处的卡伊特角之间岸段有茂盛的红树林，岬角上有高大的树木；从科延角至东东南方 6 n mile 处加地角，乃至加地角南偏东方 4.7 n mile 处的雅提贡博尔角南方 1 n mile，沿岸泥滩边缘陡深。

位于加地角东东南方 3.7 n mile 处最小水深 5.5 m，底质为硬质沙的默拉比浅滩。而

呈现钩形的欣多斯丹浅滩，底质为硬质沙，其北端最小水深 1.5 m，南东南端位于卢西帕拉岛西北方 7 n mile 处，离岸 3~5 n mile。欣多斯丹浅滩以东有与卢西帕拉水道平行的浅水硬质沙脊。

卢西帕拉岛高达 46 m，树木茂盛，晴朗天气时，远距 15 n mile 处就可望到。其周围分布有礁石，干出 1.2 m，水深不足 5 m 的浅水域，从该岛向东南方延伸约 2.7 n mile，向北西北方延伸 1.5 n mile。位于卢西帕拉岛南西南方 3 n mile 处，有一最浅水深 7 m 的点滩。

庞贡角与其东东南方 12.3 n mile 处的伯萨尔岛之间的邦加岛海岸多沼泽；庞贡角系一高 23 m 尖的岬角，其前缘水深不足 10 m 的白色沙滩向西南方延伸达 1 n mile；讷默锡斯浅滩位于庞贡角东南方约 4.7 n mile 处，最小水深约 3 m，构成斯坦通水道的西南侧；分别位于庞贡角南东南方 2.5 n mile 处与庞贡角东南方 8.2 n mile 处有孤立浅滩，前者最小水深 11.5 m，后者水深约 11 m；伯萨尔岛，位于庞贡角东南方 12.3 n mile，高达 19 m，其周围分布有岩礁，沿岸干出滩向外延伸 0.25 n mile；在伯萨尔岛东东南方相距 5 n mile 左右沿岸，分布有诸多沙滩与岩礁；而哥宋角及其向东南方 4.2 n mile 处的格达邦角之间海岸为沼泽岸。

斯坦通水道西南侧分布有默累尔浅滩与斯米茨浅滩。在默累尔浅滩与卢西帕拉水道之间，有几个水深不足 10 m 狭窄的海底脊和岩石滩。两岸诸多岬角与纵深上有一些山丘亦系显著的航行目标。

另，在邦加海峡以西，邻近新加坡海峡以南，如表 8.2 所示，分布有诸多狭窄海峡。

表 8.2　邻近南海邦加海峡以西，邻近新加坡海峡以南诸多海峡特征

名　称	位　置	特　征
廖内海峡	宾坦岛与巴塔姆岛—伦庞岛—加郎岛—新加郎岛之间	海峡呈近南—北走向，长达 35 n mile，狭窄约 5 n mile，贯穿海峡的主航道宽达 1 n mile。航道两侧分布有诸多岩礁与浅滩，其北口与新加坡海峡相通。海峡内有强流
登波海峡	界于大阿榜岛—小阿榜岛—尼乌尔岛与新加郎岛之间	海峡宽达 3 n mile，但海峡中央有一水深 9.1 m 的点滩。海峡中潮流急，流向复杂
阿邦海峡	界于尼乌尔岛—小阿榜岛与彭格拉普岛—德达普岛之间	海峡两侧散布有礁石，可航宽度约 0.7 n mile

3. 泗水海峡—马都拉海峡

位置：

该海峡位于爪哇岛与马都拉岛之间。中心坐标 7°07′40″S，112°40′30″E。

归属类型：

岛礁海峡，构造型海峡，浅水型海峡，海峡连通型海峡。

海峡特征：

该海峡连接爪哇海和巴厘海水域，其狭长的海峡分隔爪哇岛和马都拉岛，呈现直角形，西部泗水海峡呈现南—北走向，长约 10 km，宽达 3~4 km，东部马都拉海峡呈现

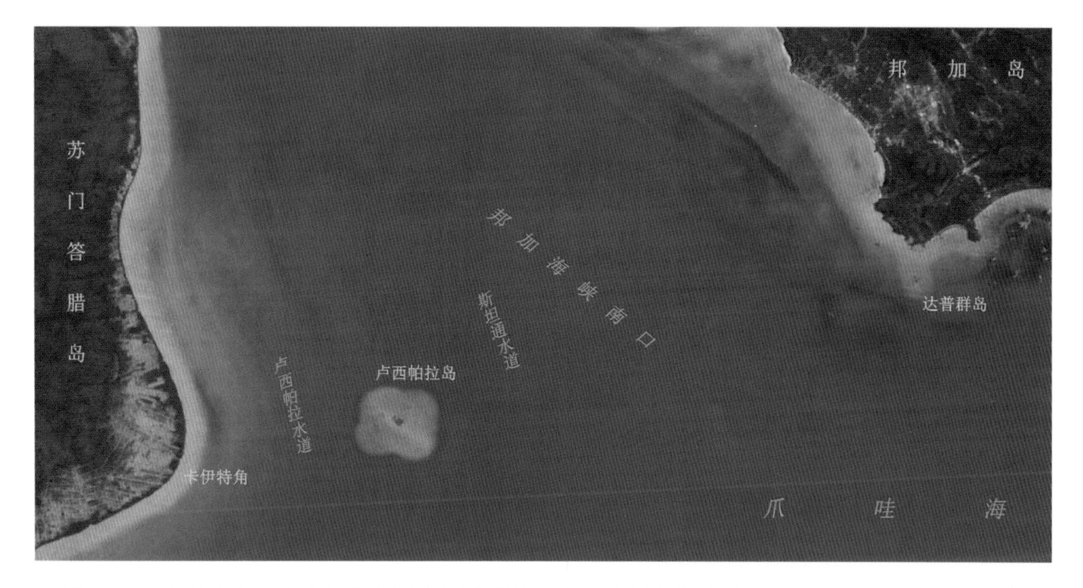

图 8.12　连通南海与爪哇海并分隔苏门答腊岛和邦加岛的邦加海峡南口卫星遥感信息处理图像

东—西走向，长约 150 km，最宽达 65 km。马都拉岛西南端附近海峡最小宽度约 4.9 km。

该海峡由于河流注入，盐度较爪哇海和巴厘海的邻近为低，且海峡底质呈现大量淤泥。相对海峡较小深度约 10 米。

海峡两岸：

连接海峡两岸的泗马跨海大桥长 5 438 m，拱桥的高度高达 35 米。位于爪哇岛东北沿海的泗水海峡西南侧的泗水是隔峡与马都拉岛相望，系印度尼西亚的第二大海港。海港吃水仅为 10.5 m。港口性质为：海峡港、基本港（M）。该港是一个现代化工业城市，又是爪哇岛东部和马都拉岛农产品的集散地，主要工业有造船、石油提炼、机械制造等。该港属热带雨林气候，盛行偏东风。年平均气温为 23~31℃。每年雾日有 4 天，雷雨日有 74 天。全年平均降雨量约 1 600 mm。属全日潮港，平均潮差为 1.8 m。大船锚地水深为 22 m。

4. 巴厘海峡

位置：

该海峡位于巴厘岛和爪哇岛之间。中心坐标 8°06′11″S，14°25′27″E。

归属类型：

边缘海-大洋连通型，岛间海峡型，浅水狭长型海峡。

海峡特征：

该海峡北通巴厘海南连印度洋，系呈现西北—东南走向喇叭形，长达 60 km，海峡北部是最窄的，从最小间距 2.4~22 km 最大宽度，最大水深 60 m。邻近该海峡北口爪哇岛上有一吉打邦港。

海峡两岸：

该海峡西侧为爪哇岛，东侧为巴厘岛。

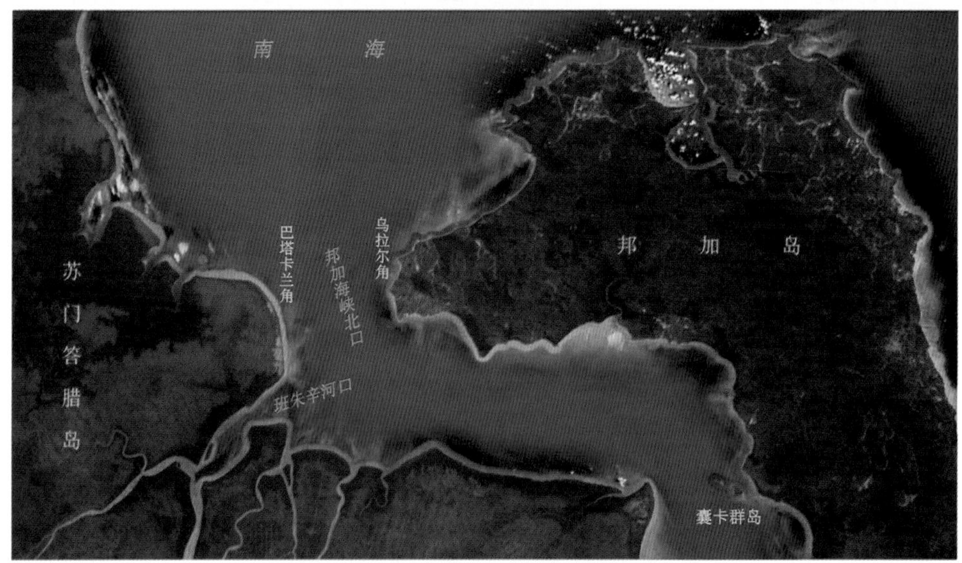

图 8.13　连通南海与爪哇海并分隔苏门答腊岛和邦加岛的邦加海峡
及其北口卫星遥感信息处理图像

5. 巴厘海及其以东与印度洋间诸多狭窄海峡空间分布特征

正如表 8.3 所列，阿拉斯海峡、萨佩海峡、松巴海峡、阿洛海峡、翁拜海峡、威塔海峡、萨拉亚尔海峡、丹皮尔海峡等，诸多海峡通道所处方位及其特征，彼此不尽相同。

表 8.3　巴厘海及其以东与印度洋间诸多狭窄海峡空间分布特征

名　称	方　位	特　征
阿拉斯海峡	位于龙目岛与松巴哇岛之间，海峡中心坐标 8°40′39″S，116°41′06″E	该海峡北通弗洛雷斯海南连印度洋，系边缘海-大洋连通型，岛间海峡型，浅水狭长型海峡，呈现东北—西南走向，海峡两岸曲折，海峡长达 75 km，宽 15~40 km，在它的北部有无数的小岛
萨佩海峡	位于松巴哇岛与莫多岛之间，海峡中心坐标 8°38′30″S，119°18′30″E	该海峡北通弗洛雷斯海南连松巴海峡，系边缘海-大洋连通型，岛间海峡型，浅水狭长型海峡，呈现近东北—西南走向，海峡长达 50 km，最宽约 22 km，海峡中浪大流急，且生物丰富。海峡两岸曲折，岬角岩脉向海延伸，岸上山峦起伏，树木茂盛
松巴海峡	位于松巴岛与主要岛屿弗洛勒斯岛和松巴哇岛以及科莫多岛、林卡岛之间，海峡中心坐标9°03′43″S，119°30′20″E	该海峡北过萨佩海峡至弗洛勒斯海，东—西连接萨武海与印度洋。系边缘海-大洋连通型，岛间海峡型，浅水狭长型海峡，呈近东—西走向，长约 151 n mile，宽约 22~48 n mile，海峡两岸尚有曲折，系重要的水路。海峡南侧松巴岛上有瓦英阿普港与瓦伊克洛港
阿洛海峡	位于潘塔尔岛与龙布陵岛之间，海峡中心坐标 8°20′12″S，123°47′31″E	该海峡北通班达海南连萨武海，系边缘海-边缘海连通型，岛间海峡型，浅水狭长型海峡，呈近东北—西西走向，长约 26.71 n mile，宽约 5.5~8.3 n mile，海峡两岸尚平直，多呈现高反射率的沙岸，岸上分布有茂盛的植被
翁拜海峡	位于阿洛群岛与韦塔岛、阿陶罗岛、帝汶岛之间，海峡中心坐标 8°42′24″S，124°38′54″E	该海峡北连接班达海西南通萨武海，环海峡岛岸上植被茂盛。长约 173 n mile，宽约 17~97 n mile，非常重要的航运通道
威塔海峡	位于东南亚小巽他群岛东部的一个海峡，海峡中心坐标 8°11′54″S，126°11′15″E	该海峡北部为韦塔岛和南部为帝汶岛，东部与班达海相连，西部与翁拜海峡相接，东部系马鲁古群岛的最南端，呈近东—西走向，最窄处宽约 36 km。系边缘海-边缘海连通型，岛间海峡型，狭长深水型海峡，分隔印度尼西亚和东帝汶两国国际海峡。该海峡周边分布有帝汶岛、韦塔岛、阿陶罗岛、基萨尔岛、罗芒岛等。该海峡为美国军舰包括核动力潜艇进出太平洋和印度洋的通道
萨拉亚尔海峡	位于萨拉亚尔岛和苏拉威西岛之间，海峡中心坐标 5°42′32″S，120°30′00″E	该海峡具体介于北部为坎宾岛南部为帕西塔讷特岛之间，呈南—北走向，最狭窄处宽 16 km，其东、西两侧是弗洛勒斯海。系内海峡型，岛间海峡型，狭长型海峡
丹皮尔海峡	位于曼斯瓦尔岛、卫吉岛与巴丹塔岛之间，海峡中心坐标 0°40′47″S，130°37′00″E	该海峡偏东北—西南走向，最狭窄处宽约 65 km，连通太平洋与哈马黑拉海，东出太平洋，邻近新几内亚。呈现为大洋-内海海峡型，岛间海峡型，狭长型海峡型。海峡南侧是索龙港，该海峡极具战略地位

图 8.14　连通爪哇海与巴厘海之间的泗水海峡-马都拉海峡以及泗水港（苏腊巴亚港）卫星遥感信息处理图像

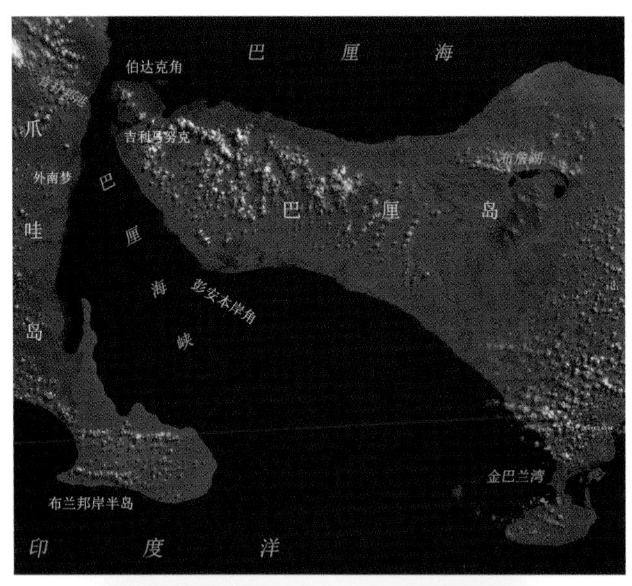

图 8.15　连通巴厘海和印度洋的巴厘海峡及其海峡内吉打邦港与港区实景图

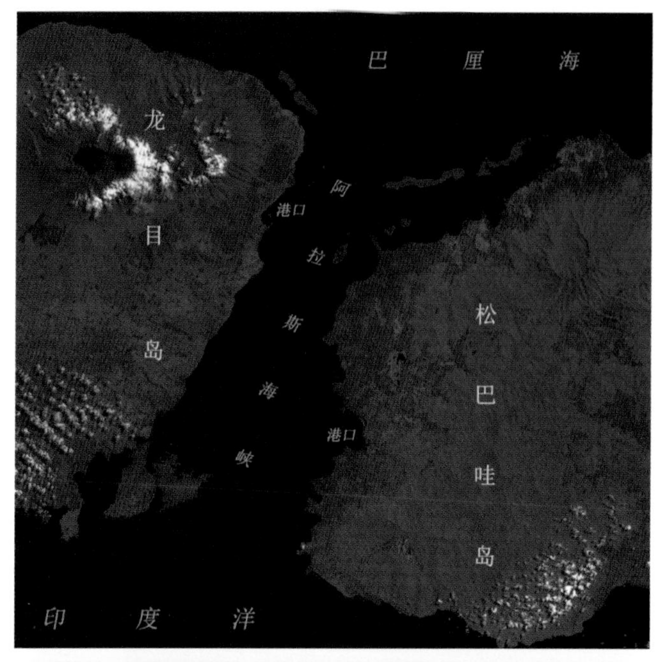

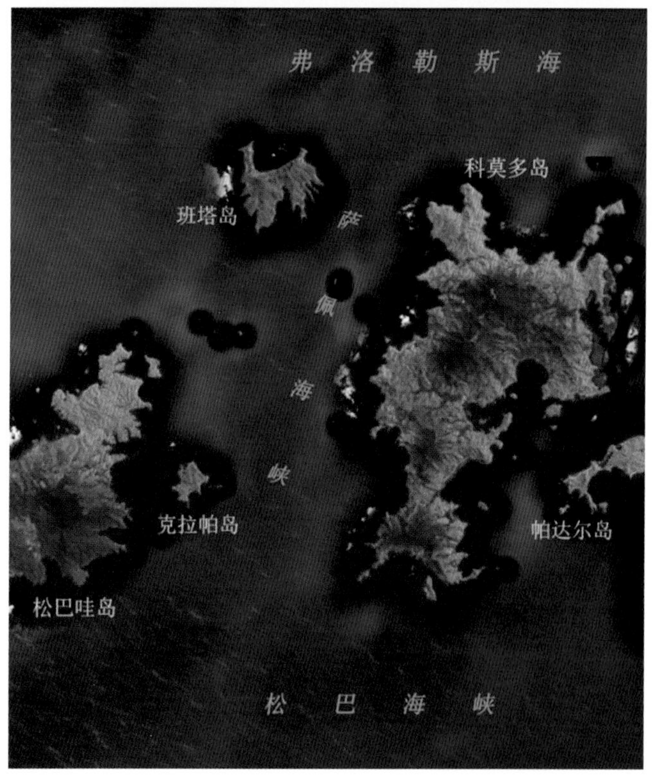

图 8.16 连通巴厘海域印度洋之间的阿拉斯海峡、弗洛勒斯海与松巴海峡之间的萨佩海峡卫星遥感信息处理图像

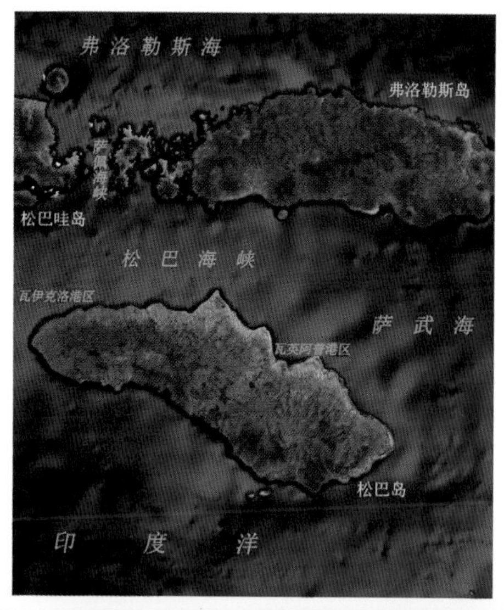

图 8.17　松巴海峡及其南侧松巴岛上瓦英阿普港区与瓦伊克洛港区卫星遥感信息处理图像

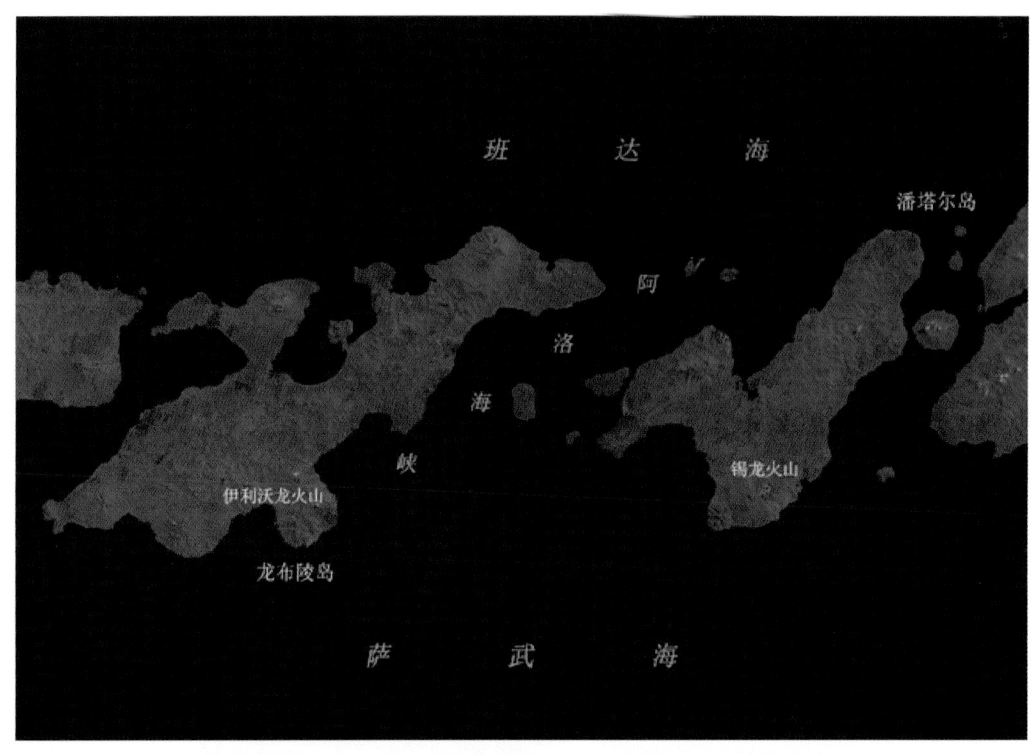

图 8.18　连通班达海与萨武海的阿洛海峡和其两侧的布龙陵岛、潘塔尔岛卫星遥感信息处理图像以及海峡中实景

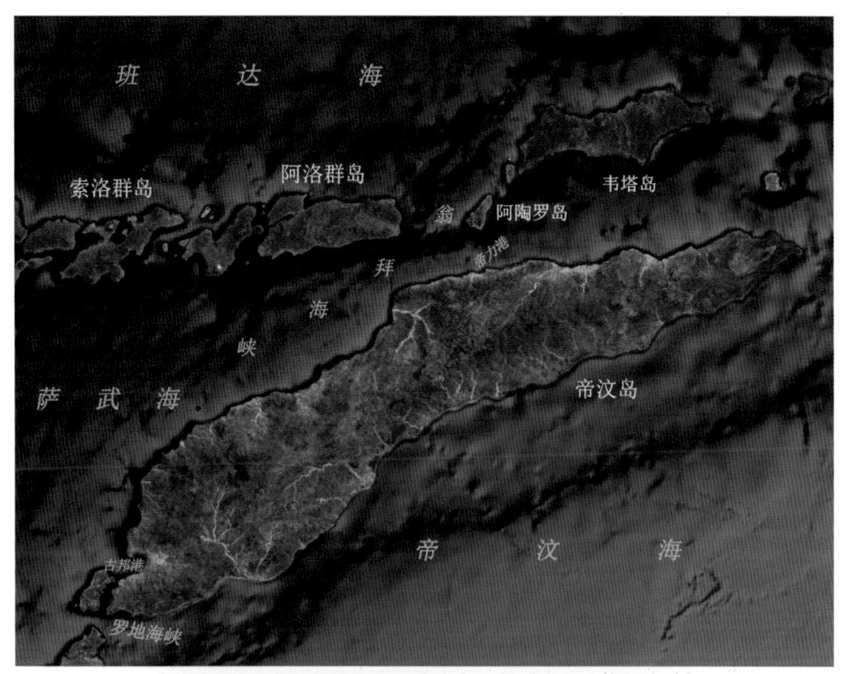

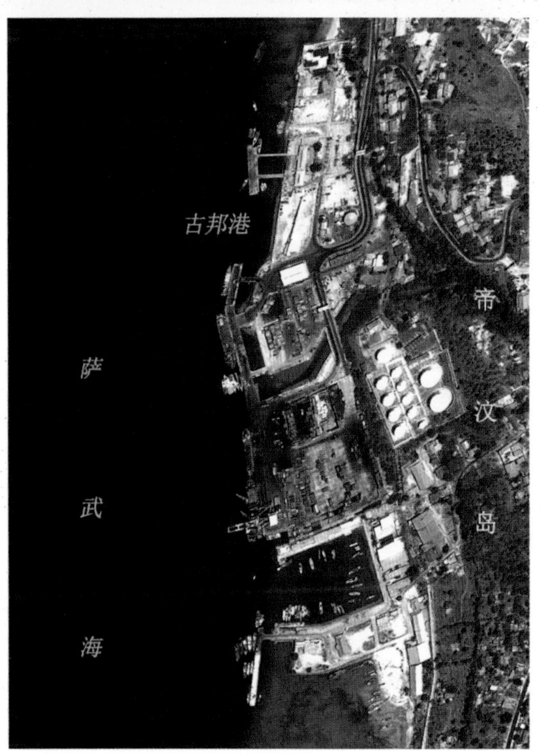

图 8.19　连通班达海与萨武海间的翁拜海峡及其周边岛屿以及帝汶岛上古邦港等卫星遥感信息处理图像

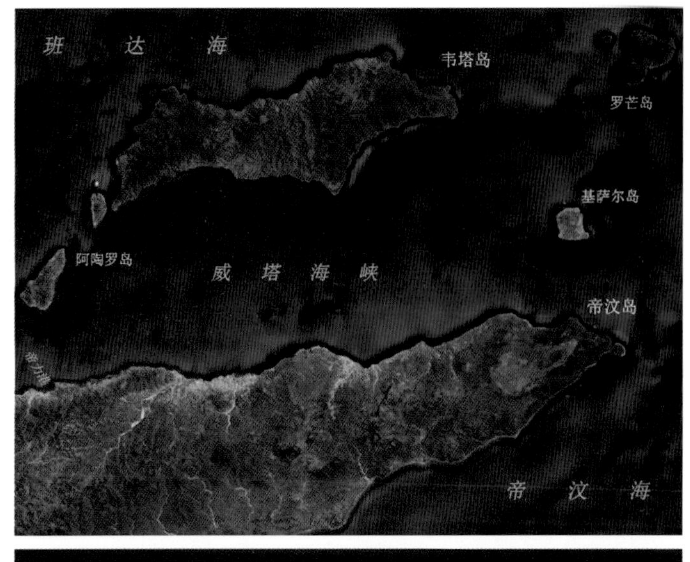

图 8.20　连通班达海与翁拜海峡以及帝汶海之间的威塔海峡及其周边岛屿以及帝汶岛上帝力港、基萨尔岛机场卫星遥感信息处理图像

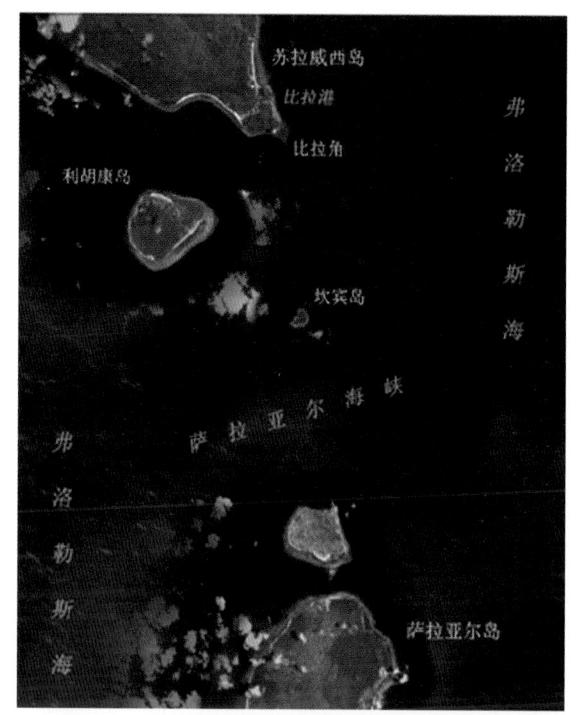

图 8.21　介于苏拉威西岛和萨拉亚尔岛之间，东、西两侧为弗洛勒斯海的萨拉亚尔海峡其附近比拉港卫星遥感信息处理图像与坎宾岛实景

图 8.22　连通太平洋与哈马黑拉海的丹皮尔海峡及其南侧索龙港卫星遥感信息处理图像

第九章　海上通道专题基础信息与技术

第一节　海上通道地理信息

1. 概述

伴随着现代空间技术、信息技术、计算机技术、通信技术等方面的崛起与发展，海峡地理信息将在海洋通道中发挥重要的作用，海峡地理信息需求多源的海量情报信息数据。

对此，韩范畴等（2009）就服务于国家海洋发展战略所需海洋地理信息问题作了相关的阐述。如是说，海峡地理信息涵盖从海岸带到深水区，从海空、海面-海底的海岸地形、水深、底质、地貌、重力、磁力、水文、气象等自然地理要素与特定目标，系船只海上活动和航行安全的重要资料。因此，海峡地理信息数据的管理和处理技术将向网络化、信息化、规范化和集成化发展，将实现数字化、信息化，并向智能化方向发展；以期海峡地理信息对航行服务保障实现信息化、网络化和动态化。

已知，海峡水道图与海峡电子海图是海洋空间信息的载体和信息传输工具，其载负的位置信息、属性信息、拓扑信息等，用以研究分析、决策与利用海峡的自然条件和航行条件，千米航线、导航目标、避险、通道水深、宽度，港口、锚地、码头、泊位、设施以及水文、气象、底质等自然条件和人文条件。与此配套航海书表包括：航海资料、航海表簿和航海通告。因此，数字化的海峡地理信息同时关联着空间坐标。

航海图书是最基础的海洋地理信息保障产品，并形成了适合各自国情的海洋地理信息保障机制。例如，美国国家空间情报局是军民所用海洋地理信息的主要保障部门，已经形成与其军事强国地位相适应的海洋地理信息保障体系。诚然，地理空间情报时代，实现海峡地理环境信息对空间情报信息的保障服务。用以开发相应的海峡地理信息保障系统，实现高效能、全天候、多元化的服务和保障。

通过建立数字化、智能化的海峡地理信息集成系统，完善海峡数据库建设，实现海峡数字海图的高精度、高现势性和数据库管理，应用地理信息系统技术和“3S”集成技术等形成海峡地理环境可视化和多元、多尺度、多分辨率的海峡地理信息集成系统，以期达到海峡地理信息产品的保障和服务功能。

2. 海峡 GIS

地理信息系统现已广泛应用于海洋领域，海峡 GIS 可展现其在计算机软、硬件系统支持下，服务于海峡通道的实用意义。满足海峡水道图与电子地图的制作、海峡通道情报的

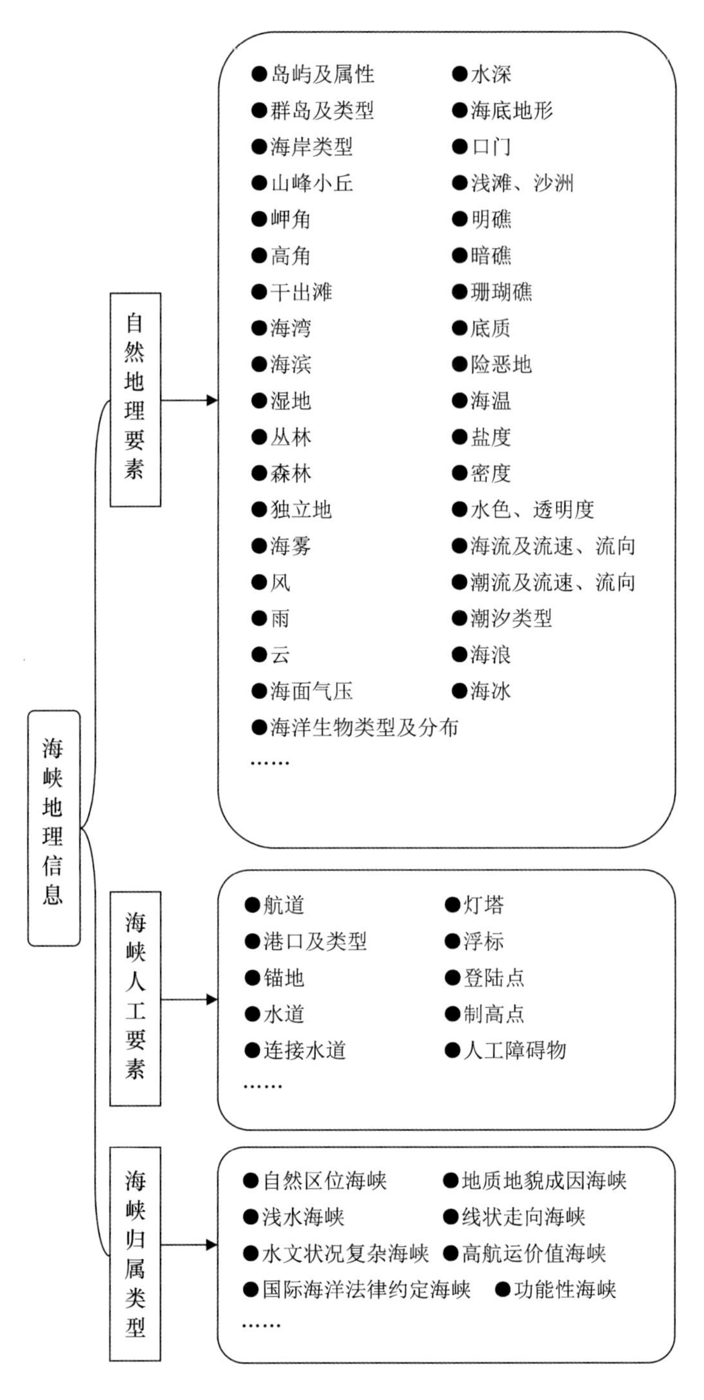

图 9.1　海上通道地理信息细目

需求与认知、海峡通道决策的支持、海峡通道智能通行数字化平台的需求等。因此，军民兼用的海峡地理多源信息的数据采集凸显其重要性。

就此，针对海峡 GIS，涉及国家需求决策与规则；建立海峡组织保障体系；建立科学统一海峡地理数据标准体系；建立海峡地理信息共建共享机制。

应为说明的是共享海峡地理空间信息，旨在充分认识海峡地理信息服务趋势的迫切要求，对高分辨率、高精度地理空间信息军民应用领域的扩展，符合国家利益至上的原则。

海峡共享地理空间信息智力支撑体系，系以海峡地理空间 3S 技术，集计算机科学技术、海洋学、航海学、地理学、测绘学、信息学、管理学等诸多学科为一体的交叉边缘学科体系。

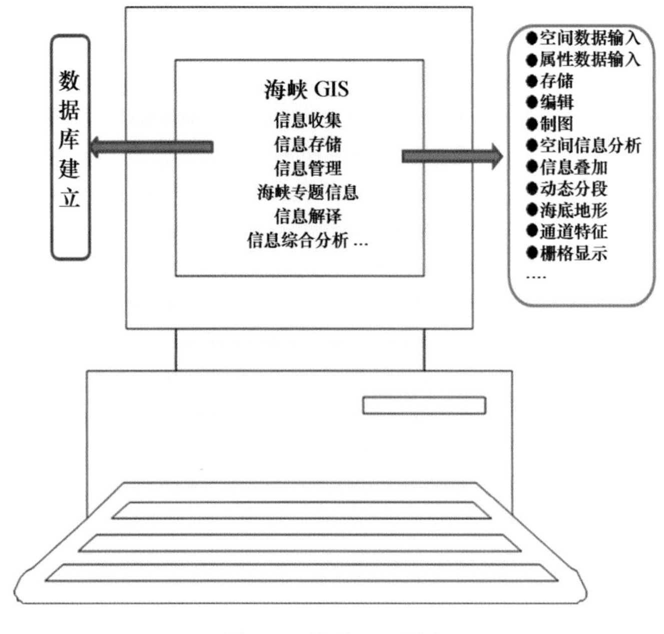

图 9.2　海峡 GIS 平台

第二节　支持技术

服务于海峡地理环境信息保障，系以人机交互的方式，回答海峡地理环境问题，迫切需要一种方便、简洁的多媒体信息管理平台，作为各种占有资料、情报，开展分析研究的一种手段，为国家与专题决策提供海峡地理知识保障。

尽可能利用软件工程技术，建成海峡信息数据库，开展相应的模型评判、专题分析以及数据挖掘和知识发现，将历史资料、海峡地理环境数据、需求模式、专家知识及各种可能的处置方法具体地实现为一个计算系统。为此，计算系统包括三层结构，如图 9.5 所示。

第三节　海峡类型特征

海峡各类型特征如下。

（1）连通水域类型：内海—内海、内海—外海、内海—大洋、边缘海—大洋、边缘

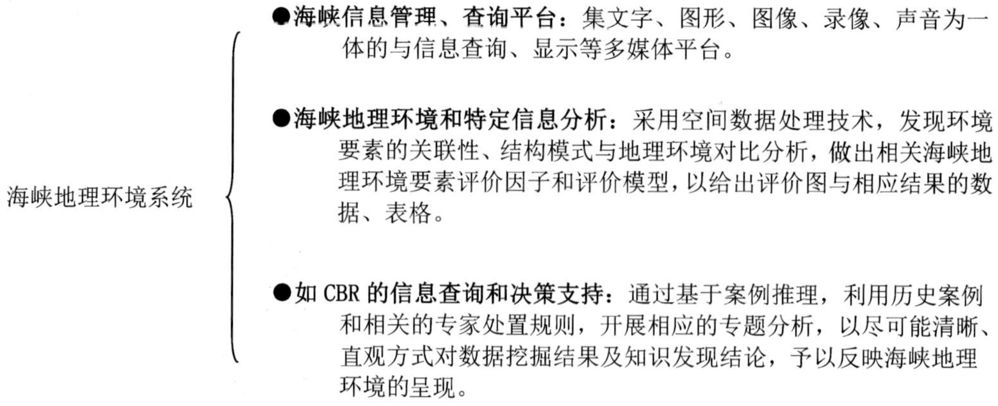

海峡地理环境系统
●海峡信息管理、查询平台：集文字、图形、图像、录像、声音为一体的与信息查询、显示等多媒体平台。
●海峡地理环境和特定信息分析：采用空间数据处理技术，发现环境要素的关联性、结构模式与地理环境对比分析，做出相关海峡地理环境要素评价因子和评价模型，以给出评价图与相应结果的数据、表格。
●如 CBR 的信息查询和决策支持：通过基于案例推理，利用历史案例和相关的专家处置规则，开展相应的专题分析，以尽可能清晰、直观方式对数据挖掘结果及知识发现结论，予以反映海峡地理环境的呈现。

图 9.3　海峡地理环境系统图示

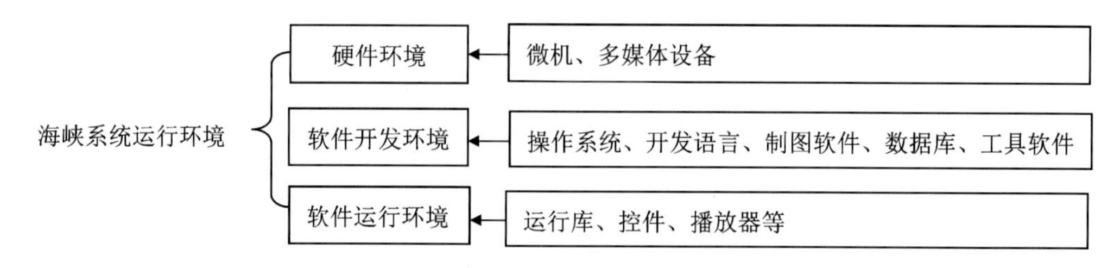

海峡系统运行环境
硬件环境
微机、多媒体设备
软件开发环境
操作系统、开发语言、制图软件、数据库、工具软件
软件运行环境
运行库、控件、播放器等

图 9.4　海峡系统运行环境图示

系统主界面与菜单
海峡背景
战略、技术分析等
信息库
图像、海图、音响、虚拟现实海峡地理环境等
技术咨询
海峡及其周边诸多地理要素
决策辅助
决策、评估、CBR 等
辅助工具
系统使用帮助、数据库注册等

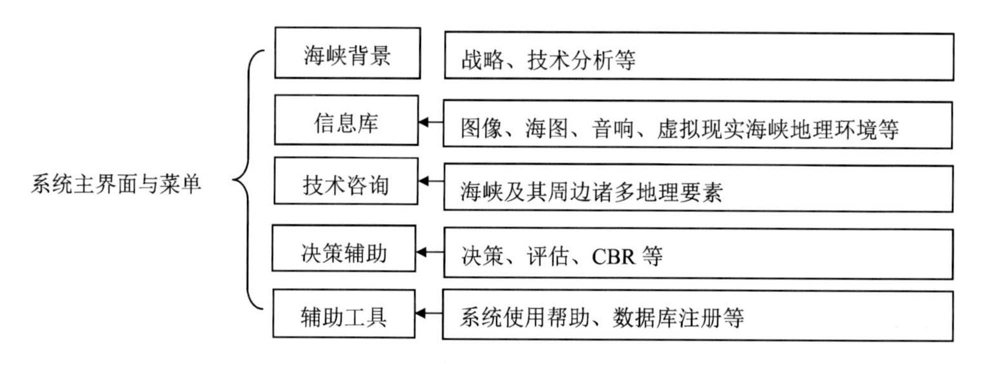

图 9.5　海峡系统主界面与菜单

海—边缘海、外海—大洋、外海—外海、大洋—大洋、岛间海峡、岛屿—大陆间海峡等；

（2）空间尺度类型：大、中、小；

（3）形态类型：航道单一型、多航道型、短距离型、长距离型、细长型、宽阔型、直线型、

曲折型、岬角间型、陡峭海岸型、低平海岸型等；

（4）水深类型：深水、浅水、可航宽水道、可航窄水道、不可航水道；

（5）海岸类型：泥质海岸、岩石海岸、沙质海岸、珊瑚海岸、红树林海岸等；

（6）底质类型：淤泥、沙底、砾石底、岩石底等；

（7）潮汐类型：潮汐类别、潮差、潮升速度等；
（8）历史类型：特定时期通过型、一般型；
（9）船只适用型；大型、中型、小型；
（10）价值类型：具重要战略、国际贸易交通主要航道、备选航道；
（11）守备类型：船只不断穿越型、监视型等；
（12）支援类型：海峡内多港湾型、海峡内少港湾型、近地多港湾型；
（13）区位类型：一国领属型、两国领属型、多国领属型、争议型等。

第四节　信息源与海上通道地理环境基本要素概念树

1. 信息源

（1）海峡概貌及其地理环境卫星图像与图片等；
（2）航务资料；
（3）海图与电子海图（包括：政区图、海底地形图、水道图、水色透明度图等）；
（4）动画海图等。

2. 海上通道地理环境要素分类体系与关联性

（1）海峡口门地理环境要素；
（2）海上通道地理环境要素及其可航度；
（3）海上通道两岸地理环境要素；
（4）海上通道水文气象条件；
（5）相关历史事件案例。

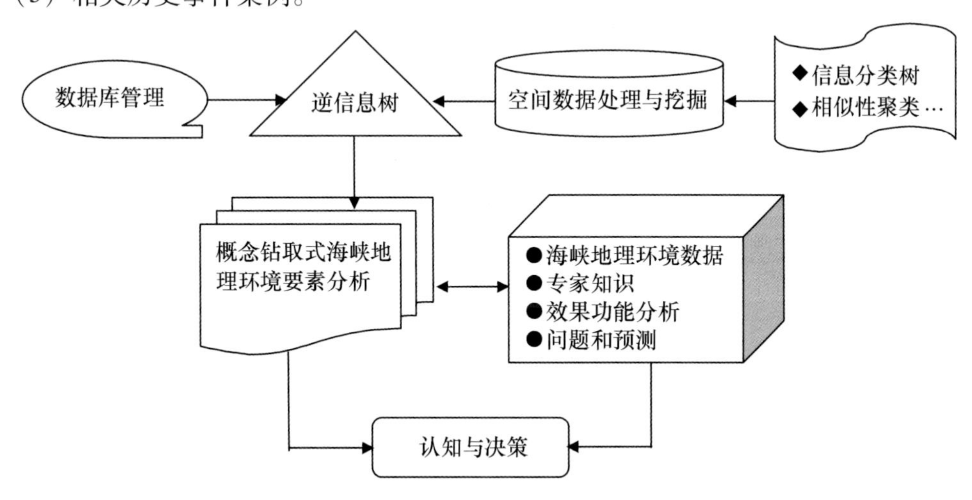

图 9.6　海上通道地理环境要素与穿越海峡互动关系

3. 海上通道地理环境要素概念树

海峡的区位及其自然环境和非自然环境、海洋水文、气象、地形地貌等，采用概念树的分类方法，使得整个数据库中各个地理环境要素之间的关系脉络清楚，采用二维关系数据库表示这些要素与其属性之间的关系。具体包括：

（1）海上通道地理态势　位置、范围、面积、水道概况、海上交通线的分布等；

（2）海上通道环境要素　海峡水深、地形、底质、水文（潮汐、海流等）、气象（台风、海雾、气温和降水）等地理条件；

（3）海上通道口门与岛礁　口门特征、海峡内外岛礁分布特征等；

（4）港口容量，基地位置、性质等。

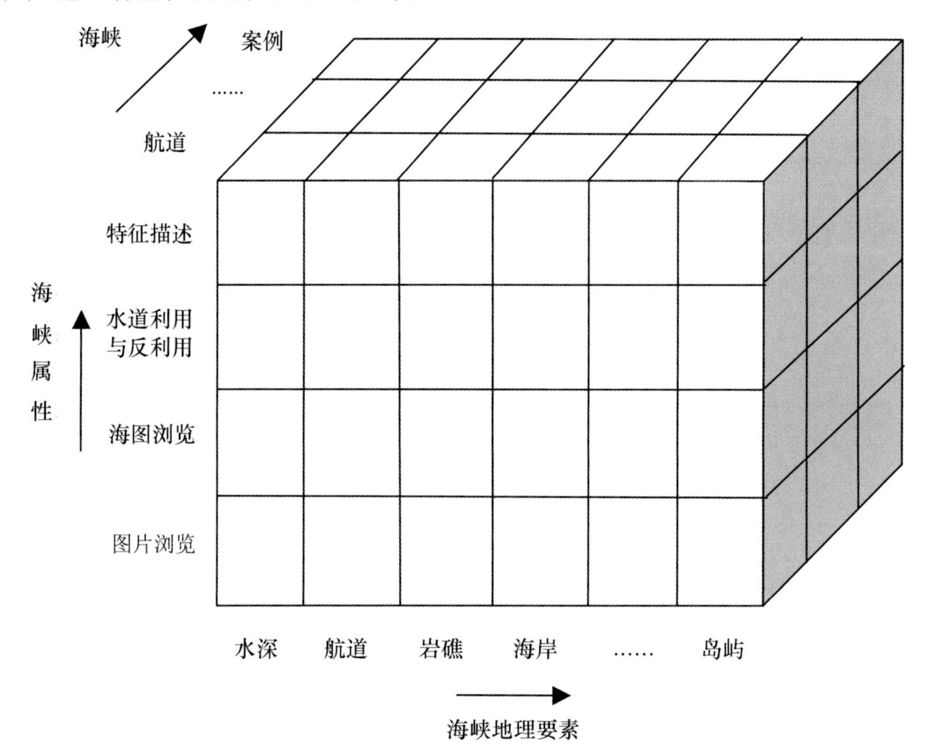

图 9.7　海峡数据库的三维数据立方体示例

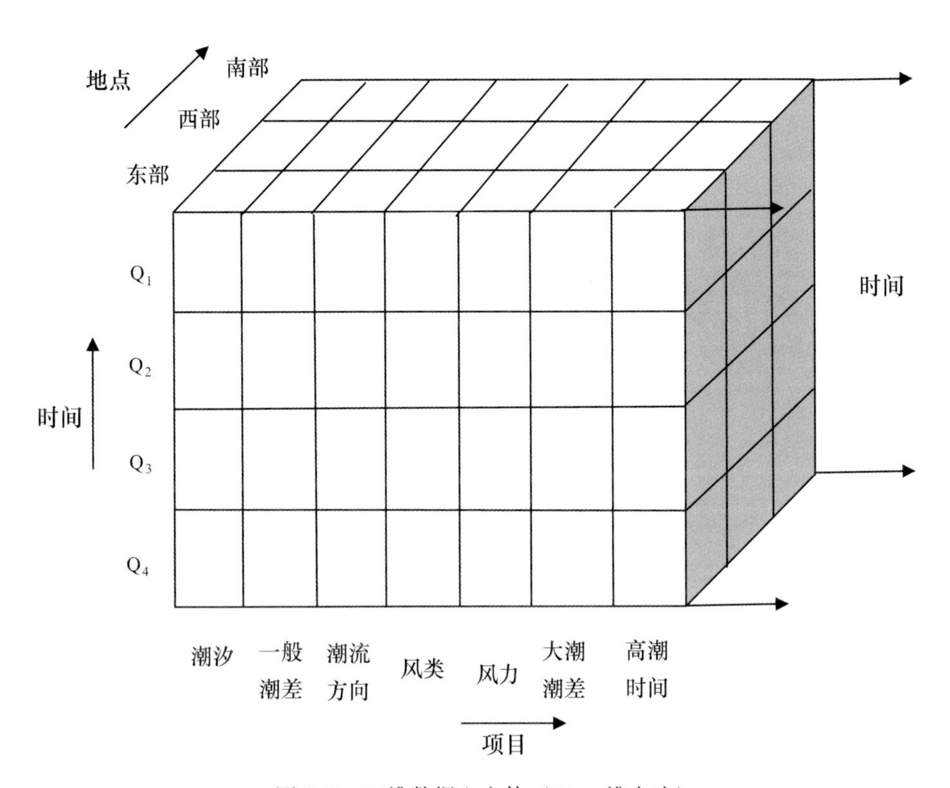

图 9.8　四维数据立方体（Time 维省略）

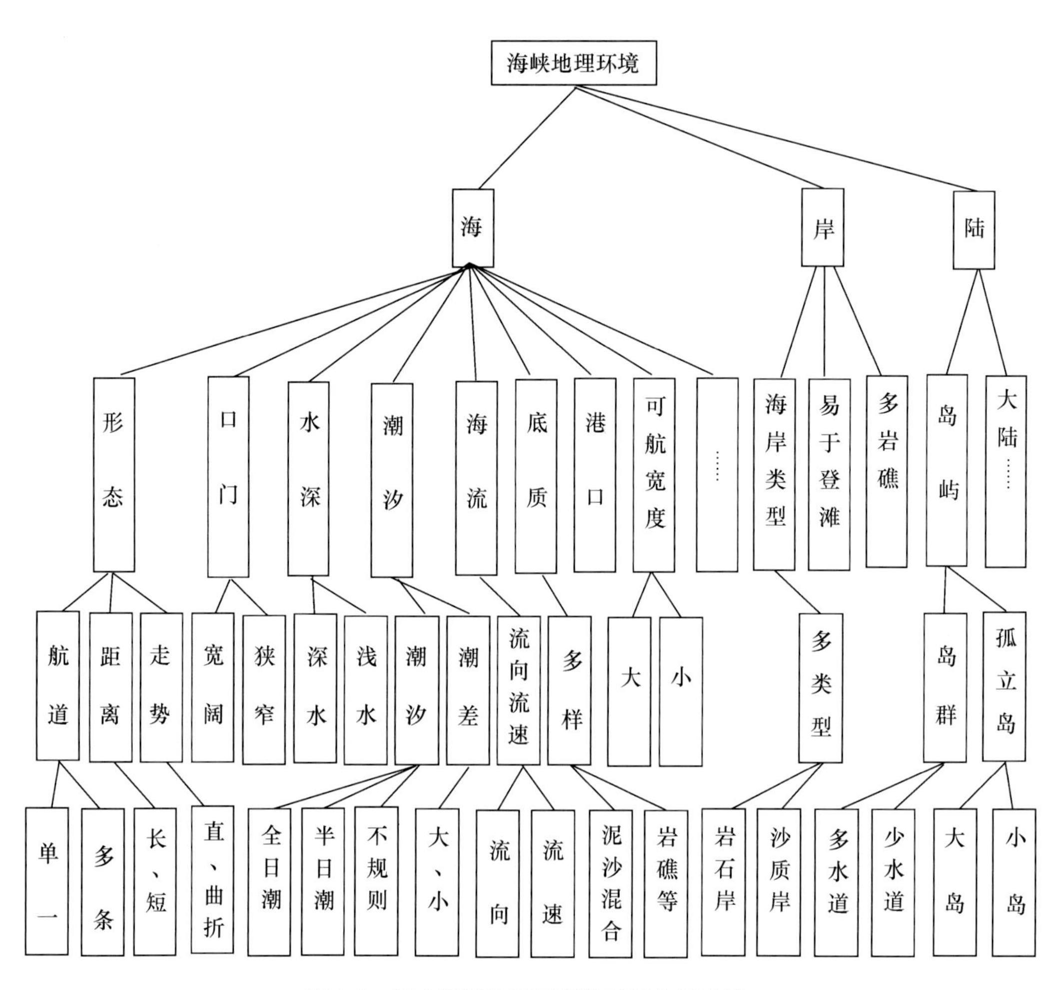

图 9.9　海上通道地理环境要素概念树示例

主要参考文献

曹慧昶 . 1996. 船舶通过新加坡海峡的航行体会 . 航海技术，（4）

曹　林 . 2003. 东北亚区域地学学术发展形势 . 国际学术动态，（6）

陈述彭 . 2001. 地理科学的信息化与现代化 . 地理科学，21（3）

陈　舟 . 2009. 面向国家安全与国防 . 北京：国防大学出版社

丁　健 . 2008. 地理空间信息在未来军事应用中的构想 . 中国科技信息，（1）

董津生，徐佳佳 . 2011. 日本海主要海峡体积输运的季节变化特征 . 海洋湖沼通报，（1）

董良庆 . 2000. 战略地理学 . 北京：国防大学出版社

冯　梁 . 2010. 中国的和平发展与海上安全环境 . 北京：世界知识出版社

高光强 . 2010. VLCC 满载东行过马六甲海峡和新加坡海峡 . 航海技术，（2）

光复书局编辑部 . 1987. 世界百科全书：亚洲Ⅰ-Ⅲ卷 . 台北：光复书局

郭　伟，李书恒，朱大奎 . 2008. 地理信息系统在海岸海洋地貌研究中的应用 . 海洋学报，30（4）

郭　伟，王　颖 . 2006. 马六甲海峡 —南海航线与当代中国经济发展 . 第四纪研究，26（3）

古小松 . 2004. 东盟国家的地理特点 . 当代广西，（5）

关秀光 . 2009. 运用信息化加强水路运输动态监管的实践与探索 . 水运管理，31（10）

关元秀，程晓阳 . 2008. 高分辨率卫星影像处理指南 . 北京：科学出版社

高子川 . 2004. 中国周边安全环境基本态势解析 . 当代亚太，（1）

韩范畴，李春菊 . 2009. 服务国家海洋发展战略提升海洋地理信息保障能力 . 水运管理，31（9）

胡著智，王慧麟，陈钦峦 . 1999. 遥感技术与地学应用 . 南京：南京大学出版社

江　淮 . 2010. 中国的出海通道在哪里——海峡篇 . 世界知识，（11）

鞠海龙 . 2010. 中国海权战略 . 北京：时事出版社

季永青 . 2003. 群岛海域航行安全评估系统的研究 . 中国航海，（2）

李　兵 . 2009. 国际战略通道问题研究 . 北京：当代世界出版社

李　兵 . 2010. 论海上战略通道的地位与作用 . 当代世界与社会主义，（2）

李　兵 . 2010. 海上战略通道博弈 . 太平洋学报，18（3）

刘宝银，杨晓梅 . 2011. 中国海洋战略边疆——航天遥感 多国岛礁 军事区位 . 北京：海洋出版社

刘宝银 . 2001. 南沙群岛遥感融合信息特征分析与计量 . 北京：海洋出版社

刘宝银，杨晓梅 . 2011. 中国海洋战略边疆——航天遥感 多国岛礁 军事区位 . 北京：海洋出版社

刘宝银，杨晓梅 . 2003. 环中国岛链——海洋地理 军事区位 信息系统 . 北京：海洋出版社

刘德生，李志国，江树芳，等 . 1995. 亚洲自然地理 . 北京：商务印书馆

刘福寿 . 1995. 日本海地质构造特征 . 海岸工程，（1）

梁　芳 . 2011. 海上战略通道轮 . 北京：时事出版社

李国亭 . 2007. 马六甲海峡与中国经济安全：困境及对策思考 . 国际技术经济研究，11（1）

李　杰 . 2010. 全球战略海峡通道纵览 . 决策与信息，（11）

李　军，周成虎 . 1999. 地学数据特征分析 . 地理科学，19（2）

刘　伉，等 . 1984.《世界自然地理手册》. 北京：知识出版社

刘新华，秦仪 . 2004. 现代海权与国家海洋战略 . 社会科学，（3）
刘星华 . 2012. 我国出海通道安全面临的挑战及对策 . 海洋岛屿与国防，（6）
刘　洋，杨晓丹，毛新燕 . 2013. 马六甲海峡的潮汐特征分析 . 海洋预报，30（3）
刘玉光 . 2009. 卫星海洋学 . 北京：高等教育出版社
刘忠臣，傅命佐，等 . 2005. 中国近海及邻近海域地形地貌 . 北京：海洋出版社
李宗华，彭明军，樊玮 . 2010. 面向服务的地理信息公共服务平台研究 . 地理信息世界，（4）
李忠杰 . 2010. 加强对国际战略通道问题研究 . 当代世界与社会主义，（1）
江淮 . 2011. 中国的出海通道在哪里？. 世界知识，（11）
马闯关，李　强，魏耀明，刘大刚 . 2010. 新加坡海峡航行安全的气象保障 . 航海技术，（6）
茅慧权 . 2008. 新加坡海峡及其航法 . 航海技术，增刊
马　宁 . 2003. 浅谈港口地理信息系统 . 北京机械工业学院学报，18（2）
孙文心、李凤岐、李磊主编 . 2011. 军事海洋学引论 . 北京：海洋出版社
王会平、王知 . 2010. 海洋地理信息在航运中的运用与发展趋势 . 水运管理，32（8）
王　捷 . 2006. 现代卫星技术在航运业的应用 . 世界海运 .（4）
王历荣 . 2009. 印度洋与中国海上通道安全战略 . 南亚研究，（3）
王家耀 . 2002. 军事地理信息系统的现状与发展 . 中国工程科学，4（12）
吴　薇 . 2012. 印度增兵盯防马六甲欲阻中国战时进印度洋 . 环球时报，5 月 30 日
温万田，张岩松 . 2005. 地理空间情报的作用及未来发展 . 国防科技，（2）
熊　兴 . 2009. 当前我国海上航线安全浅析 . 中国水运，（9）
杨金森 . 2006. 中国海洋战略研究文集 . 北京：海洋出版社
俞慕耕 . 1987. 略论马六甲海峡的水文特点 . 海洋湖沼通报，（2）
杨寿青 . 1997. 军事情报分析方法体系初探 . 情报杂志，16（2）
周成虎 . 2009. 中华人民共和国地貌图集 . 北京：科学出版社
张超，杨秉赓 . 1985. 计量地理学基础 . 北京：高等教育出版社
中国航海图书编辑部 . 1978—1995. 航路指南 . 中国航海图书出版社
朱鉴秋 . 1996. 世界海洋通道及港口图集（商业版）. 航保部
章　明 . 2006. 马六甲困局与中国海军的战略抉择 . 现代舰船，（10B）
张　瑞 . 2009. 中国海洋战略边疆论纲 . 海洋开发与管理，（5）
张廷贵，朱锦麟 . 1999. 军事辞海：军事综合卷 . 杭州：浙江教育出版社
张耀光 . 2001. 中国边疆地理（海疆）. 北京：科学出版社
邹志仁 . 1996. 信息学概论 . 南京：南京大学出版社
郑中义，张俊桢，董文峰 . 2012. 我国海上战略通道数量及分布 . 中国航海，35（2）
http：//maps. google. com（2006-2014）
http：//zh. wikipedia. org（2013）
http：//scholar. google. com/schhphlzh-CN（2005-2013）
Major Dr. Atar Singh Jadoan. Military Geography of South East Asia. Anmol Publications PVT. LTD.，2001
Wright D J. Marine and Coastal Geographical Information Systems. Taylor & Francis，1999
Channel Pilot（NP27）［M］. 2008. The United Kingdom Hydrographic Office